高职土建类
精品教材

# 房屋建筑学

FANGWU JIANZHU XUE

主　审　程晓明
主　编　胡　敏
副主编　张　立　刘会慧

中国科学技术大学出版社

## 内容简介

本书根据高职高专课程教学的基本要求，以国家建筑标准设计图集及相关建筑工程规范为基础，通过任务驱动，基于工程过程，将房屋建筑学的内容分解为10个学习情境、34个工作任务，重构了房屋建筑学的内容体系。

本书主要讲述房屋的构造组成、构造原理和构造方法，同时介绍建筑设计的一般原理，具体内容包括民用建筑构造概述、基础与地下室、墙体、楼板与地面、楼梯、屋顶、门窗、变形缝、民用建筑设计等内容。

本书可作为高等职业技术学院、高等专科学校、成人高等学校、民办高等学校建筑工程类专业的教材，也可作为相关工程技术人员的参考用书。

**图书在版编目(CIP)数据**

房屋建筑学/胡敏主编. —合肥：中国科学技术大学出版社，2012.1(2013.2重印)
ISBN 978-7-312-02943-1

Ⅰ. 房… Ⅱ. 胡… Ⅲ. 房屋建筑学 Ⅳ. TU22

中国版本图书馆CIP数据核字(2012)第001337号

**出版** 中国科学技术大学出版社
安徽省合肥市金寨路96号，230026
网址：http://press.ustc.edu.cn
**印刷** 合肥现代印务有限公司
**发行** 中国科学技术大学出版社
**经销** 全国新华书店
**开本** 787 mm×1092 mm 1/16
**印张** 20.5
**字数** 520千
**版次** 2012年1月第1版
**印次** 2013年2月第2次印刷
**定价** 34.00元

# 前　言

本书是根据教育部高职高专人才培养目标，以建筑企业对卓越技能型人才的需求为依据，参考国家现行规范、规程及技术标准编写而成的，主要介绍民用建筑的常用构造以及民用建筑设计的基本知识，其中以建筑构造为重点。本书力争使内容与专业岗位的需要紧密结合，体现内容新颖、重点突出、图文并茂的特点。

本书针对高职教育的特点，强调以学生为中心、以工作任务为导向、以项目为载体、以工作过程为引领。根据建筑企业岗位需求，通过“创设情境，提出任务”、“分析任务，明确目标”、“任务实施，技能训练”、“能力提升，素质拓展”等主要环节，让学生带着实际工作任务去完成项目训练，达到使学生“学会学习、学会工作”的目的。

六安职业技术学院胡敏担任本书主编并编写绪论及学习情境1、2、3、7、8，淮南职业技术学院张立编写学习情境4、5，六安职业技术学院刘会慧编写学习情境5、6、9、10。全书由六安市城乡建筑设计院程晓明高级工程师主审。

本书在编写过程中，参考和引用了书后所列参考文献中的部分内容，谨向原作者表示深深的谢意。

由于编者水平有限，加上时间仓促，书中缺点和不妥之处在所难免，恳请使用本书的师生及其他读者批评指正，以便日后再版时修改。

编　者

2011年10月

# 目　录

# 绪　论

"房屋建筑学"是研究房屋的构造组成、原理及方法，同时介绍建筑设计一般原则的一门课程。

## 0.1　课程地位与作用

"房屋建筑学"是高职高专建筑工程类专业学生必修的一门重要的职业技术基础课程，在建筑工程类专业人才培养方案中占主导地位，起着核心作用。它对培养学生的综合素质和基本技能，对建筑施工图的识图、绘图能力和解决工程实际问题的能力具有重要作用。它的前导课程有"建筑工程制图"、"建筑材料"，同时为后续"混凝土结构"、"建筑施工技术"、"建筑工程预算"、"建筑设备"等课程服务。

## 0.2　课程学习内容与目标分析

"房屋建筑学"的具体学习内容与目标分析如表 0-1 所示。

**表 0-1　学习内容与目标分析**

<table>
<tr><th>课程名称</th><th>学习内容</th><th>学习目标</th><th>目标分析</th><th>建议课时数</th></tr>
<tr><td rowspan="8">房屋建筑学</td><td rowspan="2">民用建筑构造项目</td><td>知识目标</td><td>民用建筑构造组成、原理及方法</td><td rowspan="2">42 课时</td></tr>
<tr><td>能力目标</td><td>能够根据工程实际进行民用建筑构造处理</td></tr>
<tr><td rowspan="2">民用建筑设计项目</td><td>知识目标</td><td>民用建筑设计原理、方法及要求</td><td rowspan="2">4 课时</td></tr>
<tr><td>能力目标</td><td>掌握民用建筑设计原则，能够根据建筑设计要求进行建筑施工图设计</td></tr>
<tr><td rowspan="2">分项实训项目</td><td>知识目标</td><td>绘制外墙节点构造、楼梯节点构造、屋面构造，阅读教学楼、住宅楼、办公楼、商住楼建筑施工图纸</td><td rowspan="2">18 课时</td></tr>
<tr><td>能力目标</td><td>能够熟练绘制节点详图和识读施工图纸</td></tr>
<tr><td rowspan="2">综合实训项目</td><td>知识目标</td><td>绘制住宅楼或中学教学楼建筑施工图</td><td rowspan="2">30 课时</td></tr>
<tr><td>能力目标</td><td>能够熟练绘制建筑施工图</td></tr>
</table>

## 0.3 学习要求

学习“房屋建筑学”应注意以下几点：

(1) 从简单的、常见的具体构造和设计方案入手，逐步掌握建筑构造原理和方法的一般规律，以加深对构造和设计方案的理解。

(2) 理论联系实际，把理性认识与感性认识充分结合。要多想、多绘，通过作业、施工图阅读、设计的练习，提高绘图、识图的能力。

(3) 博览群书、开阔眼界。注意收集、阅读有关的科技文献和资料，了解建筑构造方面的新工艺、新技术、新材料。

(4) 通过观察周围环境中的建筑构造，印证所学的构造知识。

# 学习情境 1　民用建筑构造概述

## 1.1　学习情境描述

### 1.1.1　学习目标

完成本学习情境后，你应当能：

(1) 运用所学知识，从不同角度对建筑进行分类。

(2) 叙述民用建筑的主要构造组成部分。

(3) 在教师指导下识读施工图纸，分析建筑平面图定位轴线的应用及画法。

### 1.1.2　学习任务

具体学习任务与任务驱动如表 1-1 所示。

**表 1-1　学习任务与任务驱动**

| 序号 | 学习任务 | 任务驱动 |
| --- | --- | --- |
| 1 | 建筑的分类 | (1) 参观学院各系教学楼、办公楼、男女生公寓、图书馆楼、教师宿舍楼、辅导员办公楼等建筑物。<br>(2) 对各建筑物，试分别按使用性质、层数、建筑结构的受力、主要承重结构的材料、规模划分建筑类型 |
| 2 | 民用建筑的构造组成 | (1) 通过对教学楼的参观，叙述该建筑物的主要组成部分。<br>(2) 确定教学楼按设计使用年限、耐火性能划分，分别属于第几等级 |
| 3 | 建筑模数及标注定位轴线 | (1) 识读建筑施工图纸，分析建筑标准化、模数数列的应用。<br>(2) 结合本书图示(图 1-12)确定构件的几种尺寸关系。<br>(3) 识读建筑施工图纸，分析民用建筑定位轴线的应用及画法 |

# 1.2 任务1:建筑的分类

## 1.2.1 任务资讯

**1. 建筑功能**

建筑功能是人们建造房屋的具体目的和使用要求的综合体现。由于各类建筑的用途不同,建筑功能往往会对建筑的结构形式、平面空间构成、内部和外部空间的尺度、形象产生直接的影响。例如住宅应满足生活要求,厂房应满足生产要求,教学楼应满足教学要求。

**2. 建筑的物质技术要求**

任何好的设计构想,如果没有技术作保证,都只能停留在图纸上,不能成为建筑实物。物质技术条件是构成建筑的重要因素,它在限制建筑发展空间的同时也促进了建筑的发展。例如澳大利亚的悉尼歌剧院,如果没有预应力薄壁混凝土的应用,就不可能有这座建筑的存在(见图1-1)。法国巴黎的罗浮宫玻璃金字塔(见图1-2),北京的鸟巢(见图1-3)、水立方奥运场馆(见图1-4)等也同样离不开相应物质技术条件的支持应用。

**图1-1 悉尼歌剧院**

**图1-2 罗浮宫玻璃金字塔**

**图1-3 鸟巢**

**图1-4 水立方奥运场馆**

**3. 建筑的艺术形象**

建筑的艺术形象是通过其平面空间组合、建筑体型和立面、材料的色彩和质感、细部的处理来体现的。不同的时代、不同的地域、不同的人群对建筑的艺术形象有不同的理解。由于建筑的使用年限较长，同时建筑也是构成城市景观的主体，因此建筑应当反映时代特征、反映民族特色、反映文化色彩，并与周围的建筑和环境相融合，能经受时间的考验。中国的故宫（见图 1-5），古埃及的金字塔和狮身人面像（见图 1-6），古希腊的柱廊，古罗马的凯旋门（见图 1-7），伊斯兰教的清真寺（见图 1-8），这些都是具有鲜明艺术形象的知名建筑。

**图 1-5　故宫**

**图 1-6　狮身人面像**

**图 1-7　凯旋门**

**图 1-8　清真寺**

## 1.2.2　任务实施

建筑的分类有以下几种方式：

**1. 按建筑的使用性质分类**

(1) 生产性建筑：包括工业建筑和农业建筑。

① 工业建筑：指供人们从事各类工业生产的建筑。包括各类生产用房和为生产服务的附属用房。如生产车间、辅助车间、动力车间、仓库等。

② 农业建筑：指供人们从事农牧业生产和加工用的建筑。如种子库、畜禽饲养场、粮食与饲料加工站、农机修理站等。

(2) 非生产性建筑：民用建筑。指供人们居住和进行公共活动的建筑的总称。包括居住建筑和公共建筑。

① 居住建筑：指供人们居住使用的建筑。如住宅、公寓、宿舍等。

② 公共建筑：指供人们进行各种公共活动的建筑。

公共建筑主要有以下类型：

① 行政办公建筑:如各类办公楼、写字楼。

② 文教科研建筑:如教学楼、实验楼、图书馆、研究所。

③ 医疗建筑:如医院、疗养院、养老院。

④ 托幼建筑:如托儿所、幼儿园。

⑤ 商业建筑:如商场、餐馆、超市。

⑥ 体育建筑:如体育馆、体育场、训练馆。

⑦ 交通建筑:如汽车站、飞机场、火车站。

⑧ 邮电通讯建筑:如电信中心、邮局。

⑨ 旅馆建筑:如宾馆、招待所、旅馆。

⑩ 展览建筑:如展览馆、文化馆、博物馆。

⑪ 文艺观演建筑:如电影院、音乐厅、剧院。

⑫ 园林建筑:如公园、植物园。

⑬ 纪念性建筑:如纪念碑、纪念馆、陵园。

**2. 按建筑层数或高度分类**

民用建筑按地上层数或高度分类有下列规定:

(1) 住宅建筑按层数分类:1 层至 3 层为低层住宅,4 层至 6 层为多层住宅,7 层至 9 层为中高层住宅,10 层及 10 层以上为高层住宅。

(2) 除住宅建筑之外的民用建筑高度不大于 24 m 者为单层和多层建筑,大于 24 m 者为高层建筑(不包括建筑高度大于 24 m 的单层公共建筑)。

(3) 建筑高度大于 100 m 的民用建筑为超高层建筑,如台湾 101 大厦(见图 1-9)及世界最高建筑物迪拜塔(高度达 818 m,160 层,见图 1-10)。

**图 1-9 101 大厦**

**图 1-10 迪拜塔**

**3. 按主要承重结构的材料分类**

(1) 木结构:木梁、木柱、木板墙的建筑。

(2) 砖木结构:砖(石)砌墙体,木楼板、木屋架的建筑。

(3) 砖混结构:砖(石)砌墙体,钢筋混凝土楼板、屋面板的建筑。

(4) 钢筋混凝土结构:钢筋混凝土梁、柱、板,砌块墙体的建筑。

(5) 钢结构:主要承重结构的材料全部用钢材的建筑。钢结构具有强度高、自重轻、材质均匀、制作简单等优点,但也存在易锈蚀、耐火性能差、维修费用高等缺点。

**案例**

2005 年 8 月 2 日上午 10 时左右,安徽马鞍山蒙牛乳业冷库起火,火灾发生后,马鞍山市公安、消防部门出动 18 辆消防车、108 名消防官兵赶赴现场投入灭火战斗,10 点 30 分钢结构的屋顶突然坍塌,3 名消防人员殉职。大火在 11 时 30 分得到扑灭。

**4. 按建筑结构的受力分类**

(1) 混合结构:由砖墙和钢筋混凝土楼板为主要构件组成的承受竖向和水平作用的结构。

(2) 框架结构:由梁、柱、板为主要构件组成的承受竖向和水平作用的结构。

(3) 剪力墙结构:由剪力墙组成的承受竖向和水平作用的结构。

(4) 框架—剪力墙结构:由框架和剪力墙共同承受竖向和水平作用的结构。

(5) 板柱—剪力墙结构:由无梁楼板与柱组成的板柱框架和剪力墙共同承受竖向和水平作用的结构。

(6) 筒体结构:由竖向筒体为主组成的承受竖向和水平作用的高层建筑结构。筒体结构的筒体分剪力墙围成的薄壁筒和由密柱框架或壁式框架围成的框筒等。

**5. 按规模和数量分类**

(1) 大量性建筑:指建筑规模不大,但数量较多,与人们生活密切相关的建筑。如住宅、教学楼、医院。

(2) 大型性建筑:指耗资多,建筑数量少,但单栋建筑面积大的公共建筑。与大量性建筑相比,这类建筑在一个国家或一个地区具有代表性,对城市面貌的影响也较大。如故宫、鸟巢、水立方。

## 1.2.3 任务拓展

**1. 数字“鸟巢”**

浅灰色的钢结构编织而成的“鸟巢”是第 29 届奥运会的主会场,位于北京奥林匹克公园内,建筑面积25.8 万 $m^2$,占地20.4 $hm^2$。由瑞士赫尔佐格和德梅隆设计事务所、中国建筑设计研究所及 ARUP 工程顾问公司共同设计。它承担了北京奥运会的开、闭幕式,田径比赛,足球比赛决赛。2008 年美国《时代》周刊公布了在全世界范围内选出的 100 个最具影响力的设计,“鸟巢”夺得建筑类最具影响力设计的桂冠。以下是与“鸟巢”相关的一组数字,对于这一伟大建筑的神奇,从中可略见一斑。

25.8 万 $m^2$:位于北京奥林匹克公园内的“鸟巢”,建筑面积 25.8 万 $m^2$,占地 20.4 $hm^2$。

9.1 万人:“鸟巢”有 9.1 万个标准坐席,其中包括 1.1 万个临时坐席。它承担了第 29 届奥运会的开、闭幕式,田径比赛,足球比赛决赛。

长 333 m,宽 298 m:“鸟巢”南北长为 333 m,长轴方向外立面最高点为 41 m,呈上弦状;东西宽 298 m,宽轴外立面最高点为 68 m,呈下弦状。内圆长为 182 m,宽为 124 m。

11 万 t:“鸟巢”总用钢量约为 11 万 t。外部钢结构用钢 4.2 万 t,其中主结构用钢约2.3 万 t。

“鸟巢”整体膜结构总面积约为 10 万 $m^2$。

**2. 水立方**

水立方的设计应用了泡沫结构原理，一个个 12 面体与 14 面体的气泡连续组成的四方体简约而又高贵，碧澄天色的投影为之镀上纯净优雅的自然。三维空间内各部分的接触表面积最小，运用到钢结构中，所用的钢材就最省。建筑结构看似复杂，其实具有高度的可重复性，便于预制安装。

如果没有四氟乙烯这种环保建材，泡沫结构的理论就不会有实践的可能。物理学、高分子材料技术与艺术的结合，成就了建材史上一次重要的实践。首先，四氟乙烯不包含可塑剂和其他异质材料，变形能力却完全等同于任何塑膜。它可依据建筑设计的需要剪裁和成型，也可依据建筑物的节能要求进行多层热合焊接，能够轻易满足组成水立方外围的 3000 多个气枕形状多变的需求。四氟乙烯含有氟元素，这使得它比玻璃更稳定，成本只相当于同面积的中高档玻璃幕墙，而其 2 层膜可实现的热工性能顶得上 3 层玻璃幕墙的效果。这种比玻璃更透明、更轻的材料还拥有超乎寻常的机械强度。

对一个游泳池来说，热需求大于它的冷需求，而四氟乙烯具有良好的红外线与紫外线穿透能力。水立方外墙采用两层四氟乙烯气枕，中间留有钢结构支撑起来的空间，这个空间可以帮助建筑本身完成自然通风，从而防止温室效应。高透明性保证了阳光的射入，从而可为游泳池和室内空间加热。四氟乙烯具备很高的非传导性，不导电，不可湿，不碳化，几乎对任何化学品都不反应，长时间暴露于户外也不改其特性，自净能力也十分突出，几乎不需日常保养。

水立方是全球至今最大的四氟乙烯结构工程，也将这一绿色全新材料的应用推到了新的极致。

**3. 悉尼歌剧院**

悉尼歌剧院位于澳大利亚新南威尔士州首府悉尼市贝尼朗岬角。这座综合性的艺术中心，在现代建筑史上被认为是巨型雕塑式的典型作品，也是澳大利亚的象征性标志。悉尼歌剧院的外形犹如即将乘风出海的白色风帆，与周围景色相映成趣。

悉尼歌剧院 20 世纪 50 年代开始构思兴建，1955 年起公开征求世界各地的设计作品，至 1956 年共有 32 个国家设计师的 233 个作品参选，最终丹麦建筑师约恩·伍重的设计雀屏中选，然后耗时 16 年、斥资 1200 万澳币方才建造完成。

悉尼歌剧院占地 1.8 $hm^2$，坐落在距离海面 19 m 的花岗岩基座上，最高的壳顶距海面 60 m，总建筑面积 88000 $m^2$。歌剧院整体分为三个部分：歌剧厅、音乐厅和贝尼朗餐厅。歌剧厅、音乐厅及休息厅并排而立，各由 4 块巍峨的大壳顶组成。这些“贝壳”依次排列，前三个一个盖着一个，面向海湾依抱，最后一个则背向海湾侍立，看上去像是两组打开盖倒放着的蚌。高低不一的尖顶壳，外表用白格子釉瓷铺盖，在阳光照映下，远远望去，既像竖立着的贝壳，又像两艘巨型白色帆船，飘扬在蔚蓝色的海面上，故有“船帆屋顶剧院”之称。那贝壳形的尖屋顶，是 2194 块每块重 15.3 吨的弯曲形混凝土预制件用钢缆拉紧拼成的，外表覆盖着 105 万块白色或奶油色的瓷砖。

音乐厅是悉尼歌剧院最大的厅堂，共可容纳 2679 名观众。音乐厅内拥有世界最大的机械木连杆风琴，由 10500 个风管组成，整个音乐厅建材均使用澳洲木材，呈现了澳洲自有的风格。

歌剧厅较音乐厅小，拥有 1547 个座位，主要用于歌剧、芭蕾舞等表演。内部陈设新颖、华丽、考究。为了避免在演出时墙壁反光，墙壁一律用暗光的夹板镶成，地板和天花板用本地出产的黄杨木和桦木制成，弹簧椅蒙上红色光滑的皮套。采用这样的装饰，演出时可以有圆润的音响效果。舞台面积 440 $m^2$，有转台和升降台。舞台配有两幅法国织造的华丽毛料幕布，一幅图案用红、黄、粉红 3 色构成，犹如道道霞光普照大地，叫“日幕”；另一幅用深蓝色、绿色、棕色组成，好像一弯新月隐挂云端，称“月幕”。

壳体开口处旁边另立的两块倾斜的小壳顶，形成了一个大型的公共餐厅，名为贝尼朗餐厅，每天晚上接纳 6000 人以上。其他各种活动场所设在底层基座之上。剧院有话剧厅、电影厅、大型陈列厅和接待厅、排列厅、化妆室、图书馆、展览馆、演员食堂、咖啡馆、酒吧间等大小厅室 900 多间。

悉尼歌剧院原设计方案是由一组薄壳组成，远望如海滨扬帆，景物生动，富有诗意。当时估计，壳顶厚 10 cm，底部厚 50 cm，经过科学计算，如此巨大的薄壳根本无法实现。英国著名工程师阿鲁普历时 3 年，经过多次计算、试验，均告失败，最后不得不放弃单纯的薄壳观念，代之以预应力 Y 型、T 型钢筋混凝土肋骨拼接的三角瓣壳体。至此，才使歌剧院壳体得以施工。显然，当时的物质技术条件有限，现在看来，采用薄壳结构已经不再是不可能的事了。

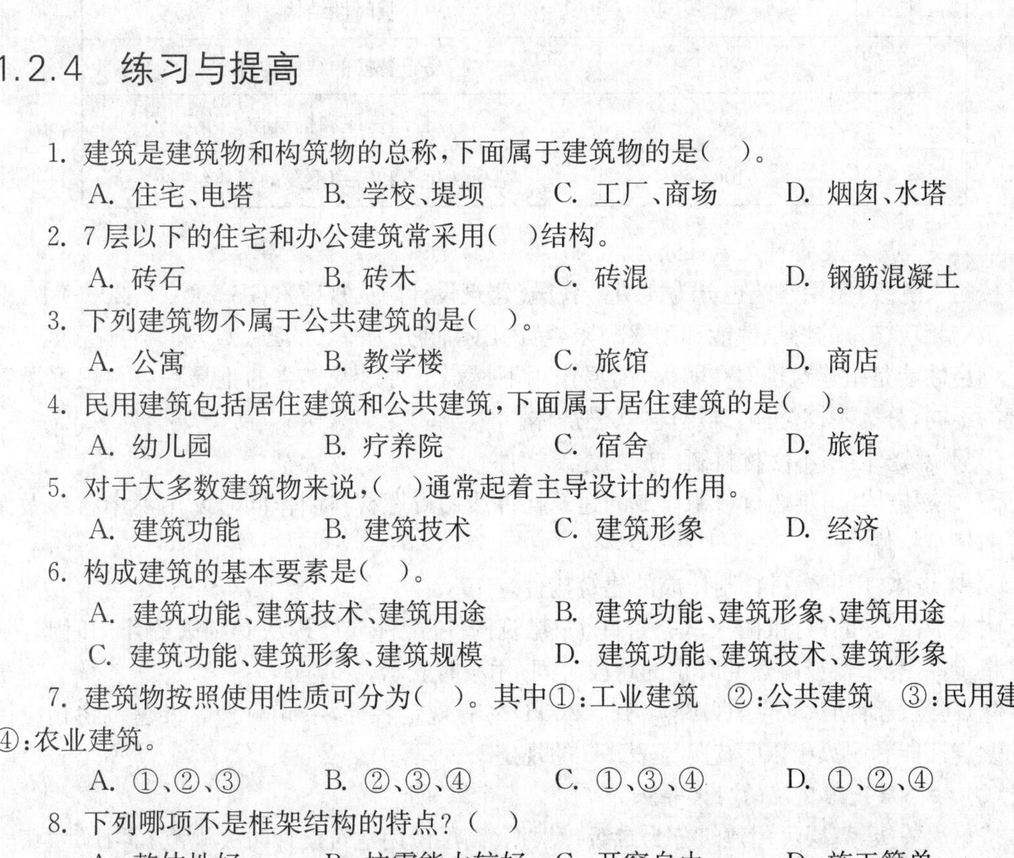

## 1.2.4 练习与提高

1. 建筑是建筑物和构筑物的总称，下面属于建筑物的是（ ）。

A. 住宅、电塔　B. 学校、堤坝　C. 工厂、商场　D. 烟囱、水塔

2. 7 层以下的住宅和办公建筑常采用（ ）结构。

A. 砖石　B. 砖木　C. 砖混　D. 钢筋混凝土

3. 下列建筑物不属于公共建筑的是（ ）。

A. 公寓　B. 教学楼　C. 旅馆　D. 商店

4. 民用建筑包括居住建筑和公共建筑，下面属于居住建筑的是（ ）。

A. 幼儿园　B. 疗养院　C. 宿舍　D. 旅馆

5. 对于大多数建筑物来说，（ ）通常起着主导设计的作用。

A. 建筑功能　B. 建筑技术　C. 建筑形象　D. 经济

6. 构成建筑的基本要素是（ ）。

A. 建筑功能、建筑技术、建筑用途　B. 建筑功能、建筑形象、建筑用途

C. 建筑功能、建筑形象、建筑规模　D. 建筑功能、建筑技术、建筑形象

7. 建筑物按照使用性质可分为（ ）。其中①：工业建筑　②：公共建筑　③：民用建筑　④：农业建筑。

A. ①、②、③　B. ②、③、④　C. ①、③、④　D. ①、②、④

8. 下列哪项不是框架结构的特点？（ ）

A. 整体性好　B. 抗震能力较好　C. 开窗自由　D. 施工简单

# 1.3 任务2:民用建筑的构造组成

## 1.3.1 任务资讯

### 1. 民用建筑的等级

(1) 按建筑的设计使用年限分

按使用年限,民用建筑分为4级。《民用建筑设计通则》(GB 50352－2005)中规定:民用建筑的设计使用年限应符合表1-2的规定。

**表1-2 设计使用年限分类**

| 类别 | 设计使用年限(年) | 示例 |
|---|---|---|
| 1 | 5 | 临时性结构 |
| 2 | 25 | 易于替换的结构构件 |
| 3 | 50 | 普通房屋和构筑物 |
| 4 | 100 | 纪念性建筑和特别重要的建筑结构 |

(2) 按民用建筑的耐火等级分

按耐火等级,民用建筑也分为4级。我国《建筑设计防火规范》(GB 50016－2006)中,根据建筑物相应构件的燃烧性能和耐火极限,将民用建筑分为一、二、三、四级。

燃烧性能是指建筑构件在明火、高温作用下燃烧与否以及燃烧的难易程度。根据燃烧性能的不同,分为不燃烧体、难燃烧体、燃烧体。

① 不燃烧体:用不燃材料制作成的建筑构件。

② 难燃烧体:用难燃材料制作成的建筑构件或用可燃材料制作同时采用不燃材料做保护层的建筑构件。

③ 燃烧体:用可燃材料制作成的建筑构件。

耐火极限是指在标准耐火试验条件下,建筑构件、配件或结构从受到火的作用时起,到失去稳定性、完整性或隔热性时止的这段时间,用小时表示。

除《建筑设计防火规范》(GB 50016－2006)另有规定者外,不同耐火等级建筑物相应构件的燃烧性能和耐火极限不应低于表1-3的规定。

(3) 按高层民用建筑的耐火等级分

按耐火等级,高层民用建筑分为二级。根据《高层民用建筑设计防火规范》(GB 50045－95(2005年版))的规定,高层建筑应根据其使用性质、火灾危险性、疏散和扑救难度等进行分类,并应符合表1-4的规定。

根据《高层民用建筑设计防火规范》,高层民用建筑的耐火等级应分为一、二两级,其建筑构件的燃烧性能和耐火极限不应低于表1-5的规定。

表 1-3　建筑物构件的燃烧性能和耐火极限(h)

| 名　称 | | 耐火等级 | | | |
|---|---|---|---|---|---|
| 构　件 | | 一　级 | 二　级 | 三　级 | 四　级 |
| 墙 | 防火墙 | 不燃烧体、3.00 | 不燃烧体、3.00 | 不燃烧体、3.00 | 不燃烧体、3.00 |
| | 承重墙 | 不燃烧体、3.00 | 不燃烧体、2.50 | 不燃烧体、2.00 | 难燃烧体、0.50 |
| | 非承重外墙 | 不燃烧体、1.00 | 不燃烧体、1.00 | 不燃烧体、0.50 | 燃烧体 |
| | 楼梯间的墙<br>电梯井的墙<br>住宅单元之间的墙<br>住宅分户墙 | 不燃烧体、2.00 | 不燃烧体、2.00 | 不燃烧体、1.50 | 难燃烧体、0.50 |
| | 疏散走道两侧的隔墙 | 不燃烧体、1.00 | 不燃烧体、1.00 | 不燃烧体、0.50 | 难燃烧体、0.25 |
| | 房间隔墙 | 不燃烧体、0.75 | 不燃烧体、0.50 | 难燃烧体、0.50 | 难燃烧体、0.25 |
| 柱 | | 不燃烧体、3.00 | 不燃烧体、2.50 | 不燃烧体、2.00 | 难燃烧体、0.50 |
| 梁 | | 不燃烧体、2.00 | 不燃烧体、1.50 | 不燃烧体、1.00 | 难燃烧体、0.50 |
| 楼板 | | 不燃烧体、1.50 | 不燃烧体、1.00 | 不燃烧体、0.50 | 燃烧体 |
| 屋顶承重构件 | | 不燃烧体、1.50 | 不燃烧体、1.00 | 燃烧体 | 燃烧体 |
| 疏散楼梯 | | 不燃烧体、1.50 | 不燃烧体、1.00 | 不燃烧体、0.50 | 燃烧体 |
| 吊顶(包括吊顶搁栅) | | 不燃烧体、0.25 | 难燃烧体、0.25 | 难燃烧体、0.15 | 燃烧体 |

注:(1) 除规范另有规定者外,以木柱承重且以不燃烧材料作为墙体的建筑物,其耐火等级应按四级确定。

(2) 二级耐火等级建筑的吊顶采用不燃烧体时,其耐火极限不限。

(3) 在二级耐火等级的建筑中,面积不超过 100 $m^2$ 的房间隔墙,如执行本表的规定确有困难时,可采用耐火极限不低于 0.30 h 的不燃烧体。

(4) 一、二级耐火等级建筑疏散走道两侧的隔墙,按本表规定执行确有困难时,可采用 0.75 h 的不燃烧体。

(5) 住宅建筑构件的耐火极限和燃烧性能可按现行国家标准《住宅建筑规范》(GB 50368)的规定执行。

表 1-4　建筑分类

| 名　称 | 一　类 | 二　类 |
|---|---|---|
| 居住建筑 | 19 层及 19 层以上的住宅 | 10 层～18 层的住宅 |
| 公共建筑 | (1) 医院;<br>(2) 高级旅馆;<br>(3) 建筑高度超过 50 m 或 24 m 以上的任一楼层的建筑面积超过 1000 $m^2$ 的商业楼、展览楼、综合楼、电信楼、财贸金融楼;<br>(4) 建筑高度超过 50 m 或 24 m 以上的任一楼层的建筑面积超过 1500 $m^2$ 的商住楼;<br>(5) 中央级和省级(含计划单列市)广播电视楼;<br>(6) 网局级和省级(含计划单列市)电力调度楼;<br>(7) 省级(含计划单列市)邮政楼、防火指挥调度楼;<br>(8) 藏书超过 100 万册的图书馆、书库;<br>(9) 重要的办公楼、科研楼、档案楼;<br>(10) 建筑高度超过 50 m 的教学楼和普通的旅馆、办公楼、科研楼、档案楼等 | (1) 除一类建筑以外的商业楼、展览楼、综合楼、电信楼、财贸金融楼、商住楼、图书馆、书库;<br>(2) 省级以下的邮政楼、防火指挥调度楼、广播电视楼、电力调度楼;<br>(3) 建筑高度不超过 50 m 的教学楼和普通的旅馆、办公楼、科研楼、档案楼等 |

表 1-5 建筑物构件的燃烧性能和耐火极限(h)

| 构件名称 \ 燃烧性能和耐火极限(h) \ 耐火等级 | | 一 级 | 二 级 |
|---|---|---|---|
| 墙 | 防火墙 | 不燃烧体、3.00 | 不燃烧体、3.00 |
| | 承重墙、楼梯间的墙、电梯井的墙、住宅单元之间的墙、住宅分户墙 | 不燃烧体、2.00 | 不燃烧体、2.00 |
| | 非承重外墙、疏散走道两侧的隔墙 | 不燃烧体、1.00 | 不燃烧体、1.00 |
| | 房间隔墙 | 不燃烧体、0.75 | 不燃烧体、0.50 |
| 柱 | | 不燃烧体、3.00 | 不燃烧体、2.50 |
| 梁 | | 不燃烧体、2.00 | 不燃烧体、1.50 |
| 楼板、疏散楼梯、屋顶承重构件 | | 不燃烧体、1.50 | 不燃烧体、1.00 |
| 吊顶 | | 不燃烧体、0.25 | 难燃烧体、0.25 |

**案例**

2008 年 3 月 17 日中午 12 时，某市政务新区天鹅湖畔小区的 D 区，一座 18 层在建居民楼突然起火。消防队 4 辆消防车赶到现场，结果发现大楼的失火点位置太高，消防车水枪的压力达不到这一高度，面对大火消防队员束手无策。结果，300 多民工只得往楼上一盆盆运水，在缓慢的灭火过程中，大火从 7 楼迅速蔓延到 10 楼。用了 2 个多小时，才扑灭大火。此次大火的着火点在楼与铝合金幕墙的夹层里，着火的是幕墙内的一层泡沫，在火灾中，该小高层光滑的铝合金幕墙大部分变形弯曲。截至 2007 年底，该市共有高层建筑 1200 多栋，在全国城市中处于中等水平；2007 年 11 月 23 日凌晨 1 时 30 分，四里河路一在建小区一栋 17 层高楼楼顶突然起火，由于没有消防水源，只能靠工地的工人抬水灭火；2008 年 2 月 19 日晚 11 时，明光路一酒楼 22 楼失火；2008 年 2 月 26 日，琅琊山路一高层建筑 30 层失火。

2010 年 11 月 15 日 14 时许，某市一幢高层住宅楼发生大火，造成 58 人遇难。

可见，随着城市高层建筑的不断增加，高层救火将成为消防队伍建设的当务之急。

截至 2007 年底，上海高层建筑有 8700 多栋，超过 100 m 的超高层建筑有 400 多栋，数量已居全球第一。该市消防局组建了高层、地铁、化工、船舶灭火救援专业队。其中，高层灭火救援专业队必须把该市典型高层建筑作为主要灭火救援熟悉对象，把高空救援、登高行动、高层水带铺设等作为主要训练内容。目前，该市共有消防云梯车和曲臂车等各类举高车 36 辆，其中可升至 50 m 以上的云梯车有 10 多辆，最高的可升至 90 m，相当于 30 层楼的高度，是国内举高高度最高的消防车。此外，上海消防部门还引进了 40 多辆压缩空气泡沫消防车，这些消防车供水系统的平均供水高度达 200 m，最大供水高度可达 375 m。

## 1.3.2　任务实施

**1. 民用建筑的构造组成**

民用建筑通常是由基础、墙或柱、楼板层和地坪、楼梯、屋顶和门窗六大部分组成，如图1-11 所示。建筑除这六大主要部分之外，还有一些附属的构造组成，如阳台、雨篷、台阶、散水、女儿墙等。

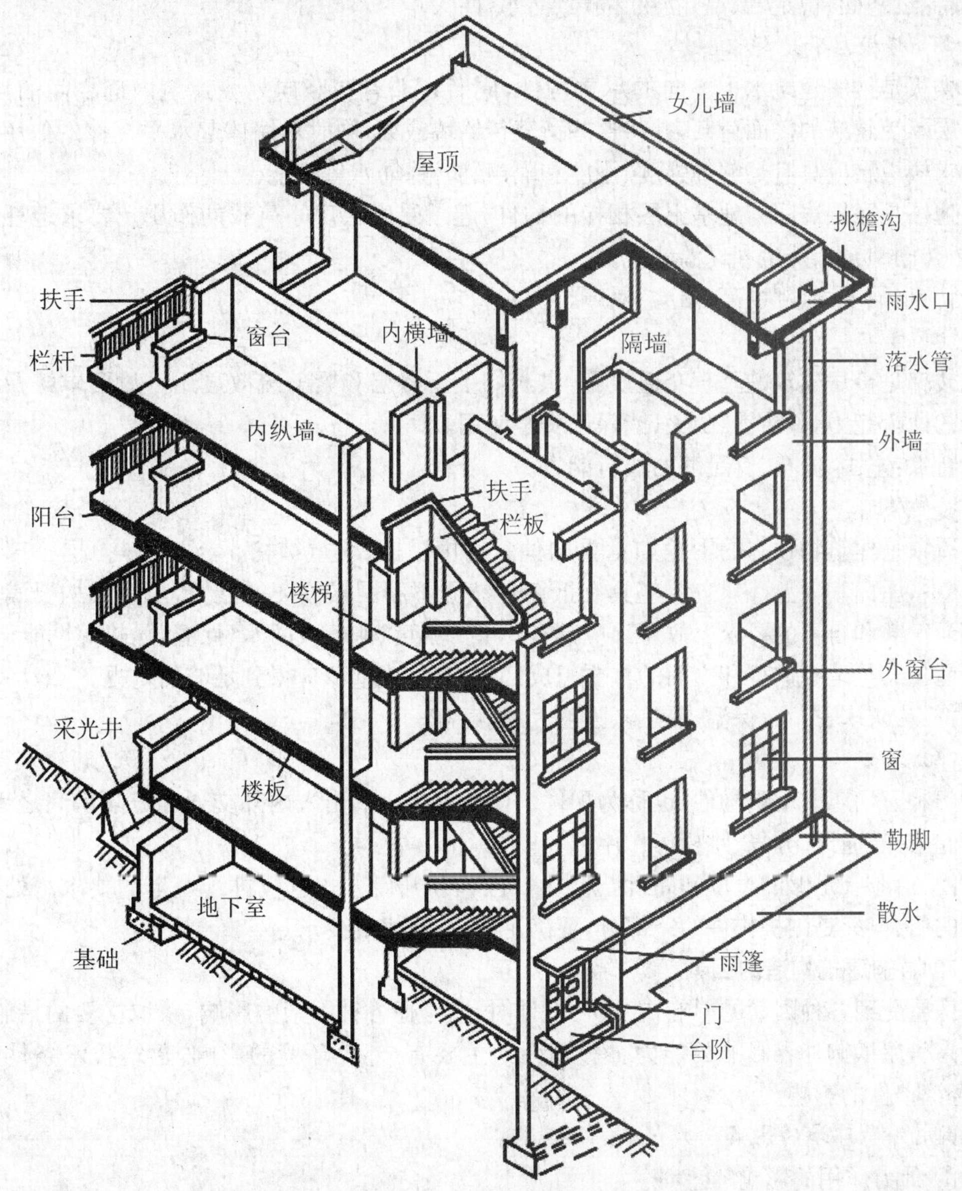


**图 1-11　民用建筑的构造组成**

(1) 基础

基础是建筑物最下部的承重构件，其作用是承受建筑物的全部荷载，并将这些荷载传给地基。因此，基础必须具有足够的强度，并能抵御地下各种有害因素的侵蚀。

特点：坚固、稳定、防水、防冻、防化学腐蚀。

(2) 墙或柱

墙或柱是建筑物的承重和围护构件。对于承重外墙，其作用是抵御自然界各种因素对室内的侵袭，承重内墙主要起承重和分隔内部空间的作用。在框架或排架结构的建筑物中，柱起承重作用，墙起围护和分隔作用。因此，要求墙体具有足够的强度、稳定性，并具备保温、隔热、防水、防火、耐久及经济等性能。

特点：坚固、稳定、保温、隔热、隔声、防水、防火。

(3) 楼板层和地坪

楼板是楼房建筑水平方向的承重构件，同时还兼有在竖向划分建筑内部空间的功能。楼板层承受建筑的楼面荷载，并将这些荷载传给墙或梁，同时对墙体起水平支撑的作用。因此要求楼板层应具有足够的强度、刚度和隔声、防潮、防水等性能。

地坪是底层房间与地基土层相接的构件，起承受底层房间荷载的作用。要求地坪具有耐磨、防潮、防水、防尘和保温的性能。

特点：强度大、刚度高、耐磨、隔声。

(4) 楼梯

楼梯是楼房建筑的垂直交通设施，供人们上下楼层和紧急疏散之用。故要求楼梯具有足够的通行能力，并防滑、防火，能保证安全使用。

特点：坚固、安全、有足够的通行能力。

(5) 屋顶

屋顶是建筑物顶部的围护和承重构件。它由屋面、承重结构、保温(隔热)层三部分组成，其中，屋面和保温(隔热)层应具有抵御自然界不利因素侵袭的能力，承重结构要满足承受屋面荷载和自重的要求。故屋顶应具有足够的强度、刚度及防水、保温、隔热等性能。

屋顶又是建筑体型和立面的重要组成部分，其外观形象应得到足够的重视。

特点：防水、排水、保温(隔热)、强度大、刚度高。

(6) 门窗

门和窗均属非承重构件，也称为配件。门主要供人们出入内外交通和分隔房间之用，窗主要起采光、通风、分隔、眺望等作用。

门、窗应有足够的宽度和高度，其数量、位置和开启方式也应符合规范的要求。处于外墙上的门、窗又是围护构件的一部分，要满足热工、防水的要求。

**2. 影响建筑构造的因素**

房屋受到各种因素的影响，在进行设计时，应考虑各种因素的影响，采取必要的措施，从而提高房屋抵御外界影响的能力。影响因素主要有：外界环境的影响，建筑技术条件的影响，经济条件的影响。

(1) 外界环境的影响

① 外力作用的影响

外力指对房屋结构产生效应的各种原因的总称，包括直接作用和间接作用。其中，直接作用指直接作用在结构上的荷载。荷载可分为恒荷载(如结构自重)和活荷载(如人、家具、风雪及地震荷载)两类。荷载的大小是建筑结构设计的主要依据，也是结构选型及构造设计的重要基础。间接作用指不是直接以力的形式出现的荷载，如温度变化、材料收缩、徐变、地基变形等。

地震是对建筑造成破坏的主要自然因素。地震震级是衡量一次地震释放能量大小的尺度。地震震级相差一级，地面振幅相差10倍，地震能量相差约32倍。一般小于2级，为微震；2～4级为有感地震；5级以上的地震，建筑物有不同程度的破坏，为破坏性地震；7～8级为强烈地震；8级以上为特大地震。

地震烈度是指地震对地表和建筑物影响的平均强弱程度。对于一次地震来说，只有一个震级，但不同地点所遭受影响的强弱程度却不同。震中烈度的高低，主要取决于地震震级和震源深度。震级大、震源浅，则震中烈度高。

② 气候条件的影响

我国各地区地理位置及环境不同，气候条件有许多差异。太阳的辐射，自然界的风、雨、雪、霜、地下水等构成影响建筑物的各种因素。故在进行构造设计时，应该针对建筑物所受影响的性质与程度，对各有关构件、配件及部位采取必要的防范措施，如防潮、防水、保温、隔热、设伸缩缝、设隔蒸汽层等，以防患于未然。

③ 各种人为因素的影响

如机械振动、化学腐蚀、噪声、爆炸、火灾等人为因素。可采取防振、隔声、防火、防燃等措施，避免房屋遭受不应有的损失。

(2) 建筑技术条件的影响

随着建筑材料、建筑结构、施工技术的不断发展，建筑构造技术也不断进步。悬索、薄壳、网架等空间结构建筑，点式玻璃幕墙，彩色铝合金等新材料吊顶，采光天窗中庭，等等，这些现代建筑设施的大量涌现，致使建筑构造没有一成不变的固定模式。在构造设计中要以构造原理为基础，在利用原有的、标准的、典型的建筑构造的同时，不断发展或创造新的构造方案。

(3) 经济条件的影响

随着建筑技术的不断发展和人们生活水平的日益提高，人们对建筑的使用要求也越来越高。建筑标准的变化带来建筑的质量标准、造价等也出现较大差别。对建筑构造的要求也将随着经济条件的改变而发生较大的变化。

**3. 建筑构造的设计原则**

(1) 满足房屋的各项使用功能要求

由于房屋的用处不同，所在地区不同，往往对建筑构造的要求也不相同。如：寒冷地区的房屋要解决好保温问题，炎热地区的房屋要解决好隔热和通风的问题；住宅要求隔声、保温、隔热；电影院要求吸声；X光室要求防射线；纺织车间要求保温、防尘；化肥车间要求防腐蚀，等等，应当根据房屋具体情况，综合运用有关技术知识，反复比较，选择合理的房屋构造设计方案。

(2) 确保结构安全

在设计时除按荷载大小进行结构计算，确保构件的必需尺寸外，还应保证构件的整体刚度和构件间连接的可靠性。对阳台、楼梯栏杆、顶棚、门窗与墙体的连接等构造设计，均必须保证建筑物构、配件在使用时的安全。

(3) 适应建筑工业化的需要

应积极推广先进技术，尽量采用各种新型建筑材料，采用标准设计，选择国家建筑标准设计图集的建筑构造，以适应建筑工业化的需要。

(4) 执行技术政策,做到经济合理

技术政策是国家在一定时期的政策性规定。如:减少木材在建筑上的使用,做到节约木材。在构造设计时,要从经济、社会和环境三个方面进行综合考虑。在降低工程造价,减少材料和能源消耗的同时,必须保证工程质量。

(5) 注重美观

建筑物的形象除了取决于建筑设计中的体型组合和立面处理外,一些建筑细部的构造设计对整体美观也有很大影响。

总之,在构造设计中,必须全面贯彻各项技术政策,做到满足功能、坚固实用、技术先进、经济合理、美观大方,选用最佳方案。

## 1.3.3 任务拓展

**1. 民用建筑的安全疏散**

民用建筑的安全出口应分散布置。每个防火分区、一个防火分区的每个楼层,其相邻2个安全出口最近边缘之间的水平距离不应小于5 m。

居住建筑单元任一层建筑面积大于650 $m^2$,或任一住户的户门至安全出口的距离大于15 m时,该建筑单元每层安全出口不应少于2个。当通廊式非住宅类居住建筑超过表1-6中的规定时,安全出口不应少于2个。

**表1-6 通廊式非住宅类居住建筑可设置一个安全出口的条件**

| 耐火等级 | 最多层数 | 每层最大建筑面积 | 人 数 |
|---|---|---|---|
| 一、二级 | 3层 | 500 $m^2$ | 第二层和第三层的人数之和不超过100人 |
| 三级 | 3层 | 200 $m^2$ | 第二层和第三层的人数之和不超过50人 |
| 四级 | 2层 | 200 $m^2$ | 第二层人数不超过30人 |

居住建筑的楼梯间设置形式应符合规定:通廊式居住建筑当建筑层数超过2层时应设封闭楼梯间;当户门采用乙级防火门时,可不设置封闭楼梯间。其他形式的居住建筑,当建筑层数超过6层或任一层建筑面积大于500 $m^2$时,应设置封闭楼梯间;当户门或通向疏散走道、楼梯间的门、窗为乙级防火门、窗时,可不设置封闭楼梯间。居住建筑的楼梯间宜通至屋顶,通向平屋面的门或窗应向外开启。

民用建筑的安全疏散距离应符合规定:直接通向疏散走道的房间疏散门至最近安全出口的距离应符合表1-7中的规定。直接通向疏散走道的房间疏散门至最近非封闭楼梯间的距离,当房间位于两个楼梯间之间时,应按表1-7的规定减少5 m;当房间位于袋形走道两侧或尽端时,应按表1-7的规定减少2 m。楼梯间的首层应设置直通室外的安全出口或在首层采用扩大封闭楼梯间。当层数不超过4层时,可将直通室外的安全出口设置在离楼梯间小于等于15 m处。房间内任一点到该房间直接通向疏散走道的疏散门的距离,不应大于表1-7中规定的袋形走道两侧或尽端的疏散门至安全出口的最大距离。

**表 1-7　直接通向疏散走道的房间疏散门至最近安全出口的最大距离**

单位：m

| 名　称 | 位于两个安全出口之间的疏散门 | | | 位于袋形走道两侧或尽端的疏散门 | | |
|---|---|---|---|---|---|---|
| | 耐火等级 | | | 耐火等级 | | |
| | 一、二级 | 三级 | 四级 | 一、二级 | 三级 | 四级 |
| 托儿所、幼儿园 | 25 | 20 | — | 20 | 15 | — |
| 医院、疗养院 | 35 | 30 | — | 20 | 15 | — |
| 学校 | 35 | 30 | — | 22 | 20 | — |
| 其他民用建筑 | 40 | 35 | 25 | 22 | 20 | 15 |

注：(1) 一、二级耐火等级的建筑物内的观众厅、多功能厅、餐厅、营业厅和阅览室等，室内任何一点至最近安全出口的直线距离不大于 30 m。

(2) 敞开式外廊建筑的房间疏散门至安全出口的最大距离可按本表增加 5 m。

(3) 建筑物内全部设置自动喷水灭火系统时，其安全疏散距离可按本表规定增加 25%。

(4) 房间内任一点到该房间直接通向疏散走道的疏散门的距离计算：住宅应为最远房间内任一点到户门的距离，跃层式住宅内户内楼梯的距离可按其梯段总长度的水平投影尺寸计算。

**2. 抗震设防分类**

根据《建筑抗震设计规范》(GB 50011－2001(2008 年版))的规定，建筑工程应分为以下四个抗震设防类别：

特殊设防类：指使用上有特殊设施，涉及国家公共安全的重大建筑工程，以及地震时可能发生严重次生灾害等特别重大灾害后果，需要进行特殊设防的建筑。简称甲类。

重点设防类：指地震时使用功能不能中断或需尽快恢复的生命线相关建筑，以及地震时可能导致大量人员伤亡等重大灾害后果，需要提高设防标准的建筑。简称乙类。

标准设防类：指大量的除特殊设防类、重点设防类、适度设防类以外按标准要求进行设防的建筑。简称丙类。

适度设防类：指使用上人员稀少且震损不致产生次生灾害，允许在一定条件下适度降低要求的建筑。简称丁类。

**3. 地震基本知识**

根据地震产生的原因，有火山地震、陷落地震、构造地震。其中，由于地壳运动，推挤地壳岩层使其薄弱部位发生断裂错动而引起的地震叫构造地震。构造地震破坏性最大，影响范围广，是房屋建筑抗震设防研究的主要对象。

地震发生时，在地球内部产生地震波的位置称为震源。震源到地面的垂直距离称为震源深度。震源在地表的垂直投影点称为震中。在地震影响范围内，地表某处至震中的距离称为震中距。地震可按震源的深浅划分：震源深度在 70 km 以内的为浅源地震；震源深度在 70～300 km 以内的为中源地震；震源深度超过 300 km 的为深源地震。我国发生的绝大部分地震都属于浅源地震。一般震源浅的地震破坏性大，震源深的地震破坏性小。

地震波分为体波和面波。体波又分纵波和横波。其中，纵波引起地面垂直振动，它的周期短，振幅小，波速快；横波引起地面水平振动，它的周期长，振幅大，波速慢。面波包括勒夫波和瑞利波。面波的质点振动方向比较复杂，既引起地面水平振动又引起地面垂直振动。它的波速慢，振动周期长，振幅大，只在地表附近传播，衰减慢，能传播到较远的地方。由此可见，当地震发生时，纵波首先到达，使房屋产生上下颠簸，接着横波到达，使房屋产生水平摇晃，一般当面波和横波都到达时，房屋振动最为剧烈。

国家有关部门根据全国各地地震地质构造和地震活动情况等，划定了“全国地震烈度区划图”，该区划图反映的是各地区的基本设防烈度。我国东临环太平洋地震带，南接欧亚地震带，地震分布相当广泛。我国主要地震带有两条：一是南北地震带。它北起贺兰山，向南经六盘山，穿越秦岭沿川西至云南省东北，纵贯南北。二是东西地震带。主要的东西构造带有两条，北面的一条沿陕西、山西、河北北部向东延伸，直至辽宁北部的千山一带；南面的一条，自帕米尔高原起，经昆仑山、秦岭，直到大别山区。

地震短期临震预报，是当今世界难以破解的难题。人类对地震孕育、发生、迁移的规律和前兆现象的复杂性还没有完全认识。根据建设部的要求，我国有关部门已开展抗震防灾规划的前期工作，其中包括：地震危险性评估；城市基础设施安全性评估；重视“城市生命线”工程，包括水、电、交通、通信等设施；对已建和新建房屋进行抗震性能评估和设防标准设定；避震疏散场所与通道的建设与改造等。城市抗震防灾规划应达到的防御目标是：当遭受相当于本地区地震基本烈度的地震影响时，城市生命线系统和重要设施基本正常运营；当遭受罕遇地震影响时，城市功能基本不瘫痪，无重大人员伤亡，不发生严重的次生灾害。

日本是地震多发国，全世界震级在里氏 6 级以上的地震中，20％以上发生在日本。1995 年，日本阪神发生 7.2 级大地震，造成 6000 余人死亡，直接经济损失达 1000 亿美元。自阪神地震后，日本进一步加强了对地震的防御措施。全国各地有许多“体验中心”，免费向市民开放。这些中心内有模拟火灾现场的烟雾走廊，还有模拟地震室供人们体验。人们可学习自救互救及心肺复苏等技能。在一些地震多发区，模拟地震室像健身房一样普及，使民众的防灾意识、知识储备和心理承受能力得到极大提高。在日本的许多家庭，都会备有一个专用的急救箱或包，里面放置了绳索、手电筒、止血绷带、消毒药水和瓶装水等物品，以备灾害突发时逃生自救或互救之用。

2001 年，印度古吉拉特邦发生里氏 7.9 级大地震，且是发生在大家都认为不会发生强震的地质构造上，造成了重大的财产和生命损失。地震发生后，一些地震学家惊呼：在印度已找不到安全的地区了！

我国《建筑抗震设计规范》(GB 50011－2001(2008 年版))规定，抗震设防烈度为 6 度及以上地区的建筑，必须进行抗震设计。抗震设防烈度是一个地区建筑抗震设防的依据。我国明确规范了“三水准”的抗震设防目标，概括为：小震不坏，中震可修，大震不倒。“可修”是指房屋出现破坏，如出现裂缝，但不影响房屋主体结构。“不倒”是指房屋主体结构破坏，但没有倒塌，人们可获得逃生机会。现行规范采用“两阶段”设计，实现三水准的设防目标。通过第一阶段的设计来满足第一水准“不坏”的设防要求，又可满足第二水准“损坏可修”的设防要求。通过第二阶段的设计来满足第三水准的防倒塌要求。

### 1.3.4 练习与提高

1.《高层民用建筑设计防火规范》中规定高层建筑的概念为(　)。

A. 9 层及 9 层以上的居住建筑(包括首层设置商业服务网点的住宅)，以及建筑高度超过 24 m 的公共建筑

B. 10 层及 10 层以上的居住建筑(包括首层设置商业服务网点的住宅)，以及建筑高

度超过 18 m 的公共建筑

C. 10 层及 10 层以上的居住建筑(包括首层设置商业服务网点的住宅),以及建筑高度超过 24 m 的公共建筑

D. 8 层及 8 层以上的居住建筑(包括首层设置商业服务网点的住宅),以及建筑高度超过 32 m 的公共建筑

2. 组成房屋的构件中,下列既属承重构件又是围护构件的是(　)。

A. 墙、屋顶　　B. 楼板、基础　　C. 屋顶、基础　　D. 门窗、墙

3. 设计使用年限为 3 类,其建筑正常使用年限是(　)。

A. 100 年　　B. 50 年　　C. 25 年　　D. 5 年

4. 组成房屋的围护构件有(　)。

A. 屋顶、门窗、墙(柱)　　B. 屋顶、楼梯、墙(柱)

C. 屋顶、门窗、楼梯　　D. 基础、门窗、墙(柱)

5. 建筑物的耐火极限是指在________条件下,________、________或________从受到火的作用时起,到失去稳定性、________或________的这段时间,用小时表示。

6. 建筑物的六大组成部分中属于非承重构件的是__________。

7. 建筑物最下部的承重构件是__________,它的作用是把房屋上部的荷载传递给________。

8. 影响建筑构造的主要因素有哪些?

9. 建筑物主要由哪些部分组成?各部分作用如何?

10. 建筑构造设计要遵循哪些原则?

## 1.4　任务 3:建筑模数及标注定位轴线

### 1.4.1　任务资讯

**1. 建筑标准化**

建筑业是我国国民经济的支柱产业之一,建造建筑物需要消耗大量的人力、物力和财力。建筑业要不断提高生产效率,逐步改变目前劳动力密集、手工作业的落后局面,最终实现建筑工业化。建筑工业化是指用现代工业的生产方式和管理手段来建造房屋,可以将分散、落后的手工业生产方式改变为集中、先进的现代化工业生产方式,能有效地降低人工消耗量,缩短施工周期,提高建筑质量。它从根本上改变了建筑业的生产方式。

建筑工业化的内容包括设计标准化、构配件生产工厂化、施工机械化和管理科学化。设计标准化是建筑工业化的前提,构配件生产工厂化是建筑工业化的基础,施工机械化是建筑工业化的关键,管理科学化是建筑工业化的保证。

建筑标准化主要包括两个方面:首先是应制定各种法规、规范、标准和指标,使设计有章可循;其次是在诸如住宅等大量性建筑的设计中推行标准化设计。标准化设计可以借助国家或地区通用的标准构配件图集来实现,设计者根据工程的具体情况选择标准构配件,避免

重复劳动。构配件生产厂家和施工单位也可以针对标准构配件的应用情况组织生产和施工,形成规模效益。

实行建筑标准化可以有效减少建筑构配件的规格,在不同的建筑中采用标准构配件,进而提高施工效率,保证施工质量,降低造价。

由于建筑设计单位、施工单位、构配件生产厂家是各自独立的企业,为了使建筑制品、建筑构配件和组合件实现工业化大规模生产,使不同材料、不同形式和不同制造方法的建筑构配件、组合件符合模数并具有较大的通用性和互换性,以加快设计速度,提高施工质量和效率,降低建筑造价,我国制定了《建筑模数统一协调标准》(GB J2—86),用以约束和协调建筑的尺度关系。

## 1.4.2 任务实施

**1. 建筑模数数列**

建筑模数是选定的标准尺度单位,作为建筑空间、建筑构配件、建筑制品以及有关设备尺寸相互协调中的增值单位。

基本模数是模数协调中选用的基本尺寸单位,其数值为 100 mm,符号为 M,即 1M=100 mm。整个建筑物和建筑物的一部分以及建筑组合件的模数化尺寸,应是基本模数的倍数。

导出模数分为扩大模数和分模数。扩大模数是基本模数的整数倍数。分模数是整数除基本模数的数值。

水平扩大模数基数为 3M、6M、12M、15M、30M、60M,其相应的尺寸分别为300 mm、600 mm、1200 mm、1500 mm、3000 mm、6000 mm;竖向扩大模数的基数为 3M 与6M,其相应的尺寸分别为 300 mm 和 600 mm。

分模数基数为 1/10M、1/5M、1/2M,其相应的尺寸分别为 10 mm、20 mm、50 mm。

模数协调是在基本模数或扩大模数基础上的尺度协调。不同类型的建筑物及其各组成部分间的尺寸统一与协调,应减少尺寸的范围以及使尺寸的叠加和分割有较大的灵活性,模数数列应按表 1-8 采用。在砖混结构住宅中,必要时,可采用 3400 mm、2600 mm 作为建筑参数。

**表 1-8 模数数列**

单位:mm

| 基本模数 | 扩大模数 | | | | | | 分模数 | | |
|---|---|---|---|---|---|---|---|---|---|
| 1M | 3M | 6M | 12M | 15M | 30M | 60M | 1/10M | 1/5M | 1/2M |
| 100 | 300 | 600 | 1200 | 1500 | 3000 | 6000 | 10 | 20 | 50 |
| 100 | 300 | | | | | | 10 | | |
| 200 | 600 | 600 | | | | | 20 | 20 | |
| 300 | 900 | | | | | | 30 | | |
| 400 | 1200 | 1200 | 1200 | | | | 40 | 40 | |
| 500 | 1500 | | | 1500 | | | 50 | | 50 |
| 600 | 1800 | 1800 | | | | | 60 | 60 | |

**续表 1-8**

| 基本模数 | 扩大模数 | | | | | | 分模数 | | |
|---|---|---|---|---|---|---|---|---|---|
| 1M | 3M | 6M | 12M | 15M | 30M | 60M | 1/10M | 1/5M | 1/2M |
| 700 | 2100 | | | | | | 70 | | |
| 800 | 2400 | 2400 | 2400 | | | | 80 | 80 | |
| 900 | 2700 | | | | | | 90 | | |
| 1000 | 3000 | 3000 | | 3000 | 3000 | | 100 | 100 | 100 |
| 1100 | 3300 | | | | | | 110 | | |
| 1200 | 3600 | 3600 | 3600 | | | | 120 | 120 | |
| 1300 | 3900 | | | | | | 130 | | |
| 1400 | 4200 | 4200 | | | | | 140 | 140 | |
| 1500 | 4500 | | | 4500 | | | 150 | | 150 |
| 1600 | 4800 | 4800 | 4800 | | | | 160 | 160 | |
| 1700 | 5100 | | | | | | 170 | | |
| 1800 | 5400 | 5400 | | | | | 180 | 180 | |
| 1900 | 5700 | | | | | | 190 | | |
| 2000 | 6000 | 6000 | 6000 | 6000 | 6000 | 6000 | 200 | 200 | 200 |
| 2100 | 6300 | | | | | | | 220 | |
| 2200 | 6600 | 6600 | | | | | | 240 | |
| 2300 | 6900 | | | | | | | | 250 |
| 2400 | 7200 | 7200 | 7200 | | | | | 260 | |
| 2500 | 7500 | | | 7500 | | | | 280 | 250 |
| 2600 | | 7800 | | | | | | 300 | 300 |
| 2700 | | 8400 | 8400 | | | | | 320 | |
| 2800 | | 9000 | | 9000 | 9000 | | | 340 | |
| 2900 | | 9600 | 9600 | | | | | | 350 |
| 3000 | | | | 10500 | | | | 360 | |
| 3100 | | | 10800 | | | | | 380 | |
| 3200 | | | 12000 | 12000 | 12000 | 12000 | | 400 | 400 |
| 3300 | | | | | 15000 | | | | 450 |
| 3400 | | | | | 18000 | 18000 | | | 500 |
| 3500 | | | | | 21000 | | | | 550 |
| 3600 | | | | | 24000 | 24000 | | | 600 |
| | | | | | 27000 | | | | 650 |

续表 1-8

| 基本模数 | 扩大模数 | | | | | | 分模数 | | |
|---|---|---|---|---|---|---|---|---|---|
| 1M | 3M | 6M | 12M | 15M | 30M | 60M | 1/10M | 1/5M | 1/2M |
| | | | | | 30000 | 30000 | | | 700 |
| | | | | | 33000 | | | | 750 |
| | | | | | 36000 | 36000 | | | 800 |
| | | | | | | | | | 850 |
| | | | | | | | | | 900 |
| | | | | | | | | | 950 |
| | | | | | | | | | 1000 |

水平基本模数 1M 至 20M 的数列，应主要用于门窗洞口和构配件截面等处。竖向基本模数 1M 至 36M 的数列，主要用于建筑物的层高、门窗洞口和构配件截面等处。

水平扩大模数 3M、6M、12M、15M、30M、60M 的数列，应主要用于建筑物的开间或柱距、进深或跨度、构配件尺寸和门窗洞口等处。竖向扩大模数 3M 数列，主要用于建筑物的高度、层高和门窗洞口等处。

分模数 1/10M、1/5M、1/2M 的数列，主要用于缝隙、构造节点、构配件截面等处。

**2. 几种尺寸**

为保证建筑物配件的安装与有关尺寸间的相互协调，在建筑模数协调中把尺寸分为标志尺寸、构造尺寸、实际尺寸和技术尺寸。

标志尺寸：应符合模数数列的规定，用以标注建筑物定位轴线或定位面之间的距离（如开间或柱距、进深或跨度、层高等），还可用于标注建筑构配件、建筑组合件、建筑制品等之间的尺寸。

构造尺寸：指建筑构配件、建筑组合件、建筑制品等的设计尺寸。一般情况下，标志尺寸减去缝隙尺寸即为构造尺寸。

实际尺寸：指建筑构配件、建筑组合件、建筑制品等生产制作后的实有尺寸。

技术尺寸：指建筑功能、工艺技术和结构条件在经济上处于最优状态下所允许采用的最小尺寸数值，通常是指建筑构配件的截面或厚度。

标志尺寸、构造尺寸、缝隙尺寸三者之间的关系如图 1-12 所示。

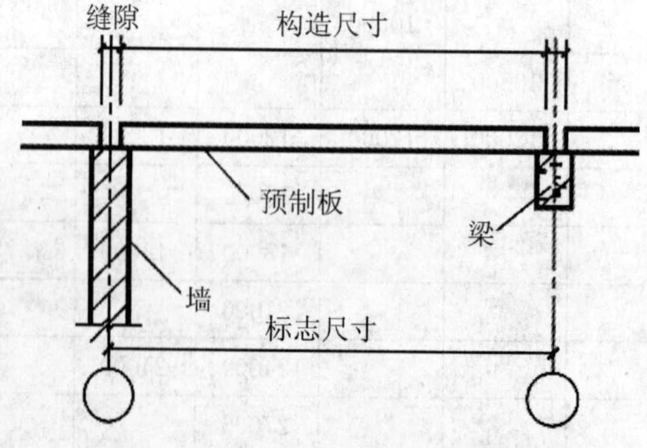


**图 1-12　标志尺寸＝构造尺寸＋缝隙尺寸**

**3. 定位轴线**

定位轴线是确定建筑构配件位置及相互关系的基准线。

定位轴线应用细点画线绘制。定位轴线一般应编号，编号应注写在轴线端部的圆内。圆应用细实线绘制，直径为 8～10 mm。定位轴线圆的圆心，应在定位轴线的延长线上或延长线的折线上。

平面图上定位轴线的编号，宜标注在图样的下方与左侧。横向编号应用阿拉伯数字，从左至右顺序编写；竖向编号应用大写拉丁字母，从下至上顺序编写，如图 1-13 所示。拉丁字母的 I、O、Z 不得用做轴线编号。如字母数量不够使用，可增用双字母或单字母加数字注脚，如 $A_A$，$B_A$，…，$Y_A$ 或 $A_1$，$B_1$，…，$Y_1$。

组合较复杂的平面图中定位轴线也可采用分区编号，如图 1-14 所示，编号的注写形式为“分区号—该分区编号”。分区号采用阿拉伯数字或大写拉丁字母表示。

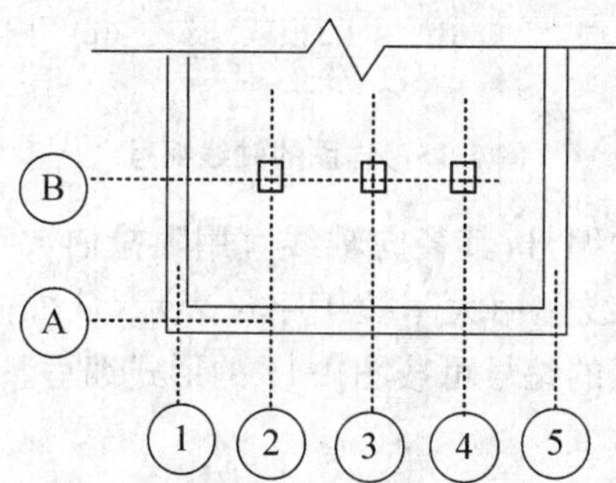

**图 1-13　定位轴线的编号顺序**

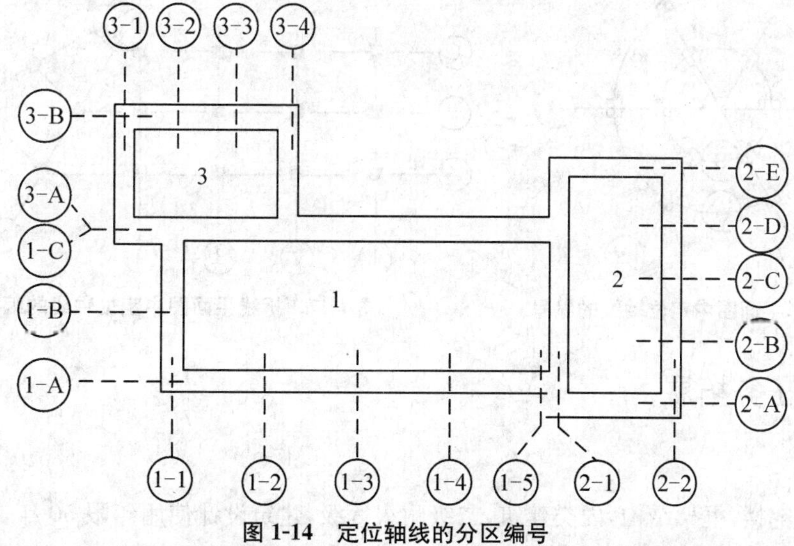

**图 1-14　定位轴线的分区编号**

在建筑设计中经常把一些次要的建筑部件用附加轴线进行编号，如非承重墙、装饰柱等。附加轴线应以分数表示，采用在轴线圆内设通过圆心的 45°斜线的方式，并应按规定编写：两根轴线之间的附加轴线，应以分母表示前一轴线的编号，分子表示附加轴线的编号，编号宜用阿拉伯数字顺序编号。如：

(1/2)：表示 2 号轴线之后附加的第一根轴线。

$\frac{3}{C}$:表示 C 号轴线之后附加的第三根轴线。

1 号轴线或 A 号轴线之前的附加轴线应以分母 01、0A 分别表示。如:

$\frac{1}{01}$:表示 1 号轴线之前附加的第一根轴线。

$\frac{3}{0A}$:表示 A 号轴线之前附加的第三根轴线。

一个详图适用于几根轴线时,应同时注明各有关轴线的编号,如图 1-15 所示。

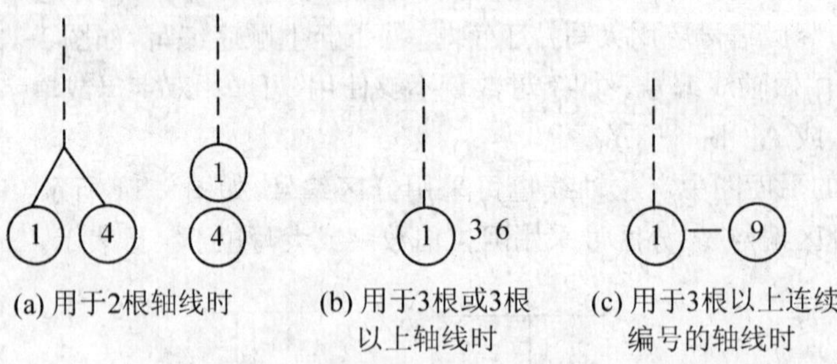


**图 1-15 详图的轴线编号**

圆形平面图中定位轴线的编号,其径向轴线宜用阿拉伯数字表示,从左下角开始,按逆时针方向顺序编写;其圆周轴线宜用大写拉丁字母表示,从外向内顺序编写,如图 1-16 所示。折线形平面图中定位轴线的编号可按图 1-17 的形式编写。

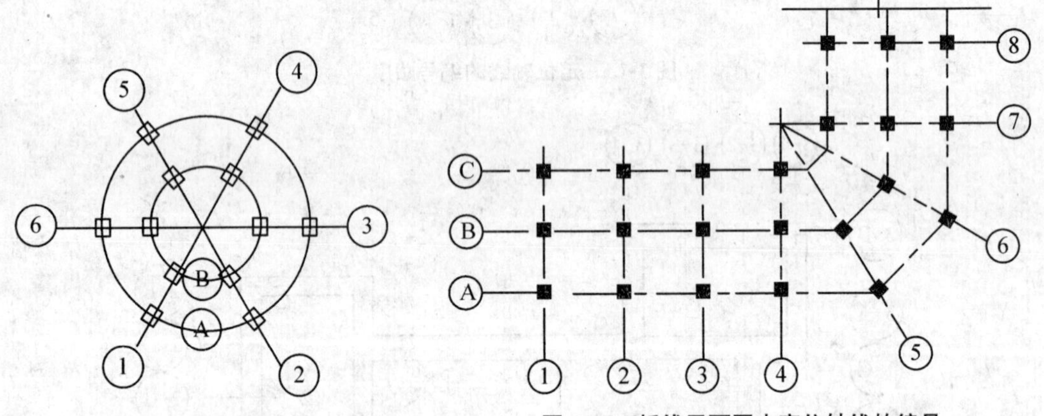


**图 1-16 圆形平面图中定位轴线的编号**　　**图 1-17 折线平面图中定位轴线的编号**

## 1.4.3 任务拓展

**案例**

某市住宅楼,框架结构,丙类建筑,二级耐火等级,建筑设计使用年限 50 年,三级防火等级,建筑面积约 6099.06 $m^2$。

图 1-18 为该住宅楼底层平面图,比例 1∶100。图中所注标高以米为单位,尺寸以毫米为单位①。用定位轴线确定房屋各承重构件的位置。从左向右按横向编号的有 1~11,共 11 根定位轴线,并在轴线 1、2、4、5、6、7、10 之后,分别有一根附加轴线。从下向上按竖向编号

①:工程中,长度、宽度、厚度等的单位为 mm 时,一般省略单位的注写,本书中尺寸的标注、说明遵循这一惯例。

的有 A～D,共 4 根定位轴线。

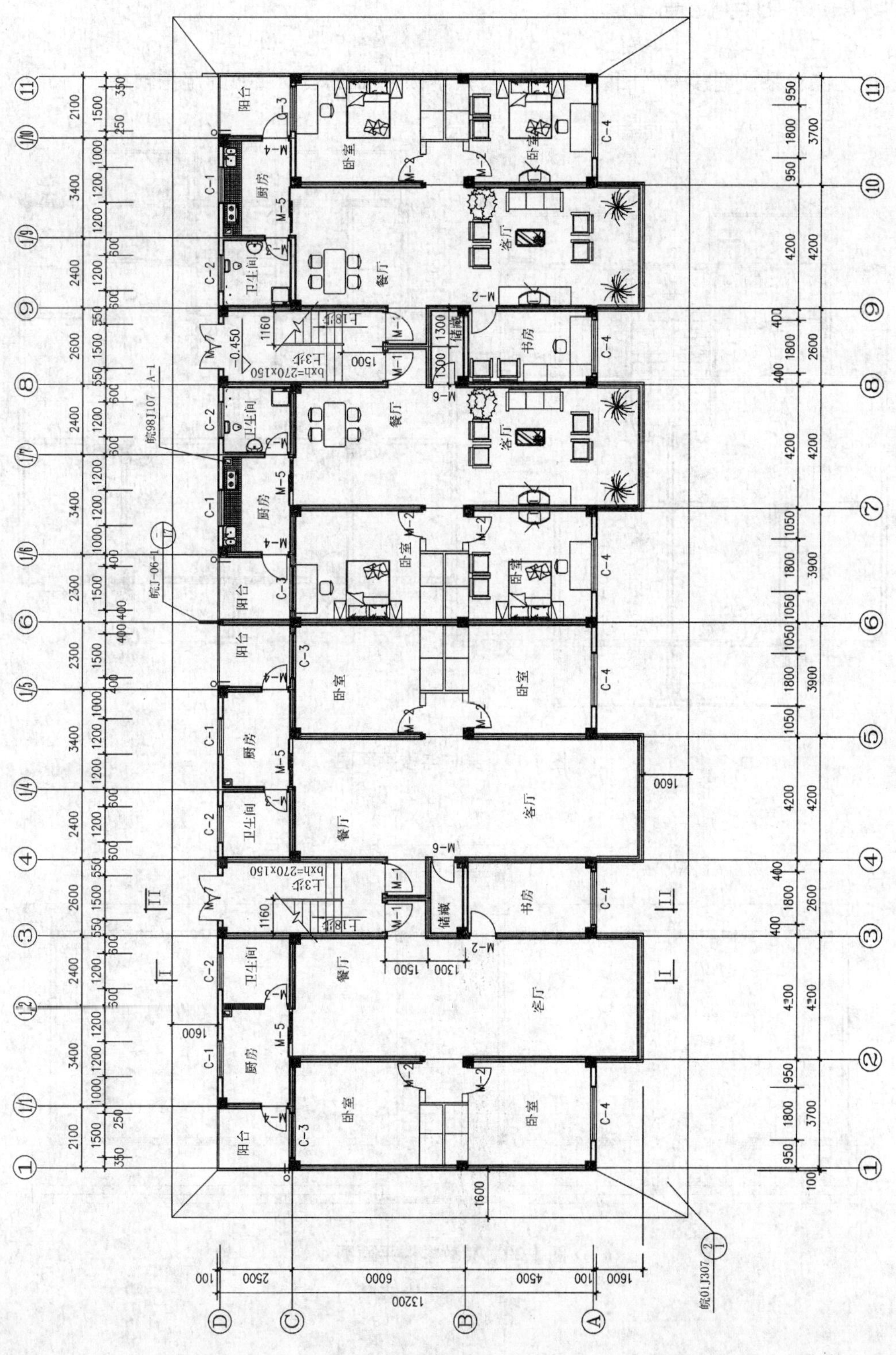


**图 1-18　底层平面图**

## 1.4.4 练习与提高

试标注出某住宅楼平面图(图 1-19)、某教学楼平面图(图 1-20)的定位轴线。

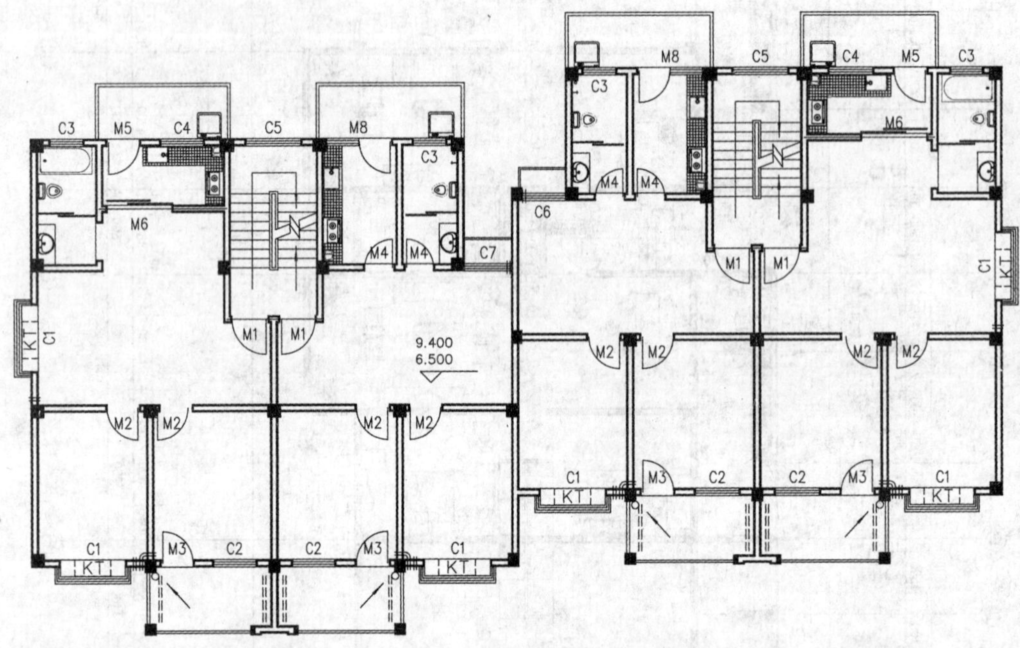


图 1-19 某住宅楼平面图

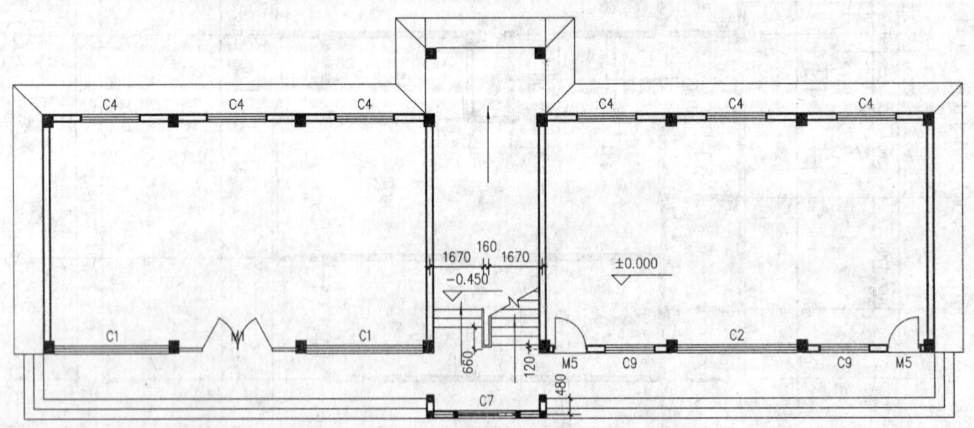


图 1-20 某教学楼平面图

# 学习情境 2　基础与地下室

## 2.1　学习情境描述

### 2.1.1　学习目标

完成本学习情境后,你应当能:

(1) 运用所学知识,对照基础施工图确定各基础的类型及埋置深度。

(2) 分析影响基础埋置深度的因素。

(3) 在教师指导下,识读基础平面图及详图。

### 2.1.2　学习任务

具体学习任务与任务驱动如表 2-1 所示。

表 2-1　学习任务与任务驱动

| 序　号 | 学习任务 | 任务驱动 |
|---|---|---|
| 1 | 基础的埋置深度 | 对照图纸确定各基础的埋置深度是多少 |
| 2 | 基础类型 | (1) 对照图纸确定各基础的类型。<br>(2) 分析教学楼、男女生公寓基础的类型。<br>(3) 识读基础平面图及详图 |
| 3 | 地下室防潮防水的构造处理 | (1) 如何确定地下室应该防潮还是防水?<br>(2) 地下室防潮防水如何处理? |

## 2.2　任务 1:基础的埋置深度

### 2.2.1　任务资讯

**1. 基础与地基**

(1) 基础

基础是将结构所承受的各种作用传递到地基上的结构组成部分。基础的作用是承受上部结构的全部荷载，并把它传给地基。基础是建筑物的组成部分。

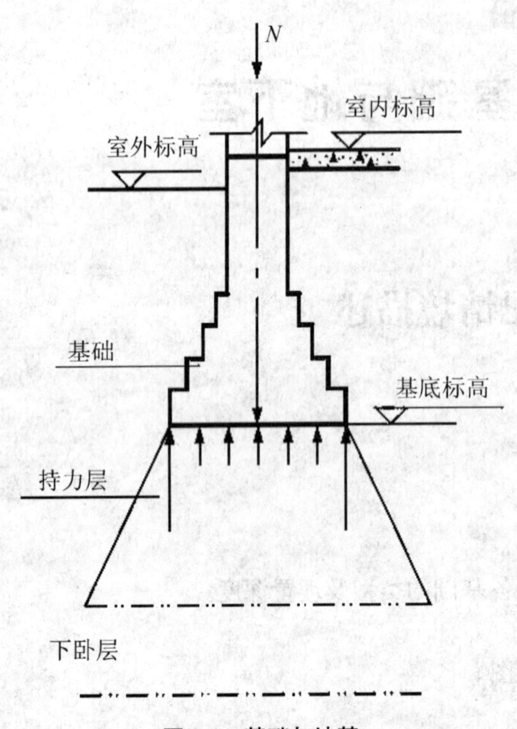

图 2-1 基础与地基

基础是建筑物的主要承重构件，处在建筑物地面以下，属于隐蔽工程。基础质量的好坏，关系着建筑物的安全问题。建筑设计中合理地选择基础极为重要。

(2) 地基

地基为支承基础的土体或岩体。地基不是建筑物的组成部分。基础与地基的关系如图 2-1 所示。

地基具有一定的地耐力，直接支承基础，持有一定承载能力的土层称为持力层。持力层以下的土层称为下卧层。地基土层在荷载作用下产生的变形，随着土层深度的增加而减少，到一定深度时可忽略不计。

地基按土层性质不同，分为天然地基和人工地基两大类。凡天然土层具有足够的承载能力，不需经人工改良或加固，可直接在上面建造建筑物的地基为天然地基。当建筑物上部的荷载较大或地基土层的承载能力较弱时，为提高地基土的承载力，改善其变形性质或渗透性质而采取人工方法加固的为人工地基。人工地基加固的方法主要有预压法、强夯法、换填垫层法、振冲法、灰土挤密法、单液硅化法等。

换填垫层法是挖去地表浅层软弱土层或不均匀土层，回填坚硬较粗粒径的材料，并夯压密实，形成垫层的地基处理方法。适用于浅层软弱地基及不均匀地基的处理。

预压法是对地基进行堆载或真空预压，使地基土固结的地基处理方法。适用于处理淤泥质土、淤泥和冲填土等饱和黏性土地基。

强夯法是反复将夯锤提到高处使其自由落下，给地基以冲击和振动能量，将地基土夯实的地基处理方法。适用于处理碎石土、砂土、低饱和度的粉土与黏性土、湿陷性黄土、素填土和杂填土等地基。

振冲法是在振冲器水平振动和高压水的共同作用下，使松砂土层振密，或在软弱土层中成孔，然后回填碎石等粗粒料形成桩柱，并和原地基土组成复合地基的地基处理方法。适用于处理砂土、粉土、粉质黏土、素填土和杂填土等地基。

灰土挤密法是利用横向挤压成孔设备成孔，使桩间土得以挤密，用灰土填入桩孔内分层夯实形成灰土桩，并与桩间土组成复合地基的地基处理方法。适用于处理地下水位以上的湿陷性黄土、素填土和杂填土等地基，可处理地基的深度为 5～15 m。

单液硅化法是将硅酸钠溶液注入地基土层中，使土粒之间及其表面形成硅酸凝胶薄膜，以增强土颗粒间的粘结，赋予土耐水性、稳固性和不湿陷性，并提高土的抗压和抗剪强度的地基处理方法。适用于处理地下水位以上渗透系数为 0.10～2.00 m/d 的湿陷性黄土等地基。

**2. 地基基础设计**

地基基础设计，必须坚持因地制宜、就地取材、保护环境和节约资源的原则，根据岩土工程勘察资料，综合考虑结构类型、材料情况与施工条件等因素，精心设计。

根据地基复杂程度、建筑物规模和功能特征以及由于地基问题可能造成建筑物破坏或影响正常使用的程度，将地基基础设计分为三个设计等级，设计时应根据具体情况，按表 2-2 选用。

**表 2-2　地基基础设计等级**

| 设计等级 | 建筑类型 |
| --- | --- |
| 甲级 | (1) 重要的工业与民用建筑物；<br>(2) 30 层以上的高层建筑；<br>(3) 体型复杂、层数相差超过 10 层的高低层连成一体的建筑物；<br>(4) 大面积的多层地下建筑物（如地下车库、商场、运动场等）；<br>(5) 对地基变形有特殊要求的建筑物；<br>(6) 复杂地质条件下的坡上建筑物（包括高边坡）；<br>(7) 对原有工程影响较大的新建建筑物；<br>(8) 场地和地基条件复杂的一般建筑物；<br>(9) 位于复杂地质条件及软土地区的二层及二层以上地下室的基坑工程 |
| 乙级 | 除甲级、丙级以外的工业与民用建筑物 |
| 丙级 | (1) 场地和地基条件简单、荷载分布均匀的 7 层及 7 层以下的民用建筑及一般工业建筑物；<br>(2) 次要的轻型建筑物 |

为了保证建筑物的安全与正常使用，根据建筑物地基基础设计等级及长期荷载作用下地基变形对上部结构的影响程度，地基基础设计应符合以下规定：

(1) 地基应具有足够的强度

所有建筑物的地基均应进行地基承载力计算，以防止地基土因强度不足而引发剪切破坏和丧失稳定性。

(2) 控制地基变形在允许范围以内

地基变形要求不超过规定的地基变形允许值，以免引起基础和上部结构的损坏或影响建筑物的正常使用，对设计等级为甲级、乙级的建筑物，均应进行地基变形计算。

(3) 选取合理的地基基础类型

在保证建筑物的安全和正常使用的条件下，应尽量选用天然地基上的浅基础，以降低基础工程造价。但为节约用地或特殊情况下，也会选用工程性质较差，需经人工加固处理的地基或采用深基础。基础的材料、形式、构造和尺寸，除应能适应上部结构，符合使用要求，满足地基承载力、稳定性和变形要求外，还应满足对基础结构的强度、刚度和耐久性的要求。

## 2.2.2　任务实施

**1. 基础的埋置深度**

基础的埋置深度是指室外设计地面至基础底面的垂直距离，简称基础埋深（见图 2-2）。

在满足地基稳定和变形要求的前提下，基础宜浅埋，当上层地基的承载力大于下层土时，宜利用上层土作持力层。但当基础埋深过小时，有可能在地基受到压力后，把基础四周的土挤出，使基础产生滑移而失去稳定，同时易受到自然因素的侵蚀和影响，使基础破坏，故除岩石地基外，基础埋深不宜小于 0.5 m。

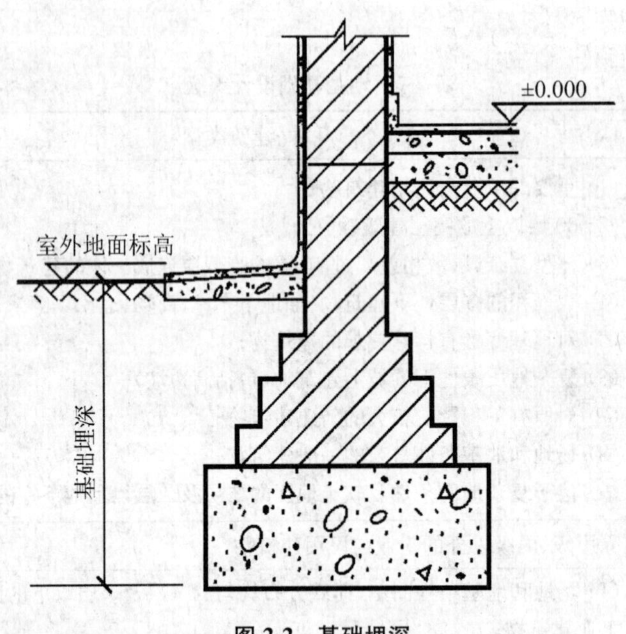


图 2-2 基础埋深

**2. 影响基础埋深的因素**

基础埋深的大小关系到基础的可靠性、施工的难易程度及工程造价的高低。影响基础埋深的因素很多，其主要影响因素如下：

(1) 建筑物的用途

当建筑物设置地下室、设备基础或地下设施时，基础埋深应满足其使用要求。高层建筑基础埋深应随建筑高度增加适当增大，才能满足地基承载力、变形和稳定性要求。一般高层建筑的基础埋置深度为地面以上建筑物总高度的 1/10。

(2) 作用在地基上的荷载大小和性质

一般荷载较大时应加大基础的埋深。受上拔力的基础，应有较大埋深以满足抗拔力的要求。

(3) 工程地质条件

工程地质条件往往对地基基础设计方案起到决定性作用。应当选择地基承载力高的坚硬土层作为地基持力层。

地基由多层土组成，各土层的地基承载力大小不等。在满足地基稳定性和变形要求的前提下，基础应尽量浅埋，但通常不应浅于 0.5 m。如浅层土作持力层不能满足要求，可考虑深埋，但应与其他方案比较。当软弱土层较薄，厚度小于 2 m 时，应将软弱土挖除，将基础置于下层坚硬土层上。当软弱土层厚度在 2～4 m 时，对于多层房屋可考虑采用扩大基底面积，降低基底应力，加强上部结构刚度的方法，把基础埋置在软弱土层上。当软弱土层厚度大于 5 m 时，可采用人工地基加固处理或桩基础方案。

按地基条件选择基础埋深时，还要求考虑如何减少地基不均匀沉降。当地基土层分布明显不均匀或上部荷载相差较大时，同一建筑物可采用不同的基础埋深来满足沉降均匀性要求。

(4) 水文地质条件

确定地下水的常年水位和最高水位，以便选择基础的埋深。基础宜埋置在地下水位以上，以避免地下水对基坑开挖、基础施工的影响。当必须埋在地下水位以下时，应采取保证地基土在施工时不受扰动的措施。如应考虑施工期间的基坑降水，坑壁支撑以及是否将产生流沙、涌土等问题。对于侵蚀性的地下水，应采用抗侵蚀的水泥和相应的措施。对于有地下室的建筑，设计时还应考虑地下水对地下室底板的浮力和静水压力的作用以及底板的抗渗透问题。

(5) 相邻建筑物的基础埋深

当存在相邻建筑物时，新建建筑物的基础埋深不宜大于原有建筑基础。当埋深大于原有建筑基础时，两基础间应保持一定净距，其数值应根据原有建筑荷载大小、基础形式和土质情况确定，一般为 1～2 倍两相邻基础底面标高高差，即 $L \geqslant (1\sim2)\Delta H$(见图 2-3)。当上述要求不能满足时，应采取分段施工、设临时加固支撑、打板桩、地下连续墙等施工措施，或加固原有建筑物地基，以保证原有建筑物的安全和正常使用。

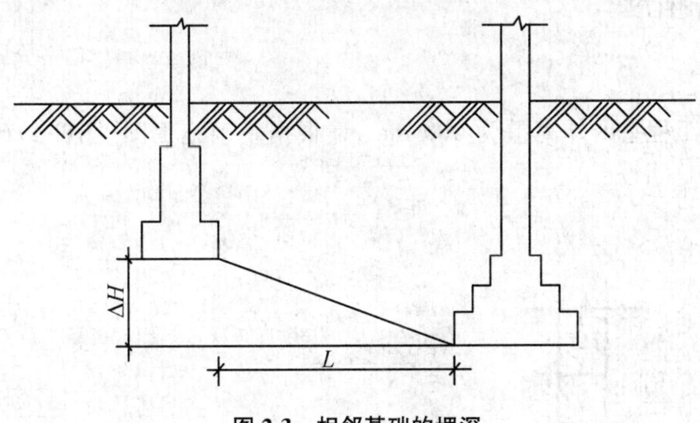


**图 2-3　相邻基础的埋深**

(6) 地基土冻胀和融陷

气温降至 0 ℃以下时，土中水分冻结，使土体积增大的现象称为冻胀。温度升至 0 ℃以上时，土中冰晶体融化，使土体松软，含水量增大，强度降低，产生附加沉降，称为融陷。季节性冰冻地区冬天土层的冻胀，冻胀力会将基础向上拱起；天气转暖，冻土解冻时，基础又会产生陷落，使基础处于不稳定状态。反复出现冻融现象，会使建筑物产生变形，甚至会导致出现裂缝、倾斜等破坏情况。因此，应根据当地的气候条件了解土层的冻结深度，一般将基础的垫层部分做在土层冻结深度以下。

冻结土体积膨胀的大小与土中含水量、土颗粒大小、地下水位高低有关。地下水位越高，冻胀越严重；含水率相同时，土颗粒大的膨胀小。根据地基土的类别、天然含水量大小、水位高低和平均冻胀率，可将地基土分为不冻胀、弱冻胀、冻胀、强冻胀和特强冻胀五类。对于不冻胀土的基础埋深，可不考虑冻胀的影响。

**3. 地基防冻害措施**

在冻胀、强冻胀、特强冻胀地基上，应采用下列防冻害措施：

(1) 对在地下水位以上的基础,基础侧面应回填非冻胀性的中砂或粗砂,其厚度不应小于10 cm。对在地下水位以下的基础,可采用桩基础、自锚式基础(冻土层下有扩大板或扩底短桩)或采取其他有效措施。

(2) 宜选择地势高、地下水位低、地表排水良好的建筑场地。对低洼场地,宜在建筑四周向外一倍冻深距离范围内,使室外地坪至少高出自然地面 300~500 mm。

(3) 防止雨水、地表水、生产废水、生活污水浸入建筑地基,应设置排水设施。在山区应设截水沟或在建筑物下设置暗沟,以排走地表水和潜水流。

(4) 在强冻胀性和特强冻胀性地基上,其基础结构应设置钢筋混凝土圈梁和基础梁,并控制上部建筑的长高比,增强房屋的整体刚度。

(5) 当独立基础连系梁下或桩基础承台下有冻土时,应在梁或承台下留有相当于该土层冻胀量的空隙,以防止因土的冻胀将梁或承台拱裂。

(6) 外门斗、室外台阶和散水坡等部位宜与主体结构断开,散水坡分段不宜超过1.5 m,坡度不宜小于3%,其下宜填入非冻胀性材料。

(7) 对跨年度施工的建筑,入冬前应对地基采取相应的防护措施;按采暖设计的建筑物,当冬季不能正常采暖时,也应对地基采取保温措施。

## 2.2.3 任务拓展

**案例 1**

已知某基础工程室内外高差为 450 mm,请根据基础施工图(图 2-4)确定基础的埋置深度。

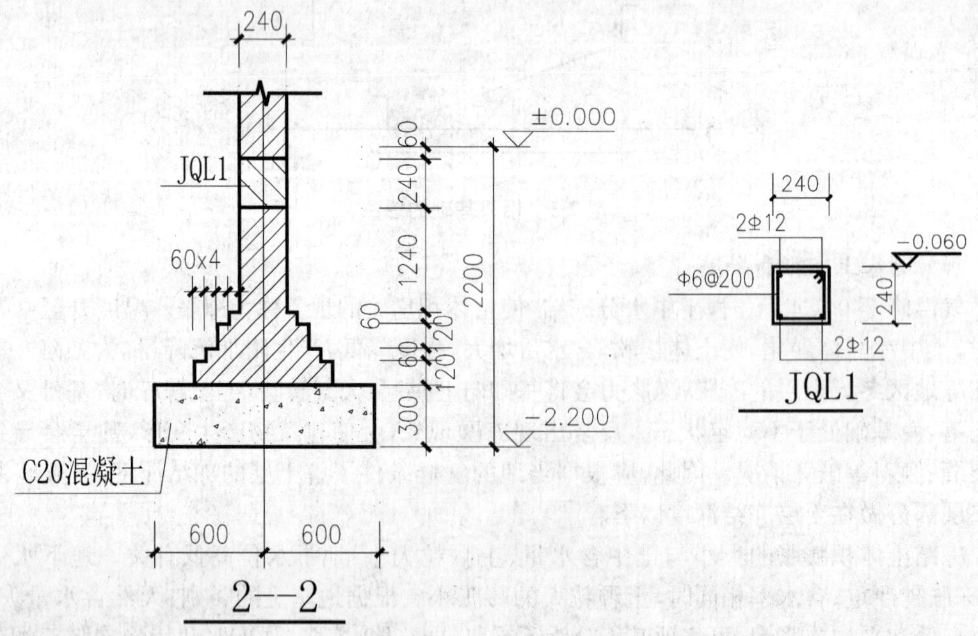


**图 2-4 基础施工图(案例 1)**

图示分析:该基础为条形砖基础,砖基础大放脚的砌筑方式为"二・一"兼收,条形基础宽度为 1200 mm，垫层为 C20 混凝土，厚度为 300 mm。基础圈梁截面尺寸为 240 mm×240 mm，内配 4Φ12 纵筋，箍筋Φ6@200。基础埋置深度为 1.75 m。

**案例 2**

请根据基础施工图(图 2-5)确定某基础的埋置深度。

| 基础编号 | 柱断面 | | 基础平面尺寸 | | | | | | 基础高度 | | | 基础底板配筋 | |
|---|---|---|---|---|---|---|---|---|---|---|---|---|---|
| | b | h | A | a1 | a2 | B | b1 | b2 | Hj | h1 | h2 | ④ | ⑤ |
| ZJ5 | 400 | 400 | 2400 | 675 | 300 | 2400 | 675 | 300 | 600 | 300 | 300 | 13Φ16@200 | 13Φ16@200 |
| ZJ6 | 400 | 400 | 3000 | 775 | 500 | 3000 | 775 | 500 | 600 | 300 | 300 | 16Φ16@200 | 16Φ16@200 |

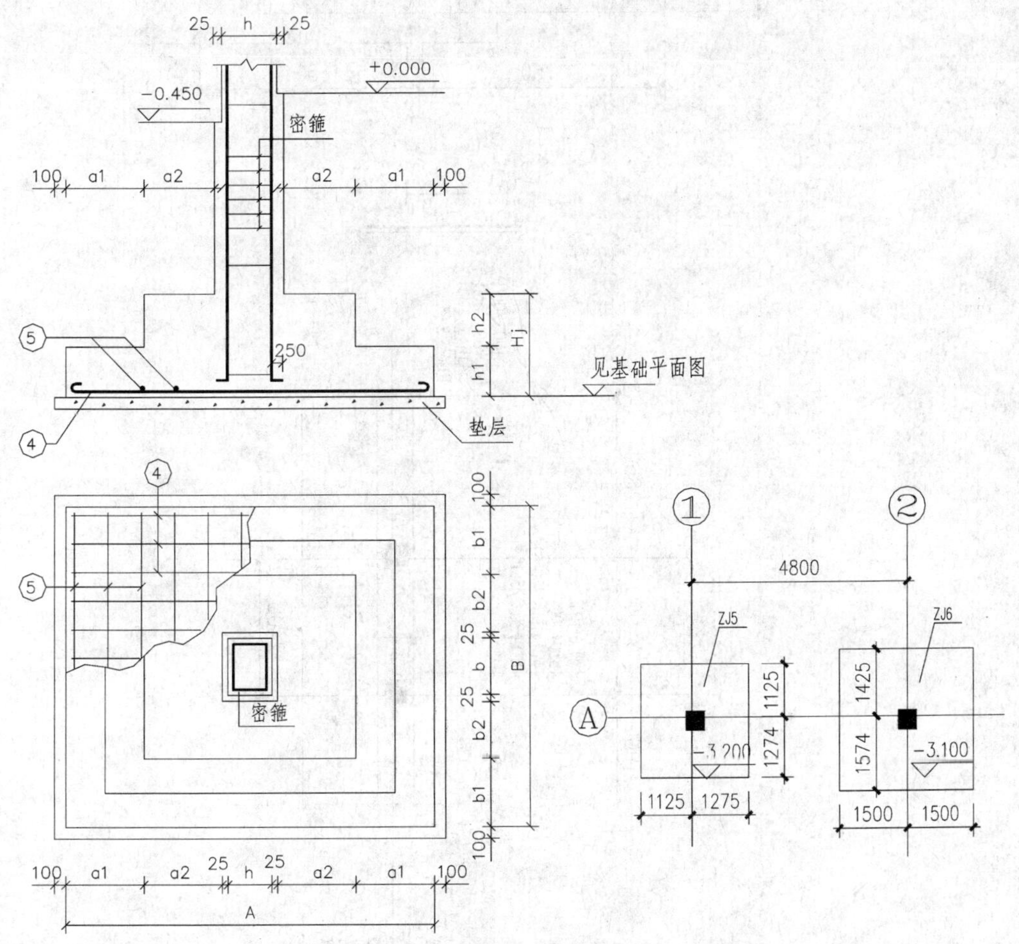


图 2-5　基础施工图(案例 2)

图示分析：基础为钢筋混凝土独立柱基础，室内外高差为 450 mm。其中，基础编号 ZJ5 的基底截面尺寸为 2400 mm×2400 mm，基础高度为 600 mm，基础底板配筋为双向 13Φ16@200，基底标高为－3.200 m，基础埋置深度为 2.75 m。基础编号 ZJ6 的基底截面尺寸为 3000 mm×3000 mm，基础高度为 600 mm，基础底板配筋为双向 16Φ16@200，基底标高为－3.100 m，基础埋置深度为 2.65 m。

**案例 3**

已知某基础工程室内外高差为 450 mm，请根据基础施工图(图 2-6)确定基础的埋置深度。

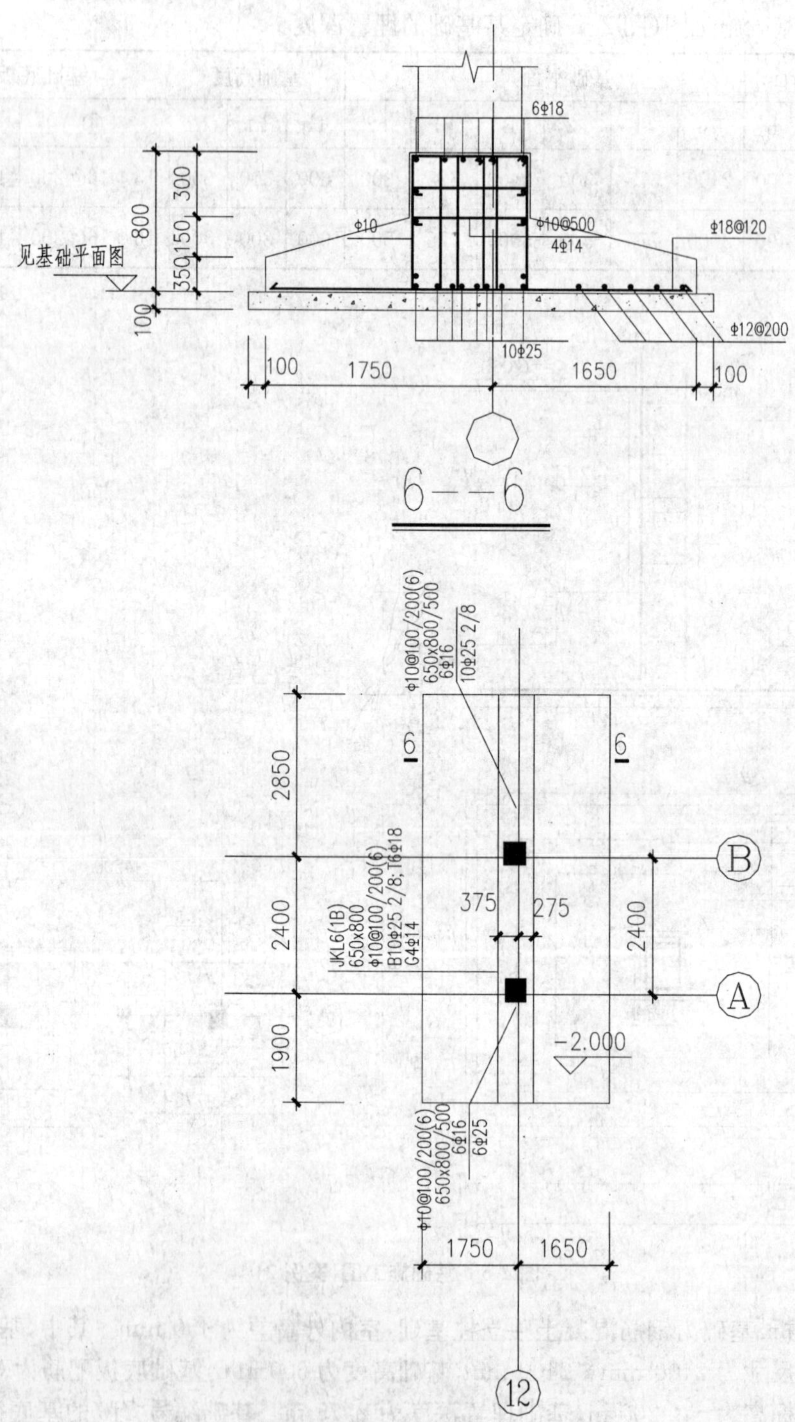


图 2-6 基础施工图(案例 3)

图示分析：基础为钢筋混凝土柱下条形基础，室内外高差为 450 mm。JKL6(1B)为基础框架梁，编号为6，1跨两端悬挑。截面尺寸650 mm×800 mm。φ10@100/200(6)为箍筋，直径10 mm，钢筋等级为Ⅰ级，加密区间距100 mm，非加密区间距200 mm，6肢箍。梁底部配10Φ25 2/8，即10根，直径25 mm，钢筋等级为Ⅱ级，第1排放2根，第2排放8根。梁顶部配6Φ18，即6根，直径18 mm，钢筋等级为Ⅱ级。梁中部侧面构造筋配4Φ14，即梁中部侧面每边放2根直径14 mm、钢筋等级为Ⅱ级的构造筋。一端悬挑尺寸为1900 mm，截面尺寸为650 mm×800/500 mm，表明悬挑端为变截面梁，梁宽度为650 mm，梁根部高度为800 mm，端部高度为500 mm。梁顶部配6Φ16，底部配6Φ25。箍筋为φ10@100/200(6)。另一端悬挑尺寸为1850 mm，截面尺寸为650 mm×800/500 mm。梁顶部配6Φ16，底部配10Φ25 2/8。箍筋为φ10@100/200(6)。基础底部垫层厚度100 mm，基础板底沿长度7150 mm方向配置的钢筋为Φ18@120，沿宽度3400 mm方向配置的钢筋为Φ12@200。基础埋置深度为1.55 m。

## 2.2.4　练习与提高

1. 已知某基础工程室内外高差为450 mm，请根据基础施工图(图2-7)确定基础的埋置深度。

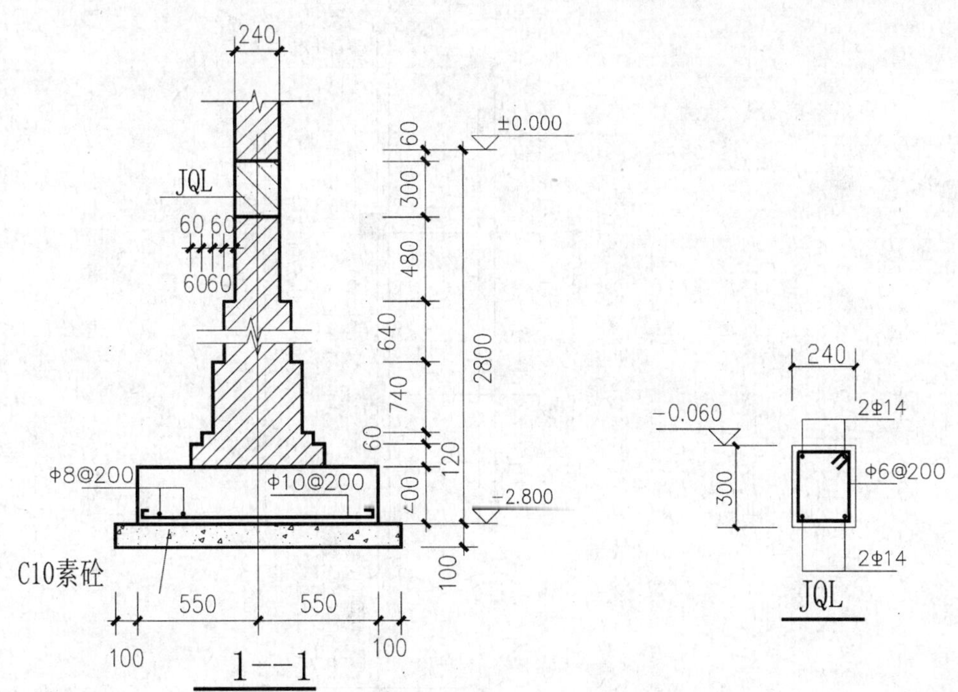


**图2-7　基础施工图**

2. 已知某基础工程室内外高差为450 mm，请根据基础施工图(图2-8)确定基础的埋置深度。

175
325
4Φ25
Φ10
Φ10@500
Φ18@120
2Φ14
见基础平面图
250
150
700
300
100
Φ12@200
4Φ20+4Φ22
100
1525
1675
100
1--1
JKL2(1B)
Φ8@100(4)
500x700/500
4Φ14
4Φ20+4Φ22
2425
B
JKL2(1B)
500x700
Φ10@100/200(4)
B4Φ20+4Φ22;T4Φ25
G2Φ14
2400
175
325
A
1950
-2.500
Φ8@100(4)
500x700/500
4Φ14
4Φ22
1525
1675
1

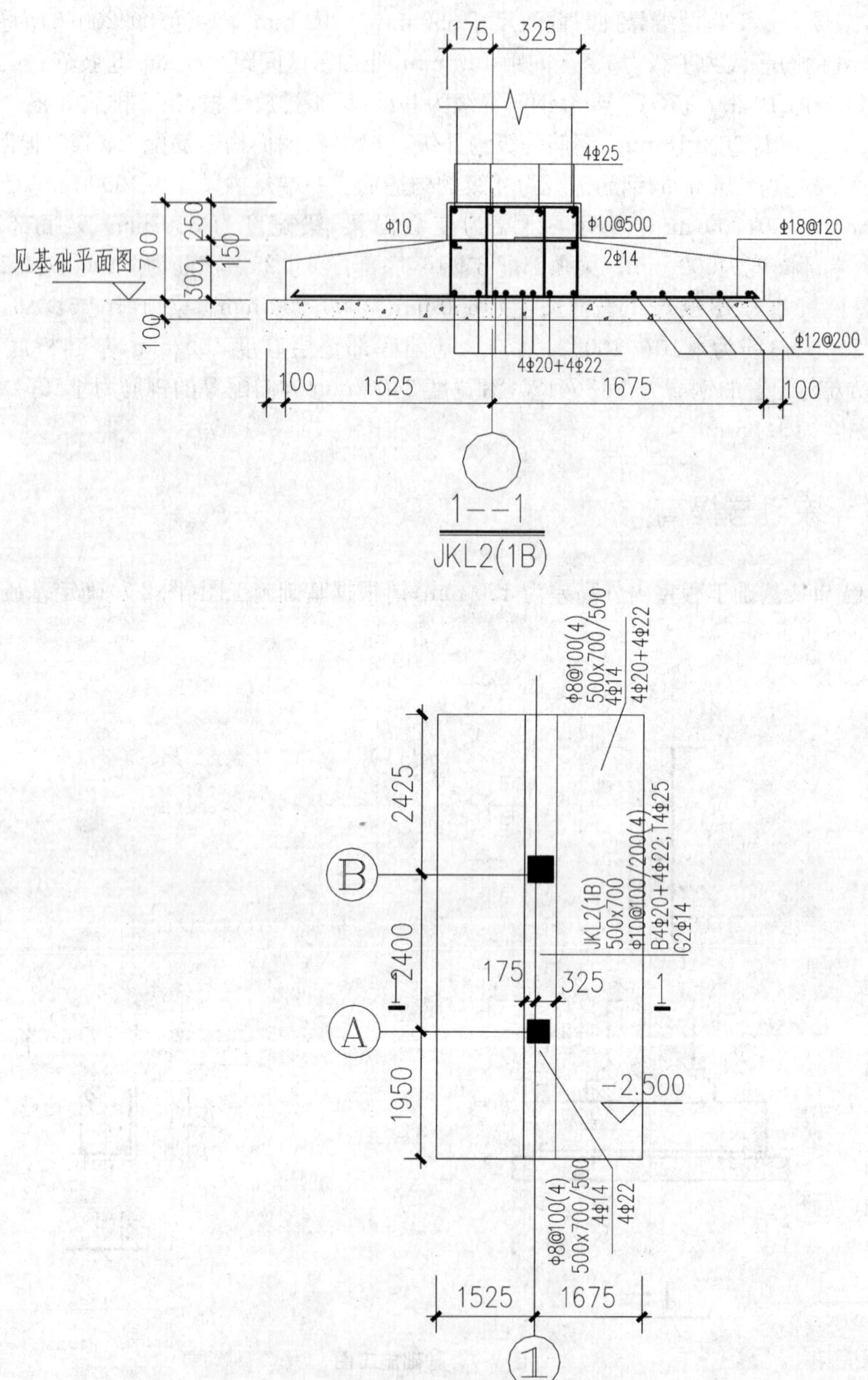

图 2-8 基础施工图

# 2.3 任务2:基础类型

## 2.3.1 任务资讯

基础的类型很多,按所用材料及受力特点可分为刚性基础(无筋扩展基础)和柔性基础(钢筋混凝土基础),又可按构造形式分为单独基础(独立基础)、条形基础、筏形基础、箱形基础、桩基础等。

**1. 按所用材料及受力特点分类**

(1) 刚性基础

刚性基础是指用砖、瓦、毛石、混凝土、灰土等刚性材料制作的基础。其特点是抗压强度高,抗拉强度、抗剪强度低。基础底面易产生拉裂破坏,故刚性基础放大角度不应超过刚性角。

(2) 柔性基础

柔性基础即指钢筋混凝土基础。其特点是抗拉、抗弯强度高。适用于上部荷载较大,地基承载力低的情况。

**2. 按构造形式分类**

(1) 单独基础(独立基础)

当建筑物上部结构采用框架结构或单层排架结构承重时,基础常采用方形或矩形的独立式基础,这类基础称为单独基础或独立基础。单独基础是柱下基础的基本形式。

当柱采用预制构件时,则基础做成杯口形,然后将柱子插入并嵌固在杯口内,称为杯形基础。

(2) 条形基础(带形基础)

有墙下条形基础和柱下条形基础两种形式:

① 墙下条形基础。当房屋为墙承重结构时,承重墙下一般设置条形基础。常用75#机制砖、毛石砌体。

② 柱下条形基础(井格基础)。其特点是具有相当大的抗弯刚度,使整个房屋的基础具有良好的整体性。在柱荷载较大或地基条件较差,采用独立基础不能满足承载力的要求,产生不均匀沉降;地基承载力不足,须加大基础底面积,但布置独立基础在平面位置上又受到限制等情况下,可把同一排上若干柱子的基础连在一起,就成为柱下条形基础。

(3) 筏形基础

建筑物的基础由整片的钢筋混凝土板组成,板直接作用于地基上。其特点是基础整体性好,刚度大,与倒置的楼板相似。适用于软弱地基、上部结构荷载较大且不均匀的情况下。特别适用于有地下室的建筑物和大型贮液结构物,如水池、油库。因这些建筑本身就需要有可靠的防渗底板,筏形基础就成为理想的底板结构。

(4) 箱形基础

当板式基础做得很深时,常将基础改做成箱形基础。箱形基础是由钢筋混凝土底板、顶板和若干纵、横隔墙组成的整体结构，基础的中空部分可用作地下室（单层或多层的）或地下停车库。

其特点是抗弯刚度非常大，从而消除了建筑物因地基变形而开裂的可能性。但钢筋、水泥用量大，施工技术要求高。适用于软弱地基土、平面形状简单的高层建筑物、对不均匀沉降有严格要求的建筑物。

(5) 桩基础

当建筑物荷载较大，而地基的软弱土层厚度又在 5 m 以上，基础不能埋在软弱土层内，对软弱土层进行人工处理又很困难时，即可采用桩基础。

按桩的竖向受力情况可分为摩擦型桩和端承型桩。摩擦型桩的桩顶竖向荷载主要由桩侧阻力承受。端承型桩的桩顶竖向荷载主要由桩端阻力承受。

## 2.3.2 任务实施

**1. 无筋扩展基础**

无筋扩展基础是指由砖、毛石、混凝土（或毛石混凝土）、灰土和三合土等材料组成的墙下条形基础或柱下独立基础。无筋扩展基础适用于多层民用建筑和轻型厂房。

由于无筋扩展基础采用抗压性能较好，而抗弯、抗拉性能较差的材料，为满足地基允许承载力的要求，需要加大基础底面积，如果基础扩展尺寸超过一定范围，基础的内力超过其抗拉和抗剪强度，基础底面就会产生裂缝，并且裂缝迅速开展，以致基础破坏不能正常工作，因此，在设计时要求基础的外伸长度与基础高度的比值满足基础台阶宽高比的允许值的要求，即基础高度应符合下式要求（参见图 2-9）：

$$H_0 \geqslant \frac{b-b_0}{2\tan\alpha}$$

式中，$b$——基础底面宽度；

$b_0$——基础顶面的墙体宽度或柱脚宽度；

$H_0$——基础高度；

$\tan\alpha$——基础台阶宽高比 $b_2 : H_0$，其允许值可按表 2-3 选用，其中 $b_2$ 为基础台阶宽

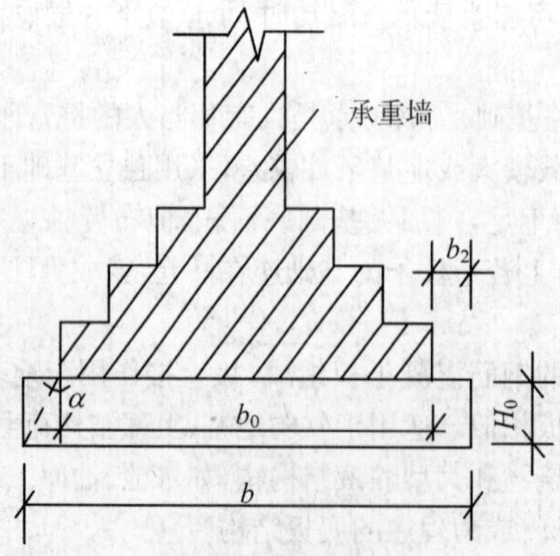


图 2-9 承重墙下无筋扩展基础构造图

度,$\alpha$ 称为基础的刚性角。

**表 2-3　无筋扩展基础台阶宽高比的允许值**

| 基础材料 | 质量要求 | 台阶宽高比的允许值 | | |
|---|---|---|---|---|
| | | $p_k \leqslant 100$ | $100 < p_k \leqslant 200$ | $200 < p_k \leqslant 300$ |
| 混凝土基础 | C15 混凝土 | 1∶1.00 | 1∶1.00 | 1∶1.25 |
| 毛石混凝土基础 | C15 混凝土 | 1∶1.00 | 1∶1.25 | 1∶1.50 |
| 砖基础 | 砖不低于 MU10、砂浆不低于 M5 | 1∶1.50 | 1∶1.50 | 1∶1.50 |
| 毛石基础 | 砂浆不低于 M5 | 1∶1.25 | 1∶1.50 | — |
| 灰土基础 | 体积比为 3∶7 或 2∶8 的灰土,其最小干密度为:粉土 1.55 t/m³;粉质黏土 1.50 t/m³;黏土1.45 t/m³ | 1∶1.25 | 1∶1.50 | — |
| 三合土基础 | 体积比 1∶2∶4～1∶3∶6(石灰∶砂∶骨料),每层虚铺约 220 mm,夯至 150 mm | 1∶1.50 | 1∶2.00 | — |

注:(1) $p_k$ 为荷载效应标准组合基础底面处的平均压力值(单位 kPa)。

(2) 阶梯形毛石基础的每阶伸出宽度不宜大于 200 mm。

(3) 当基础由不同材料叠合组成时,应对接触部分做抗压验算。

(4) 对基础底面处平均压力值超过 300 kPa 的混凝土基础,需进行抗剪验算。

(1) *砖基础*

用砖砌筑的基础,所用砖强度等级应不低于 MU7.5,砂浆强度等级应不低于MU2.5。如图 2-10 所示为砖基础剖面图,其下部阶梯形剖面俗称"大放脚",其砌筑方式有"二・二兼收"、"二・一兼收"两种。"二・二兼收"的刚性角为 26°51′,偏安全。"二・一兼收" 的刚性角为 33°50′,较经济。砖基础具有施工简单、成本较低等特点,适用于 6 层及 6 层以下的民用建筑。

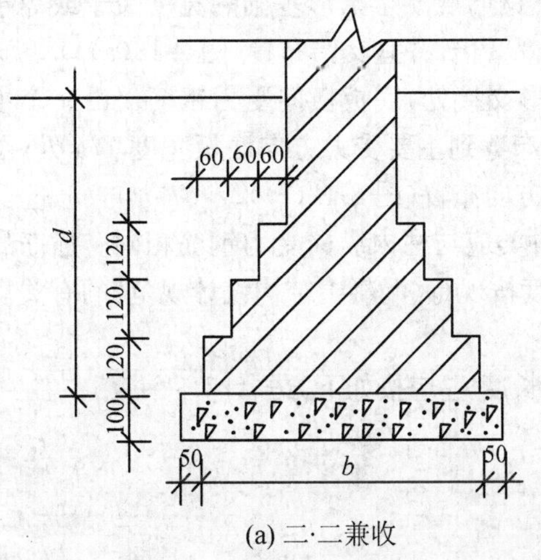


(a) 二·二兼收

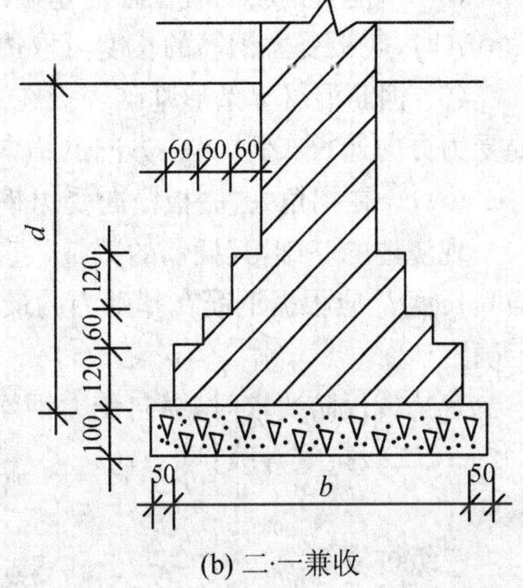


(b) 二·一兼收

**图 2-10　砖基础剖面图**

为保证砖基础的砌筑质量，常在砖基础底面下做垫层。垫层厚度一般为 100 mm，每边伸出基础底面 50 mm。垫层材料可选用灰土、三合土、混凝土等。垫层不计入基础厚度和宽度。如垫层厚度在 200 mm 以上，则垫层需看作是基础的一部分。

(2) 柱下独立基础

采用无筋扩展基础的钢筋混凝土柱，其柱脚高度 $h_1$ 不得小于 $b_1$（见图 2-11），并不应小于 300 mm 及不小于 $20d$（$d$ 为柱中的纵向受力钢筋的最大直径）。当柱纵向钢筋在柱脚内的竖向锚固长度不满足锚固要求时，可沿水平方向弯折，弯折后的水平锚固长度不应小于 $10d$ 也不应大于 $20d$。

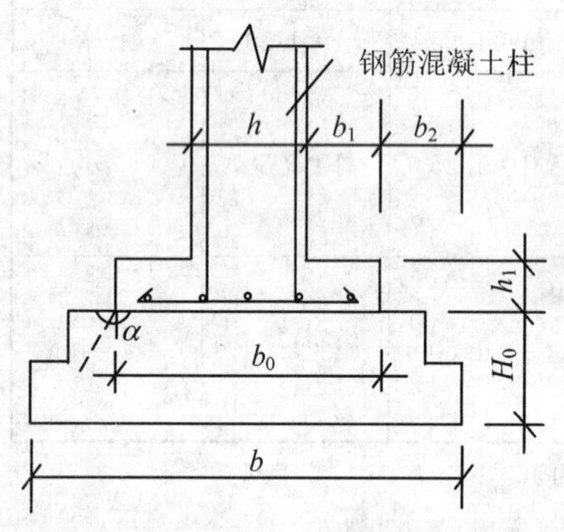

**图 2-11 柱下独立无筋扩展基础构造图**

**2. 扩展基础**

扩展基础是将上部结构传来的荷载，通过向侧边扩展一定底面积，使作用在基底的压应力等于或小于地基土的允许承载力，而基础内部的应力同时满足材料本身的强度要求，这种起到压力扩散作用的基础称为扩展基础。

扩展基础系指柱下钢筋混凝土独立基础和墙下钢筋混凝土条形基础。扩展基础的构造，应符合以下要求：

(1) 锥形基础的边缘高度不宜小于 200 mm，阶梯形基础的每阶高度宜为 300～500 mm。

(2) 垫层的厚度不宜小于 70 mm，垫层混凝土强度等级应为 C10。

(3) 扩展基础底板受力钢筋的最小直径不宜小于 10 mm；间距不宜大于 200 mm，也不宜小于 100 mm。墙下钢筋混凝土条形基础纵向分布钢筋的直径不小于 8 mm，间距不大于 300 mm，每米分布钢筋的面积应不小于受力钢筋面积的 1/10。当有垫层时，钢筋保护层的厚度不小于 40 mm；无垫层时不小于 70 mm。

(4) 混凝土强度等级不应低于 C20。

(5) 当柱下钢筋混凝土独立基础的边长和墙下钢筋混凝土条形基础的宽度大于或等于 2.5 m 时，底板受力钢筋的长度可取边长或宽度的 0.9 倍，并宜交错布置（图 2-12(a)）。

(6) 钢筋混凝土条形基础底板在 T 形及十字形交接处，底板横向受力钢筋仅沿一个主要受力方向通长布置，另一方向的横向受力钢筋可布置到主要受力方向底板宽度 1/4 处（图 2-12(b)）。在拐角处，底板横向受力钢筋应沿两个方向布置（图 2-12(c)）。

现浇柱的基础，其插筋的数量、直径以及钢筋种类应与柱内纵向受力钢筋相同。插筋的锚固长度 $l_a$ 应根据钢筋在基础内的最小保护层厚度按现行《混凝土结构设计规范》的有关规定确定。

有抗震设防要求时，纵向受力钢筋的最小锚固长度 $l_{aE}$ 应按如下方式计算：

一、二级抗震等级：

$$l_{aE} = 1.15 l_a$$

三级抗震等级：

$$l_{aE} = 1.05 l_a$$

四级抗震等级：

$$l_{aE} = l_a$$

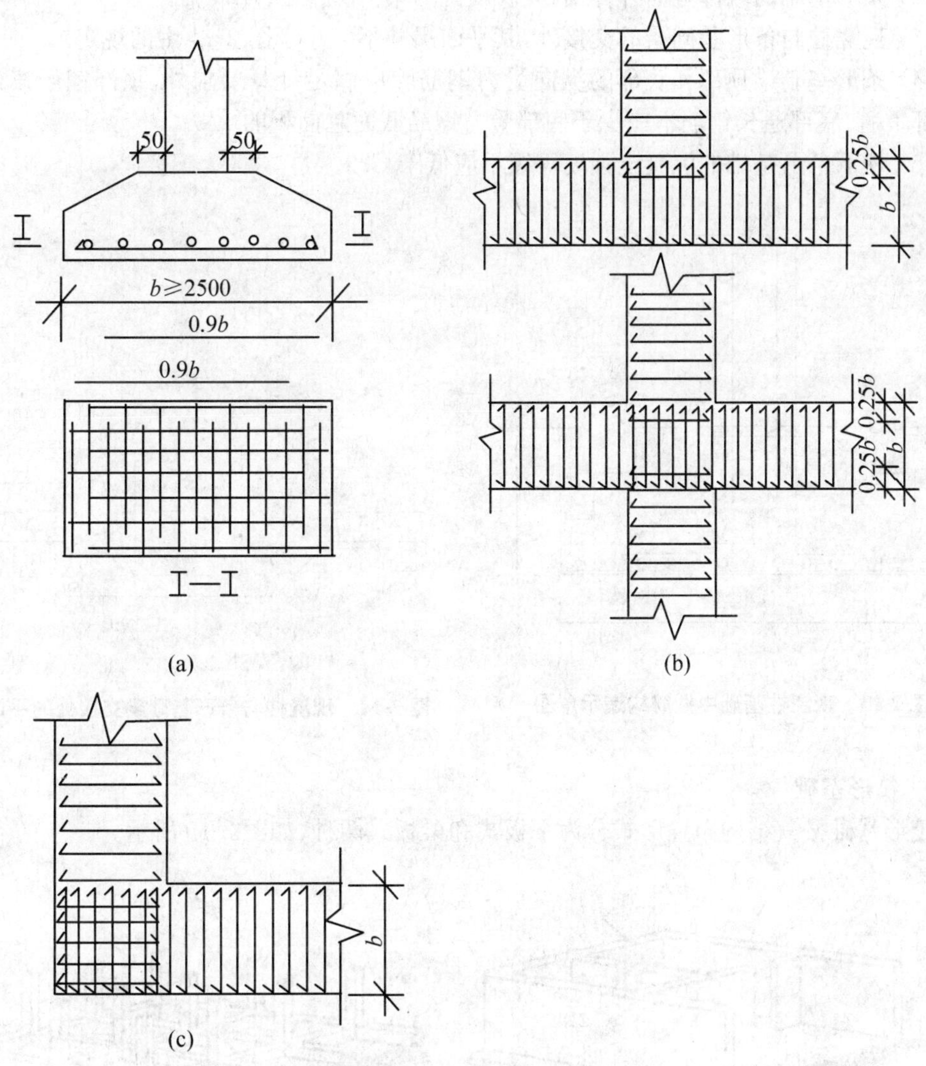


**图 2-12　扩展基础底板受力钢筋布置示意图**

插筋与柱的纵向受力钢筋的连接方法，应符合现行《混凝土结构设计规范》的规定。插筋的下端宜做成直钩放在基础底板钢筋网上。当符合下列条件之一时，可仅将四角的插筋伸至底板钢筋网上，其余插筋锚固在基础顶面下 $l_a$ 或 $l_{aE}$(有抗震设防要求时)处(见图2-13)。

(1) 柱为轴心受压或小偏心受压，基础高度大于等于 1200 mm。

(2) 柱为大偏心受压，基础高度大于等于 1400 mm。

**3. 柱下条形基础**

在框架结构中，当地基软弱而上部结构荷载较大时，柱基础之间可能发生不均匀沉降，或可能出现因基础底面积很大而使基础边缘相互靠近甚至重叠现象，为增强基础的整体性，可将同一排的柱基础连接起来，构成柱下钢筋混凝土条形基础。

柱下条形基础的构造，除需满足扩展基础的构造要求外，尚应符合下列规定：

(1) 柱下条形基础梁的高度宜为柱距的 1/4～1/8。翼板厚度不应小于 200 mm。当翼板厚度大于 250 mm 时，宜采用变厚度翼板，其坡度宜小于或等于 1∶3。

(2) 条形基础的端部宜向外伸出，其长度宜为第一跨距的 0.25 倍。

(3) 现浇柱与条形基础梁的交接处，其平面尺寸不应小于图 2-14 中的规定。

(4) 条形基础梁顶部和底部的纵向受力钢筋除应满足计算要求外，顶部钢筋按计算配筋全部贯通，底部通长钢筋不应少于底部受力钢筋截面总面积的 1/3。

(5) 柱下条形基础的混凝土强度等级不应低于 C20。

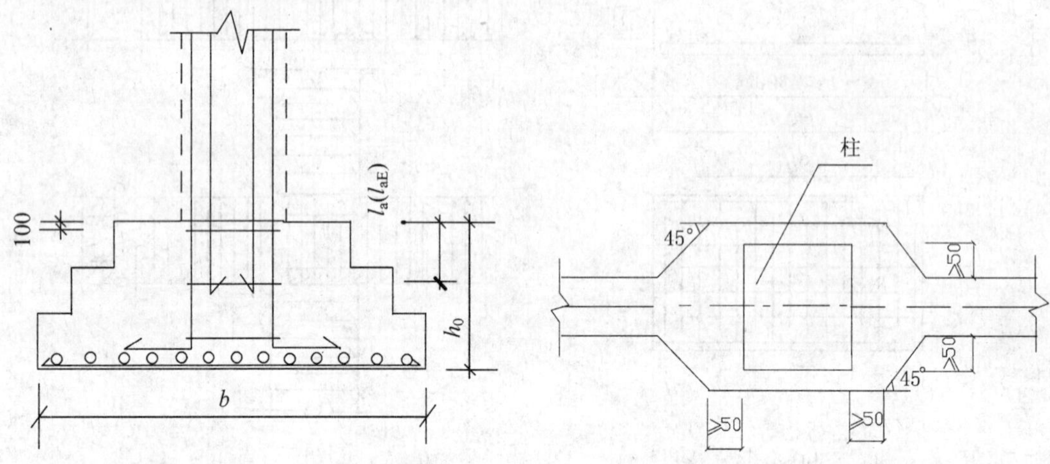


图 2-13　现浇柱基础中插筋构造示意图

图 2-14　现浇柱与条形基础梁交接处的平面尺寸

**4. 筏形基础**

筏形基础按其结构布置形式分为平板式和梁板式两种，如图 2-15 所示。

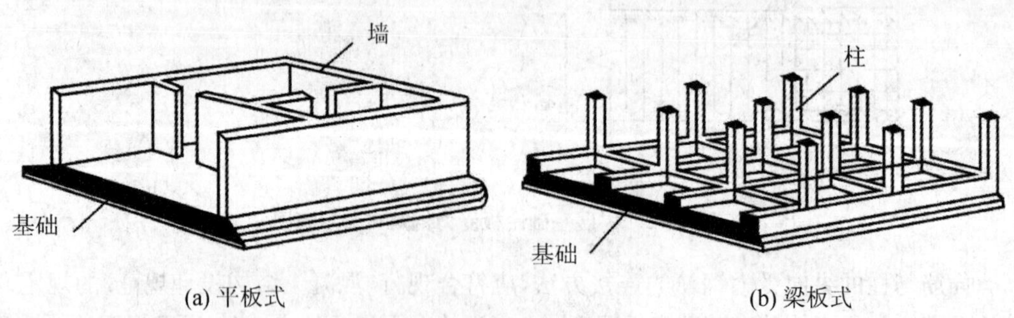


(a) 平板式　　(b) 梁板式

图 2-15　筏形基础示意图

筏形基础应满足下列构造要求：

(1) 筏形基础的混凝土强度等级不应低于 C30。当有地下室时应采用防水混凝土。

(2) 采用筏形基础的地下室，地下室钢筋混凝土外墙厚度不应小于 250 mm，内墙厚度不应小于 200 mm。墙的截面设计除了满足承载力要求外，尚应考虑变形、抗裂及防渗等要求。墙体内应设置双面钢筋，竖向和水平钢筋的直径不应小于 12 mm，间距不应大于 300 mm。

(3) 对于 12 层以上建筑的梁板式筏基，其底板厚度与最大双向板格的短边净跨之比不应小于 1/14，且板厚不应小于 400 mm。

**5. 桩基础**

桩基础由桩和承台两部分组成。通过承台把桩连接成整体,并通过承台把上部结构荷载传递到各根桩,再传至深层较坚实的土层中,如图 2-16 所示。

桩和桩基的构造,应符合下列要求:

(1) 摩擦型桩的中心距不宜小于桩身直径的 3 倍;扩底灌注桩的中心距不宜小于扩底直径的 1.5 倍,当扩底直径大于 2 m 时,桩端净距不宜小于 1 m。在确定桩距时尚需考虑施工工艺中挤土等效应对邻近桩的影响。

(2) 扩底灌注桩的扩底直径不应大于桩身直径的 3 倍。

(3) 桩底进入持力层的深度,根据地质条件、荷载及施工工艺确定,宜为桩身直径的 1～3 倍,且不宜小于 0.5 m。

(4) 布置桩位时宜使桩基承载力合力点与竖向永久荷载合力作用点重合。

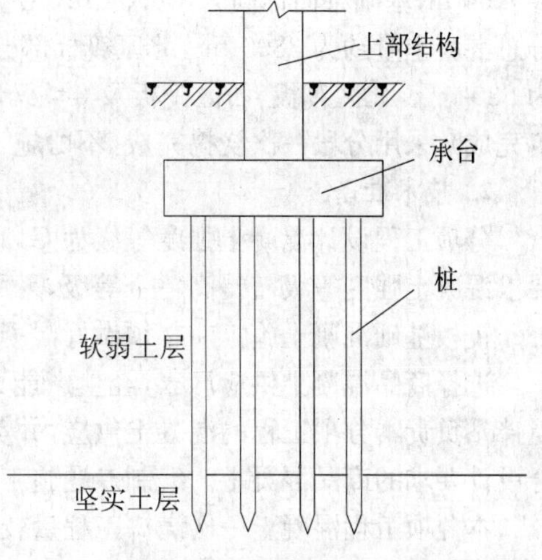


**图 2-16　桩基础示意图**

(5) 预制桩的混凝土强度等级不应低于 C30,灌注桩不应低于 C20,预应力桩不应低于 C40。

(6) 桩的主筋应经计算确定。打入式预制桩的最小配筋率不宜小于 0.8%,静压预制桩的最小配筋率不宜小于 0.6%,灌注桩的最小配筋率不宜小于 0.2%～0.65%(小直径桩取大值)。

(7) 箍筋采用φ6、φ8,间距 200 mm。桩顶 $3d$～$5d$ 范围内箍筋加密。灌注桩钢筋笼长度超过 4 m 时,应每隔 2 m 设一道直径φ12～φ18 的焊接加劲箍筋。

(8) 桩顶嵌入承台内的长度不宜小于 50 mm。主筋伸入承台内的锚固长度不宜小于钢筋直径的 30 倍(Ⅰ级筋)或钢筋直径的 35 倍(Ⅱ级筋和Ⅲ级筋)。

(9) 桩承台的平面尺寸,依据桩的平面布置,承台的宽度不应小于 500 mm。边桩中心至承台边缘的距离不宜小于桩的直径或边长,且桩的外边缘至承台边缘的距离不小于 150 mm。对于条形承台梁,桩的外边缘至承台梁边缘的距离不小于 75 mm。承台的厚度不小于 300 mm。

(10) 承台混凝土强度等级不应低于 C20,纵向钢筋的混凝土保护层厚度不应小于 70 mm,当有混凝土垫层时,不应小于 40 mm。承台配筋按计算确定。

## 2.3.3　任务拓展

### 筏形基础大体积混凝土

**1. 筏形基础概况**

某市朝阳园二期 6#、7#楼地下室筏板长 74.591 m,宽度最大处为 33.420 m,其中,13 至 15 轴段筏板厚 2.1 m,其余部分筏板厚 1.6 m(与中心地库相连部位筏板厚 0.6 m);北区筏板(H 轴至 Q 轴与 18 轴至 1/19 轴以后浇带分开的筏板区)及西区筏板(N 轴至 P 轴与 10

轴至 1/19 轴以后浇带分开的筏板区)厚 0.6 m,基础梁断面尺寸为 800 mm×1300 mm、600 mm×1300 mm。6#、7#楼筏板在中间部位设有一 2 m 宽、2.1 m 厚的加强带,加强带与西区筏板连通。6#、7#楼筏板顶面标高为-8.44 m,西区和北区筏板面标高为-9.64 m,基础梁面标高为-8.94 m,在 16 轴和 18 轴之间以坡道连接。6#、7#楼筏板部分总混凝土量约为 3800 $m^3$,北区筏板部分混凝土量约为 480 $m^3$,西区筏板部分混凝土量约为 630 $m^3$。北区筏板,西区筏板及 6#、7#楼筏板分三次浇筑(西区筏板和北区筏板一次浇筑完成),采用分段一次浇捣完成,不留施工缝。

**2. 技术准备**

分项工程设计混凝土强度等级为 C40,设计抗渗等级为 1.2 MPa;加强带混凝土按设计要求混凝土强度等级需提高一个等级,采用 C45 混凝土,且膨胀剂的掺量需增加 2%。

筏板基础混凝土施工前必须做好混凝土的试配工作,确定配合比及各外加剂的掺量。

选择商品混凝土供应厂家,经生产能力、运距及技术保证比较,选择某有限公司混凝土搅拌站负责本分项工程的混凝土供应,并负责混凝土配合比的设计及试配工作,负责提供符合设计要求的商品混凝土。编制专题施工方案,并对操作人员进行技术交底。

本分项工程混凝土一次浇捣工程量较大,为防止混凝土水化热影响混凝土施工质量,必须对混凝土水化期间进行测温,以指导混凝土的养护。

做好交接检、专检及技术复核工作。对模板工程、钢筋工程必须认真做好交接检、专检、技术复核检查工作。对墙柱插筋、预埋件等做好技术复核工作。确保符合设计及施工规范要求。

**3. 材料设备准备**

经混凝土搅拌站进行试配,本工程筏板基础混凝土原材料拟采用情况为:水泥为某水泥有限公司生产的 P032.5 水泥(原标准为普通硅酸盐 425 水泥)。粉煤灰采用二级粉煤灰。细度用 0.045 mm 方孔筛过筛,筛余量不大于 45%;标准稠度用水量不大于 58%;烧失量不大于 12%;二氧化硅含量不小于 40%;二氧化硫含量不大于 2%。膨胀剂经多方联系、比较,采用某集团生产的 UEA 膨胀剂。混凝土用石料采用密云碎卵石,石子含泥量不大于 1%。混凝土用砂采用怀柔二区中砂,砂子含泥量不大于 3%。混凝土用外加剂采用某厂生产的 HNB-1 泵送剂。

搅拌站:采用日本产搅拌楼,每拌产量为 1 $m^3$,供应量确保每小时不小于 80 $m^3$。

混凝土输送泵:北区筏板及西区筏板浇筑混凝土考虑配备一台 HBT80 型混凝土输送泵,6#、7#楼筏板浇筑混凝土考虑配备三台 HBT80 型混凝土输送泵,1#、2#楼施工所使用的两台 HBT50 型输送泵作为备用输送泵。HBT80 型混凝土输送泵输送能力为80 $m^3$/h,HBT50 型混凝土输送泵输送能力为 50 $m^3$/h,考虑到混凝土输送过程中的各种因素,分别按 32 $m^3$/h和 22 $m^3$/h 考虑。为防止混凝土输送泵输送过程中出现意外情况,混凝土搅拌站自有 32 m 和 36 m 两台泵车亦作为本分项工程施工备用输送泵使用。

混凝土运输车辆:由混凝土搅拌站配备 16 台混凝土运输车,其中 12 台用于混凝土浇筑运输,另外 4 台作为备用运输车。

振动棒:本分项工程施工采用直径为 50 mm 的混凝土振动棒,工程施工配备 20 台振捣器,每台振捣器不少于两根振动棒,每台泵配置 4 台振捣器同时振捣。

混凝土养护及保温材料:混凝土浇筑前按计划准备好用于混凝土保温及防雨用的塑料薄膜和草垫,按覆盖面积,塑料薄膜和草垫需各准备 6000 $m^2$。

混凝土测温:混凝土测温仪器及有关用品由材料部门负责落实。需在混凝土浇筑前埋设的热电偶及测温线应按规定埋设好。

**4. 施工现场要求**

绑扎好底板钢筋，焊接好预埋件及避雷接地。底板钢筋绑扎工序：班组自检，项目质量检查员专检，监理及建设单位隐蔽验收检查完成，各专业工序复核检查完成。

墙、柱插筋的位置确定必须在底板钢筋上层筋上根据测量控制网放出墙、柱边线，并在钢筋上用红油漆标注好。绑扎好墙、柱插筋，剪力墙板插筋用梯字筋固定好，柱子插筋用柱子定位框固定好，特别强调墙柱插筋定位箍检查和框支柱插筋垂直度检查。

在墙、柱插筋上根据标高控制点标出底板浇筑标高，上层钢筋网上加设标高控制点，标高控制点用短钢筋头点焊于底板上层马凳支架钢筋上。标高控制点的间距不得大于 2 m。为防止混凝土浇筑施工中标高控制点移动，由项目专业施工技术人员在浇筑过程中用水准仪跟踪复核混凝土浇筑标高。

墙、柱插筋放线、绑扎及标高控制由项目专业施工技术员和项目质检员进行复核，经复核验收确认无误后方可开盘浇拌混凝土。

混凝土输送泵按方案确定的位置安设，输送泵管按方案确定的相对位置设置，输送泵管的安装需要穿过墙、柱插筋的需对钢筋进行临时固定，在拆去泵管后由钢筋工及时将不在设计位置的钢筋修正至设计位置。混凝土输送管搭设专用马道支架架设，拆除管道时同时逐段拆除。

混凝土输送泵输送混凝土之前先用自来水或水泥砂浆润湿管道，从管道出口流出的自来水或水泥砂浆必须用集料斗收集，用塔吊吊出基坑，不得放入基坑或基础内。

清除筏板基础内的杂物：筏板基础混凝土浇筑前将基础内的杂物清理干净，由于基础高度较大，绑扎钢筋时可留出一个进出口，人工用空压机吹出基础内的灰尘，清除基础内的小型杂物，绑扎上层底板筋前需将杂物预先清除一遍。

洒水湿润模板和基层：为使基层与混凝土、钢筋与混凝土结合良好，遇天气干燥时应先将浇筑部位的基层和周边模板（砖胎膜或竹胶合板模）洒水湿润，但不得有积水。

安全检查：混凝土浇筑前由专职安全员和工地值班电工对整个工程的照明系统、供电系统进行一次检查，确保施工期间供电、照明正常。测量员进行边坡监测。检查基坑围护情况、马道支架等。对每一振捣器、混凝土输送泵配置的专用开关箱进行检查。

**5. 混凝土搅拌**

混凝土配合比设计中应充分考虑大体积、高厚度混凝土的特点，既要保证混凝土的强度和抗渗要求，又要降低混凝土内部水泥水化产生的水化热。采用高掺粉煤灰和延长混凝土凝结时间的办法以降低混凝土内的最高温升。根据掺加膨胀剂可以补偿混凝土收缩的原理，掺加适量 UEA 膨胀剂以减小大体积混凝土收缩的影响。考虑到推迟和分散水化热的要求，混凝土的初凝时间控制在 15～20 h，保证混凝土接合面不留冷缝。同时较长的初凝时间对应付一些突发事件（如设备故障、拆卸泵管等）造成的临时停工也是有利的。

混凝土搅拌站经试配拟采用如表 2-4 所示的配合比。

**表 2-4　混凝土配合比**

单位：kg

| 水泥 | 水 | 砂 | 石 | 粉煤灰 | 膨胀剂 | 外加剂 |
|---|---|---|---|---|---|---|
| 355 | 180 | 657 | 1047 | 113 | 38 | 11.13 |

所用材料均采用低碱活性材料，以确保混凝土不发生碱集料反应。混凝土开盘浇筑前由混凝土搅拌站提供试配混凝土抗压强度试验报告、抗渗试验报告以及碱含量计算报告。

根据本地区历年的温度情况，本分项工程施工时室外气温为 10 ℃左右，便于控制混凝土入模温度。混凝土开盘搅拌由项目质检人员、试验人员会同混凝土搅拌站相关人员核对混凝土原材料试验报告、混凝土试配试验报告及混凝土配合比，进行开盘鉴定，核实后填写开盘鉴定记录，并留取开盘试件。

混凝土搅拌坍落度的控制：本分项工程采用泵送混凝土，泵送时混凝土坍落度宜控制在 140～180 mm，搅拌站负责混凝土出厂坍落度检验及控制；现场试验员对混凝土进行现场抽查检验，测定入泵混凝土的坍落度。

混凝土入模时间控制：必须保证混凝土搅拌站出料至入模最长时间不得超过2 h，由搅拌站与现场保持密切联系，控制供料时间。

**6. 混凝土运输**

混凝土运输车型号及台数的确定：选用 HBT80 型泵车，额定最大输送砼量为 120 $m^3/h$，一般施工时输送量为 32 $m^3/h$，泵车台数按下列公式计算：

$$N_b = \frac{Q_h}{Q_{max} \times \eta}$$

式中，$N_b$——砼泵车台数；

$Q_{max}$——泵车额定最大输送量（$m^3/h$），取 $Q_{max}=80\ m^3/h$；

$\eta$——泵车工作效率系数，取 $\eta=0.43$；

$Q_h$——每小时砼计划浇筑量（$m^3/h$），根据下式计算：

$$Q_h = B \times H \times h/(t \times i)$$

式中，$B$——砼的浇捣宽度（m），取 $B=33.92$ m、21.668 m；

$H$——大体积砼板的厚度（m），取 $H=1.6$ m、2.1 m；

$h$——每次分层的厚度（m），取 $h=0.5$ m；

$t$——浇捣一层所用时间，取 $t=2$ h；

$i$——混凝土自由流淌坡度系数，取 $i=0.15$。

$$Q_{h_1} = 33.92 \times 1.6 \times 0.5/(2 \times 0.15) = 90.45\ (m^3/h)$$

$$Q_{h_2} = 21.668 \times 2.1 \times 0.5/(2 \times 0.15) = 75.83\ (m^3/h)$$

取 $Q_h=90.45\ m^3/h$，则

$$N_b = 90.45/(80 \times 0.43) \approx 3\ (台)$$

3 台 HBT80 型混凝土输送泵输送能力为 $3 \times 32 = 96\ (m^3/h)$。

搅拌运输车的台数可按下式确定：

$$N_g = (Q_h/60V) \times (60L/S + T)$$

式中，$N_g$——砼搅拌运输车台数；

$V$——搅拌运输车容量（$m^3$），取 $V=6.0\ m^3$；

$L$——搅拌运输车往返一次的行程距离（km），取 $L=15$ km；

$S$——搅拌运输车的平均车速（km/h），取 $S=40$ km/h；

$T$——1 个运行周期中的总停歇时间（min），包括装料、卸料、停歇、冲洗等，按 20 min 考虑。

$$N_g = [90.45/(60 \times 6.0)] \times [(60 \times 15)/40 + 20] \approx 11\ (台)$$

故需混凝土搅拌运输车 12 台，即每台混凝土输送泵配备 3 台混凝土运输车。

**7. 混凝土浇捣**

(1) 浇捣顺序

北区筏板，西区筏板及6#、7#楼筏板基础分三次浇筑混凝土。先进行北区筏板基础施工，混凝土浇筑方向从西向东；再进行西区筏板基础施工，混凝土浇筑方向从北向南。该两段混凝土的浇筑配备 1 台 HBT80 型混凝土输送泵即能满足混凝土浇捣的需要。

6#、7#楼筏板混凝土浇捣顺序为由北向南，从短边开始，沿长边方向浇筑。根据砼浇筑计划、顺序、速度和施工场地等要求，在基础南面布置 2 台 HBT80 型混凝土输送泵，在基坑东南角布置 1 台 HBT80 型混凝土输送泵，用水平输送管泵送。将整个筏板基础砼分成 3 个浇筑带，每台泵车大致负责 11 m 的浇筑宽度范围。

为了便于混凝土输送管道的安装，每条输送管道都需搭设管道支架(马道支架)，管道支架采用∅48 钢管搭设在上层钢筋之上(用脚手板铺垫)，扣件连接。混凝土输送管道支架可分段制作，在现场拼装。为了便于施工人员操作方便及安全，搭设施工水平马道，马道上满铺架板。

(2) 浇捣工艺

底板混凝土采用连续浇捣的原则，确保混凝土密实无冷缝。浇捣采用平面分条、斜面分层、薄层浇捣、自然流淌、循序推进、一次到顶的连续浇捣方式。

由于加强带混凝土强度等级较其他部位提高了一个等级，采用双层钢丝网隔离，加强带部位采用平面分层的施工方法。

筏板基础混凝土厚度有 1.6 m 和 2.1 m 两种，混凝土浇捣斜面分层坡度一般为 1∶6～1∶8，为防止混凝土因坍落度大，流动性大，自由流淌距离过长，造成一次摊铺面积过大的困难，采用钢板网阻挡混凝土自由流淌。钢板网按间距 4 m 左右设置，每一道高约 400 mm，用直径为 12 mm 的钢筋绑于上下层底板钢筋上或基础暗梁侧面，混凝土浇捣斜面厚度控制以覆盖每层混凝土的时间不大于 5 h 为原则，本分项工程按 400～500 mm 控制。应保证混凝土的分层之间不出现冷缝。

混凝土振捣时使用插入式振捣器，振捣限度以混凝土浆上浮，石子下沉，不出现气泡为原则。振捣时振捣间距为 400 mm 左右梅花状振捣，采用自后向前的振捣顺序，振捣器垂直于混凝土面插入下层混凝土中 50～100 mm，使上、下混凝土完全融合。

(3) 施工缝的留设

在地下室底板施工时，应在和地下二层外墙墙板连接处在外墙距筏板顶面 300 mm 高处设施工缝。采用 BW-2 型遇水膨胀止水条止水。后浇带下部的临时防水及后浇带两侧的剪力墙防水按设计采用橡胶止水带。在地下室墙体施工时，考虑到减小外墙一次浇筑的长度需采用分段浇筑，设竖向施工缝。外墙竖向施工缝用钢板止水带，钢板止水带用 3 mm 厚钢板制作，两边折成 30°折边，采用附加钢筋绑夹固定的施工方法埋设。

所有施工缝的后浇带在进行混凝土浇筑前应将上次浇筑的混凝土施工缝处的浮浆清除并用水冲洗干净，遇水膨胀止水条在浇筑混凝土前严防浸水。

(4) 混凝土的泌水处理

由于商品混凝土的大流动性，经振捣后必将分泌出大量的水顺混凝土坡面下流到坑底。沿底板垫层后浇带部位设置集水井，通过混凝土的推进排至筏板浇筑范围外后浇带内，从集水井抽出坑外。为使砼的泌水能完全、顺利地排出，6＃、7＃楼混凝土浇捣时，采用先中间、后两边的施工方式，使砼的前端形成一弧形梯度，以便中间区域的泌水能尽快、顺利地排出。同时采用由后向前浇捣的施工方法，这样也有利于砼的泌水能尽快、顺利地排出。

(5) 混凝土表面的处理

混凝土浇捣后初步按设计标高用木刮尺刮平，在混凝土初凝前用铁滚筒纵、横碾压数遍，再用木蟹搓磨压实，混凝土收水后，再第二次用木蟹搓磨以闭合混凝土表面收水裂缝，然后覆盖保温、保湿材料进行大体积混凝土的养护。

标高控制采用加焊短钢筋头的方法，按间距不大于 2 m 布置，每一控制点均用水平仪控制，进行表面处理时，找出控制点，用水平仪再次复核，经复核无误后按控制点用刮尺赶平、槎平、压实，再用铁抹子抹平压光，用硬质尼龙丝做成的拉毛扫把拉毛。

**8. 大体积混凝土的养护**

对于大体积混凝土，由于混凝土的导热能力低，浇筑后水泥产生的水化热不易散发，引起混凝土内部温度升高，中心与表面之间的温差达到一定的极限时，混凝土就可能出现裂缝。同时混凝土降温阶段也可能出现收缩性贯穿裂缝。为了防止裂缝的开展，就必须控制大体积混凝土养护阶段的内、外温差及延缓混凝土的降温速率，以保证大体积混凝土的质量。

当混凝土浇筑完毕后，必须做好面层的搓面处理。混凝土浇筑完毕刮平后，用滚杠滚压数遍，将表面浮浆排除出筏板基础以外。混凝土表面收水后用木抹进行搓面处理(不少于两遍)，然后立即覆盖塑料布，以减少混凝土的水分蒸发，避免混凝土因温差产生塑性开裂。在混凝土进入初凝阶段前要掀开塑料布再次进行搓面，同时将可见裂缝撮合平，用铁抹将表面压光，用硬质尼龙扫拉毛，再将塑料布覆盖严实。在混凝土进入终凝后，一定要洒水补充水分，以保持混凝土表面潮湿(不发白)。补充水分时要采用洒水的方式，不能用水管直接浇混凝土表面，并观察塑料布是否盖严，此后直至养护结束。

混凝土的保温养护时间为 14 天。在混凝土养护期间需采用测温技术，进行信息化施工，全面了解混凝土在强度发展过程中内部的温度分布情况，并根据温度梯度的变化情况，定性、定量地指导施工，控制混凝土的内外温差、降温速率，防止大体积混凝土出现裂缝。

## 2.3.4 练习与提高

1. 基础的埋置深度一般不应小于________mm。
2. 浅基础为________m，深基础为________m。
3. ________是建筑物的重要组成部分，它承受建筑物的全部荷载，并将它们传给________。
4. 地基分为________和________两大类。
5. 当地基上有冻胀现象时，基础应埋在距________约 200 mm 的地方。
6. 地基土质均匀时，基础应尽量浅埋，但最小埋深应不小于(　　)。
   A. 300 mm　　B. 500 mm　　C. 800 mm　　D. 1000 mm
7. 砖基础为满足刚性角的限制，其台阶的允许宽高之比应为(　　)。
   A. 1∶1.2　　B. 1∶1.5　　C. 1∶2　　D. 1∶2.5

8. 当地下水位很高，基础不能埋在地下水位以上时，应将基础底面埋置在(　)，从而减少和避免地下水的浮力等影响。

A. 最高水位 200 mm 以下　　B. 最低水位 200 mm 以下

C. 最高水位 200 mm 以上　　D. 最低水位 200 mm 以上

9. 砖基础采用等高式大放脚的做法时，一般为每两皮砖挑出(　)。

A. 1 皮砖　　B. 3/4 皮砖　　C. 1/2 皮砖　　D. 1/4 皮砖

10. 建筑物基础的作用是什么？地基与基础有何区别？

11. 何谓基础埋置深度？主要应考虑哪些因素？

12. 基础按构造形式不同分为哪几种？各自的适用范围如何？

# 2.4　任务 3:地下室防潮防水的构造处理

## 2.4.1　任务资讯

**1. 地下室的分类**

地下室是建筑物首层下面的地下使用空间。

(1) 地下室按埋入地下深度分为全地下室和半地下室。全地下室是指地下室地面低于室外地坪的高度超过该房间净高的 1/2。半地下室是指地下室地面低于室外地坪的高度为该房间净高的 1/3～1/2。

(2) 地下室按使用功能分为普通地下室和防空地下室。普通地下室一般用作高层建筑的地下停车库、设备用房，根据用途及结构需要可做成 1 层、2 层或多层地下室。防空地下室是具有预定战时防空功能的地下室。在房屋中室内地面低于室外地面的高度超过该房间净高 1/2 的为地下室。防空地下室的位置、规模、战时及平时的用途，应根据城市的人防工程规划以及地面建筑规划，地上与地下综合考虑，统筹安排。

如图 2-17 所示为地下室的结构示意图。

**2. 地下室的组成**

地下室由墙体、底板、顶板、门窗、楼梯等部分组成。

(1) 墙体

地下室的外墙不仅承受垂直荷载，还承受土壤和地下水的侧压力，故地下室外墙应按挡土墙设计。墙体厚度应按计算确定，其最小厚度除应满足构造要求外，还应满足抗渗要求，钢筋混凝土墙厚度不低于 300 mm。外墙还应做防潮或防水处理。

(2) 顶板

可用预制板、现浇板或者装配整体式楼板。如为防空地下室，必须采用现浇板，并按有关规定决定厚度和混凝土强度等级。

(3) 底板

当底板位于最高地下水位以上，并且无压力水产生的可能时，可按一般地面工程处理，即垫层上现浇混凝土 60～80 厚，再做面层。当底板位于最高地下水位以下时，底板不仅承受上部垂直荷载，还承受地下水的浮力作用，应采用现浇钢筋混凝土底板，并双层配筋。底板下垫层上还应设置防水层，以防渗漏。

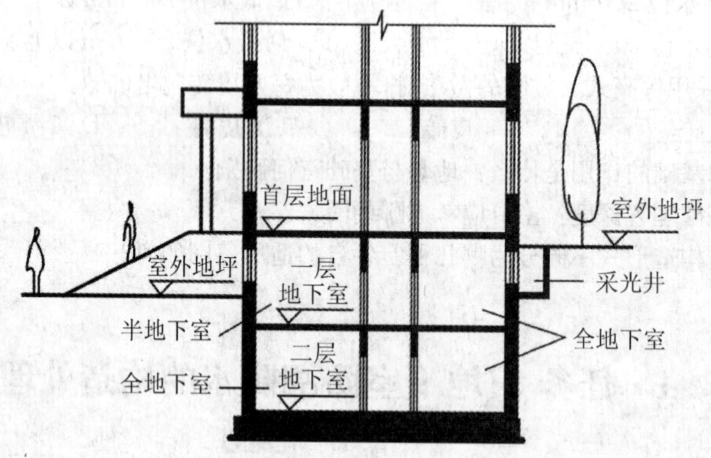


图 2-17 地下室结构示意图

(4) 门窗

普通地下室门窗与地上房间门窗相同。地下室外窗在室外地坪以下时，应设置采光井，以利于室内采光和通风。采光井由三面侧墙、底板和防护篦组成。如图 2-18 所示为地下室采光井防水构造图。

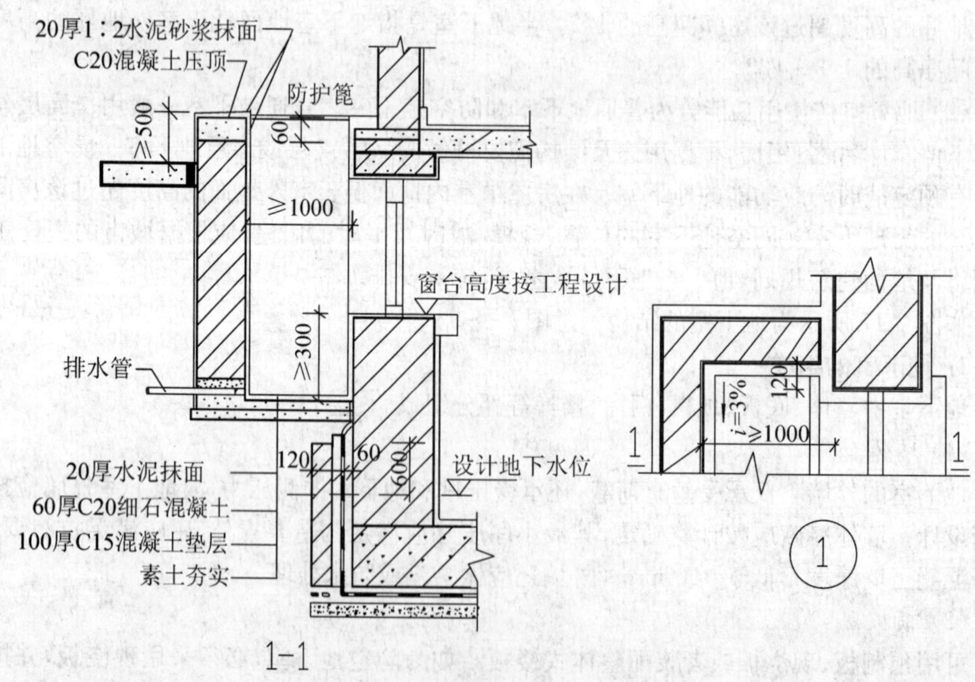


图 2-18 地下室采光井防水构造图

(5) 楼梯

楼梯可与地面上的房间结合设置。层高小或用作辅助房间的地下室，可采用单跑楼梯。防空地下室应有不少于两部楼梯通向地面的安全出口，并且必须有一个独立的安全出口。

这个安全出口周围不得有较高建筑物，以防空袭倒塌堵塞出口而影响疏散。

## 2.4.2　任务实施

**1. 地下室防潮构造**

当设计最高地下水位低于地下室底板且无形成上层滞水可能时，地下水不会浸入地下室内部，地下室底板和外墙只受到土壤毛细水的影响，此时只需对地下室做防潮处理即可。地下室防潮只适用于防无压水。

地下室防潮的构造要求：在地下室外墙的外侧设置垂直防潮层，地下室的所有墙体应设两道水平防潮层，一道设在地下室地坪附近，另一道设在室外地坪以上 150～200 mm 处，使整个地下室防潮层连成整体，以防毛细水沿地下墙身或勒脚处进入室内，从而达到防潮的目的。

墙身垂直防潮层的做法：在外墙外侧先抹 30 厚的 1∶3 水泥砂浆找平层，干燥后满刷冷底子油两道，热沥青两道，随涂随刮，由上至下使厚度均匀，后一道热沥青必须待前一道凝固后方能进行。

墙身水平防潮层的做法：20 厚 1∶2.5 水泥砂浆，内掺 5%防水剂。

地下室防潮构造如图 2-19 所示。

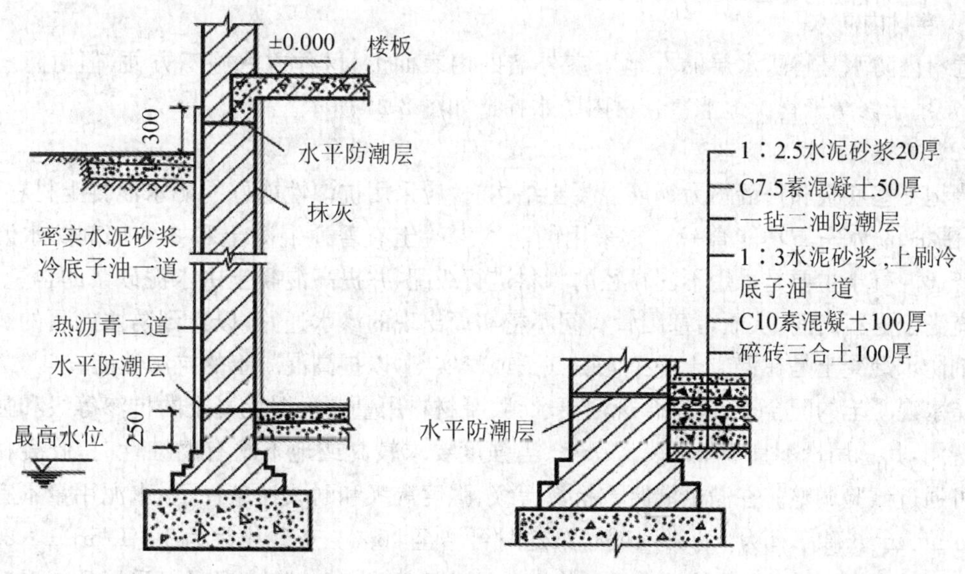


**图 2-19　地下室防潮构造**

**2. 地下室防水构造**

当设计最高地下水位高于地下室底板或地下室周围土层属弱透水性土而存在滞水可能时，地下室底板和部分墙体就会受到地下水的侵袭。地下室墙体受到地下水侧压力的影响，底板则受到地下水浮力的影响，此时需对地下室做防水处理。工程中常用的防水措施有以下三种：

(1) 沥青卷材防水

① 卷材外防水

卷材外防水是将防水层贴在地下室外墙的外表面上，这种方法防水效果较好，但维修困难。卷材防水材料通常有合成高分子防水卷材、高聚物改性沥青防水卷材、水泥基柔性防水卷材、自粘性橡胶沥青防水卷材。

地下室底板外防水构造做法：素土夯实；100 厚 C15 混凝土垫层；20 厚 1∶2.5 水泥砂浆找平层；冷底子油一道；卷材防水层；50 厚 C20 细石混凝土保护层；防水混凝土底板。施工时水平防水卷材必须留出足够的长度与墙面垂直防水卷材搭接，同时要做好转折处卷材的保护，以免因转折交接处的卷材断裂而影响地下室的防水效果。

地下室外墙外防水构造做法：应先铺平面，后铺立面，交接处应交叉搭接。临时性保护墙宜采用石灰砂浆砌筑，内表面宜做找平层。从底面折向立面的卷材与永久性保护墙的接触部位，应采用空铺法施工；卷材与临时性保护墙或围护结构模板的接触部位，应将卷材临时贴附在该墙或模板上，并应将顶端临时固定。当不设保护墙时，从底面折向立面的卷材接槎部位应采取可靠的保护措施。混凝土结构完成，铺贴立面卷材时，应先将接槎部位的各层卷材揭开，并应将其表面清理干净，如卷材有局部损伤，应及时进行修补；卷材接槎的搭接长度，高聚物改性沥青类卷材应为 150 mm，合成高分子类卷材应为 100 mm；当使用两层卷材时，卷材应错槎接缝，上层卷材应盖过下层卷材。保护墙下干铺油毡一层并沿其长度方向每隔 3～5 m 设一道通高竖向断缝，以保证紧压防水层。地下室卷材外防水构造如图 2-20 所示。

② 卷材内防水

卷材内防水是将防水层贴在地下室外墙的内表面上，这种方法施工方便，但对防水不利，故常用于修缮工程。地下室卷材内防水构造如图 2-21 所示。

(2) *混凝土结构自防水*

当地下室底板和外墙均为钢筋混凝土结构时，应采用抗渗性能好的防水混凝土材料，使承重、围护、防水三重功能合一。常采用的防水混凝土有普通混凝土和掺外加剂防水混凝土。普通混凝土主要是采用不同粒径的骨料进行级配，并提高混凝土中水泥砂浆的含量，使砂浆充满于骨料之间，从而堵塞因骨料间不密实而出现的渗水通路，以达到防水的目的。掺外加剂防水混凝土是在混凝土中掺入引气剂或密实剂，以提高混凝土的抗渗性能。

防水混凝土的配合比，应符合规定要求：胶凝材料用量应根据混凝土的抗渗等级和强度等级选用，其总用量不宜小于 320 kg/m$^3$；当强度要求较高或地下水有腐蚀性时，胶凝材料用量可通过试验调整。在满足混凝土抗渗等级、强度等级和耐久性条件下，水泥用量不宜小于 260 kg/m$^3$。砂率宜为 35%～40%，泵送时可增至 45%。灰砂比宜为 1∶1.5～1∶2.5。水胶比不得大于 0.50，有侵蚀性介质时水胶比不宜大于 0.45。防水混凝土采用预拌混凝土时，入泵坍落度宜控制在 120～160 mm，坍落度每小时损失值不应大于 20 mm，坍落度总损失值不应大于 40 mm。掺加引气剂或引气型减水剂时，混凝土含气量应控制在 3%～5%。预拌混凝土的初凝时间宜为 6～8 h。

(3) *弹性材料防水*

随着新型高分子合成防水材料的不断涌现，地下室的防水构造也在更新。如我国目前使用的三元乙丙橡胶卷材，能充分适应防水基层的伸缩及开裂变形，拉伸强度高，拉断延伸率大，能承受一定的冲击荷载，是耐久性极好的弹性卷材。又如聚氨酯涂膜防水材料，有利于形成完整的防水涂层，对建筑内有管道、转折和高差等特殊部位的防水处理极为有利。

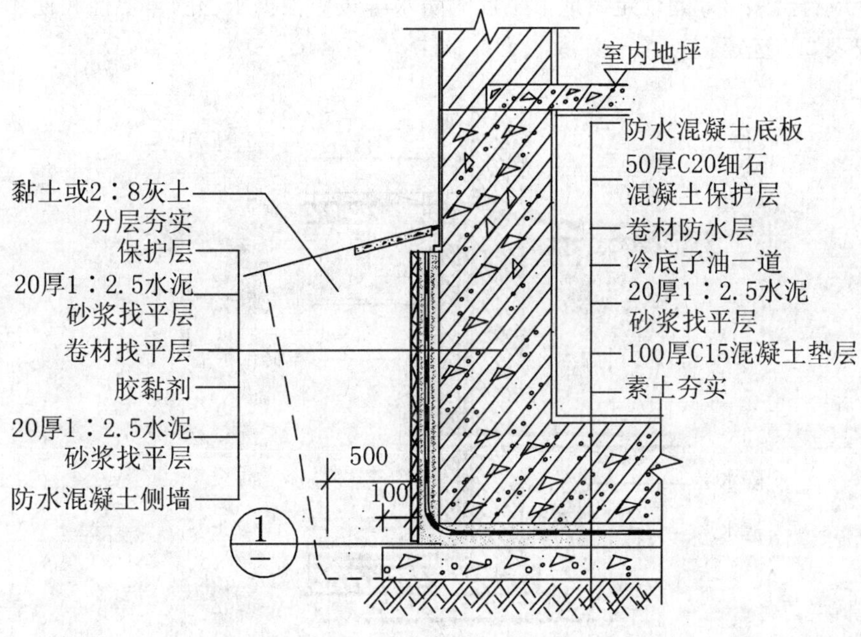


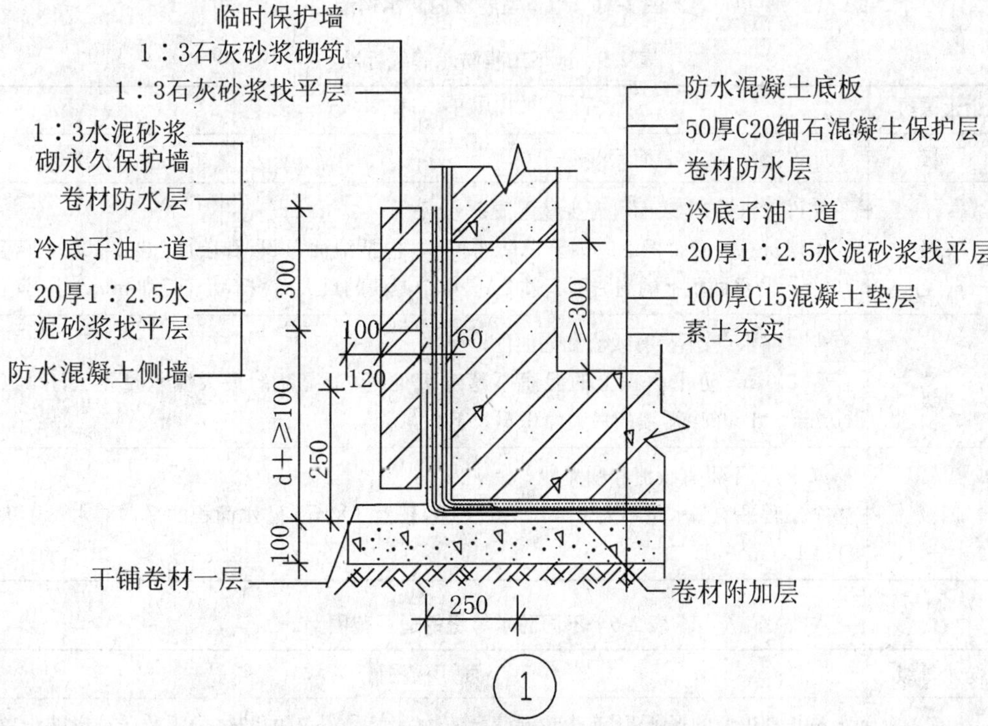


图 2-20　地下室卷材外防水构造

## 2.4.3　任务拓展

**1. 地下工程防水等级及适用范围**

根据《地下工程防水技术规范》(GB 50108－2008)，地下工程的防水等级分为四级，各等级的防水标准应符合表 2-5 的规定。地下工程的防水等级应根据工程的重要性和使用中对防水的要求按表 2-6 选定。

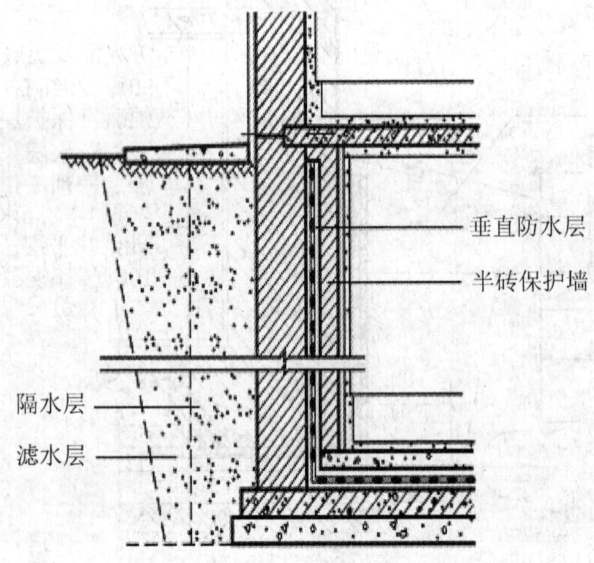


**图 2-21 地下室卷材内防水构造**

**表 2-5 地下工程防水等级标准**

| 防水等级 | 标 准 |
|---|---|
| 一级 | 不允许渗水，结构表面无湿渍 |
| 二级 | 不允许渗水，结构表面可有少量湿渍；<br>民用建筑总湿渍面积不应大于总防水面积（包括地面、顶板和墙面）的 1/1000，任意 100 $m^2$ 防水面积上的湿渍不超过 2 处，单个湿渍的最大面积不大于 0.1 $m^2$ |
| 三级 | 有少量漏水点，不得有线流和漏泥沙；<br>任意 100 $m^2$ 防水面积上的湿渍不超过 7 处，单个湿渍的最大漏水量不大于 2.5 L/($m^2$·d)，单个湿渍的最大面积不大于 0.3 $m^2$ |
| 四级 | 有漏水点，不得有线流和漏泥沙；<br>整个工程平均漏水量不大于 2 L/($m^2$·d)，任意 100 $m^2$ 防水面积的平均漏水量不大于 4 L/($m^2$·d) |

**表 2-6 不同防水等级的适用范围**

| 防水等级 | 适用范围 |
|---|---|
| 一级 | 人员长期停留的场所；因有少量湿渍会使物品变质、失效的贮物场所及严重影响设置正常运转和危及工程安全运营的部位；极重要的战备工程、地铁车站 |
| 二级 | 人员经常活动的场所；在有少量湿渍的情况下不会使物品变质、失效的贮物场所及基本不影响设置正常运转和工程安全运营的部位；重要的战备工程 |
| 三级 | 人员临时活动的场所；一般战备工程 |
| 四级 | 对渗漏水无严格要求的工程 |

**2. 地下工程防水做法说明**

(1) 地下工程的防水设计，应考虑地表水、地下水、毛细管水等的作用，以及由于人为因素引起的附近水文地质改变的影响。

(2) 地下工程的防水应优先选用混凝土结构自防水，再根据防水等级的要求采用其他防水措施。

(3) 卷材防水层均应铺设在混凝土结构主体的迎水面。卷材防水层为一至二层，高聚物改性沥青卷材厚度不应小于 3 mm，单层使用时，厚度不应小于 4 mm；双层使用时，总厚度不应小于 6 mm。合成高分子防水卷材、水泥基柔性防水卷材单层使用时，厚度不应小于 1.5 mm；双层使用时，总厚度不应小于 2.4 mm。自粘性橡胶沥青防水卷材单层使用时厚度不应小于 2 mm，双层使用时总厚度不应小于 3 mm。

(4) 阴阳角处应做成圆弧或 45°(135°)折角，其尺寸视卷材品质确定。在转角、阴阳角等特殊部位，增贴 1～2 层相同的卷材，宽度不宜小于 500 mm。

(5) 粘贴各类卷材必须采用与卷材相容的胶黏剂。

(6) 防水涂料应用于防水混凝土结构主体的迎水面。当无法用于迎水面时，无机防水涂料可用于结构主体背水面防水，并应具有较高的抗渗性和与基面的黏结性。通常水泥基防水涂料厚度宜为 1.5～2 mm；水泥基渗透结晶型防水涂料每 $m^2$ 用量不得小于 0.8 kg；有机防水涂料根据材料的性能，厚度宜为 1.2～2 mm。

## 2.4.4　练习与提高

1. 地下室由墙体、________、顶板、________、________等部分组成。

2. 地下室的外墙不仅承受垂直荷载，还承受________侧压力，地下室外墙应按________设计。

3. 地下室采光井由________、________和________组成。

4. 地下室防水措施主要有________、________和________。

5. ________是指地下室地面低于室外地坪的高度为该房间净高的 1/3～1/2 的地下室。

6. 地下室何时需做防潮处理？

7. 地下室何时需做防水处理？

8. 地下室外墙外防水构造做法如何？

9. 地下室底板外防水构造做法如何？

10. 当地下室的底板和墙体采用钢筋混凝土结构时，可采取何措施来提高防水性能？

# 学习情境3　墙　　体

## 3.1　学习情境描述

### 3.1.1　学习目标

完成本学习情境后,你应当能:

(1) 运用所学知识,阅读砖混结构施工图纸,确定圈梁、构造柱的设置位置及构造做法。

(2) 根据环境要求,确定墙面装修做法。

(3) 在教师指导下,绘制外墙节点部分大样图。

### 3.1.2　学习任务

具体学习任务与任务驱动如表3-1所示。

**表3-1　学习任务与任务驱动**

| 序　号 | 学习任务 | 任务驱动 |
|---|---|---|
| 1 | 墙体节点构造 | (1) 学生课后可对教室的门窗洞口、墙段长度尺寸进行丈量,确定是否符合砖模数。<br>(2) 绘制门窗过梁、窗台、勒脚、防潮层、散水的构造图 |
| 2 | 墙体加固措施 | (1) 阅读砖混结构施工图纸,确定圈梁、构造柱的设置位置及构造做法。<br>(2) 绘制圈梁、构造柱的构造图 |
| 3 | 砌块墙及隔墙构造 | (1) 叙述框架结构填充墙的构造做法。<br>(2) 叙述120隔墙的构造做法 |
| 4 | 墙面装修 | 举例阐述各类墙面装修的一至两种构造做法及使用范围 |

# 3.2　任务1:墙体节点构造

## 3.2.1　任务资讯

**1. 墙体的作用、类型**

(1) 墙体的作用

① 承重作用:墙体承受自重,屋顶、楼板(梁)传给它的荷载以及风荷载。

② 围护作用:外墙遮挡风、雨、雪的侵袭,防止太阳辐射、噪声干扰及室内热量的散失等,起保温、隔热、隔声、防水等作用。

③ 分隔作用:内墙把房屋内部空间划分成若干个使用空间。

(2) 墙体的类型

① 按位置分类

墙体按所处的位置不同分为外墙和内墙。外墙指房屋四周与室外接触的墙。内墙是位于房屋内部的墙。

墙体按布置方向可分为纵墙和横墙。沿建筑物长轴方向布置的墙称为纵墙。沿建筑物短轴方向布置的墙称为横墙。外横墙又称山墙。高出屋面以上部分的外墙称为女儿墙。图3-1中给出了墙体各部分的名称。

按墙体与门窗的位置不同分为窗间墙和窗下墙。窗与窗、窗与门之间的墙称为窗间墙。窗台下部的墙称为窗下墙。

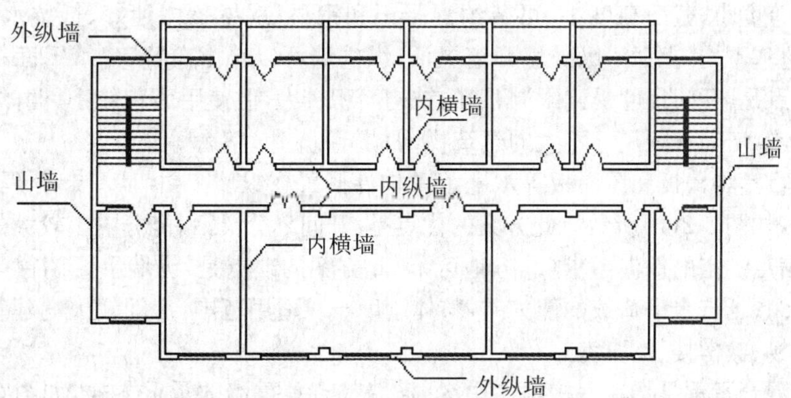


**图3-1　墙体各部分的名称**

② 按受力情况分类

根据墙体的受力情况不同可分为承重墙和非承重墙。直接承受楼板(梁)、屋顶等上部传来荷载的墙称为承重墙。不承受上部传来荷载的墙称为非承重墙。

非承重墙包括自承重墙、填充墙、隔墙和幕墙。不承受外来荷载,仅承受自身重力并将其传至基础的墙称为自承重墙。仅起分隔空间作用,自身重力由楼板或梁来承受的墙称为隔墙。在框架结构中，填充在柱与柱之间的墙称为填充墙。悬挂在建筑物外部的轻质墙称为幕墙。

③ 按材料分类

按所用材料的不同分为砖墙、石墙、砌块墙和混凝土墙。用砖和砂浆砌筑的墙称为砖墙。用石块和砂浆砌筑的墙称为石墙。利用工业废料制作的各种砌块砌筑的墙称为砌块墙。现浇或预制的钢筋混凝土的墙称为混凝土墙。

④ 按构造形式分类

按构造形式不同分为实体墙、空体墙和复合墙。用普通黏土砖及其他实体砌块砌筑而成的墙称为实体墙。由单一材料砌成内部空腔，或采用具有孔洞的砌块材料砌筑的墙称为空体墙，如空斗墙、空心砌块墙。由两种或两种以上材料组合而成的墙称为复合墙，如混凝土、加气混凝土复合板材墙，其中混凝土起承重作用，加气混凝土起保温隔热作用。

⑤ 按施工方式分类

按施工方式不同分为块材墙、板筑墙和板材墙。用砂浆等胶结材料将砖、石、砌块等组砌而成的墙称为块材墙。在施工现场立模板，现浇而成的墙称为板筑墙。预先制成墙板，在施工现场安装、拼接而成的墙称为板材墙，如预制混凝土大板墙、各种轻质板条内隔墙等。

**2. 墙体的设计要求**

(1) 结构要求

① 合理选择墙体结构布置方案

对于墙体承重为主的低层或多层砖混结构建筑物，其墙体在结构布置上有横墙承重、纵墙承重、纵横墙混合承重、墙与内柱混合承重四种结构方案。

横墙承重是将楼板及屋面板等水平承重构件搁置在横墙上，楼面及屋面荷载依次通过楼板、横墙、基础传给地基，如图 3-2(a)所示。此方案的优点是：由于横墙间距比较小，水平承重构件的跨度小，截面高度小，可节约混凝土和钢材；房屋整体性好，抵抗水平荷载能力强，可调整地基不均匀沉降；纵外墙开窗灵活，纵内墙可以自由布置，建筑平面布置较灵活。此方案的缺点是：开间尺寸受到限制；墙的结构面积较大，但使用面积较小；墙体材料耗费较多。适用范围：房间开间尺寸不大的建筑物，如住宅、旅馆、宿舍等。

纵墙承重是将楼板和屋面板等水平承重构件搁置在纵墙上，横墙只起分隔空间和连接纵墙的作用，如图 3-2(b)所示。此方案的优点是：开间划分灵活，能分隔出较大的空间；纵外墙较厚，可满足一定的保温需求（北方地区）。此方案的缺点是：纵墙上开门窗受限制，室内通风不易组织；抵抗水平荷载的能力差，整体刚度小。适用范围：房间较大的建筑物，如办公楼、餐厅、商场、教学楼、阅览室等。

纵横墙混合承重是指在一栋房屋中纵、横墙都有承重墙的承重方式，如图 3-2(c)所示。此方案的优点是：平面布置灵活；整体刚度好。此方案的缺点是：水平承重构件类型多，施工复杂；墙的结构面积大，消耗墙体材料较多。适用范围：房间开间、进深尺寸较大，房间类型较多，平面复杂的建筑，如医院、幼儿园、托儿所、点式住宅等。

墙与内柱混合承重是当房屋内部采用柱、梁组成的内框架时，梁的一端搁置在墙上，另一端搁置在柱上，由墙和柱共同承受水平构件传来的荷载，如图 3-2(d)所示。此方案的优点是：房屋整体稳定性好，内部空间大，房间布置灵活。此方案的缺点是：水泥、钢材用量较多，造价较高。适用范围：室内需要大空间的建筑，如大型商场、餐厅、超市等。

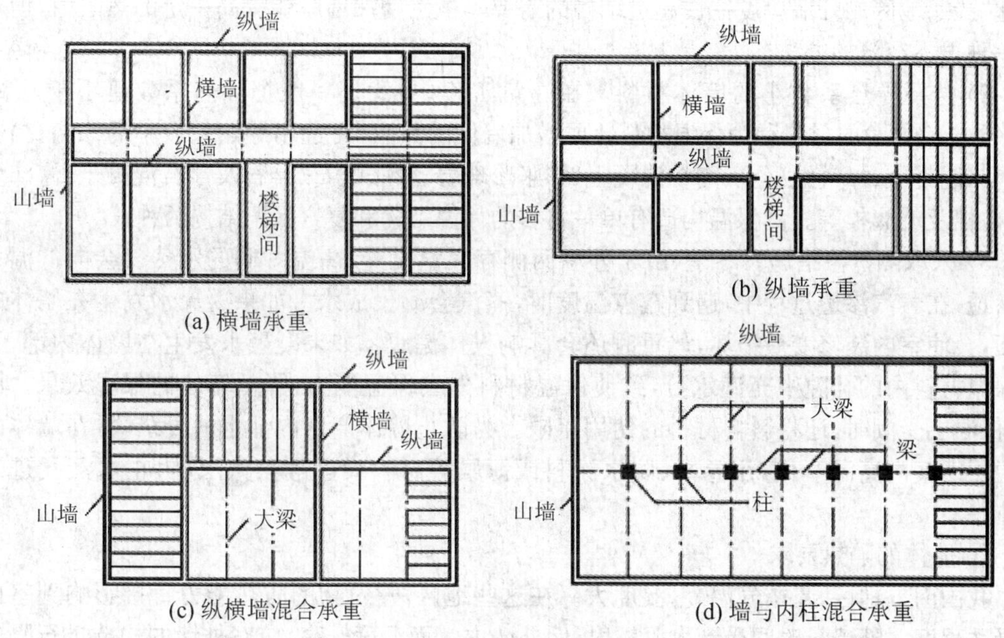


**图 3-2 墙体结构布置方案**

② 具有足够的强度和稳定性

强度是指墙体承受荷载的能力，它与所采用的材料以及材料的强度等级有关。如钢筋混凝土墙体比砖墙体的强度要高。强度等级高的砖与砂浆所砌筑的砌体比强度等级低的砖、砂浆所砌筑的砌体强度高。作为承重墙，应有足够的强度来承受楼板及屋顶的竖向荷载。砖墙是脆性材料，变形能力小，因而对房屋的高度及层数有一定的限制。

墙体作为承重构件，应满足一定的刚度要求。一方面构件自身应具有稳定性，同时地震区还应考虑地震作用下对墙体稳定性的影响。

墙体的稳定性与高厚比有关。为满足高厚比要求，通常在墙体开洞口部位设置门垛、在长而高的墙体中设置壁柱，以增加墙体的稳定性。

抗震设防地区，为了增加建筑物的整体刚度和稳定性，在多层砖混结构房屋的墙体中，还需设置贯通的圈梁和钢筋混凝土构造柱，使之相互连接，形成空间骨架，以加强墙体抗弯、抗剪能力。在地震烈度 7～9 度的地区内，应设置防震缝，将建筑物分为若干体型简单、结构刚度均匀的独立单元，用圈梁、构造柱来加强建筑物的稳定性。

(2) 热工要求

建筑物的热工要求，就是要做好保温、隔热工作，保证建筑空间冬暖夏凉。我国幅员辽阔，气候差异大，墙体作为围护构件应具有保温、隔热的性能，同时还应具有隔声、防火、防潮等功能。

① 墙体的保温要求

在严寒的冬季，在热量通过外墙由室内高温一侧向室外低温一侧传递的过程中，既产生热损失，又会遇到各种阻力，使热量不致突然消失，这种阻力称为热阻。热阻越大，通过墙体所传出的热量就越小，表明墙体的保温性能好，反之则差。为了提高外墙保温能力，减少热损失，应采取以下措施：

1) 增加墙体的厚度。墙体的热阻与其厚度成正比，欲提高墙身的热阻，可增加其厚度。

因此，严寒地区的外墙厚度往往超过结构的需要。虽然增加墙厚能提高一定的热阻值，但却是一种很不经济的办法。

2）选择导热系数小的墙体材料。在建筑工程中，我们一般把导热系数值小于 0.25 kJ/(m·h·℃)的材料称为保温材料。要增加墙体的热阻，可选用导热系数小的保温材料，如泡沫混凝土、加气混凝土、陶粒混凝土、膨胀珍珠岩、膨胀蛭石、浮石及浮石混凝土、泡沫塑料、矿棉及玻璃棉等。其保温构造有单一材料的保温结构和复合保温结构两种。

3）采取隔蒸汽措施。冬季，由于外墙两侧存在温度差，高温一侧的水蒸气会向低温一侧渗透，在蒸汽渗透过程中，遇到露点温度时，蒸汽会凝聚成水。如果凝聚水发生在墙体的表面，会使室内装修变质损坏，严重时还会影响人体健康。如果凝聚水发生在墙体内部，会使保温材料内的孔隙中充满水分，致使保温材料失去保温能力，降低墙体的保温效果。同时，保温层受潮时，还将影响材料的使用年限。为防止墙体产生内部水的凝结，常在墙体的保温层靠室内高温一侧，用卷材、防水涂料或薄膜等材料设置隔蒸汽层，阻止水蒸气进入墙体。

② 墙体的隔热要求

我国南方地区，夏季气温高，湿度大。在这些地区，建筑物的防热能力直接影响到室内的舒适程度。外墙长时间受到太阳辐射，使外墙内表面温度升高，应对外墙的构造进行隔热处理，从而降低外墙内表面温度。可采取的隔热措施有：

1）外墙采用颜色浅而平滑的外饰面，如白色外墙涂料、玻璃马赛克、浅色墙面砖、金属外墙板等，以反射太阳光，减少墙体对太阳辐射的吸收。

2）在外墙内部设通风间层，利用空气的流动带走热量，降低外墙内表面温度。

3）在窗口外侧设置遮阳设施，以遮挡太阳光使之不直射室内。

4）在外墙外表面种植攀缘植物使之遮盖整个外墙，利用植物的遮挡、蒸发和光合作用来吸收太阳辐射热，从而起到隔热作用。

(3) 隔声要求

为了获得安静的工作和休息环境，就必须隔绝室外及邻室传来的噪声影响，要求墙体具有良好的隔声能力。

噪声传播有两个途径，一是空气传声，二是固体传声。墙体主要阻隔空气直接传播的噪声。墙的隔声能力取决于墙的面密度，面密度越大，隔声效果越好。双层墙面抹灰较单层墙面抹灰效果好。为保证建筑的室内使用要求，不同类型的建筑具有相应的噪声控制标准。为控制噪声，对墙体一般可采取以下措施：

① 加强墙体的密缝处理。

② 增加墙体的密实性及厚度，避免噪声穿透墙体及带动墙体振动。

③ 采用有空气间层或多孔性材料制作的夹层墙，提高墙体的减振和吸音能力。

④ 在可能的情况下，利用垂直绿化降噪。

(4) 防火、防水、防潮要求

① 防火要求

在防火方面，应符合建筑设计防火规范(GB 50016－2006)的要求，选择燃烧性能和耐火极限符合防火规范规定的材料，并在较大的建筑中设置防火墙对建筑进行防火分区，以防止火灾蔓延。

② 防水、防潮要求

卫生间、厨房、实验室等用水的房间的墙体以及地下室的墙体应采取防水、防潮措施。选择良好的防水材料以及恰当的构造做法，保证墙体的坚固耐久性，使室内有良好的卫生环境。

(5) 建筑节能要求

为贯彻国家的节能政策，改善严寒和寒冷地区居住建筑采暖能耗大、热工效率差的状况，必须通过建筑设计和构造措施来减少能耗。

(6) 适应工业化生产要求

在大量民用建筑中，墙体工程量占相当的比重，同时其劳动力消耗大，施工工期长。因此，建筑工业化的关键是墙体改革。改革传统的墙体材料，采用轻质高强的墙体材料，以减轻自重、降低成本，适应建筑工业化生产的要求。

## 3.2.2　任务实施

**1. 砖墙的尺寸**

(1) 砖的尺寸

普通砖的尺寸是240×115×53，砖的长、宽、高各加上灰缝宽，构成了三个方位的比例关系：(240＋10)∶(115＋10)∶(53＋10)＝4∶2∶1，如图3-3所示。1 $m^3$ 需用512块砖。

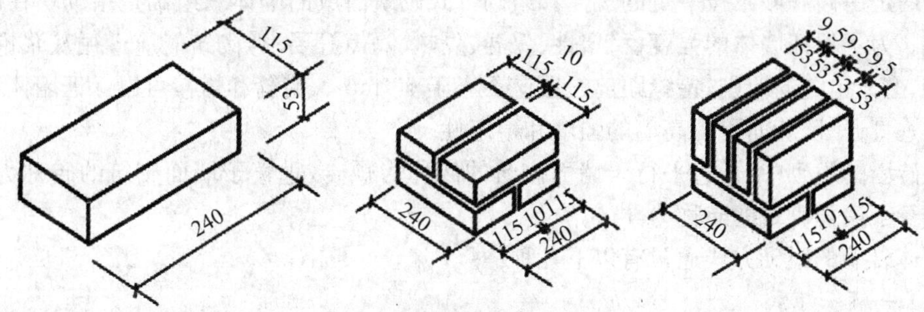


**图3-3　普通砖的尺寸关系**

(2) 砖墙的厚度

砖墙的厚度是根据多方面因素决定的，就是要同时满足承载能力、稳定性、保温、隔热、隔声和防火等要求，并且还要符合砌墙砖的规格尺寸。砖墙厚度的尺寸见表3-2。

**表3-2　砖墙厚度的尺寸**

| 习惯称谓 | 半砖墙 | 3/4砖墙 | 一砖墙 | 一砖半墙 | 两砖墙 |
|---|---|---|---|---|---|
| 工程称谓 | 一二墙 | 一八墙 | 二四墙 | 三七墙 | 四九墙 |
| 构造尺寸 | 115 | 178 | 240 | 365 | 490 |
| 标志尺寸 | 120 | 180 | 240 | 370 | 490 |

从表3-2中可知，砖墙厚度的递增均以砖宽加灰缝(115＋10)为进位基数，砖宽数目 $n$ 的多少，就决定了砖墙的不同厚度。因此，砖墙的厚度 $b$ 可由公式 $b=(115+10)n-10$ 求得。

(3) 墙段的长度和洞口宽度

一般砖墙墙段的长度，应由砖宽的倍数组成，即墙段的长度尺寸应为以砖宽加灰缝尺寸为基数的倍数减去一个灰缝宽度。墙中出现洞口时，洞口宽度的尺寸应为以砖宽加灰缝尺寸为基数的倍数加上一个灰缝宽度。墙段长度和洞口宽度尺寸见图 3-4。

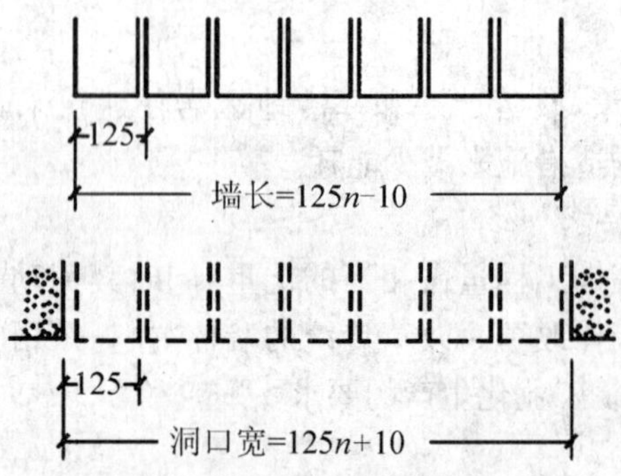


**图 3-4 墙段长度和洞口宽度尺寸**

现行设计规范遵循模数协调原则，即以扩大模数 3M 递增，这与砖尺寸不相适应。为了减少施工中不必要的砍砖，规范规定在设计中凡墙段长度在 1500 mm 以内时，应尽量采用砖的模数尺寸。超过 1500 mm 的墙段可不受此限制。

**2. 砖墙的组砌方式**

砖墙是由砖和砂浆按一定的规律和组砌方式砌筑而成的砌体。组砌是指砌块在砌体中的排列。为了保证墙体的强度、稳定性、保温、隔热、隔声等要求，砌筑时应遵循灰浆饱满、内外搭接、上下错缝的原则，错缝距离一般应不小于 60 mm。错缝和搭接可以保证墙体不出现连续的垂直通缝，从而可提高墙的强度和稳定性。

在砖墙的组砌中，长边平行于墙面砌筑的砖称为顺砖，垂直于墙面砌筑的砖称为丁砖，侧面平行于墙面砌筑的砖称为斗砖。

实体砖墙的组砌方式通常有以下几种：

(1) 一顺一丁式

又称全顺全丁式、满丁满条式。顺砖和丁砖隔层砌筑，使上、下皮的灰缝错开 60 mm。该方法的砌筑特点：操作简便，整体稳定性好，应用广泛。见图 3-5(a)。

(2) 多顺一丁式

多层顺砖和一层丁砖相间砌成。目前多采用三顺一丁式。见图 3-5(b)。

(3) 十字式

又称丁顺相间式、梅花丁式。顺砖和丁砖逐块间隔砌筑。该方法的砌筑特点：墙面美观，整体稳定性好，操作复杂，通常应用于清水墙面。见图 3-5(c)。

(4) 全顺式

又称 120 砖墙。每皮均为顺砖叠砌，砖的条面外露，上、下皮错缝 120 mm，通常应用于隔墙、围墙。见图 3-5(d)。

**3. 勒脚**

勒脚是指建筑物外墙与室外地面或散水接触部位墙体的加厚部位。

(1) 勒脚的作用

① 保护墙脚，防止各种机械性碰撞。

② 防止地面水对墙脚的侵蚀、受潮、受冻以致破坏。

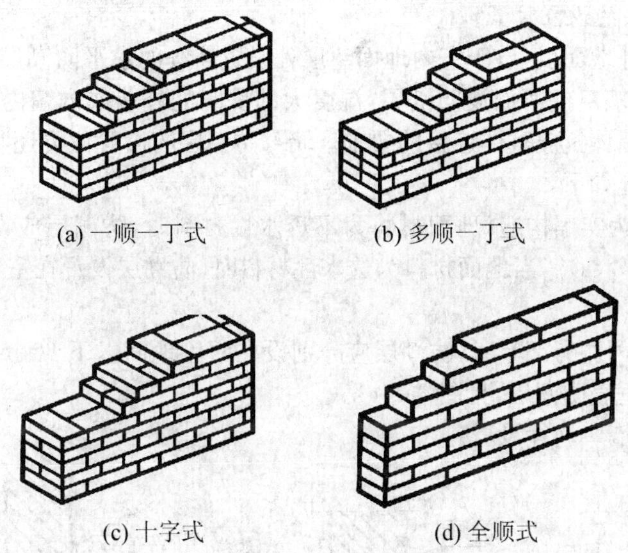


**图 3-5　砖墙的组砌方式**

③ 美观，对建筑物的立面处理产生一定的效果。

(2) 勒脚的构造做法

① 对于一般建筑，可采用 20 厚 1∶3 水泥砂浆抹面，1∶2 水泥白石子水刷石或斩假石抹面，见图 3-6(a)。

② 标准较高的建筑，可用天然石板或人工石板贴面，见图 3-6(b)。

③ 用天然石材砌筑勒脚，见图 3-6(c)。

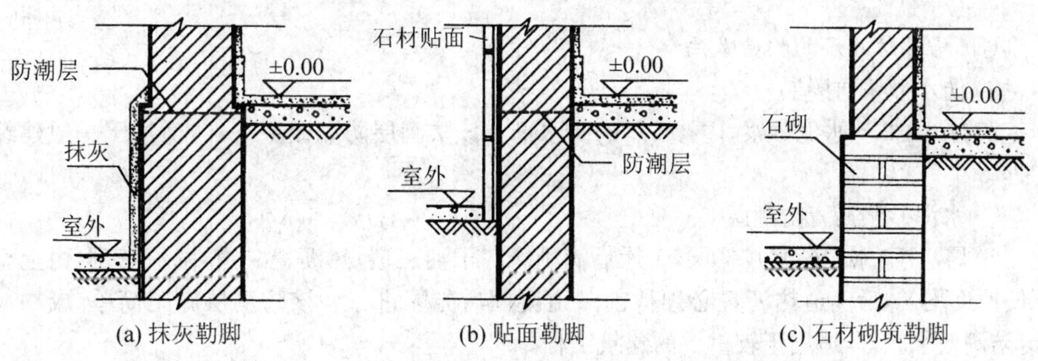


**图 3-6　勒脚的构造做法**

(3) 勒脚的高度

勒脚的高度通常距室外地坪 500 mm 以上。如果要兼顾建筑的立面效果，可做到窗台处或更高些。

**4. 墙身防潮层**

(1) 墙身防潮层的作用

阻断土壤中毛细水的上升，使墙身保持干燥。由于地表水的渗透和地下水的毛细管作用，会在土壤中形成毛细水，毛细水经墙基侵入墙身，会使墙身受潮，对建筑物不利。为了防止地下潮气及地表积水对墙体的侵蚀，必须对墙身进行防潮处理。

(2) 墙身防潮层的设置位置

砌体墙应在室外地面以上，于室内地面垫层处设置连续的水平防潮层；室内相邻地面有高差时，应在高差处墙身侧面加设防潮层；湿度大的房间的外墙或内墙内侧应设防潮层；地震区防潮层应满足墙体抗震整体连接的要求。墙身防潮层的设置位置还与所在的墙及地面情况有关。具体情况如下：

① 当室内地面为实铺构造，地面材料为不透水性材料时，防潮层应设置在室内地面以下 60 mm处，见图 3-7(a)。当地面材料为透水性材料时，防潮层设置在室内地面以上60 mm处，见图 3-7(b)。

② 当室内地面两侧有高差时，防潮层应分别设在两侧地面以下 60 mm 处，并在防潮层间墙靠土一侧加设垂直防潮层，见图 3-7(c)。

③ 防潮层应在墙中连续设置。

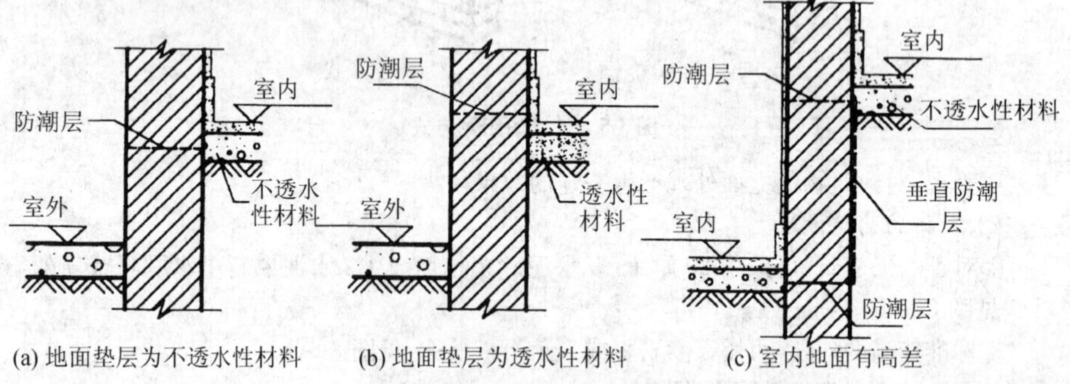


**图 3-7 墙身防潮层的位置**

(3) 墙身防潮层的构造做法

① 防水砂浆防潮层

20 厚 1∶2.5 水泥砂浆，内掺 5%的防水剂。该防潮层防潮效果一般，适用于一般建筑工程。

② 水泥砂浆沥青防潮层

30 厚 1∶3 水泥砂浆找平层，干燥后满刷冷底子油二道，热沥青二道，随涂随刮，由上至下使厚度均匀，后一道热沥青必须待前一道凝固后方能进行。该防潮层施工简单，成本较低，防潮效果较好，适用于较重要的建筑工程。

③ 基础圈梁防潮层

在抗震设防区，在基础顶面通常设置基础圈梁，此时可用基础圈梁代替防潮层，从而省掉防潮层工序，且防潮效果好。适用于设有基础圈梁且其顶面标高低于室内地坪 60 mm 处的工程。

**5. 明沟与散水**

建筑物外墙四周的地面水如果渗入地下，将会使基础土中含水率增加，导致地基承载力降低。因此，需在房屋四周室外地面与勒脚接触处设置排水沟和散水坡，以便尽快把地面水排走。

(1) 明沟(阳沟，有盖板的叫暗沟或阴沟)

明沟是设置在外墙四周的排水沟，将水有组织地导向集水井，然后流入排水系统，其构造如图 3-8 所示。适用于年降雨量较大的南方地区。

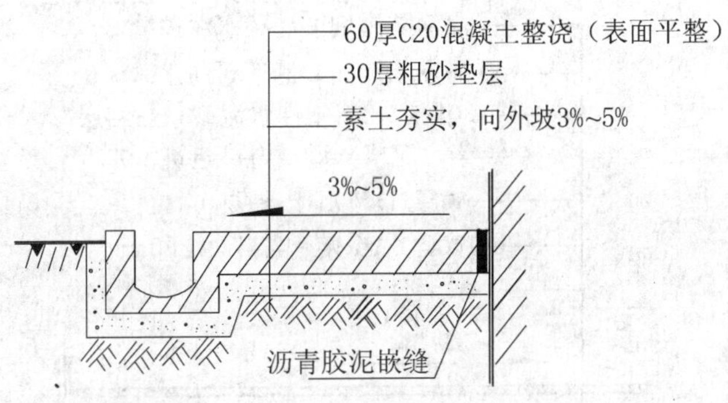


**图 3-8 混凝土明沟式散水构造做法**

(2) 散水(散水坡、护坡)

散水是沿建筑物外墙设置的倾斜坡面。散水的设置应符合以下要求：

① 散水的宽度,应根据土壤性质、气候条件、建筑物的高度和屋面排水形式确定,宜为 600～1000 mm。当采用无组织排水时,散水的宽度可按檐口线放出 200～300 mm。

② 散水的坡度可为 3%～5%。当散水采用混凝土时,宜按 20～30 m 间距设置伸缩缝。缝宽可为 10～30 mm,缝内满填防水材料。其构造做法是:素土夯实,向外坡 3%～5%;150 厚 5～32 卵石灌 M2.5 混合砂浆宽出面层 60 mm;50 厚 C20 细石混凝土面层,撒 1∶1 水泥砂子压实赶光。

散水通常适用于年降雨量较小的北方地区。对于季节性冰冻地区的散水还需在垫层下加设 300 mm 厚防冻胀层,可采用粗砂、矿渣等非冻胀性材料。

图 3-9 为水泥砂浆散水、抹灰类勒脚,图 3-10 为水泥砂浆散水、贴面类勒脚,图 3-11 为花岗石铺面散水,图 3-12 为块石灌浆散水。

**图 3-9 水泥砂浆散水、抹灰类勒脚**

**图 3-10 水泥砂浆散水、贴面类勒脚**

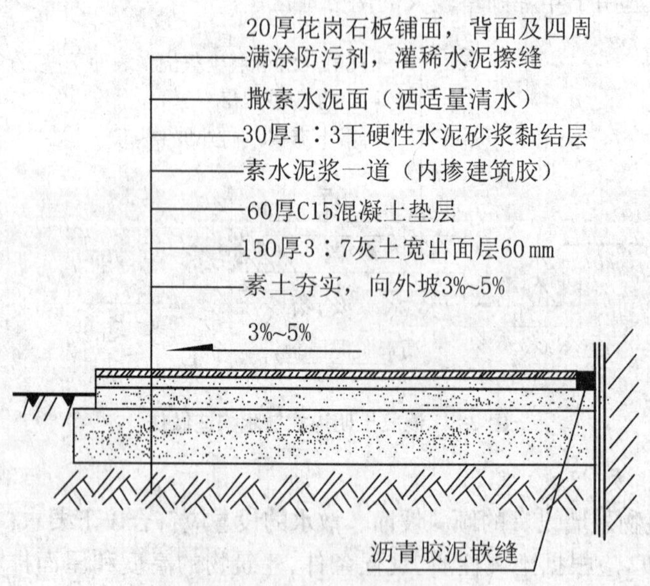


**图 3-11 花岗石铺面散水**

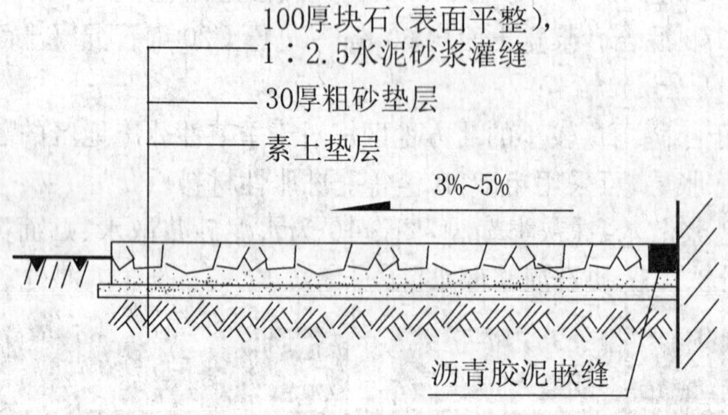


**图 3-12 块石灌浆散水**

**6. 过梁**

当墙体上开设门窗洞口时，为了承受洞口上部砌体传来的荷载，并把荷载传给洞口两侧的墙体，常在洞口上设置横梁，即为过梁。过梁的形式较多，常见的有砖拱过梁、钢筋砖过梁和钢筋混凝土过梁三种。

(1) *砖拱过梁*

用砖立砌、侧砌成对称于中心而倾向两边的拱。砖拱过梁可用于跨度 $L \leqslant 1.2$ m，上部无集中荷载作用的情况。不适用于有较大振动荷载或可能产生不均匀沉降的房屋。

构造要点：砖砌平拱过梁的高度为一砖长，灰缝上部宽度不宜大于 15 mm，下部宽度不应小于 5 mm，灰缝呈楔形，中部起拱高度为洞口跨度的 1/50，砖的强度标号不低于 MU7.5，砂浆的强度标号不低于 M5，用竖砖砌筑部分的高度不应小于 240 mm。

(2) *钢筋砖过梁*

当洞口跨度 $L$ 介于 1.2～1.5 m 时，用砖平砌，并在灰缝中加适量钢筋的过梁。

构造要点：首先在洞口内支底模，上表面低于洞口底设计标高 30 mm；在底模上抹30厚 1∶3 水泥砂浆，中间略高（$L/200$），以便拆模后过梁微微下沉而适平；在砂浆上放钢筋，每半砖墙厚放一根两端设 90°直弯钩的钢筋埋在墙体的竖缝内，钢筋伸入洞口两侧墙内的长度不应小于 240 mm，钢筋直径为∅6～∅8；按原墙砌式继续砌砖，要求过梁范围内的砌筑砂浆标号不低于 M5，砌墙砖的标号不低于 MU7.5，砌筑 5～7 皮砖，且应砂浆饱满；砂浆凝固后拆模。如图 3-13 所示。

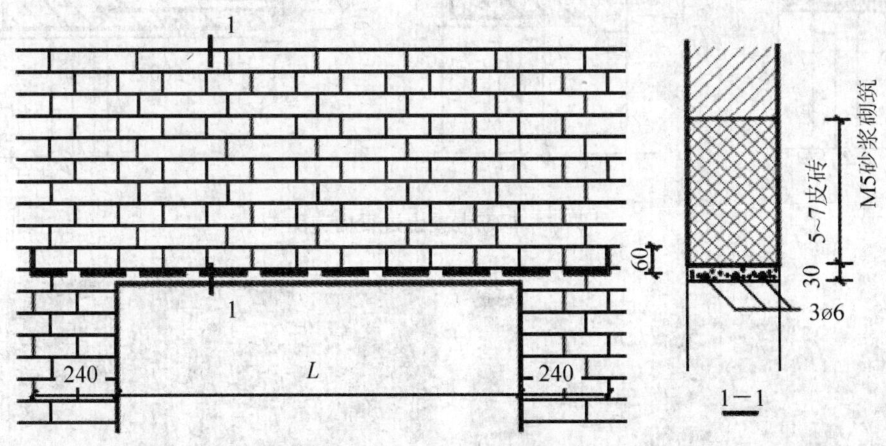


图 3-13　钢筋砖过梁

(3) 钢筋混凝土过梁

钢筋混凝土过梁由钢筋和混凝土组成，分为现浇和预制两种。

当洞口跨度 $L>1.5$ m，或荷载较大，或有较大的振动荷载，或有可能产生不均匀沉降等情况下，应采用钢筋混凝土过梁。它的承载力强，抗振性能好，并且可以按设计意图制作成各种形状。只是现场支模、布筋、浇捣、养护等工序繁琐，湿作业多，工期长，所以在施工中常用预制钢筋混凝土过梁。

构造要点：过梁宽同墙厚，梁高约为洞口宽的 1/12，并应与砖的皮数相协调，如 120、180、240。过梁在洞口两侧伸入墙内的长度应不小于 240 mm。梁内配筋应根据承受上部荷载的大小，通过计算确定。施工时梁内钢筋预先绑扎或焊接成骨架，混凝土强度等级不小于 C20。为防止雨水沿过梁向外墙内侧流淌，过梁底部外侧抹灰应做"滴水"处理。

如图 3-14 所示为钢筋混凝土过梁构造图，图 3-15 为预制钢筋混凝土过梁，图 3-16 为现浇钢筋混凝土过梁。

过梁截面形式有矩形、L 形。矩形多用于内墙。在寒冷地区，为防止钢筋混凝土过梁产生"热桥效应"，使梁内壁产生冷凝水甚至结霜现象，可将外墙洞口上的过梁断面做成 L 形，以减缓热桥效应的危害，见图 3-17。

**7. 窗台**

窗台是窗洞口下部的边缘部分，分为外窗台和内窗台。

外窗台应设置排水构件，其目的是防止雨水积聚在窗下，侵入墙身和向室内渗透。构造要点：窗台须向外形成一定倾斜坡度；窗台应挑出墙面 60 mm；窗台下部应做滴水槽，以免雨水直接流至墙面。内窗台一般水平放置。

按所用材料不同，窗台有砖砌窗台和钢筋混凝土窗台，构造如图 3-18 所示。砖砌窗台价格低，砌筑方便，应用较多。砖砌窗台有平砌和侧砌两种，窗台坡度可用砖斜砌或抹灰形成。对于窗口较宽的窗台，宜采用钢筋混凝土窗台，以减少或避免窗台的开裂。

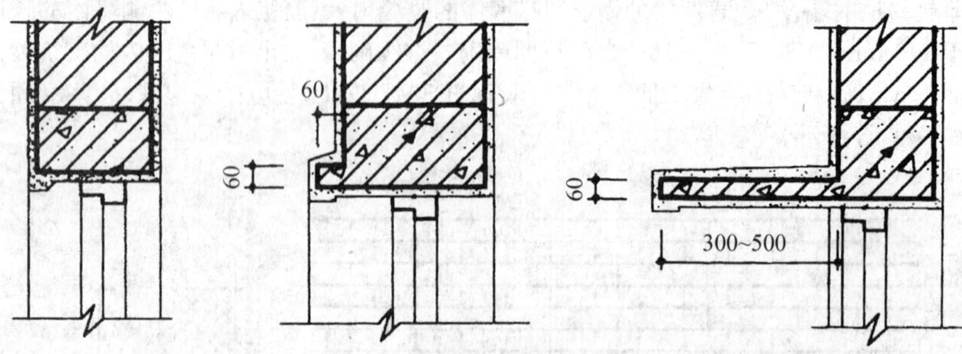


图 3-14 钢筋混凝土过梁构造图

图 3-15 预制钢筋混凝土过梁

图 3-16 现浇钢筋混凝土圈梁代替过梁

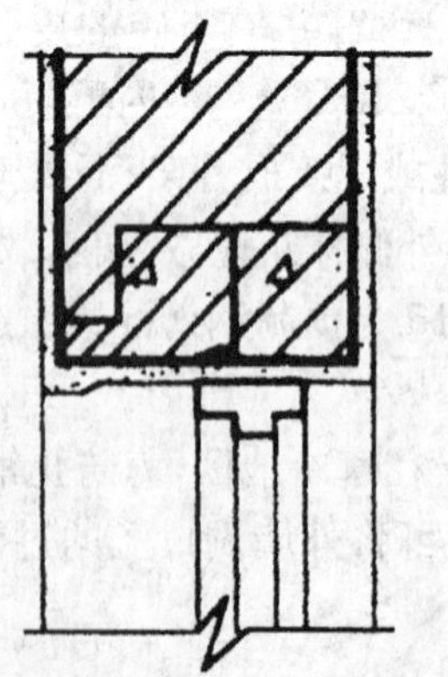
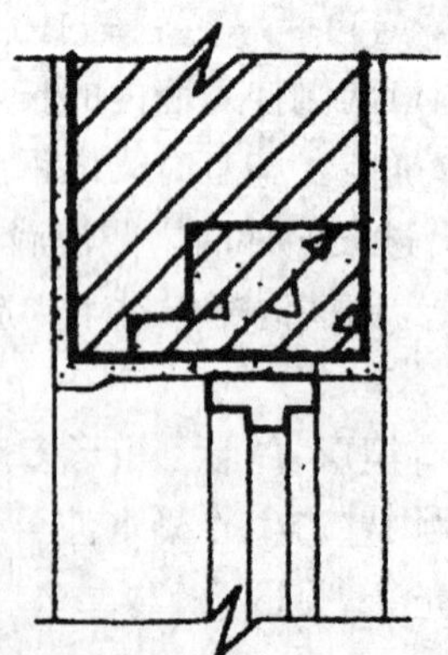

图 3-17 严寒地区的钢筋混凝土过梁

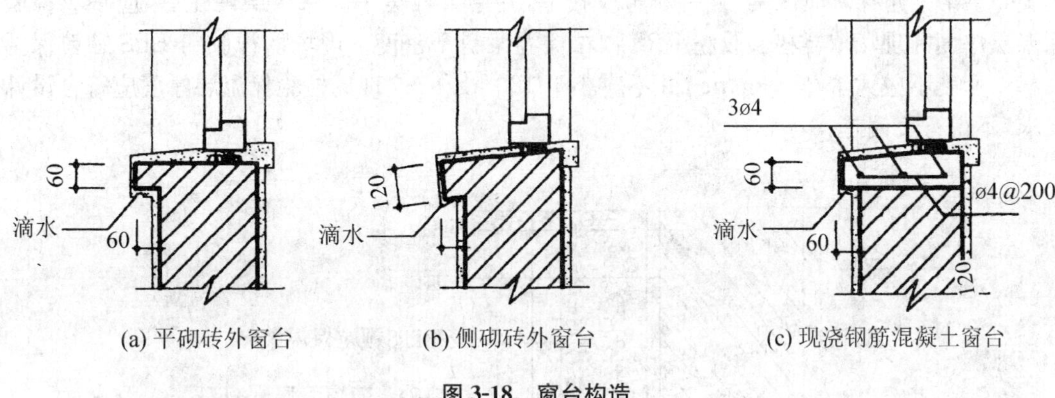


(a) 平砌砖外窗台 (b) 侧砌砖外窗台 (c) 现浇钢筋混凝土窗台

**图 3-18 窗台构造**

## 3.2.3 任务拓展

为改善公共建筑的室内环境，提高能源利用效率，《外墙外保温工程技术规程》(JGJ 144—2004)对新建居住建筑的混凝土和砌体结构外墙外保温工程进行了规范。该技术规程是为规范外墙外保温工程技术要求，保证工程质量，做到技术先进、安全可靠和经济合理而制定的。规程中，外墙外保温系统由保温层、保护层和固定材料（胶黏剂、锚固件等）构成并适用于安装在外墙外表面的非承重保温构造的总称。

EPS 板薄抹灰外墙外保温系统，简称 EPS 板薄抹灰系统，由 EPS 板保温层、薄抹面层和饰面涂层构成。EPS 板用胶黏剂固定在基层上，薄抹面层中满铺玻纤网（见图 3-19）。当建筑物高度在 20 m 以上时，在受负风压作用较大的部位宜使用锚栓辅助固定。EPS 板宽度不宜大于 1200 mm，高度不宜大于 600 mm。墙面连续高度超过 23 m 时应设抗裂分隔缝，缝宽不小于 20 mm。

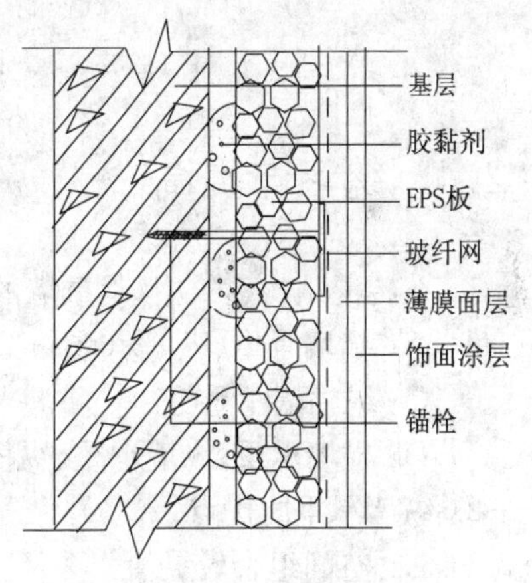


**图 3-19 EPS 板薄抹灰系统**

施工时，EPS 板薄抹灰系统的基层表面应清洁，无油污、脱模剂等妨碍粘结的附着物。凸起、空鼓和疏松部位应剔除并找平。找平层应与墙体粘结牢固，不得有脱层、空鼓、裂缝，面层不得有粉化、起皮、爆灰等现象。粘贴 EPS 板时，应将胶黏剂涂在 EPS 板背面，涂胶黏剂面积不得小于 EPS 板面积的 40%。EPS 板应按顺砌方式粘贴，竖缝应逐行错缝。EPS 板应粘贴牢固，不得有松动和空鼓。

胶粉 EPS 颗粒保温浆料外墙外保温系统，简称保温浆料系统，由界面层、胶粉 EPS 颗粒保温浆料保温层、抗裂砂浆薄抹面层和饰面层组成(见图 3-20)。

胶粉 EPS 颗粒保温浆料经现场拌合后喷涂或抹在基层上形成保温层。薄抹面层中应满铺玻纤网。胶粉 EPS 颗粒保温浆料保温层设计厚度不宜超过 100 mm。必要时应设置抗裂分隔缝。基层表面应清洁，无油污和脱模剂等妨碍粘结的附着物，空鼓、疏松部位应剔除。胶粉 EPS 颗粒保温浆料宜分遍抹灰，每遍间隔时间应在 24 h 以上，每遍厚度不宜超过

20 mm。第一遍抹灰应压实，最后一遍应找平，并用大杠搓平。保温层硬化后，应现场检验保温层厚度并现场取样检验胶粉 EPS 颗粒保温浆料干密度。现场取样胶粉 EPS 颗粒保温浆料干密度不应大于 250 kg/m³，并不应小于 180 kg/m³。现场检验保温层厚度应符合设计要求，不得有负偏差。

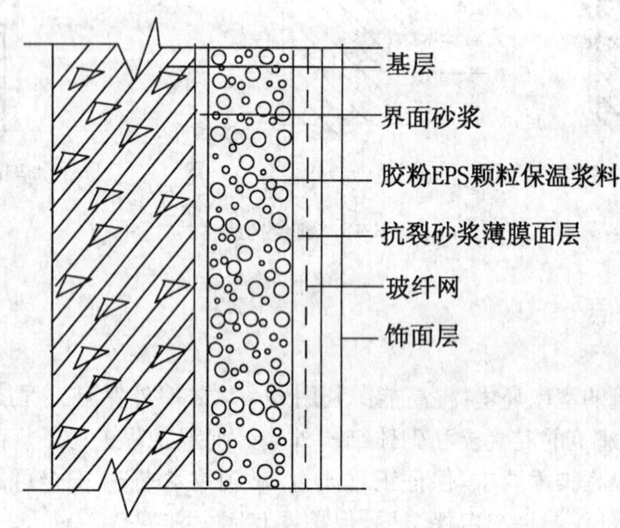


图 3-20　保温浆料系统

## 3.2.4　练习与提高

1. 在砖混结构建筑中，承重墙的结构布置方式有(　)。
   A. 横墙承重、纵墙承重　　B. 横墙承重、山墙承重
   C. 纵横墙承重
   D. 横墙承重、纵墙承重、纵横墙承重、内框架承重
2. 纵墙承重的优点是(　)。
   A. 空间组合较灵活　　B. 纵墙上开门、窗限制较少
   C. 整体刚度好　　D. 楼板所用材料较横墙承重少
3. 横墙承重方案中建筑开间在(　)较经济。
   A. 3.0 m　　B. 4.2 m　　C. 2.4 m　　D. 5.7 m
4. 为了提高墙体的保温与隔热性能，不可采取的做法是(　)。
   A. 增加外墙厚度　　B. 采用组合墙体
   C. 在靠室外一层设置隔汽层　　D. 选用浅色的外墙装修材料
5. 普通黏土砖的规格为(　)。
   A. 240 mm×120 mm×60 mm　　B. 240 mm×110 mm×55 mm
   C. 240 mm×115 mm×53 mm　　D. 240 mm×115 mm×55 mm
6. 散水的构造做法，下列哪种是不正确的？(　)
   A. 在素土夯实上做 60～100 厚混凝土，其上再做 5%的水泥砂浆抹面
   B. 散水宽度一般为 600～1000 mm
   C. 散水与墙体之间应整体连接，防止开裂

D. 散水宽度比采用自由落水的屋顶檐口多出 200 mm 左右

7. 图 3-21 中墙体的砌筑方式是(　)。

A. 梅花丁式　　B. 多顺一丁式　　C. 全顺式　　D. 一顺一丁式

**图 3-21**

8. 横墙承重布置方案适用于房间(　)的建筑。

A. 开间尺寸大　　B. 大空间　　C. 横墙间距小　　D. 开间变化较多

9. 当门窗洞口上部有集中荷载作用时,其过梁可采用(　)。

A. 平拱砖过梁　　B. 弧拱砖过梁　　C. 钢筋砖过梁　　D. 钢筋混凝土过梁

10. 勒脚是墙身接近室外地面的部分,常用的材料为(　)。

A. 混合砂浆　　B. 水泥砂浆　　C. 纸筋灰　　D. 膨胀珍珠岩

11. 砌筑砖墙时,必须保证上、下皮砖缝__________搭接,避免形成通缝。

12. 当墙身两侧室内地面标高有高差时,为避免墙身受潮,常在室内地面处设__________,并在靠土的垂直墙面处设__________。

13. 散水与外墙交接处应设__________。

14. 沿建筑物长轴方向布置的墙称为____墙,沿短轴方向布置的墙称为____墙。

15. 散水与勒脚交接处应做__________处理。

16. 设置墙身防潮层的目的是什么?一般应设置在什么位置?其构造做法如何?

17. 墙体的组砌方式主要有哪些?组砌原则是什么?

18. 过梁的作用是什么?过梁的类型有哪些?

19. 过梁应设置在什么位置?钢筋混凝土过梁的构造要点是什么?

20. 绘制墙身下部节点剖面图(包括墙身防潮层、勒脚、散水、室内地面的构造做法)。

21. 绘图说明外窗台的构造要点。

# 3.3　任务 2:墙体加固措施

## 3.3.1　任务资讯

### 1. 壁柱和门垛

当墙体的窗间墙上出现集中荷载,而墙厚又不足以承担其荷载;或当墙体的长度和高度超过一定限度并影响到墙体稳定性时,常在墙身局部适当位置增设凸出墙面的壁柱以提高墙体刚度。壁柱突出墙面的尺寸一般为 120 mm×370 mm、240 mm×370 mm、240 mm×490 mm 或根据具体结构计算确定。如图 3-22 所示。

在墙体转角处或在丁字墙交接处开设门窗洞口时,为便于门框的安装和保证墙体的稳定，须在门靠墙转角处或丁字接头墙体的一边设置门垛。门垛凸出墙面不少于 120 mm，宽度同墙厚。如图 3-23 所示。

图 3-22 壁柱

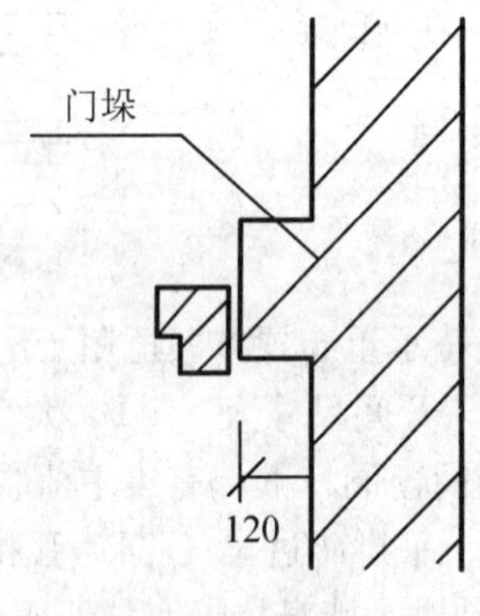


图 3-23 门垛

## 3.3.2 任务实施

**1. 圈梁**

圈梁指在房屋的檐口、窗顶、楼层、吊车梁顶或基础顶面标高处，沿砌体墙水平方向设置的封闭状的按构造配筋的混凝土梁式构件。

(1) 圈梁的作用

为增强房屋的整体刚度，防止由于基础不均匀沉降或较大振动荷载等对房屋引起的不利影响，可在墙中设置现浇钢筋混凝土圈梁。

(2) 圈梁的数量

圈梁的数量与房屋的高度、层数、地基状况和地震烈度等因素有关。根据建筑结构设计规范，具体有如下规定：

① 对于单层砖砌体房屋，檐口标高为 5～8 m 时，应在檐口标高处设置圈梁一道。檐口标高大于 8 m 时，应增加设置数量。

② 对于宿舍、办公楼等多层砌体民用房屋，且层数为 3～4 层时，应在檐口标高处设置圈梁一道。当层数超过 4 层时，应在所有纵横墙上隔层设置。

③ 采用现浇钢筋混凝土楼(屋)盖的多层砌体结构房屋，当层数超过 5 层时，除在檐口标高处设置一道圈梁外，可隔层设置圈梁，并与楼(层)面板一起现浇。未设置圈梁的楼面板嵌入墙内的长度不应小于 120 mm，并沿墙长配置不少于 2φ10 的纵向钢筋。

(3) 圈梁的设置位置

竖向位置：基础处(地圈梁)，屋顶檐口处(檐口圈梁)，楼板处(楼层圈梁)。屋面板、楼板与窗洞口间距较小时，可用圈梁代替过梁。

水平位置：在外墙上必须交圈设置，对内墙则必须设置在贯通的内纵墙、贯通的内横墙、楼梯间及疏散口等处，不贯通的内横墙可适量设置，根据建筑的结构及防震要求，通常每隔 8～16 m 设置一道，以便圈梁的腰箍作用得到充分发挥。

多层砌体结构现浇钢筋混凝土圈梁的设置要求如表 3-3 所示。

表 3-3 多层砌体结构现浇钢筋混凝土圈梁的设置要求

| 墙 类 | 抗震设防烈度 | | |
|---|---|---|---|
| | 6、7 | 8 | 9 |
| 外墙和内纵墙 | 屋盖处及每层楼盖处 | 屋盖处及每层楼盖处 | 屋盖处及每层楼盖处 |
| 内横墙 | 同上；屋盖处间距不应大于7 m；楼盖处间距不应大于15 m；构造柱对应部位 | 同上；屋盖处沿所有横墙，且间距不应大于7 m；楼盖处间距不应大于7 m；构造柱对应部位 | 同上；各层所有横墙 |

**2. 构造柱**

为了加强墙体的稳定性，在抗震设防地区除了限制房屋总高度和横墙间距、规定砂浆强度等级、增设圈梁之外，还需在墙中设置钢筋混凝土构造柱。构造柱必须与墙体及圈梁紧密连接。

混凝土构造柱指在多层砌体房屋墙体规定部位，按构造配筋，并按先砌墙后浇灌混凝土柱的施工顺序制成的混凝土柱。通常称为混凝土构造柱，简称构造柱。

(1) 构造柱的作用

从竖向加强层与层之间墙体的连接；构造柱和圈梁共同形成空间骨架，增加房屋的整体刚度，提高墙体抵抗变形的能力。

(2) 构造柱的设置位置

为了与圈梁一起组成一个空间骨架，构造柱的设置位置通常在外墙的转角处、丁字接头处、十字接头处、较大洞口两侧、楼梯间四角、电梯间四角、长墙中部等处。多层砌体结构构造柱设置要求见表 3-4。

表 3-4 多层砌体结构构造柱设置要求

<table>
<tr><th colspan="4">房屋层数</th><th colspan="2" rowspan="2">设置部位</th></tr>
<tr><th>6度</th><th>7度</th><th>8度</th><th>9度</th></tr>
<tr><td>四、五</td><td>三、四</td><td>二、三</td><td></td><td rowspan="3">楼梯间、电梯间四角，楼梯段上、下端对应的墙体处；外墙四角和对应转角；错层部位横墙与外纵墙交接处；大房间内、外墙交接处；较大洞口两侧</td><td>隔 15 m 或单元横墙与外纵墙交接处</td></tr>
<tr><td>六、七</td><td>五</td><td>四</td><td>二</td><td>隔开间横墙与外纵墙交接处；山墙与内纵墙交接处</td></tr>
<tr><td>八</td><td>六、七</td><td>五、六</td><td>三、四</td><td>内墙与外墙交接处；内墙的局部较小墙垛处；9 度时内纵墙与横墙交接处</td></tr>
</table>

注：表中的6度、7度等指抗震设防烈度；较大洞口，内墙指不小于2.1 m的洞口；外墙在内、外墙交接处已设置构造柱时允许适当放宽，但洞侧墙体应加强。

## 3.3.3 任务拓展

**1. 圈梁的构造要点**

(1) 钢筋混凝土圈梁的宽度宜与墙厚相同，当墙厚 $h \geqslant 240$ mm 时，其宽度不宜小于 $2h/3$。圈梁高度不应小于 120 mm，且应与砖皮数的整数相适应，如 120、180、240。纵向钢筋不应少于 4ϕ10，绑扎接头的搭接长度按受拉钢筋考虑，箍筋间距不应大于 250 mm。

(2) 圈梁的混凝土强度等级:圈梁应现场浇筑,混凝土强度等级不低于 C15。

(3) 多层砌体结构圈梁配筋应符合表 3-5 的要求。

表 3-5 多层砌体结构圈梁配筋要求

| 配　筋 | 抗震设防烈度 | | |
|---|---|---|---|
| | 6、7 | 8 | 9 |
| 最小纵筋 | 4Φ10 | 4Φ10 | 4Φ12 |
| 最小箍筋 | Φ6@250 | Φ6@200 | Φ6@150 |

(4) 当圈梁与门窗过梁在同一标高时,洞口上的圈梁可以兼作过梁,过梁部分的钢筋应按计算用量另行增配。

(5) 圈梁宜连续地设在同一个水平面上,并形成封闭状。当圈梁被门窗洞口截断时,应在洞口上部增设相同截面的附加圈梁。附加圈梁与圈梁的搭接长度不应小于其中到中垂直间距的二倍,且不得小于 1 m,如图 3-24 所示。

(6) 圈梁钢筋应伸入构造柱内,并应有可靠锚固。伸入顶层圈梁的构造柱钢筋长度不应小于 40 倍钢筋直径。

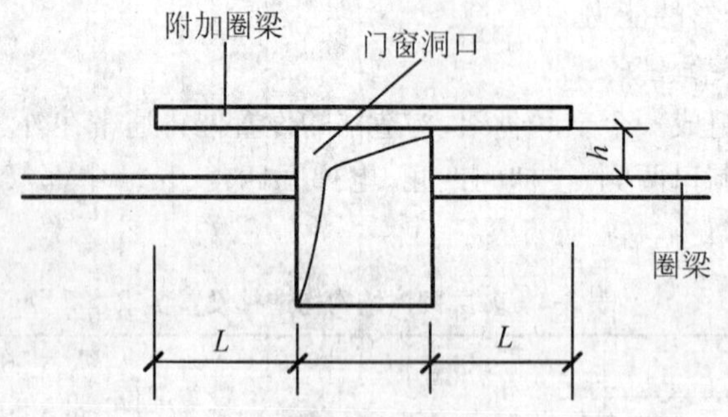


图 3-24 附加圈梁 ($L\geqslant 2h$ 且 $L\geqslant 1$ m)

**2. 构造柱的构造要点**

(1) 截面尺寸:截面宜采用 240 mm×240 mm,最小截面尺寸为 240 mm×180 mm。

(2) 多层砌体结构构造柱配筋应符合表 3-6 的要求。

表 3-6 多层砌体结构构造柱配筋要求

| 位　置 | 纵向钢筋 | | | 箍　筋 | | |
|---|---|---|---|---|---|---|
| | 最大配筋率(%) | 最小配筋率(%) | 最小直径 | 加密区范围 | 加密间距 | 最小直径 |
| 角柱 | 1.8 | 0.8 | 14 | 全高 | 100 | 6 |
| 边柱 | | | 14 | 下端 700<br>上端 700 | | |
| 中柱 | 1.4 | 0.6 | 12 | | | |

(3) 混凝土强度等级:C15 或 C20。

(4) 构造柱与墙连接处应砌成马牙槎,沿墙高每隔 500 mm 设 2Φ6 水平钢筋和Φ4 分布短筋平面内点焊组成的拉结网片或Φ4 点焊钢筋网片,每边伸入墙内不宜小于 1 m。抗震设防地震烈度 6、7 度时底部 1/3 楼层,8 度时底部 1/2 楼层,9 度时全部楼层,上述拉结钢筋网片应沿墙体水平通长设置。

(5) 构造柱与圈梁连接处应适当加密，加密范围在圈梁上下均不应小于 1/6 层高及 450 mm中之较大者，箍筋间距不宜大于 100 mm。构造柱的纵筋应在圈梁纵筋内侧穿过，保证构造柱纵筋上下贯通。房屋四大角的构造柱可适当加大截面及配筋。

(6) 构造柱可不单独设置基础，但应伸入室外地面下 500 mm，或锚入距室外地面小于 500 mm 的基础圈梁内。当遇有管沟时，应伸到管沟下。

如图 3-25 所示。

(a) 圈梁与构造柱

(b) 长墙中部构造柱

(c) 纵横墙转角处构造柱

(d) 纵横墙交接处构造柱

**图 3-25 构造柱构造图示**

## 3.3.4 练习与提高

1. 钢筋混凝土圈梁宽度宜与__________相同，高度不小于__________，且应与砖模相协调，混凝土强度等级不低于__________。

2. 圈梁的种类有钢筋混凝土圈梁和____________圈梁。

3. ____________是建筑物的重要组成部分，它承受建筑物的全部荷载，并将它们传给__________。

4. 墙身加固的措施有__________、__________、__________。

5. 圈梁遇洞口中断时，所设的附加圈梁与原有圈梁的搭接长度应满足( )。

A. $L \leqslant 2h$ 且$\leqslant$1000 mm　　B. $L \geqslant 2h$ 且$\geqslant$1000 mm

C. $L \geqslant 1.5h$ 且$\geqslant$500mm　　D. $L \geqslant 4h$ 且$\geqslant$1500 mm

6. 墙体中构造柱的最小断面尺寸为( )。

A. 120 mm×180 mm　　B. 180 mm×240 mm

C. 200 mm×300 mm　　D. 240 mm×370 mm

7. 钢筋混凝土圈梁其宽度与墙同厚，高度一般不小于(　)mm。

A. 120　　B. 180　　C. 200　　D. 240

8. 为什么要设置圈梁？在哪些位置设置圈梁？钢筋混凝土圈梁的构造要点是什么？

9. 什么是附加圈梁？构造做法有什么要求？

10. 构造柱的作用、设置位置如何？构造柱的构造要点有哪些？

# 3.4　任务3:砌块墙及隔墙构造

## 3.4.1　任务资讯

**1. 类型与规格**

砌块墙是采用预制块材按一定技术要求砌筑而成的墙体。预制砌块利用工业废料和地方材料制成，既不占用耕地，又解决了环境污染，具有生产投资少、见效快、生产工艺简单、节约能源等优点。采用砌块墙是我国墙体改革的主要途径之一。

砌块的类型很多，按材料分为普通混凝土砌块、轻骨料混凝土砌块、加气混凝土砌块以及利用各种工业废料(如炉渣、粉煤灰等)制成的砌块；按砌块构造分为空心砌块和实心砌块；按砌块的质量和尺寸大小分为小型砌块、中型砌块和大型砌块。

小型砌块是指单块质量在20 kg以内、便于人工砌筑、承载力接近黏土砖、具有较好的保温能力的叠砌式块材。目前我国采用的小型砌块外形尺寸有190 mm×190 mm×390 mm、90 mm×190 mm×190 mm、190 mm×190 mm×190 mm。中型砌块单块质量在20～350 kg之间，高度在380～980 mm之间，需要用轻便机具搬运和砌筑。单块质量大于350 kg、高度大于980 mm的为大型砌块。我国目前采用的砌块以中、小型砌块为主。

**2. 砌块墙的排列**

用砌块设计砌筑墙体时，必须将砌块彼此交错搭接进行砌筑，以保证建筑物有一定的整体性。为满足砌筑的需要，必须在多种规格间进行砌块的排列设计，即设计砌块墙时需要在建筑平面图和立面图上进行砌块的排列，并注明每一砌块的型号，以便施工时按排列图进料和砌筑。这里以蒸压加气混凝土砌块为例，介绍砌块墙的排列。

砌块平面排块设计：砌块长度规格为600 mm，由于其可自由切锯，所以600 mm长砌块可加工成300 mm+300 mm、200 mm+400 mm、150 mm+450 mm、250 mm+350 mm等规格，给平面排块带来了很大的灵活性，但在平面长度设计中规格不宜太多。在平面长度设计中，一定要遵循“规格多样，数量平衡”原则，做到合理设计，经济用材。砌块上、下皮应错缝设计，搭接长度不宜小于块长的1/3。在混合结构中，当外墙有构造柱时，平面排块设计应根据构造柱中间的尺寸排块，先排窗下墙，后排窗间墙。窗间墙之间如不合模，在不影响使用功能的前提下，可调整窗户位置。构造柱如外加低密度加气混凝土保温块，则其尺寸宜符合制品规格长度模数尺寸，并排成马牙槎。

砌块立剖面排块设计：砌块高度有200 mm、250 mm、300 mm三种类型。一般高度方向不宜切锯，可以将砌块的厚度方向作为高度方向来调整。立剖面排块的原则是根据轴线尺寸先排窗坎墙至窗台部位，然后排窗间墙至圈梁部位。如图 3-26 所示为蒸压加气混凝土砌块外墙立剖面排块示意图。

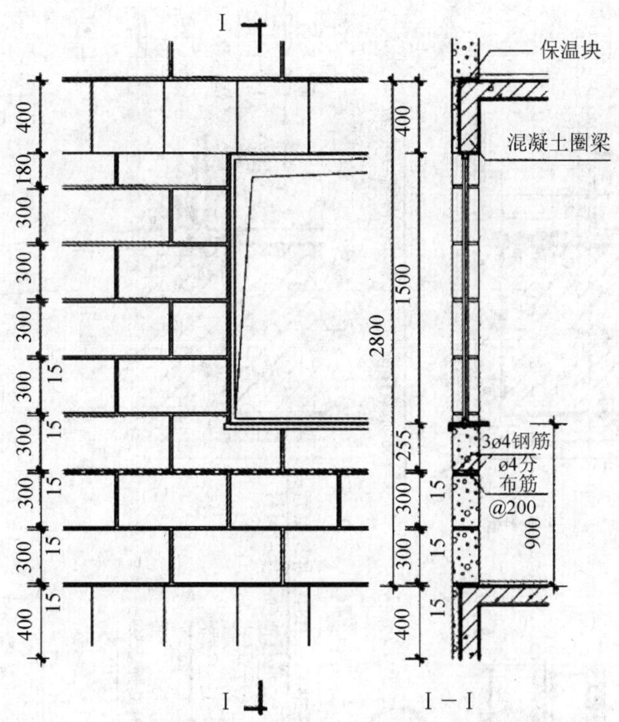


2.8 m层高、300 mm砌块高、1500 mm窗高排列图（非承重外墙）

**图 3-26　外墙立剖面排块示意图**

砌块的排列设计应满足以下要求：

(1) 上、下皮砌块应错缝搭接，尽量减少通缝。

(2) 内、外墙和转角处的砌块应彼此搭接，以加强其整体性。

(3) 优先采用大规格的砌块，使主砌块的总数量在 70%以上，以利加快施工进度。

(4) 尽量减少砌块规格，在砌块体中允许用极少量的普通砖来镶砌填缝，以方便施工。

(5) 空心砌块上、下皮之间应孔对孔、肋对肋，以保证有足够的受压面积。

**3. 隔墙的类型**

在建筑中用于分隔室内空间的非承重内墙，且将自重置于梁或板上的称为隔墙。其设计要求自重轻、厚度薄、便于安装和拆卸。根据设计要求，还要具有隔声、防水、防潮、防火等性能，以满足建筑的使用功能。

隔墙按构造方式分为块材式隔墙、立筋式隔墙和板材式隔墙。

## 3.4.2　任务实施

**1. 砌块墙的构造**

砌块尺寸较大，垂直缝砂浆不易灌实，相互粘结较差，因此砌块建筑需采取加固措施，以提高房屋的整体性。如图 3-27 所示为框架结构砌块外墙构造图示。

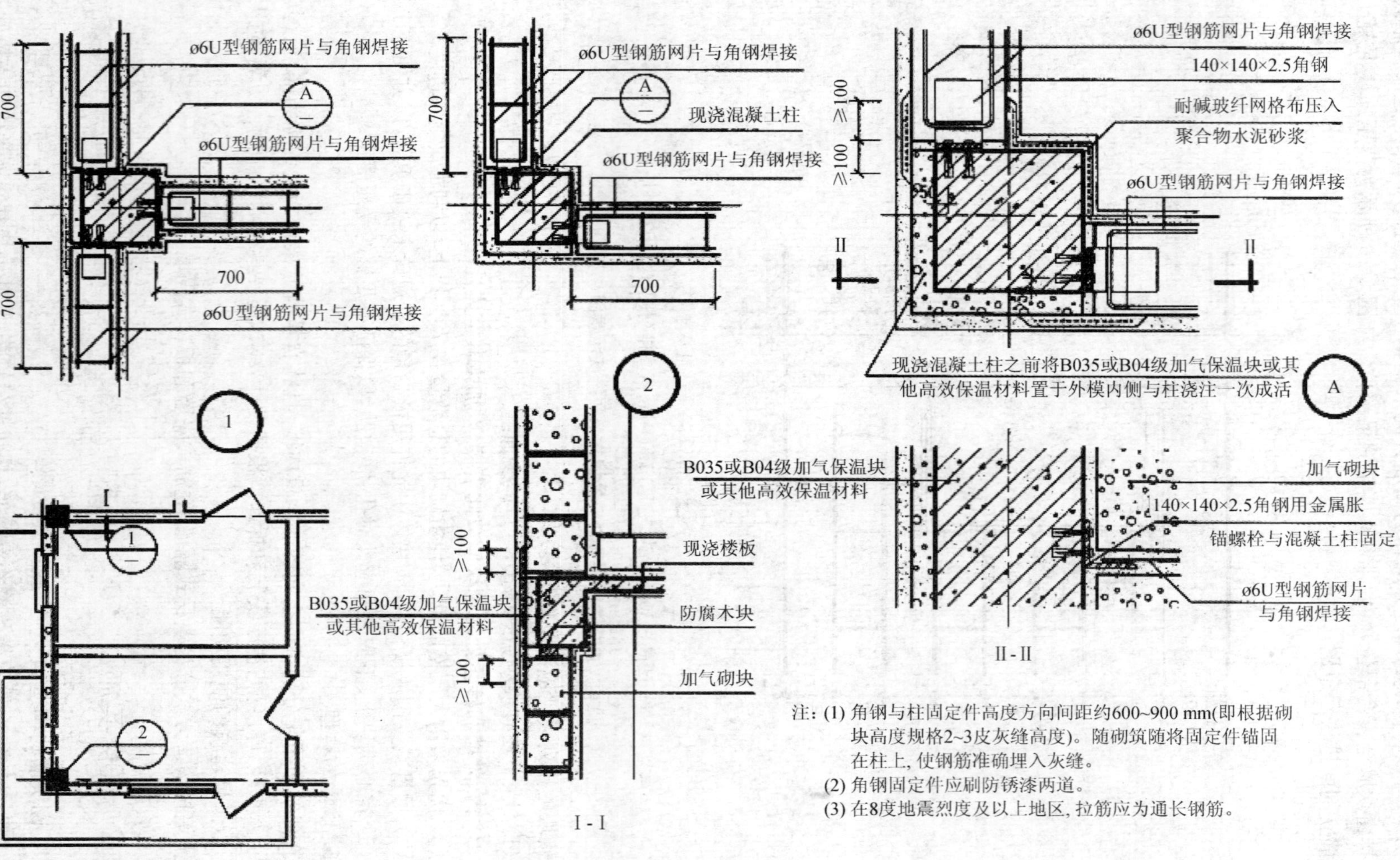


注：(1) 角钢与柱固定件高度方向间距约600~900 mm(即根据砌块高度规格2~3皮灰缝高度)。随砌筑随将固定件锚固在柱上，使钢筋准确埋入灰缝。
(2) 角钢固定件应刷防锈漆两道。
(3) 在8度地震烈度及以上地区，拉筋应为通长钢筋。

**图 3-27 框架结构砌块外墙构造图**

**2. 块材式隔墙**

块材式隔墙是指用普通砖、空心砖、加气混凝土砌块等块材砌筑的墙。常用的有普通砖隔墙和砌块隔墙。

(1) 普通砖隔墙

普通砖隔墙常用一二隔墙。采用普通砖全顺式砌筑而成。砌筑砂浆强度不低于 M5，砌筑较大面积墙体时，长度超过 6 m 时应设砖壁柱，高度超过 5 m 时应在门过梁处设通长钢筋混凝土带。为了保证砖隔墙不承重，在砖隔墙砌到楼板底或梁底时，将立砖斜砌一皮，或将空隙塞木楔打紧，然后用砂浆填缝。一二隔墙坚固耐久，防水、防火、隔声效果好，但自重大，湿作业多，拆迁不便。

(2) 砌块隔墙

为减轻隔墙自重，可采用轻质砌块，例如加气混凝土砌块、粉煤灰砌块、水泥炉渣空心砌块等。墙厚由砌块尺寸决定，一般为 90～120 mm。加固措施同一二隔墙的做法。砌块不够整块时宜用普通黏土砖填补。砌块砖具有轻质、孔隙率大、隔热性能好等优点，但易吸水，故在砌筑时先在墙下部砌 2～3 皮普通黏土砖再砌砌块砖。如图 3-28、图 3-29、图 3-30、图 3-31 所示。

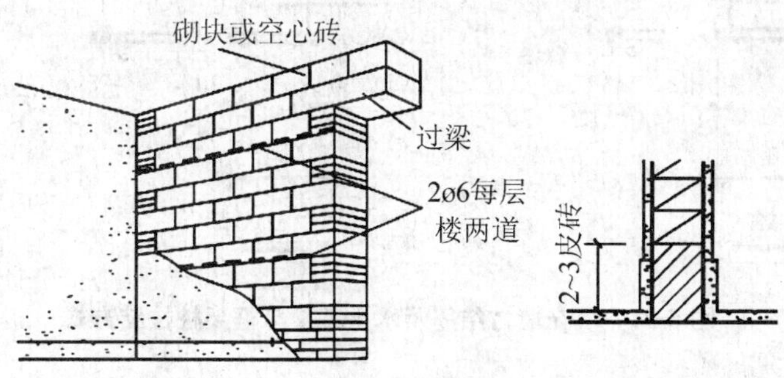


图 3-28　砌块隔墙

图 3-29　砌块隔墙顶部处理

图 3-30　砌块隔墙底部防潮处理

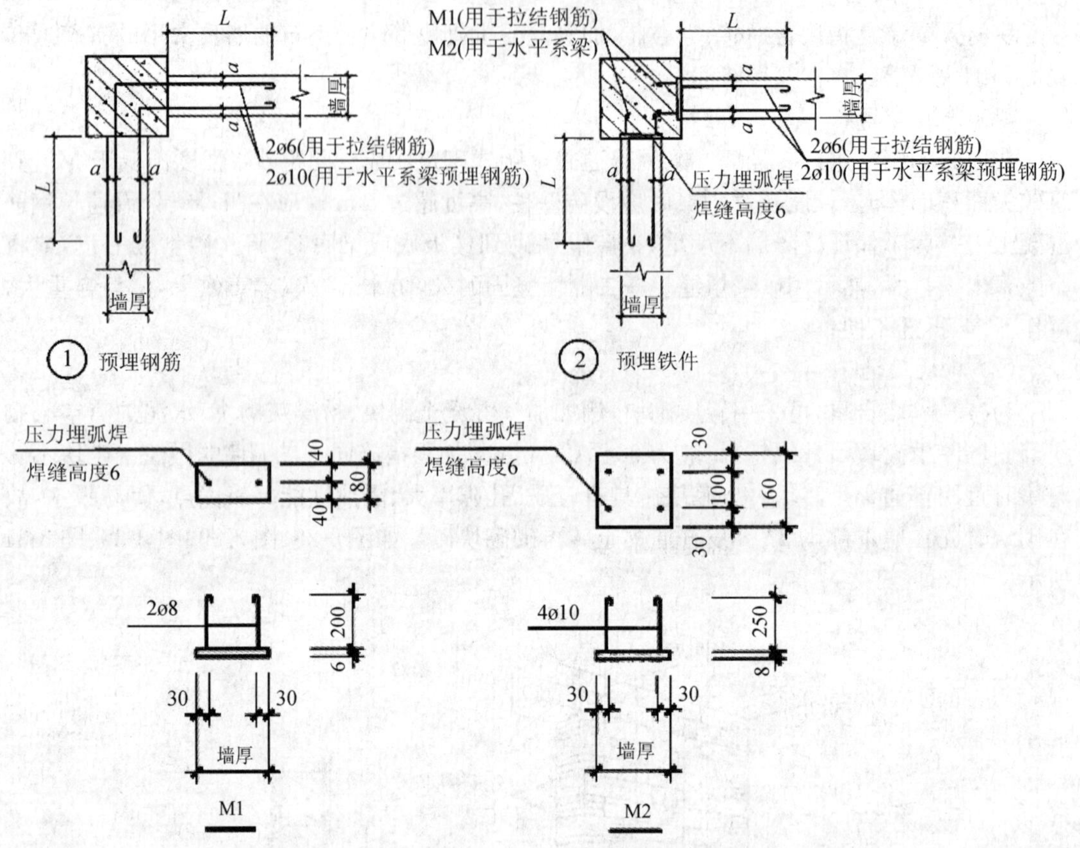


**图 3-31 填充墙拉结筋及水平系梁与框架柱拉结方式**

注:(1) 拉结钢筋伸入墙内长度:非抗震设计时 $L$ 不应小于 600 mm,抗震设防烈度为 6、7 度时 $L$ 不应小于墙长的 1/5 且不小于 700 mm,8 度时 $L$ 应沿墙全长贯通。$a$ 为 30 mm。钢筋竖向间距为 500 mm。

(2) 水平系梁预埋钢筋为 2Φ10,$L$ 为 700 mm,$a$ 为 30 mm。

(3) 拉结钢筋及预埋件锚筋应锚入墙、柱竖向受力钢筋内侧。

**3. 立筋式隔墙**

立筋式隔墙由骨架和面层组成。骨架有木骨架和轻钢骨架。在骨架两侧做面层,如灰板条抹灰、钢丝网抹灰、纸面石膏板、蜂窝纸板等。

近年来,为节约木材和钢材,出现了不少采用工业废料和地方材料以及轻金属制成的骨架(轻钢骨架)。轻钢骨架采用各种形式的薄壁型钢制成,其主要优点是强度高、刚度大、自重轻、整体性好、易于加工和大批量生产,还可根据需要拆卸和组装。木骨架由上槛、下槛、墙筋、斜撑及横档组成。面层有抹灰面层和人造板材面层。抹灰面层常用木骨架,即传统的板条抹灰隔墙。人造板材面层可用木骨架或轻钢骨架。隔墙的名称依面层材料而定。

(1) 板条抹灰隔墙

板条抹灰隔墙用木质上槛、下槛、立龙骨、斜撑等杆件组成骨架。方木截面尺寸为 50 mm×(70～100) mm,立龙骨间距 500 mm 左右,斜撑间距 150 mm 左右。灰板条的宽度为 30～45 mm,厚度为 6～9 mm,长度为 800～2000 mm。灰板条钉在立柱两侧,板条之间须留出 6～10 mm 的缝隙,以便使灰浆挤入缝内抓住板条。板条的接头必须在立龙骨上,并留出 3～5 mm 空隙，以便抹灰时板条吸水膨胀。板条的接头不得都集中在一根立龙骨上，相邻板条接头在同一立龙骨上的高度不应超过 500 mm。

(2) 人造板材面层骨架隔墙

常用的人造板材面板有胶合板、纤维板、石膏板等。胶合板、纤维板以木材为原料。石膏板用石膏掺入纤维质制成，9～12 mm 厚，900 mm 宽，2400～3500 mm 长，具有轻质、耐火、可锯刨钉粘结等性能。其做法是先在楼板垫层上浇注混凝土墙垫，安装上槛、下槛、龙骨、斜撑。龙骨间距为 450 mm，用对楔挤牢。用黏结剂安装石膏板，板缝处用 50 mm 宽玻璃纤维接缝带封贴，然后根据需要做面层，如涂刷涂料、粘贴壁纸等，如图 3-32、图 3-33 所示。

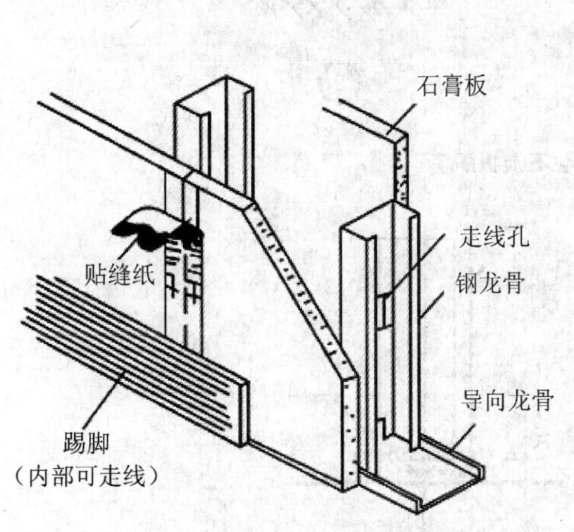


**图 3-32 轻钢龙骨石膏板隔墙**

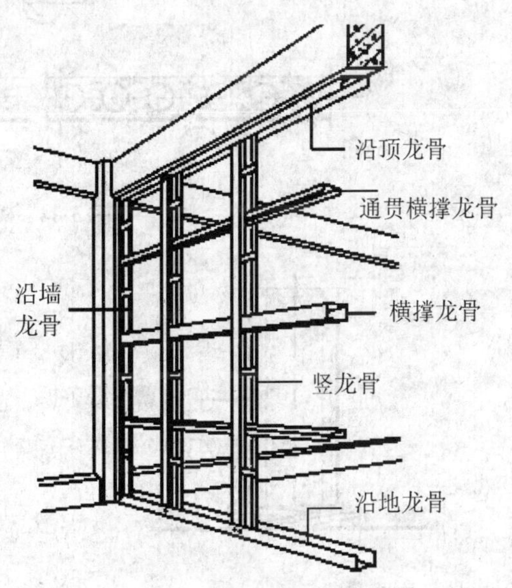


**图 3-33 轻钢龙骨隔墙骨架构造**

**4. 板材式隔墙**

板材式隔墙是指各种轻质板材的高度相当于房间净高，不依赖骨架，可直接装配而成的隔墙，如碳化石灰板、加气混凝土条板、空心石膏条板、水泥刨花板以及各种复合板等。

(1) 碳化石灰板隔墙

碳化石灰板是用细生石灰掺 3%～4%短玻璃纤维，加水搅拌入模振动，最终碳化成型的一种空心板。其尺寸为(2700～3000) mm×(500～800) mm×(90～120) mm。碳化石灰板隔声性能好，生产工艺简单，造价较低。安装条板时，在楼板上采用木楔在板端将条板楔紧，条板之间的缝隙用水玻璃黏结剂或用 1∶3 水泥砂浆加入适量 107 胶进行粘结，待安装完毕，再在表面进行装修，如图 3-34 所示。

(2) 空心石膏条板隔墙

空心石膏条板是一种密度小、空洞率较高、保温性能和耐火性能均较好的轻型墙体板材，其断面形状类似于预制混凝土空心板。

空心石膏条板隔墙的安装不需要设置龙骨。一般隔墙多采用刚性连接的下楔法固定，如图 3-35 所示。墙板与顶棚之间、墙板与墙板之间等部位均用 107 胶水泥砂浆粘结。条板上部端面也可以用 791 石膏胶泥与楼板(或梁)下部直接粘结。如图 3-36、图 3-37 所示。

在条板底部与地面相接处，通常需做踢脚板处理，如图 3-38 所示。采用水磨石、大理石

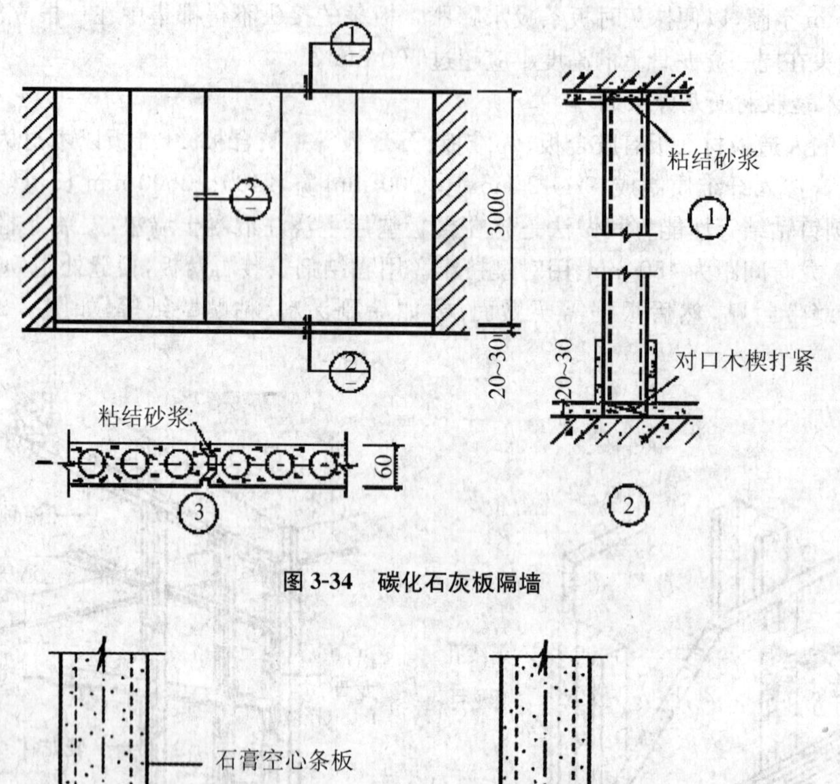


图 3-34　碳化石灰板隔墙



图 3-35　空心石膏条板与楼地面的连接

等湿作业踢脚板时，隔墙下部应做混凝土或砖砌墙基。

有门窗的隔墙，门窗两边的连接条板一定要采用钢或木门窗框条板与隔墙一起安装。门框上部尺寸大于 600 mm 时，应分别加钢或木过梁，最后安装门窗框上部的条板，其构造如图 3-39 所示。

## 3.4.3　任务拓展

### 内墙填充砌筑工程施工方案

**1. 环境要求**

某市朝阳园住宅小区二期工程，内墙采用非承重黏土空心砖砌筑墙体。

**2. 材料要求**

(1) 砌块规格为 240 mm×240 mm×115 mm 和 240 mm×200 mm×115 mm，非承重黏土空心砖，其强度等级为 MU3.5。砂浆±0.000 m 以下为 M7.5，±0.000 m 以上为 M5。

(2) 水泥采用 325＃及其以上的普通硅酸盐或矿渣硅酸盐水泥。

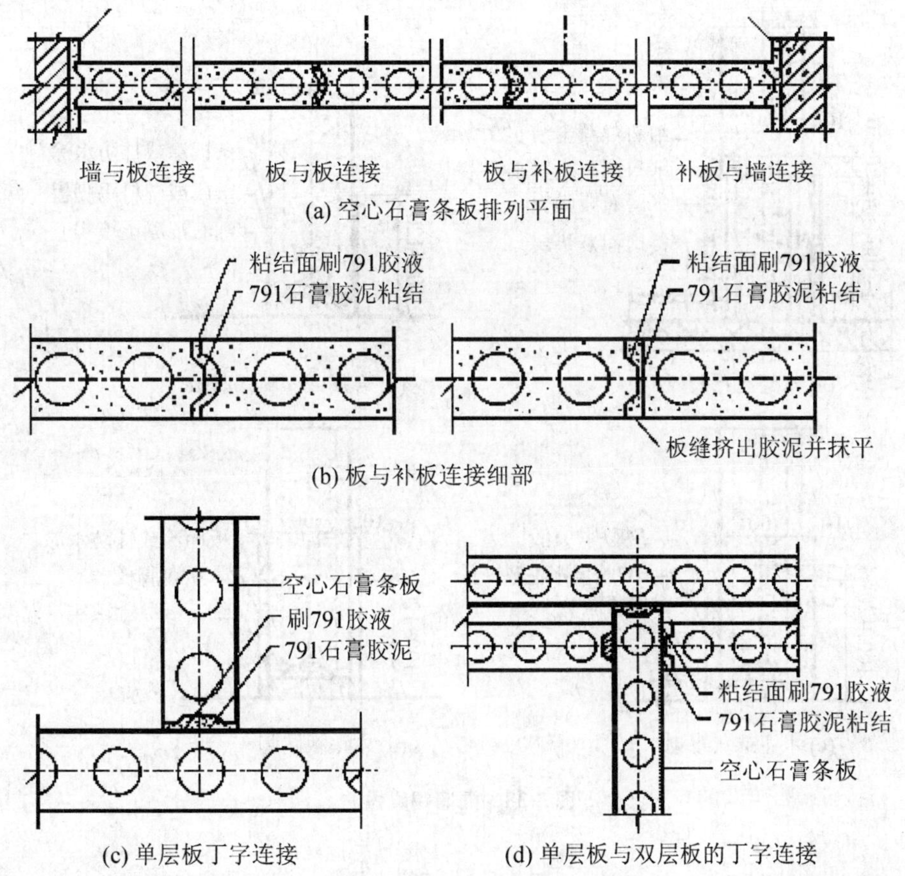


**图 3-36 空心石膏条板排列平面图**

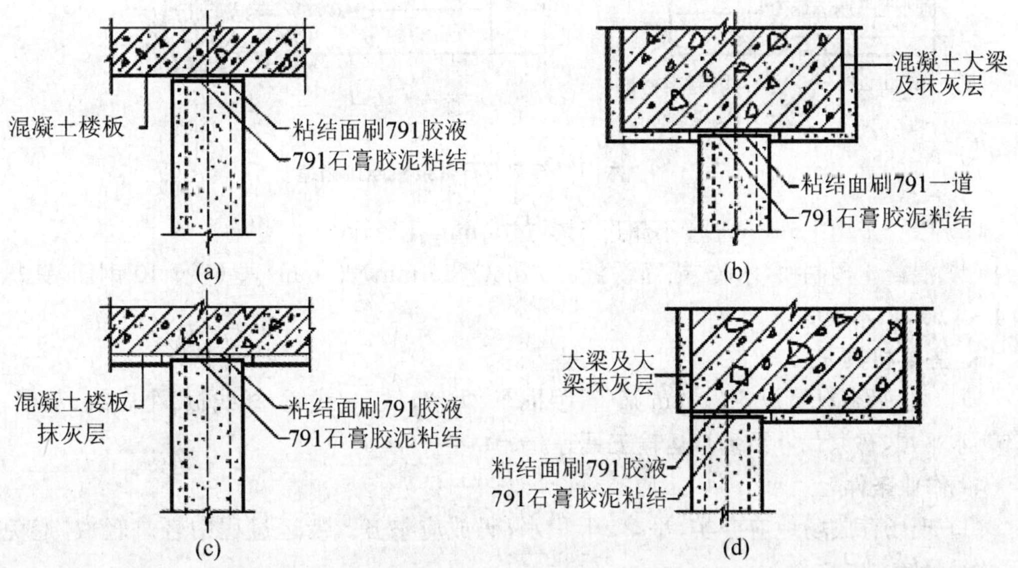


**图 3-37 空心石膏条板与楼板、梁的顶部连接构造**

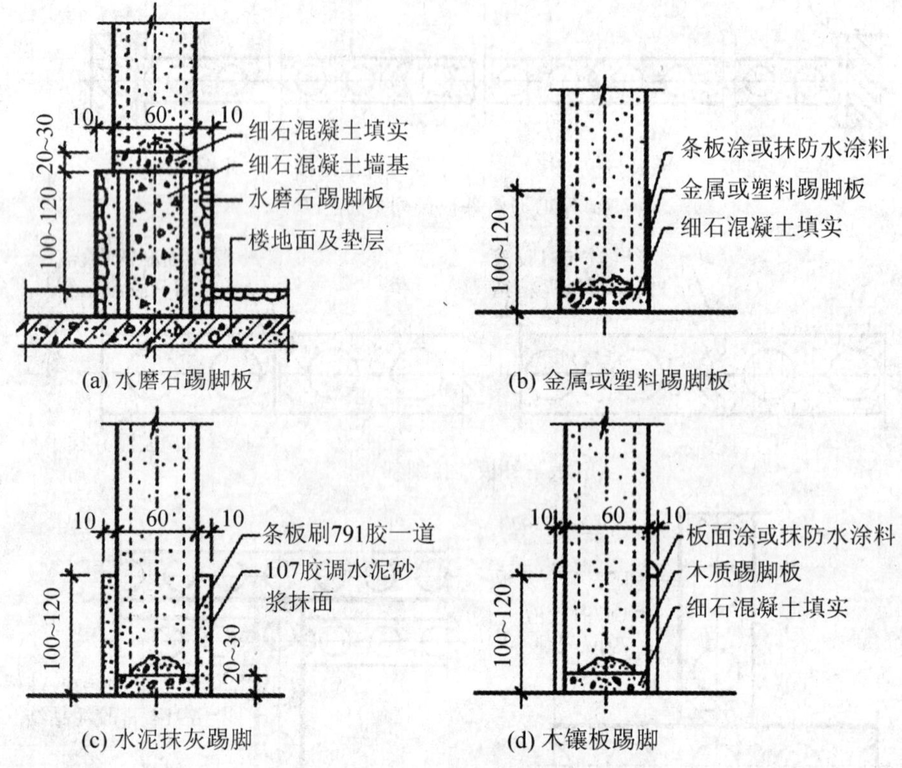


**图 3-38 隔墙踢脚做法**

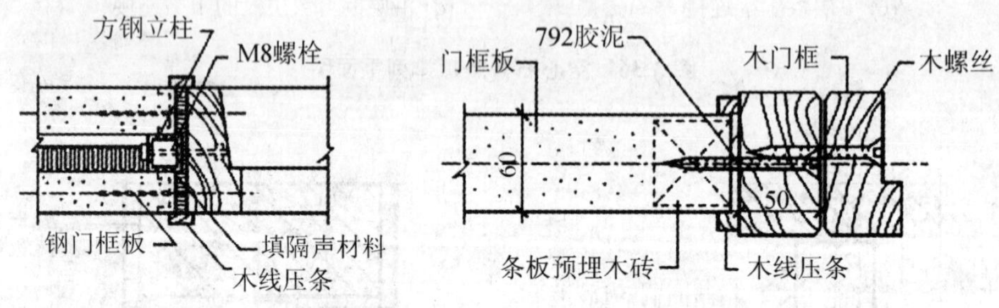


**图 3-39 木门框与空心石膏条板连接构造**

(3) 砂子采用中砂，含泥量不超过 5%，过 5 mm 孔径筛。

(4) 混凝土预制块，木砖，锚固铁板(75 mm×50 mm×3 mm)，φ 6～φ 10 钢筋，铁扒钉(φ 4～φ 6)，小木楔等。

**3. 主要机具**

搅拌机、后台计量设备、5 mm 筛子、手推车、大铲、铁锹、线锤、托线板、小白线、灰桶、铺灰铲、水平尺、砂浆吊斗及垂直运输工具等。

**4. 作业条件**

(1) 现场存放场地应夯实，平整，不积水，码放应整齐。装运过程中轻拿轻放，避免损坏，并尽量减少二次倒运。

(2) 根据墙体尺寸和砌块规格，妥善安排砌筑平面排砖设计，尽可能地减少现场碎砖量。根据砌块厚度与结构净空高度及门窗洞口尺寸切实安排好立面、剖面的排砖设计，避免浪费。

(3) 砌砖块的部位在结构墙体上按＋500 mm 标高线分层划出砌块的层数，安排好灰缝的厚度。在相应的部位弹好墙身门洞口尺寸线，在结构柱上弹好砌块的立面边线。标注窗口位置。

(4) 砌墙的前一天，应将空心砖与结构相接的部位洒水湿润，保证砌体粘结牢固。

(5) 遇有穿墙管线，应预先核实其位置、尺寸。以预留为主，减少事后剔凿，损害墙体。

(6) 填充墙拉结筋为 2φ6@500 mm，伸入墙内不少于 1000 mm。

**5. 操作工艺流程**

基层处理→砌筑→砌块与门窗口连接→砌块与楼板连接→墙体根部处理。

**6. 技术措施**

(1) 基层处理

将砌筑砖墙根部的砖或混凝土带上表面清扫干净，用砂浆找平，拉线，用水平尺检查其平整度。

(2) 砌筑

① 砌筑时根据墙宽尺寸和砌块的规格尺寸，按排砖设计进行排列摆块，不够整块尺寸时可用标准黏土砖砌筑。竖缝宽 10 mm，水平灰缝 10 mm 为宜。当最下一皮的水平灰缝厚度大于 30 mm 时，应用豆石混凝土找平层铺砌。砌筑时，满铺满挤，上下错缝，搭接长度不宜小于砌块长度的 1/3，转角处相互咬砌搭接。双层隔墙，每隔两皮砌块用扒钉加强，扒钉位置应呈梅花形错开。砂浆标号按设计规定。

② 砌砖采用一铲灰、一块砖、一挤揉的"三一"砌砖法，即满铺、满挤操作法。砌砖时砖要放平。砌砖一定要跟线，"上跟线，下跟棱，左右相邻要对平"。水平灰缝厚度和竖向灰缝宽度一般为 10 mm，但不应小于 8 mm，也不应大于 12 mm。在操作过程中，要认真进行自检，如出现偏差，应随时纠正。严禁事后砸墙。砌筑砂浆应随搅拌随使用，一般水泥砂浆必须在 3 h 内用完，水泥混合砂浆必须在 4 h 内用完，不得使用过夜砂浆。混水墙应随砌随将舌头灰刮尽。

③ 留槎：外墙转角处应同时砌筑。内外墙交接处必须留斜槎，槎子长度不应小于墙体高度的 2/3，槎子必须平直、通顺。分段位置应在变形缝或门窗口角处，隔墙与墙或柱不同时砌筑时，可留阳槎加预埋拉结筋。施工洞口也应按以上要求留水平拉结筋。

④ 墙体应有可靠的拉结。一般每隔 0.5 m 的高度预留 2φ6 钢筋伸入墙内，平铺在灰缝内作为拉结。砌块端头与墙柱接缝处各涂刮厚度为 5 mm 的粘结砂浆，挤紧塞实，将挤出的砂浆刮平。填充墙与框架柱连接处，必须按设计要求设置拉结筋。设计无要求时，竖向间距为 500 mm 左右，埋压 2φ6 钢筋，埋直平铺在水平灰缝内，两端伸入墙内不小于1000 mm，末端应加 90°弯钩。

(3) 砌块与楼板(或梁底)的连接

当楼板或梁底未事先留置拉结筋时，先在砌块与楼板接触处涂抹粘结砂浆，用力挤严实，每砌完一块用小木楔(间距约 600 mm)在砌块上皮紧贴楼板底(或梁底)背紧，用粘结砂浆填实，灰缝刮平。或在楼板底(梁底)斜砌一排砖，以保证填充墙体顶部稳定、牢固。

(4) 墙体根部处理

在砌筑上部墙体之前，墙脚砌筑 3 皮标准黏土砖，以提高墙体根部的抗渗性能。门窗洞口处及有构造柱部位应采用标准黏土砖砌筑，卫生间四周墙脚做 120 mm 砼上反梁。

**7. 质量标准**

(1) 保证项目

① 使用的原材料和空心砖块的强度必须符合设计要求,质量应符合各项技术性能指标,并有出厂合格证。

② 砂浆的品种标号必须符合设计要求。砌块灰缝砂浆必须饱满,按规定制作砂浆试块,试块的平均抗压强度不得低于设计强度,其中任意一组的最小抗压强度不得小于设计强度的75%。

③ 转角处必须同时砌筑,严禁留直槎,交接处应留斜槎。

(2) 基本项目

① 通缝:每道墙3皮砌块的通缝不得超过3处,不得出现四皮砌块及以上高度的通缝。灰缝应均匀一致。

② 接槎:砂浆要密实,砌块要平顺,不得出现破槎、松动,做到接槎部位严实。

③ 拉结筋:间距、位置、长度及配筋的规格、根数应符合设计要求。位置、间距的偏差不得超过一皮砌块。

(3) 允许偏差

各项目的允许偏差如表3-7所示。

**表3-7 允许偏差**

| 序号 | 项目 | 允许偏差(mm) | 检验方法 |
|---|---|---|---|
| 1 | 墙面垂直 | 5 | 用靠尺及线坠检查 |
| 2 | 墙面平整度 | 8 | 用2 m靠尺塞尺检查 |
| 3 | 轴线位移 | 10 | 尺量 |
| 4 | 水平灰缝平直(10 m以内) | 10 | 拉通长线用尺量 |
| 5 | 门窗洞口宽度 | ±5 | 尺量 |
| 6 | 门口高度 | −5~+15 | 尺量 |
| 7 | 外墙窗口上下偏移 | 20 | 以底层为准用经纬仪或吊线检查 |

**8. 成品保护**

(1) 门框安装后施工时应对门框两侧300~600 mm高度范围钉铁皮进行保护,防止施工中撞坏。

(2) 砌块在装运过程中应轻装轻放,计算好各房间的用量,分别码放整齐。搭拆脚手架时不要碰坏已砌墙体和门窗口角。

(3) 落地砂浆及时清除,以免与地面粘结,影响下道工序施工。

(4) 设备槽孔以预留为主,尽量减少剔凿,必要时剔凿设备孔槽不得乱剔硬凿,可确定尺寸后用刀刃镂划。如造成墙体砌块松动,必须进行补强处理。

## 3.4.4 练习与提高

1. 隔墙按其构造方式不同常分为________、________和________。
2. 立筋式隔墙由________和________组成。

3. “三一”砌砖法，即满铺、满挤操作法，是指________、________、________。

4. 内外墙交接处必须留斜槎，槎子长度不应小于墙体高度的________，槎子必须平直、通顺。

5. 转角处必须同时砌筑，严禁留________，交接处应留________。

6. 板材隔墙是指________________________________。

7. 砌块墙在平面长度设计中，一定要遵循“________________”原则。

8. 砌块上、下皮应错缝设计，搭接长度不宜小于块长的________。

9. 一二隔墙在墙体高度超过(　)米时应加固。

A. 2　　B. 3　　C. 5　　D. 6

10. 在墙体设计中，其自身重量由楼板或梁承担的墙为(　)。

A. 横墙　　B. 窗间墙　　C. 隔墙　　D. 承重墙

11. 当采用(　)做隔墙时，可将隔墙直接设置在楼板上。

A. 黏土砖　　B. 空心砌块　　C. 混凝土墙板　　D. 轻质材料

12. 半砖隔墙的顶部与楼板相接处为满足连接紧密的要求，其顶部常采用(　)的方法或预留 30 mm 左右的缝隙，每隔 1 m 用木楔打紧。

A. 嵌水泥砂浆　　B. 立砖斜砌　　C. 半砖顺砌　　D. 浇细石混凝土

# 3.5　任务4：墙面装修

## 3.5.1　任务资讯

**1. 墙面装修的作用**

(1) 保护墙体

对墙面进行装修，使墙体不直接受到风、雨、雪等自然环境的侵蚀，提高墙体的防潮、抗风化的能力，增强墙体的坚固性、耐久性。

(2) 改善墙体的热工性能

对墙面进行装修处理，增加墙厚，提高墙体的保温、隔热和隔声能力，平整、光滑、色浅的内墙装修，可增加光线的反射，提高室内采光效果，改善室内卫生条件。利用不同材料的室内装修，会产生对声音的吸收或反射作用，改善室内音质效果。

(3) 美化环境、丰富建筑的艺术形象

墙面装修可以提高建筑物立面的艺术效果，往往是通过材料的质感、色彩和线型等的表现来丰富建筑的艺术形象。

**2. 墙面装修的类型**

按装修所处部位不同，有室外装修和室内装修两类。室外装修要求采用强度高、抗冻性强、耐水性好以及具有抗腐蚀性的材料。室内装修材料则因室内使用功能不同，要求有一定的强度、耐水及耐火性。

按饰面材料和构造不同，有抹灰类、贴面类、涂刷类、裱糊类、镶嵌类等。

## 3.5.2 任务实施

**1. 抹灰类墙面装修**

抹灰类墙面装修分为一般抹灰和装饰抹灰。一般抹灰使用石灰砂浆、混合砂浆、水泥砂浆等；装饰抹灰使用水刷石、干黏石、斩假石、水泥拉毛等。

(1) 特点

抹灰类墙面装修施工操作简便、造价低廉、手工湿作业量大、劳动强度大、工效低。

(2) 构造层次

抹灰类墙面装修主要由底层、中层、面层三部分组成，如图 3-40 所示为外墙抹灰分层构造图示。

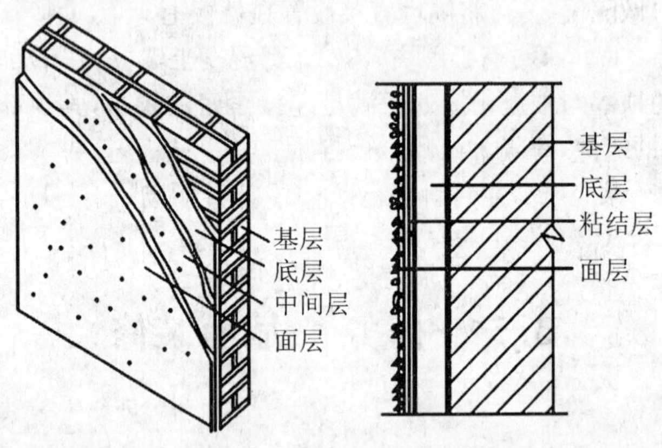


**图 3-40 外墙抹灰分层构造图示**

① 底层

底层厚度为 5～15 mm，起与基层粘结和初步找平的作用。底层抹灰前必须对基层进行处理，应清理表面的灰尘、污垢，填平孔洞、沟槽和洒水润湿墙面。待底层抹灰干燥后，再涂抹中层。

② 中层

中层厚度为 5～10 mm，起找平作用。中层抹灰根据对墙面质量要求的不同可一次或分次涂抹。为控制抹灰层的厚度和平直度，还应在墙面四角做出标志(灰饼)和冲筋(标筋)，以便找平。

施工时，先用托线板和靠尺检查整个墙面的平整度和垂直度，根据检查结果确定灰饼厚度。一般在墙两边上角离阴角 100～200 mm，用 1∶3 水泥砂浆做成 50 mm×50 mm 的灰饼。然后根据这两个灰饼用托线板或吊线挂垂直做墙面下角的两个灰饼，其位置一般在踢脚线上口。随后以上角和下角左、右两个灰饼为基准拉直线，每隔 1.2～1.5 m，上、下加若干个灰饼。待灰饼稍干后，上、下灰饼之间用砂浆抹上一条宽 100 mm 左右的垂直灰梗，即为标筋，作为抹灰厚度和赶平的标准。

当标筋稍干后，分层进行抹灰层涂抹。抹底层、中层灰从上而下进行，在两筋之间用力抹一层 7～9 mm 厚的底灰，至七八成干后接着抹中层灰，抹成的灰应比两边的标筋稍厚，然后用刮杠靠住两边的标筋，由下向上刮平，并用抹子补灰槎平。待中层灰六七成干时，即可开始抹面层灰。

③ 面层

面层厚度为10 mm左右，起装饰作用。要求表面平整、色彩均匀、无裂纹，可以做成光滑或粗糙等不同质感的表面。

(3) 抹灰类装修标准及构造

抹灰类墙面装修按质量及工序要求分为三种标准，见表3-8。

**表3-8　抹灰类装修标准**

| 标　准 | 底层(层数) | 中层(层数) | 面层(层数) | 总厚度(mm) | 适用范围 |
|---|---|---|---|---|---|
| 普通抹灰 | 1 | | 1 | ≤18 | 简易建筑物 |
| 中级抹灰 | 1 | 1 | 1 | ≤20 | 住宅、办公楼、学校等 |
| 高级抹灰 | 1 | 若干 | 1 | ≤25 | 纪念性、重要性建筑等 |

抹灰类的构造做法，各地区设计和施工均有通用图集和施工说明供选用。常用抹灰类构造见表3-9。

**表3-9　常用抹灰构造**

| 抹灰名称 | | 底层、中层 | | 面层 | | 总厚度(mm) | 适用范围 |
|---|---|---|---|---|---|---|---|
| | | 材料 | 厚度(mm) | 材料 | 厚度(mm) | | |
| 一般抹灰 | 混合砂浆抹灰 | 1∶1∶6混合砂浆 | 12 | 1∶1∶6混合砂浆 | 8 | 18 | 一般砖墙面均可选用 |
| 一般抹灰 | 水泥砂浆抹灰 | 1∶3水泥砂浆 | 14 | 1∶2.5水泥砂浆 | 6 | 20 | 室外饰面及室内需防水、防潮的墙面 |
| 一般抹灰 | 水泥纸筋砂浆抹灰 | 1∶3∶4水泥纸筋砂浆 | 10 | 纸筋灰浆 | 2.5 | 12.5 | 一般室内墙面，阳台雨篷顶面 |
| 一般抹灰 | 石灰砂浆抹灰 | 1∶3石灰砂浆 | 16 | 石灰浆罩面 | 2.5 | 18.5 | 各种内墙抹灰罩面 |
| 一般抹灰 | 膨胀珍珠岩砂浆罩面 | 1∶3石灰砂浆 | 13 | 水泥∶石灰∶膨胀珍珠岩=1∶(10～20)∶(3～5) | 2 | 15 | 保温、隔热要求较高的内墙面罩面 |
| 装饰抹灰 | 水刷石饰面 | 1∶3水泥浆 | 12 | 1∶(1～1.5)水泥石渣浆 | 10 | 22 | 适用于外墙、阳台、雨篷、勒脚等部位 |
| 装饰抹灰 | 干黏石饰面 | 1∶3水泥砂浆打底，中层1∶1∶1.5水泥石灰砂浆 | 17 | 水泥∶石灰膏∶砂子∶107胶=100∶50∶200∶(5～15) | 1 | 18 | 主要适用于外墙装修 |
| 装饰抹灰 | 斩假石饰面 | 1∶3水泥砂浆刮素水泥浆一道 | 12 | 1∶2水泥白石子用斧斩 | 12 | 24 | 主要用于公共建筑外墙局部部位装修 |
| 装饰抹灰 | 拉毛饰面 | 1∶0.5∶4水泥石灰砂浆打底，待六七成干时刷素水泥浆一道 | 13 | 1∶0.5∶1水泥石灰砂浆拉毛 | 视拉毛长度而定 | | 主要用于对音响要求较高的内墙面 |

在外墙面抹灰中，为施工接茬、比例划分和适应抹灰层胀缩以及日后维修更新的需要，抹灰前应按设计要求弹线分格，用素水泥浆将浸过水的小木条临时固定在分格线上，做成引条。

**2. 贴面类墙面装修**

贴面类墙面装修指在内外墙面上粘贴各种天然石板、人造石板、陶瓷面砖等。

(1) 特点

贴面类墙面装修具有耐久性好、装饰性强、清洗容易、装饰效果好等优点，但造价偏高、施工要求高、易于脱落。

(2) 面砖饰面构造

面砖是以陶土为原料，压制成型后经焙烧而成，厚度为 6～12 mm，有釉面砖和无釉面砖之分，正面光滑平整或带有凸出花纹，背面有凹槽以利与墙体粘结。面砖适用于室外装修。

面砖饰面构造做法：① 在墙体上抹 1∶3 水泥砂浆 15 厚打底，找平扫毛。② 按面砖尺寸和设计间缝在底层上弹墨线，打完底后隔三四天即可贴砖。贴砖时要先浇水润湿墙面，在最下面一层砖的底部放好垫尺板，垫尺板必须保持水平，并将它固定好。砖应预先浸透水，取出稍阴干后，沿垫尺板逐层往上贴，将砂浆涂于砖背面，贴上墙后用橡皮锤敲牢找平。③ 用10 厚 1∶0.2∶2.5 水泥石灰混合砂浆结合层贴面砖。④ 在面砖背面随贴随刷 1∶2 水泥砂浆中加入 3%～4%的 107 胶黏结剂，面砖灰缝宽度不大于 1.5 mm。⑤ 用橡皮锤敲牢找平，砖面沾着的灰浆应在未干时擦掉。⑥ 用 1∶1 水泥细砂砂浆勾缝。如图3-41所示。

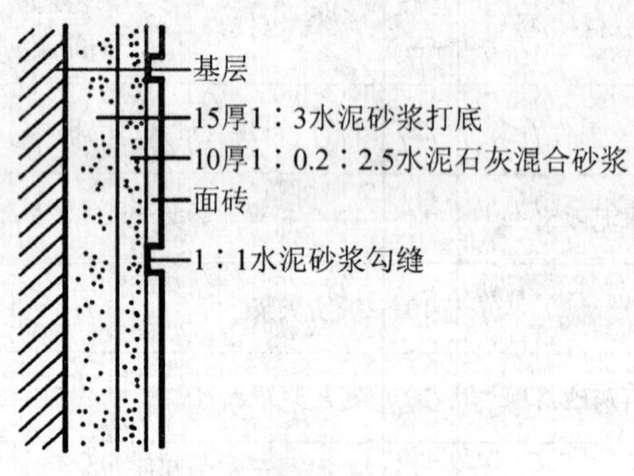


**图 3-41 面砖饰面构造**

(3) 瓷砖饰面构造

瓷砖也是用陶土制成坯块后经焙烧而成，厚度为 5 mm，底胎为白色，正面挂白釉并有彩色图案，背面有凹槽。其施工方法与面砖类似，缝隙用白水泥粉擦缝。瓷砖适用于内墙面、墙裙、水池、案台等部位的装修。

(4) 锦砖饰面构造

锦砖又称马赛克，有陶瓷锦砖和玻璃锦砖。

陶瓷锦砖是由边长不大于 40 mm 且具有多种色彩、不同形状的小块砖反贴在一定规格的牛皮纸上，镶拼成各种花色图案的陶瓷制品，如图 3-42 所示。陶瓷锦砖具有抗腐蚀、耐火、耐磨、吸水率小、抗压强度高、易清洁和永不褪色等特点。它可用于工业与民用建筑的门厅、走廊、卫生间、餐厅、厨房、浴室、化验室等的内墙和地面。

玻璃锦砖饰面构造做法：① 在基层上抹 1∶3 水泥砂浆 15 厚打底，找平扫毛。② 在底层上弹墨线。③ 抹素水泥浆一道(内掺水3%～5%的108胶)后,抹3～4厚1∶1水泥砂浆粘结层。④ 在粘结砂浆初凝前,在锦砖背面抹1～2厚白水泥浆,铺贴锦砖。⑤ 初凝后,洒水湿纸,揭纸。⑥ 凝结后,白水泥嵌缝,擦拭干净。玻璃锦砖饰面的粘结构造如图3-43所示。

图3-42 陶瓷锦砖饰面

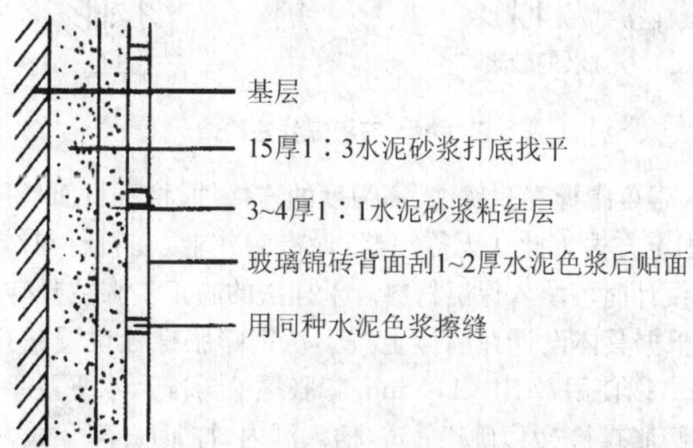


图3-43 玻璃锦砖饰面构造

(5) 天然石板、人造石板饰面构造

大理石板、花岗石板是天然石材经切割、研磨而成的墙面装饰材料。它们具有坚固耐久、光滑洁净、不褪色等优点,但成本高,多用于室内外高级装修。常见人造石板有水磨石板、人造大理石板等,是由水泥、彩色石子、颜料等配制而成,具有强度高、表面光洁、色彩多样、耐腐蚀性强、造价较低等特点。

天然石板和人造石板的安装方法相同，常见做法有湿挂法和干挂法两种。

湿挂法构造做法：

① 施工准备。按图纸要求选板，根据安装配置图的先后顺序编号，并写在板的背面，安装时对号入座；在墙体上预留φ 6 铁环，间距双向均不大于 2 m。

② 绑扎钢筋网。环内穿入并绑扎φ 8 的竖筋；按石板高度绑扎φ 6 横筋。

③ 穿绑线。用 16～18 号铜丝或镀锌铁丝，剪成 200 mm 左右，一端伸入孔底，一端扎住横筋。

④ 安装。贴板时将板料扎在横筋上，安装时，一般从正面一端开始，由下往上逐排安装，依次调整板料的水平度与垂直度，用杠尺和木楔分别在板料外侧临时定位，石板与墙体之间一般留 30 mm 缝隙，向板料与墙体之间的空隙内灌注 1∶2.5 水泥砂浆，每次灌入高度不超过 200 mm。

⑤ 待砂浆初凝后，取掉定位活动木楔，继续上层石板的安装。如图 3-44 所示。

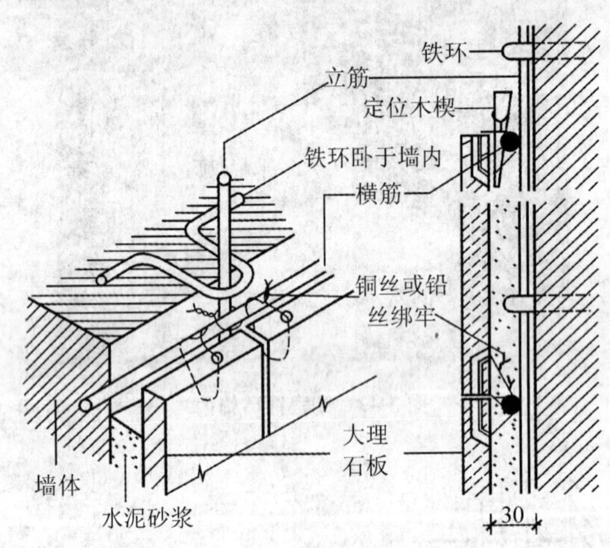


**图 3-44 石板湿挂法构造**

干挂法是利用高强度螺栓和耐腐蚀、高强度的连接件，将石材面板挂在建筑物结构的外表面上的一种石材固定方法。此法无需灌浆，没有湿作业，在石材与结构表面间留有 40～50 mm的空腔，采暖设计时可填入保温材料。干挂法的施工步骤主要有：

① 墙体打洞。根据具体设计在墙体上按不锈钢膨胀螺栓位置钻孔打洞。孔洞直径为 4.5 mm，洞深 65 mm(以使用 M10×110 mm 膨胀螺栓为准)，水平及垂直间距见设计图样。洞打好后，将不锈钢膨胀螺栓"大力胶"一道，插入洞内，拧紧胀牢。

② 饰面石板开槽、加固。在饰面石板顶边及底边距两侧边各 1/4 板长处，居板厚中心，各开深 21 mm 的槽口一个。对质地疏松的石材，还要在板块背面刷胶黏剂，贴玻璃纤维网格布增强，并给予一定的固化时间，此期间要防止受潮。

③ 安装不锈钢挂件。将不锈钢角钢挂件临时安装在 M10×110 mm 不锈钢膨胀螺栓上(螺母不要拧紧)，再将不锈钢平板挂件用直径 8 mm 的不锈钢螺栓临时固定在不锈钢角钢挂件上。

④ 安装石板。板材安装顺序自下而上分层进行。根据已选定的饰面石板编号，将石板临时就位，并将不锈钢销插入石板孔内，利用角钢挂件及平板挂件上的调整孔，对石板的位置准确度（包括前后、左右、高低、上下）、垂直度及平整度等进行调整。螺纹连接要牢固、可靠。板材与承托钢板（舌头）装配连接后，在螺栓四周与挂件接触处及销钉孔隙等处，满涂“大力胶”一道（快干型）。如图 3-45 所示。

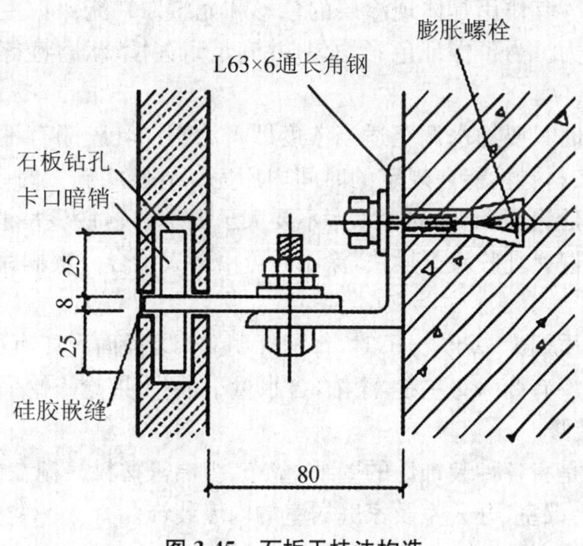


图 3-45 石板干挂法构造

⑤ 封缝。用干挂法施工工艺所装修的饰面石板墙面，其板缝应根据吊挂件的厚度来决定，一般在 8 mm 左右。花岗石板安装完毕后，清扫拼接缝，填入泡沫聚乙烯嵌条，然后用打胶机进行硅胶涂封。一般硅胶只封平接缝表面或比板面稍凹些即可。雨天或板材受潮时，不宜涂硅胶。

**3. 涂料类墙面装修**

涂料又称油漆。涂料是胶体溶液，将它涂在家具、木地板或墙面上，不仅对饰面有保护作用，而且能美化居室环境，起到很好的装饰作用。居室常用涂料可分为：墙面、顶面乳胶漆；家具、木地板面漆。

墙面乳胶漆 一般常用水性乳胶漆，它的成膜基料为苯丙乳液或丙烯酸乳液等。它没有毒性和气味，被称为“绿色装饰材料”，具有“呼吸”作用。当室内湿度大时，乳胶漆元素微粒膨胀，阻止空气中的潮气向墙面渗透；当室内干燥时，墙内潮气可以通过微粒之间的空隙向外界散发。这类乳胶漆涂刷于墙面不掉粉，可以擦洗，易清洁，装饰效果好，造价低，因而多用于内墙面装修。

(1) 特点

涂料类墙面装修的特点是省工、省料、造价低、色泽鲜艳、工期短、工效高、自重轻、操作简单、维修方便、更新快，但墙面易污染，使用年限较短。

(2) 分类

按装修使用工具不同可分为刷涂、喷涂、弹涂和滚涂。

(3) 构造做法

涂料饰面一般分为三层，即底涂层、中涂层和面涂层。

底涂层俗称刷底漆或封底涂层，其主要目的是增加涂层与基层之间的粘附力，同时还可以进一步清理基层表面的灰尘。

中涂层即中间层，也称主层涂料，是整个涂层构造中的成形层。其目的是通过适当的工艺，形成具有一定厚度、匀实饱满的涂层，既能保护基层，又能通过这一涂层形成所需的装饰效果，凹凸花纹涂料和浮雕涂料就是通过主层涂料产生立体花纹和图案的。因此主层涂料的质量如何，对饰面层的保护作用和装饰效果的影响很大。

面涂层即罩面层。其作用是体现涂层的色彩和光感。它能保护主层涂料，提高饰面层的耐久性和耐污染能力。为了保证色彩均匀，并满足耐久性、耐磨性等方面的要求，罩面涂料应至少涂刷二遍。

桶装乳胶漆使用时只要加水调至适当浓度即可涂刷。乳胶漆有不同的品种，可按产品说明稀释，稀释后应按材料性能在规定的时间内用完。乳胶漆施工时室内温度应在 0 ℃以上。新墙应在两个月后涂刷，墙面的含水率不要大于10%。乳胶漆一般涂刷两遍，第一遍涂刷后待干即可刷第二遍。乳胶漆干燥快，涂刷时可由多人配合一次刷完，以免干湿重叠出现接痕。

水溶性乳胶漆保质期为一年，出厂时，每桶标明 18 L，桶面上印有国家环保标志。每桶正规厂家生产的乳胶漆有 25 kg 左右，漆浓，含水量小，用手指捻一捻手感细腻。

**4. 裱糊类墙面装修**

裱糊类墙面装修是将各种装饰性的壁纸、壁布、织锦等材料裱糊在内墙面上的一种装修饰面。适用于宾馆、会议室、办公室及家庭居室的内墙装饰。

(1) 特点

裱糊类墙面装修的特点是装饰性强、造价低、施工方法简捷高效、材料更换方便。

(2) 裱糊类墙面装修的构造

壁纸或壁布是幅面较宽并带有多种图案的卷材，要求粘贴在坚硬、表面平整、不裂缝、不掉粉的洁净基层上。为达到基层平整效果，通常在清洁的基层上用胶皮刮板刮腻子数遍，其遍数视基层的情况不同而定。

墙面应采用整幅裱糊，并统一预排对花拼缝。不足一幅的应裱糊在较暗或不明显的部位。裱糊顺序为先上后下、先高后低，应使饰面材料的长边对准基层上弹出的垂直墨线，用刮板或胶辊赶平压实。粘贴前壁纸或壁布应用水润湿。其具体构造做法是：① 在基层上按幅宽弹线。② 刷 107 胶稀释液做封闭处理。③ 待干燥后用聚醋酸乙烯乳液或 107 胶粘贴。④ 粘贴时应自上而下缓缓展开，排除空气并一次成活。

裱糊类墙面装修的质量标准是粘贴牢固，表面色泽一致，无气泡、空鼓、翘边、褶皱和斑污，斜视无胶痕，正视距墙面 1.5 m 处不显拼缝。

**5. 铺钉类墙面装修**

铺钉类墙面装修是将各种天然或人造薄板镶钉在墙面上的装修做法，由骨架和面板两部分组成。适用于高档和有特殊要求的房间墙面装修。

铺钉类墙面装修的构造做法是：① 在砌体内预埋木砖(间距 $a \leqslant 500$ mm)。② 干铺油毡一层或刷热沥青两道，做防潮处理。③ 在木砖处钉立龙骨和间距龙骨，截面尺寸≤50 mm×50 mm。④ 龙骨外侧刨光，钉或粘底层板。⑤ 再粘面板，或直接在龙骨上钉或粘面板，面板上可根据设计安装压缝条或装饰块。

## 3.5.3　任务拓展

幕墙技术的应用为建筑装饰提供了更多的选择，它是融建筑技术、建筑功能、建筑艺术为一体的建筑围护构件。幕墙的设计和施工除遵从美学规律外，还应遵从建筑力学、物理、结构等规律的要求，做到安全、适用、经济、美观。

玻璃幕墙是由金属构件与玻璃板组成的建筑外围护结构。玻璃幕墙根据有无骨架体系，可分为有框玻璃幕墙和无框玻璃幕墙。而有框玻璃幕墙根据幕墙骨架与玻璃的连接构造方式，又分为明框玻璃幕墙、半隐框玻璃幕墙和隐框玻璃幕墙三种。无框玻璃幕墙分坐落式全玻璃幕墙、吊挂式全玻璃幕墙和点支式玻璃幕墙三种。

**1. 有框玻璃幕墙**

有框玻璃幕墙由幕墙立柱、横梁、玻璃、主体结构、预埋件、连接件，以及连接螺栓、垫杆和胶缝、开启扇等组成。

幕墙的形式、总尺寸、骨架及饰面板布置间距、位置等必须首先确定，然后再进行细部构造设计。平面、立面布置的关键是幕墙总尺寸和分格尺寸的确定。必须根据幕墙所依附建筑物的平面及体型，结合立面形式装饰效果来考虑。

(1) 明框玻璃幕墙

明框玻璃幕墙的玻璃镶在金属骨架框格内，骨架外露。明框式体系玻璃安装牢固、安全可靠。

明框玻璃幕墙的形式有以下几种：

① 整体镶嵌槽式

镶嵌槽和杆件是一个整体，镶嵌槽外侧槽板与构件是整体连接的，在挤压型材时就是一个整体，采用投入法安装玻璃。整体镶嵌式普通玻璃幕墙，定位后有干式装配、湿式装配和混合装配三种固定方法，混合装配又分为从外侧和从内侧安装玻璃两种做法。

② 组合镶嵌槽式

镶嵌槽的外侧槽板与构件是分离的，采用平推法安装玻璃，玻璃安装定位后压上压板，用螺栓将压板外侧扣上扣板装饰。

③ 混合镶嵌槽式

一般是立梃用整体镶嵌槽、横梁用组合镶嵌槽，安装玻璃用左右投装法，玻璃定位后将压板用螺钉固定到横梁杆件上，扣上扣板形成横梁完整的镶嵌槽，可从外侧或内侧安装玻璃。

④ 隐窗型

将立梃两侧镶嵌槽间隙采用不对称布置，使一侧间隙大到能容纳开启扇框斜嵌入立梃内部，外观上固定部分与开启部分杆件一样粗细，形成上下左右线条一样大小，其余的做法均同整体镶嵌槽式。

⑤ 隔热型

一般普通玻璃幕墙的铝合金杆件有一部分外露在玻璃的外表面，杆件壁经过两块玻璃的间隙延伸到室内，形成传热量较大的通路。为了提高幕墙的保温性能，可采用隔热型材来制作幕墙。隔热型材有嵌入式和整体挤压浇注式两种。

(2) 隐框玻璃幕墙

隐框式(暗骨架)体系的幕墙玻璃是用胶黏剂直接粘贴在骨架外侧的,幕墙的骨架不外露,装饰效果好,但玻璃与骨架的粘贴技术要求高。

玻璃四边都用硅酮密封胶固定在金属框架的适当位置上,其四周用强力密封胶全封闭,玻璃产生的热胀冷缩变形应力全由密封胶给予吸收,玻璃面受的水平风压力和自重也均匀地传给金属框架和主结构件。隐形玻璃幕墙由于在建筑物的表面不显露金属框,而且玻璃上下左右结合部位尺寸也相当窄小,因而能产生全玻璃的艺术感觉,受到了目前旅馆和商业建筑的青睐。

(3) 半隐框玻璃幕墙

利用结构硅酮胶为玻璃相对的两边提供结构的支持力,另两边则用框料和机械性扣件进行固定,垂直的金属竖梃是标准的结构玻璃装配,而上下两边是标准的镶嵌槽夹持玻璃。结构玻璃装配要求硅酮胶对玻璃与金属有良好的粘结力。这种体系看上去有一个方向的金属线条,不如隐形玻璃幕墙简洁,立面效果稍差,但安全度比较高。

**2. 无框玻璃幕墙**

由于该类幕墙无支撑骨架,因此玻璃可以采用大块饰面,从而可使幕墙的通透感更强,视线更加开阔,立面更为简洁生动。

(1) 全玻璃幕墙

由玻璃板和玻璃肋制作的玻璃幕墙称为全玻璃幕墙。它通透性好、造型简洁明快。由于该幕墙通常采用较厚的玻璃,所以隔声效果较好,加之视线的无阻碍性,用于外墙装饰时使室内、室外环境浑然一体,空间交融,故被广泛应用于各种底层公共空间的外装饰。

全玻璃幕墙根据构造方式的不同,分为坐落式和吊挂式两种。

① 坐落式全玻璃幕墙

当全玻璃幕墙的高度较低时可采用坐落式安装,此时通高玻璃板和玻璃肋上下均镶嵌在槽内,玻璃直接支撑在下部槽内支座上,上部镶嵌玻璃的槽顶与玻璃之间留有空隙,使玻璃有伸缩的余地。该做法构造简单、造价相对较低。

坐落式全玻璃幕墙为了加强玻璃板的刚度,保证玻璃幕墙整体在风压等水平荷载作用下的稳定性,构造中应加设玻璃肋。其构造组成有上下金属夹槽、玻璃板、玻璃肋、弹性垫块、聚乙烯泡沫垫杆或橡胶嵌条、连接螺栓、硅酮结构胶及耐候胶等,上下夹槽为5号槽钢,槽底垫弹性垫块,两侧嵌填橡胶条,封口用耐候胶。当玻璃高度小于2 m且风压较小时可以省去玻璃肋。玻璃肋的布置方式有以下4种:

后置式:玻璃肋置于玻璃板的后部,用密封胶与玻璃板粘结成一个整体,如图3-46(a)所示。

骑缝式:玻璃肋位于两玻璃板的板缝位置,在缝隙处用密封胶将三块玻璃粘结起来,如图3-46(b)所示。

平齐式:玻璃肋位于两块玻璃板之间,玻璃肋前端与玻璃板面平齐,两侧缝隙用密封胶嵌填、粘结,如图3-46(c)所示。

突出式:玻璃肋夹在两玻璃板中间,两侧均突出玻璃表面,两面缝隙用密封胶嵌填、粘结,如图3-46(d)所示。

玻璃板、肋之间交接处留缝尺寸根据玻璃厚度、高度、风压等确定,缝中灌注透明硅酮耐候胶使两玻璃连接、传力,玻璃板通过密封胶缝将板面上的一部分作用力传给玻璃肋,再经玻璃肋传给结构。

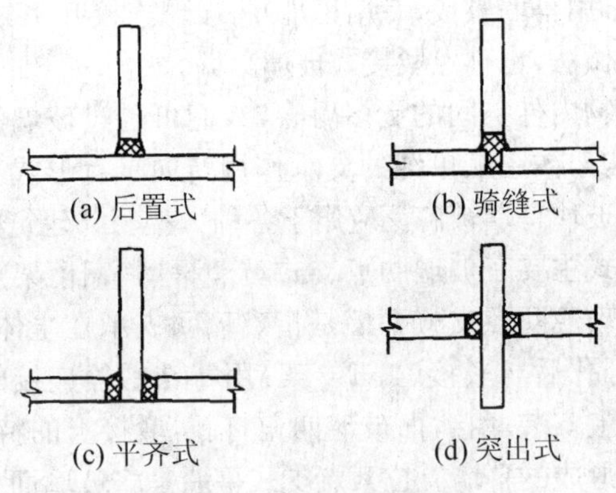


**图 3-46 玻璃肋的布置方式**

② 吊挂式全玻璃幕墙

当建筑物层高很大时,如采用通高玻璃的坐落式幕墙,因玻璃变得细长,其平面外刚度和稳定性相对很差,在自重作用下都很容易压屈破坏,更不可能再抵抗各种水平力的作用。为了提高玻璃的刚度和安全性,避免压屈破坏,在超过一定高度的通高玻璃上部设置专用的金属夹具,将玻璃板和玻璃肋吊挂起来形成玻璃墙面,这种幕墙称为吊挂式全玻璃幕墙。此做法下部需镶嵌在槽口内,以利玻璃板的伸缩变形。吊挂式全玻璃幕墙的玻璃尺寸和厚度都比坐落式大且构造复杂、工序多,故造价较高。

全玻璃幕墙所使用的玻璃,多为钢化玻璃或夹层钢化玻璃。玻璃无论钢化与否,边缘都应磨边处理。全玻璃幕墙的玻璃需插入金属槽内定位和嵌固,安装方法有以下 3 种:

干式嵌固:在固定玻璃时,采用密封条嵌固的安装方式,如图 3-47(a)所示。

湿式嵌固:当玻璃插入金属槽内填充垫条后,采用密封胶(如硅酮密封胶等)注入玻璃、垫条和槽壁之间的空隙,凝固后将玻璃固定,如图 3-47(b)所示。

混合式嵌固:在放入玻璃前先在槽内一侧装入密封条,然后放入玻璃,再在另一侧注入密封胶,是以上两种方法的结合,如图 3-47(c)所示。

湿式嵌固的密封性能优于干式嵌固,硅酮密封胶寿命长于橡胶密封条。玻璃在槽底的坐落位置,均应垫以耐候性好的弹性垫块,以使受力合理,防止玻璃破碎。

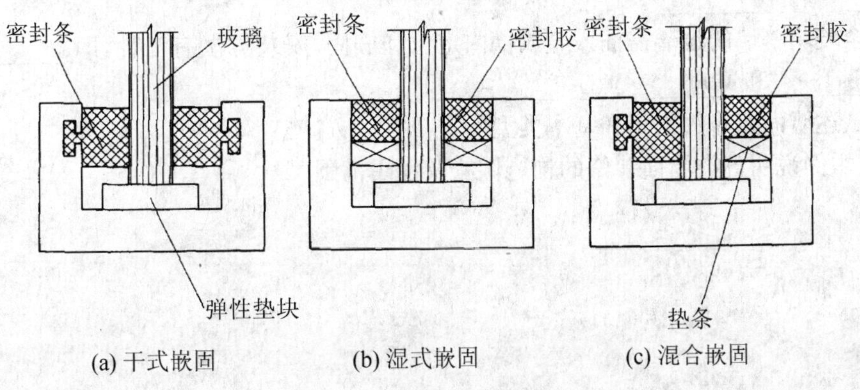


**图 3-47 玻璃定位嵌固方法**

(2) 点支式玻璃幕墙

在幕墙玻璃四角打孔,用幕墙驳接(专用钢爪)将玻璃连接起来并将荷载传给相应构件,最后传给主体结构的幕墙做法,也称点驳接式玻璃幕墙。

这种做法体现了建筑物内外空间的更多融合,人们可透过玻璃清晰地看到支承玻璃的整个构架体系,使得这些构架体系从单纯的支承作用转向具有形式美、结构美的元素,具有强烈的装饰效果。点支式玻璃幕墙被广泛应用于各种大型公共建筑中共享空间的外装饰。

点支式玻璃幕墙的形式主要有玻璃肋点支式玻璃幕墙、钢桁架点支式玻璃幕墙和拉索点支式玻璃幕墙等。其中玻璃肋点支式幕墙是指玻璃肋支承在主体结构上,在玻璃肋上安装连接板和驳接,面玻璃开孔后与驳接(4 脚支架)用特殊螺栓连接的幕墙形式。钢桁架点支式幕墙是指在金属桁架上安装驳接,面玻璃四角打孔,驳接上的特殊螺栓穿过玻璃孔,紧固后将玻璃固定在驳接上形成的幕墙。拉索点支式幕墙是将玻璃面板用驳接固定在索桁架上的玻璃幕墙,它由玻璃面板、索桁架、支承结构组成。索桁架悬挂在支承结构上,它由按一定规律布置的预应力索具及连系杆等组成。索桁架起着形成幕墙支承系统、承受面玻璃荷载并传至支承结构上的作用。

## 3.5.4 练习与提高

1. 抹灰类墙面装修由________、________、________三个层次组成。其中________层的主要作用是找平,________层起装饰作用。

2. 按材料及施工方式不同分类,墙面装修可分为________、________、________、________和镶嵌类等。

3. 涂料类墙面装修按使用工具不同分为________、________、________和________。

4. 天然石板和人造石板的饰面构造做法有________和________。

5. 有框玻璃幕墙根据幕墙骨架与玻璃的连接构造方式,分为________、________和隐框玻璃幕墙三种。

6. 无框玻璃幕墙分________、________和点支式玻璃幕墙三种。

7. 坐落式全玻璃幕墙中玻璃肋的布置方式有四种,即________、________、________和________。

8. 全玻璃幕墙的玻璃需插入金属槽内定位和嵌固,安装方法有三种,即________、________和________。

9. 试述墙面装修的作用和基本类型。

10. 举例说明各类墙面装修的构造做法及使用范围。

# 学习情境 4　楼板层与地面

## 4.1　学习情境描述

### 4.1.1　学习目标

完成本学习情境后，你应当能：

(1) 运用所学知识，阅读教学楼施工图纸，明确楼地面构造做法。

(2) 参观学院建筑物，分析教学楼、学生公寓钢筋混凝土楼板布置情况及荷载传递路线。

(3) 运用所学知识，根据不同建筑物中阳台和雨篷的设置位置，分析其构造处理方法。

(4) 在教师指导下，绘制外墙身节点构造图示。

### 4.1.2　学习任务

具体学习任务与任务驱动，如表 4-1 所示。

**表 4-1　学习任务与任务驱动**

| 序　号 | 学习任务 | 任务驱动 |
| --- | --- | --- |
| 1 | 钢筋混凝土楼板 | (1) 参观建筑物，分析教学楼、学生公寓钢筋混凝土楼板布置情况及荷载传递路线。<br>(2) 阅读教学楼结构施工图纸，分析楼板类型 |
| 2 | 地面 | (1) 对照施工图纸，明确楼地面构造做法。<br>(2) 绘制教学楼楼地面构造图示 |
| 3 | 顶棚、阳台、雨篷的构造处理 | (1) 参观建筑物，观察其顶棚构造，并根据不同建筑物中阳台和雨篷的设置位置，分析其构造处理方法。<br>(2) 绘制教学楼走廊排水构造图示 |
| 4 | 绘制外墙身节点构造图 | 绘制墙脚、窗台、过梁与楼板层三个节点外墙构造详图 |

# 4.2 任务1:钢筋混凝土楼板

## 4.2.1 任务资讯

楼板是建筑物层与层之间的水平分隔构件,它沿着竖向将建筑物分隔成若干部分。其作用是对墙体起水平支撑作用。作为水平承重构件,它承受自重和楼面使用荷载,并将荷载传给墙(梁)或柱。

**1. 楼板的类型**

按结构层所用材料的不同,可分为木楼板、钢筋混凝土楼板、压型钢板组合楼板等类型。

按其施工方式不同,钢筋混凝土楼板可分为现浇钢筋混凝土楼板、预制装配式钢筋混凝土楼板和装配整体式钢筋混凝土楼板三种类型。

**2. 楼板的组成**

楼板主要由面层、结构层、顶棚三部分组成,如图4-1所示。

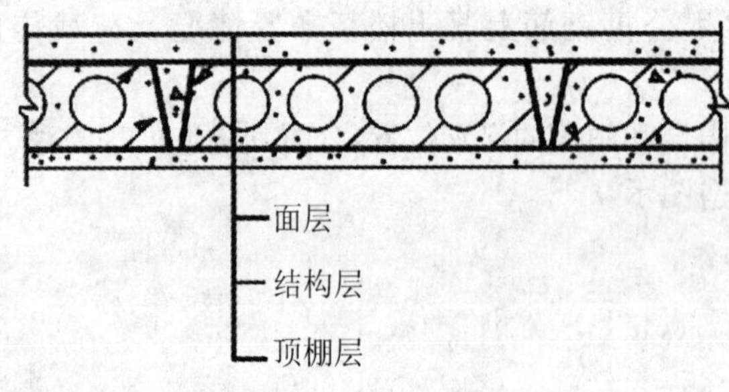


**图4-1 楼板的组成**

**3. 楼板的设计要求**

(1) 强度和刚度的要求

强度要求是指楼板层应保证在自重和活荷载作用下安全可靠,不发生任何破坏。主要通过结构设计来满足这一要求。刚度要求是指楼板层在一定荷载作用下不发生过大变形,以保证正常使用状况。混凝土结构设计规范GB 50010—2002规定,现浇钢筋混凝土板从构造角度要求的最小厚度不应小于表4-2规定的数值。

(2) 保温、隔热、防火、隔声的要求

楼板根据不同的使用要求和建筑质量等级等要求,应具有不同程度的隔声、防火、防水、防潮、保温、隔热等性能。

不同使用性质的房间对隔声的要求不同,我国对住宅楼板的隔声标准中规定:一级隔声标准为65 dB,二级隔声标准为75 dB等。楼板主要是隔绝固体传声,如人的脚步、拖动家具、敲击楼板等都属于固体传声。防止固体传声可采取的措施主要有:在楼板表面铺设地毯、橡胶、塑料毡等柔性材料;在楼板与面层之间加弹性垫层以降低楼板的振动,即"浮筑式楼板";在楼板下加设吊顶,使固体噪声不直接传入下层空间。

(3) 施工要求

楼板的设计应便于在楼层和地层中敷设各种管线。

(4) 经济要求

通常楼地面造价约占建筑物总造价的20%~30%,楼板的设计应考虑经济方面的要求。

表 4-2 现浇钢筋混凝土板的最小厚度

| 板的类别 | | 最小厚度(mm) |
|---|---|---|
| 单向板 | 屋面板 | 60 |
| | 民用建筑楼板 | 60 |
| | 工业建筑楼板 | 70 |
| | 行车道下的楼板 | 80 |
| 双向板 | | 80 |
| 密肋板 | 肋间距小于或等于 700 mm | 40 |
| | 肋间距大于 700 mm | 50 |
| 悬臂板 | 板的悬臂长度小于或等于 500 mm | 60 |
| | 板的悬臂长度大于 500 mm | 80 |
| 无梁楼板 | | 150 |

## 4.2.2 任务实施

**1. 现浇钢筋混凝土楼板**

现浇钢筋混凝土楼板指在现场架设模板，绑扎钢筋，浇灌混凝土，经养护达到一定强度后拆除模板而成的楼板。这种楼板整体性好，防水性好，抗震能力强，并具有良好的可塑性，便于留孔洞和布置管线，但施工工序多，模板用量大，工人劳动强度大。如图 4-2 所示即为现浇钢筋混凝土楼板。

图 4-2 现浇钢筋混凝土楼板

现浇钢筋混凝土楼板根据受力和传力情况分为板式楼板、梁板式楼板、井式楼板、无梁楼板。

(1) 板式楼板

指楼板内不设置梁，将板直接搁置在墙上的楼板。其厚度一般在 60～120 mm 之间。其特点是板底平整、美观、施工方便，但跨度较小、承荷较小。板式楼板的荷载传递路线：荷载→板→墙→墙基础。板式楼板适用于小跨度的房间，如走廊、厨房、卫生间。

根据受力和支承情况，板式楼板分为单向板和双向板。单向板是长边与短边的比值大于 2 的板。板厚 60～80 mm，板跨小于 2500 mm。沿单一方向传递荷载。如图 4-3 所示。

双向板是长边与短边的比值不大于 2 的板。板厚 70～120 mm，板跨在 3000～4000 mm。沿双向传递荷载。如图 4-4 所示。

混凝土结构设计规范 GB 50010－2002 规定了现浇板的受力计算方法。对于两对边支承的板应按单向板计算。四边支承的板当长边与短边长度之比小于或等于 2.0 时应按双向板计算；当长边与短边长度之比大于 2.0 但小于 3.0 时，宜按双向板计算；当按沿短边方向受力的单向板计算时，应沿长边方向布置足够数量的构造钢筋；当长边与短边长度之比大于或等于 3.0 时，可按沿短边方向受力的单向板计算。

单向板和双向板可采用分离式配筋或弯起式配筋。分离式配筋因施工方便，已成为工程中主要采用的配筋方式。当多跨单向板、多跨双向板采用分离式配筋时，跨中正弯矩钢筋宜全部伸入支座，支座负弯矩钢筋向跨内的延伸长度应覆盖负弯矩图并满足钢筋锚固的要求。

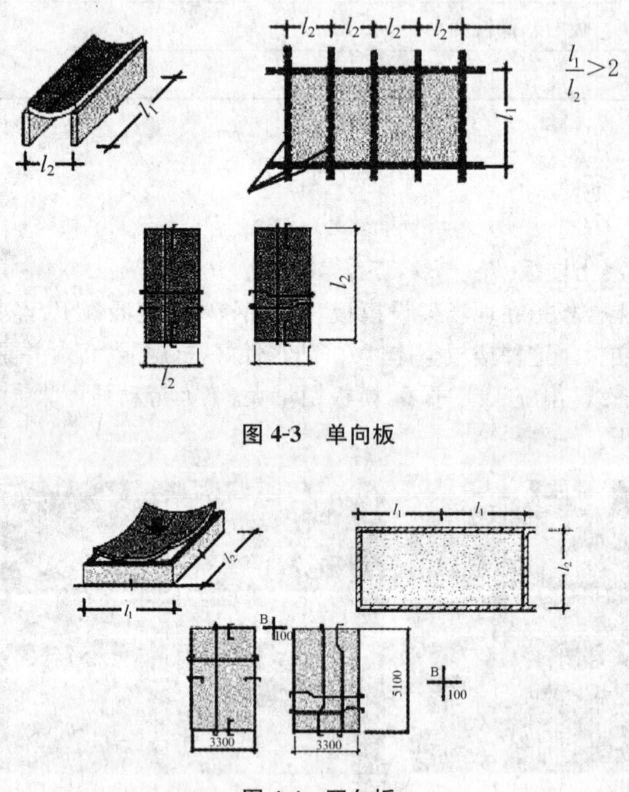


图 4-3 单向板

图 4-4 双向板

(2) 梁板式楼板（肋形楼板）

指楼板内设置梁，板中荷载通过梁传至柱或墙的楼板。它由板和梁（次梁、主梁）组成，见图 4-5、图 4-6、图 4-7。其荷载传递路线为：荷载→板→次梁→主梁→柱（墙）→柱（墙）基础。

梁板式楼板的构造要求：主梁通常沿短向布置，经济跨度为 5～8 m，主梁高为主梁跨度的 1/14～1/8，宽为高的 1/3～1/2；次梁垂直主梁布置，其经济跨度为 4～6 m，次梁高为次梁跨度的 1/18～1/12，宽度为梁高的 1/3～1/2，次梁跨度即为主梁间距。主梁和次梁在墙或柱上的搭接尺寸应不小于 240 mm。板的厚度确定同板式楼板。由于板的混凝土用量约占整个梁板式楼板混凝土用量的 50% ～70%，因此，在结构要求满足的前提下，板宜取薄些，其经济跨度为 1.7～2.5 m。

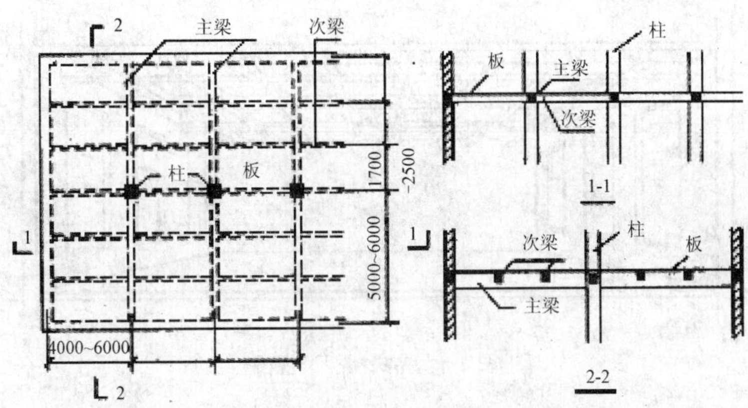


图 4-5　梁板式楼板布置图

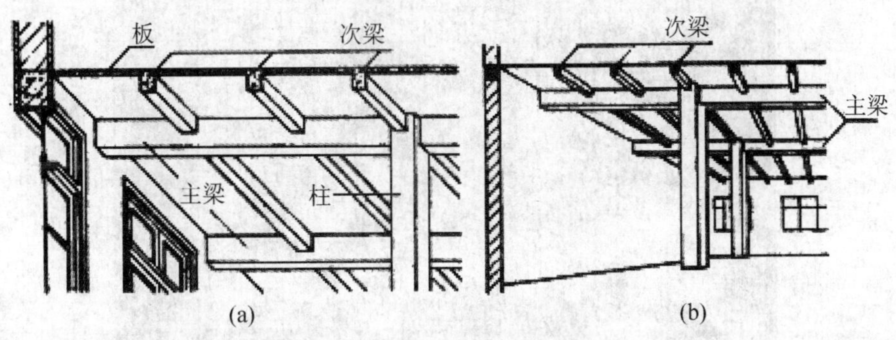


图 4-6　梁板式楼板透视图

图 4-7　梁板式楼板

(3) 井式楼板(井字楼板)

当房间尺寸较大且形状近似方形时，常沿两个方向交叉布置梁，使梁的截面等高，形成井格状的梁板结构，即为井式楼板。井式楼板的跨度在 6～10 m，板厚 70～80 mm，井格边长一般在 2.5 m 以内。按照梁与墙相交的夹角不同，井式楼板可分为正井式和斜井式。

井式楼板无主次梁之分，由板和梁组成。其荷载传递路线为：板→梁→(墙)柱→(墙)柱基础。见图 4-8、图 4-9。

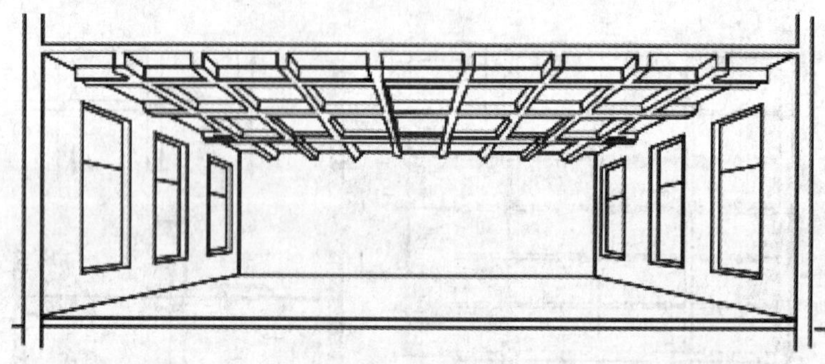

图 4-8 井式楼板透视图

图 4-9 井式楼板工程实例

(4) 无梁楼板

将楼板直接支承在柱上，板底不设梁的现浇钢筋混凝土楼板为无梁楼板。

无梁楼板的柱网一般布置为正方形或矩形，柱距在 6 m 左右。为改善板的受力条件和加强柱对板的支撑作用，通常在柱的顶部加设柱帽或托板。柱帽可根据室内空间要求和柱截面形式进行设计。其形式通常有四棱台、圆台和棱锥等。由于无梁楼板的板跨较大，故其板厚不宜小于 150 mm，且不小于板跨的 1/35～1/32。

无梁楼板的特点是楼层净空较大，顶棚平整，采光通风和卫生条件较好，便于工业化施工。其荷载传递路线为：荷载→板→柱→柱基础。无梁楼板适用于活荷载较大的商场、仓库、展览馆等建筑。见图 4-10、图 4-11。

**2. 预制装配式钢筋混凝土楼板**

指将楼板在预制厂或施工现场预制，然后在施工现场装配而成的钢筋混凝土楼板。其特点是可节约模板、改善工人劳动条件、提高劳动生产率、加快施工速度、缩短工期，但楼板的整体性较差，需加强板缝处理。

预制钢筋混凝土楼板的长度一般与房屋的开间或进深一致，为 3M 的倍数；板的宽度一般为 1M 的倍数；板的截面尺寸须经结构计算确定。

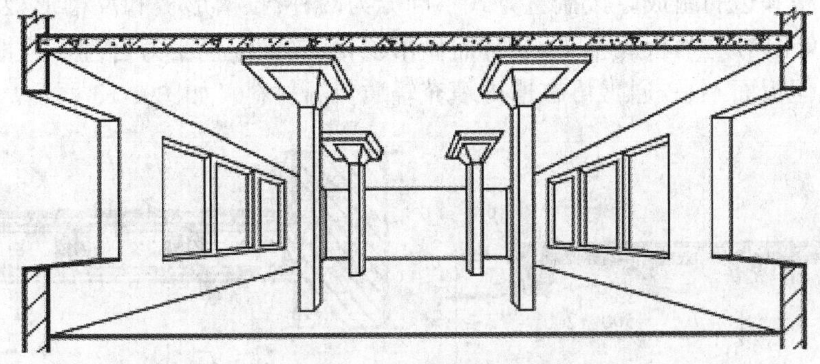

图 4-10　无梁楼板透视图

图 4-11　无梁楼板工程实例

(1) 预制钢筋混凝土楼板的类型

按施工方式不同，分为预应力和非预应力两种。预应力楼板节省钢材和混凝土，刚度大，自重轻，造价低，应用较多。

按构造形式和受力特点不同，分为实心平板、槽形板、空心板三种。

① 实心平板

实心平板的特点是上下板面平整，制作简单，板的两端支撑在墙或梁上，板厚在 50～80 mm，跨度在 2.4 m 以内，板宽为 500～900 mm，承荷较小。适用于跨度小的走廊板、楼梯平台板、阳台板、管道沟槽盖板。如图 4-12 所示。

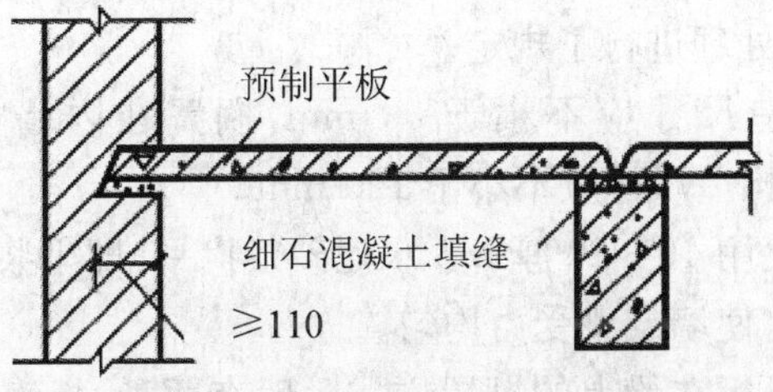


图 4-12　实心平板

② 槽形板

槽形板由板和边肋组成。按搁置方式不同分为两种:正槽形板和反槽形板。其中,正槽形板边肋向下,正向放置,板底不平,通常需做吊顶,其放置位置受力合理。反槽形板边肋向上;板底平整,但板面不平,通常可在槽内填充轻质保温材料。如图 4-13 所示。

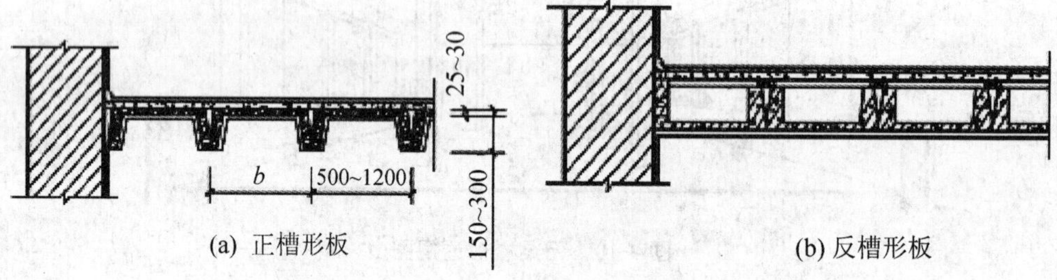


(a) 正槽形板 (b) 反槽形板

**图 4-13 槽形板**

③ 空心板

空心板是将平板沿纵向抽空而成,孔洞形状有圆形、椭圆形、矩形等,其中以圆形制作最为方便,应用最广。非预应力空心板的跨度为 2.1～4.2 m,板厚有 120 mm、150 mm、180 mm等规格。预应力空心板的跨度为 4.5～6.6 m,板厚 180 mm、200 mm,板宽 600 mm、900 mm、1200 mm 等。

空心板板面不能随意开洞,在安装前,空心板孔的两端常用碎砖或混凝土堵塞,以免灌注端缝时漏浆,同时保证板端的局部抗压能力。另外,空心板安装后,应将板四周的缝隙用细石混凝土灌注,以增强楼板的整体性,增加房屋的整体刚度和避免缝隙漏水。为了便于灌注板缝中的混凝土,板缝应做成上大下小的楔形。

(2) 板的结构布置原则

板的结构布置应根据房间的平面尺寸及房间的使用要求进行,可采用墙承重系统和框架承重系统。

布置原则:尽量减少板的规格、类型;为减少板缝的现浇混凝土量,应优先选用宽板;板的布置应避免出现三面支承情况,即楼板的长边不得搁置在梁和砖墙内,否则在荷载作用下,板面会产生裂缝;按支承楼板的墙和梁的净尺寸计算楼板的块数,不够整块的尺寸可通过调整板缝、墙边挑砖和增加局部现浇板等办法来解决;遇有上下管线、烟道、通风道穿过楼板时,为防止圆孔板开洞过多,应尽量将该处楼板现浇。

(3) 板的搁置及锚固处理

为加强装配式钢筋混凝土楼板与墙体的整体性,建筑抗震设计规范 GB 50011－2010 中对楼板的搁置长度及锚固处理进行了规定。

板搁置在梁上的构造尺寸应不小于 80 mm,搁置在内墙上的构造尺寸应不小于 100 mm,搁置在外墙上的构造尺寸应不小于 120 mm。

铺板前,先在墙或梁上用 10～20 厚 M5 水泥砂浆找平(即坐浆),然后再铺板,使板与墙或梁有较好的连接,同时也使墙或梁受力均匀。

当采用梁板式结构时,板在梁上的搁置方式一般有两种:板直接搁置在矩形梁顶上;板搁置在花篮梁或十字梁上,如图 4-14 所示。

为增强建筑物的整体刚度,板与墙、梁之间及板与板之间常用钢筋拉结。当板的跨度大于 4.8 m 并与外墙平行时，靠外墙的预制板侧边应与墙或圈梁拉结。如图 4-15 所示。

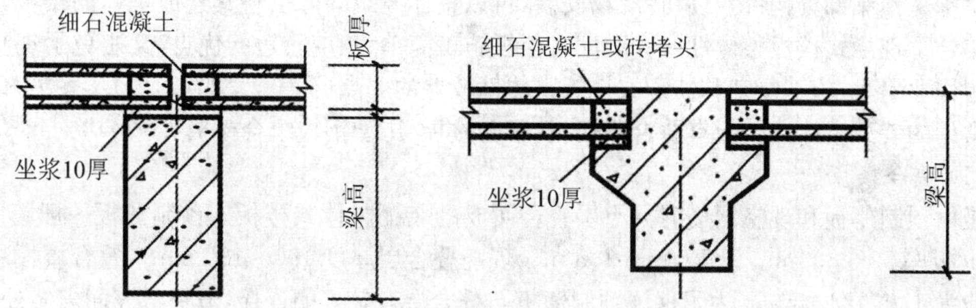


图 4-14　板在梁上的搁置方式

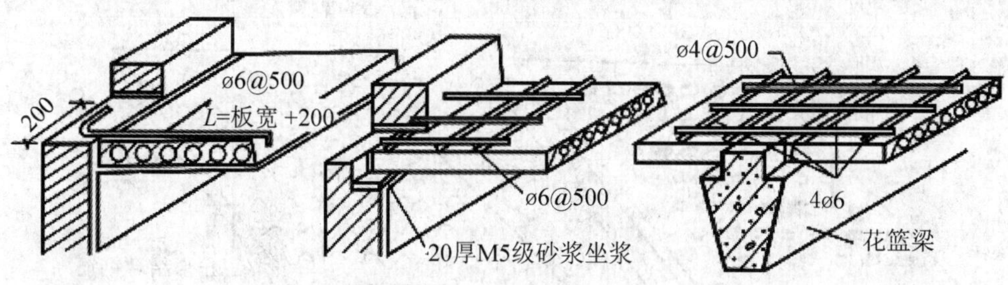


图 4-15　板与墙、梁锚固筋的配置

（4）板缝构造处理

预制板板缝起着连接相邻两块板协同工作的作用，使楼板成为一个整体。在楼板布置时，板与板之间会出现缝隙，板缝的构造处理方法与板缝的尺寸大小有关，如图 4-16 所示。

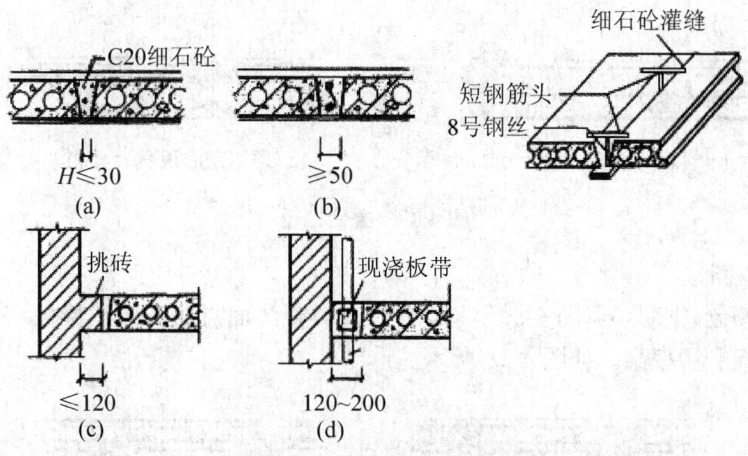


图 4-16　板缝构造处理

板缝构造处理方法：① 当缝隙小于 60 mm 时，可调节板缝使其≤30 mm，灌 C20 细石混凝土。② 当缝隙在 60～120 mm 之间时，可在灌缝的混凝土中加配 2ϕ6 通长钢筋，或采用挑砖的方法处理。③ 当缝隙在 120～200 mm 之间时，设现浇钢筋混凝土板带，且将板带设在墙边或有穿管的部位。④ 当缝隙大于 200 mm 时，宜调整板的规格。

**3. 装配整体式钢筋混凝土楼板**

是指先预制部分构件，然后在现场安装，再以整体浇筑的方法将其连成一体的楼板。该楼板综合了现浇式楼板整体性好和装配式楼板施工简单、工期较短的优点，又避免了现浇式楼板湿作业量大、施工复杂和装配式楼板整体性较差的弱点。

常用的装配整体式楼板有叠合式楼板、密肋楼板、压型钢板组合楼板等。

(1) 叠合楼板

是由预制薄板和现浇钢筋混凝土层叠合而成的装配整体式楼板。预制薄板一般跨度 4～6 m，板厚 50～80 mm，板宽 1.1～1.8 m。现浇叠合层厚度 100～120 mm。叠合楼板总厚度一般为 150～250 mm。为了保证预制薄板与叠合层有较好的连接，薄板上表面需做处理，常采用的方法：一是在上表面做刻槽处理，刻槽直径 50 mm，深 20 mm，间距 150 mm；另一种是在薄板表面露出较规则的三角形的结合钢筋。如图 4-17 所示。

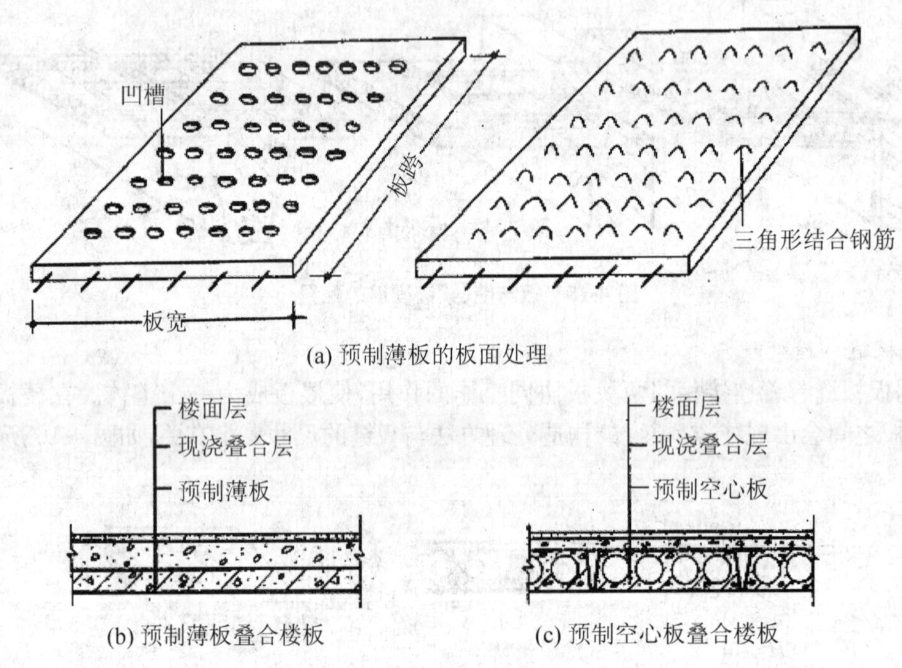


**图 4-17 叠合楼板**

(2) 密肋楼板

现浇(或预制)密肋小梁间安放预制空心砌块并现浇面板而制成的楼板结构。其特点是整体性强、模板利用率高。如图 4-18 所示。

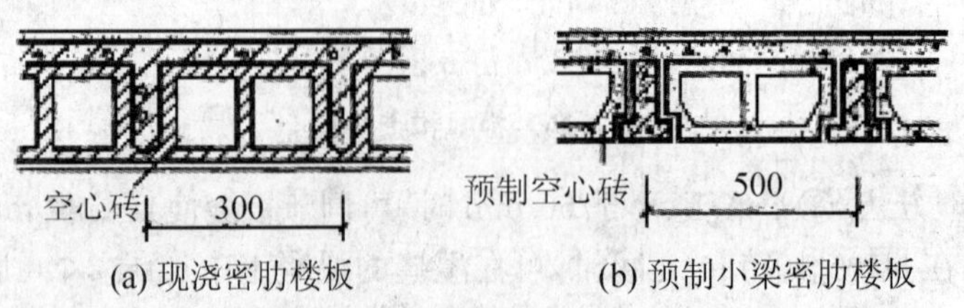


**图 4-18 密肋楼板**

(3) 压型钢板组合楼板

是以截面为凹凸形的压型钢板做衬板与现浇混凝土浇筑在一起构成的楼板结构。如图 4-19 所示。

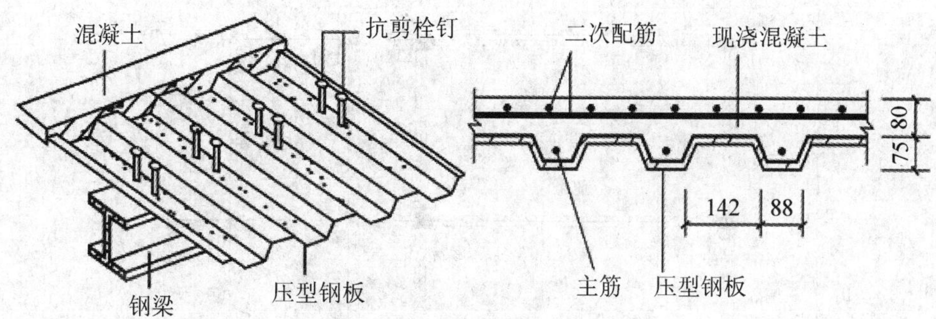


**图 4-19　压型钢板组合楼板**

## 4.2.3　任务拓展

如图 4-20 所示为某框架结构综合楼 3.750 m 板结构平面图。图中未注明者板厚为 90 mm，未注明的钢筋均为φ 8@200。底筋相同的相邻跨板施工时其底筋可以连通。图中未注明者板面和梁顶标高等于建筑标高－30 mm。板面标高相差不超过 20 mm 时其间面筋连通设置，但施工时需做成弯起式。板面负筋所注尺寸为断点到梁边的距离。楼面混凝土强度等级为 C25。

现浇板的分布筋除特别注明外均为φ 6@200；板厚≥120 mm 时，分布筋均为φ 8@200。开间大于 3.9 m 的现浇板上部无钢筋时设φ 6@200 双向面筋。双向板两个方向的底部钢筋，短跨的板底钢筋在下，如图中有标注的以标注为准。板底筋应伸过支撑构件梁或墙中线，且锚入支座内不小于 15$d$。板面负筋锚固长度 $L_{aE}$。

图示分析：

1～2 定位轴线之间的 B1 板为单向板，板厚 90 mm，板的分布筋为φ 6@200，底筋为φ 8@200。1 号定位轴线上的板面负筋为φ 8@200，分布范围 1620 mm，断点到梁边的长度尺寸为 600 mm。2 号定位轴线上的板面负筋为φ 8@200，分布范围 1620 mm，断点到 2 号定位轴线的长度尺寸为 600 mm。A 号定位轴线上的板面负筋为φ 10@100，分布范围4000 mm，断点到梁边的长度尺寸为 2720 mm。

1～2、A～B 号定位轴线之间的 B2 板为双向板，板厚 120 mm，板的分布筋为φ 8@200，底筋短边方向为φ 10@200，长边方向为φ 8@150。1 号定位轴线上的板面负筋为φ 8@150，分布范围 7000 mm，断点到梁边的长度尺寸为 1200 mm。2 号定位轴线上的板面负筋为φ 10@100，分布范围 7000 mm，断点到 2 号定位轴线的长度尺寸为 1100 mm。B 号定位轴线上的板面负筋为φ 8@150，分布范围 4000 mm，断点到梁边的长度尺寸为 1200 mm。

4～5、C～A 号定位轴线之间设置有 B7、B8、B9 三块板，其中 B7、B8 为单向板，B9 为双向板。板厚均为 90 mm。板的分布筋均为φ 6@200。板的底筋均为φ 8@200。4、5 号定位轴线上的板面负筋为φ 8@200，分布范围 5220 mm，其中，B8、B9 板面断点到梁边的长度尺寸为 700 mm，B7 板面断点到梁边的长度尺寸为 600 mm。在 B7、B8、B9 三块板的板面，

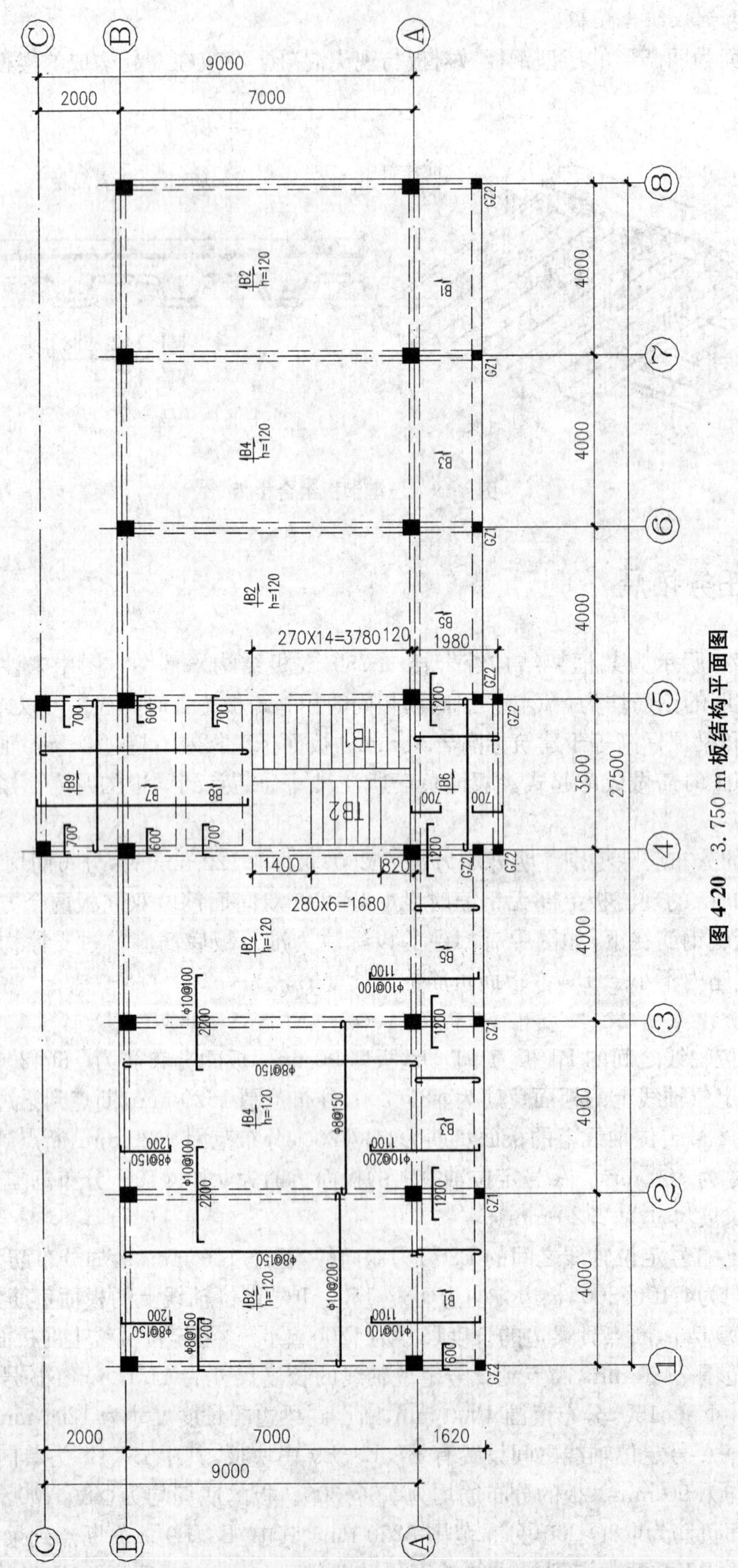


图 4-20 3.750 m 板结构平面图

4～5号定位轴线之间配置的跨板受力筋为φ8@200，分布范围 3500 mm，长度尺寸为 5220 mm。

图中 B3～B6 板结构平面图的阅读，请参考以上的分析方法，自行进行。

图示中的 B1～B5 板有 2 处及其以上设置，在图中均在 1 处绘制板的钢筋配置图，相同者只标注板的编号，不再重复绘制板的配筋图，施工时根据相同编号的板相同配筋即可。

图 4-21 为 7.170 m 板结构平面图，请自行阅读，以加强对板结构施工图的识读能力。

### 4.2.4 练习与提高

1. 楼板要有一定的隔声能力，以下的隔声措施中，效果不理想的为（ ）。
   A. 楼面铺地毯　　B. 采用软木地砖
   C. 在楼板下加吊顶　　D. 铺地砖地面
2. 双向板的概念为（ ）。
   A. 板的长短边比值＞2　　B. 板的长短边比值≥2
   C. 板的长短边比值＜2　　D. 板的长短边比值≤2
3. 钢筋混凝土梁板式楼板的荷载传力路线为（ ）。
   A. 板→主梁→次梁→墙或柱　　B. 板→墙或柱
   C. 板→次梁→主梁→墙或柱　　D. 板→梁→墙或柱
4. 有关预制楼板结构布置，下列说法不正确的是（ ）。
   A. 楼板与楼板之间应留出不小于 20 mm 的缝隙
   B. 当缝宽在 60～120 mm 时，可沿墙边挑两皮砖解决
   C. 当缝宽在 120～200 mm 时，用局部现浇板带的办法解决
   D. 当缝宽超过 200 mm 时，则需要重新选择板的规格
5. 预制钢筋混凝土楼板搁置在墙上时，常需在梁与砌体间设置混凝土或钢筋混凝土垫块，其目的是（ ）。
   A. 简化施工　B. 扩大传力面积　C. 增大室内净高　D. 减少梁内配筋
6. 楼板上采用十字型梁或花篮梁是为了（ ）。
   A. 顶棚美观　　B. 施工方便
   C. 减少楼板所占空间　　D. 减轻梁的自重
7. 对楼板层的构造，说法正确的是（ ）。
   A. 楼板应有足够的强度，可不考虑变形问题
   B. 槽形板上不可打洞
   C. 空心板保温隔热效果好，且可打洞，故常采用
   D. 采用花篮梁可适当提高室内净空高度
8. 空心板在安装前，孔的两端常用混凝土或碎砖块堵严，其目的是（ ）。
   A. 增加保温性　　B. 避免板端被压坏
   C. 增加整体性　　D. 避免板端滑移
9. 现浇梁板式楼板布置中，主梁一般应沿房间的__________方向布置，次梁垂直于__________方向布置。
10. 预制钢筋混凝土楼板的搁置应避免出现__________支撑情况，即板的纵长边不得

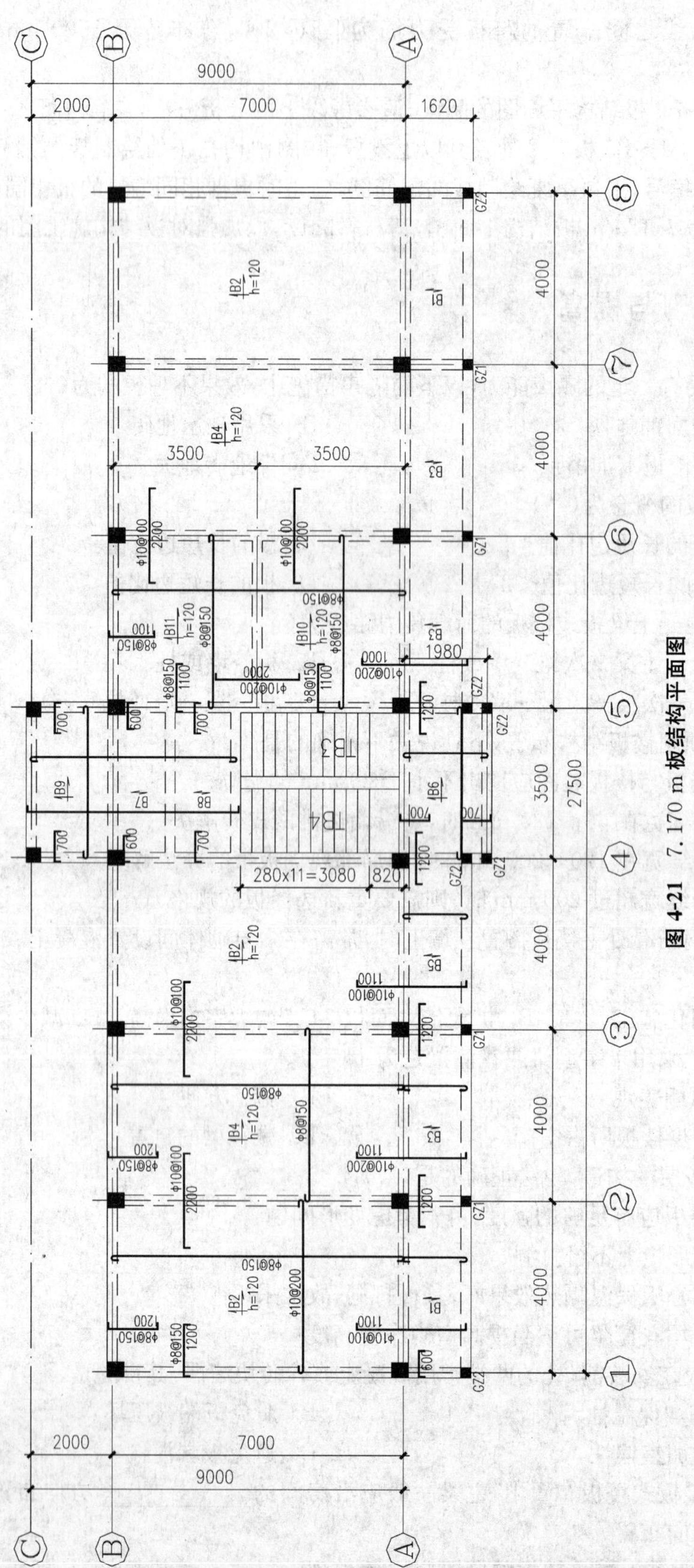


图 4-21 7.170 m 板结构平面图

伸入砖墙内。

11. 预制钢筋混凝土楼板的支承方式有________和________两种。

12. 现浇钢筋混凝土楼板分为__________、__________、__________和__________。

13. 楼板的基本构造层次有________、________、________。

14. 现浇钢筋混凝土板式楼板,根据受力和支承情况可分为__________和__________。

15. 楼板有哪些类型?其基本组成是什么?各组成部分有何作用?

16. 试述现浇钢筋混凝土楼板的定义及特点。

17. 试述板式楼板的定义及适用范围。

18. 试述无梁楼板的定义及荷载传递路线。

19. 板式楼板与无梁楼板的异同点有哪些?

20. 装配整体式钢筋混凝土楼板有何特点?什么是叠合楼板?

# 4.3　任务2:地面

## 4.3.1　任务资讯

**1. 地面**

地面包括底层地面和楼层地面。底层地面指建筑物底层与土壤相接的构件,其作用是承受底层地面上的荷载,并均匀地传给地坪以下的土层。底层地面的基本构造层为面层、垫层和地基(基层)。当底层地面的基本构造不能满足使用或构造要求时,可增设结合层、隔离层、填充层、找平层和保温层等其他构造层。如图4-22所示。

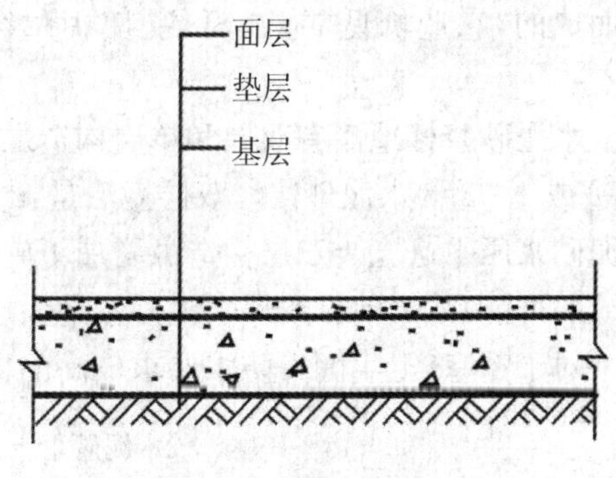


**图4-22　底层地面的组成**

(1) *面层*

面层是指人们进行各种活动与其接触的表面层。面层起保护垫层和装饰的作用。

(2) *垫层*

垫层指承受荷载并均匀传递荷载给基层的构造层,分为刚性垫层和柔性垫层。其厚度一般为50～100 mm。具有找平和传递荷载的作用。

刚性垫层有足够的整体刚度,受力后变形较小,如素混凝土垫层、碎砖三合土垫层。柔性垫层整体刚度很小,受力后易产生塑性变形,如砂垫层、碎砖灌浆垫层、石灰炉渣垫层、灰土垫层等。

(3) *基层*

基层即地基,一般为原土层或填土分层素土夯实。

**2. 对地面的要求**

(1) 坚固性要求。地面应具有足够的坚固性,使其在家具设备等作用下不易被磨损和破坏,且表面平整、光洁、易清洁和不起灰。

(2) 热工性要求。地面应具有良好的保温性能,要求地面材料的导热系数小,给人以温暖舒适的感觉,冬季时走在上面不致感到寒冷。

(3) 隔声性、弹性要求。地面应满足隔绝固体传声的要求。同时应具有一定的弹性,当人们行走时不致有过硬的感觉,有弹性的地面对防撞击声也有利。

(4) 防水、耐腐蚀等方面的要求。

(5) 美观要求、经济要求。

## 4.3.2 任务实施

**1. 地面的类型**

地面的名称是依据面层所用的材料来命名的。按面层所用的材料及施工方法的不同,常见地面做法可分为五类:整体地面、块材地面、木地面、卷材地面和涂料地面。

**2. 地面的构造做法**

(1) 整体地面

使用现场浇筑的方法做成的整片的地面称为整体地面。常用的有水泥砂浆地面、现浇水磨石地面、菱苦土地面等。

① 水泥砂浆地面

水泥砂浆楼地面是应用较多的一种传统楼地面。水泥砂浆地面通常是用水泥砂浆抹压而成的,它造价低、施工简便、使用耐久,但也有易起尘、无弹性、热传导性高、脱皮等缺点。

水泥砂浆楼地面有双层和单层构造之分。单层做法是在钢筋混凝土楼板上抹20~25厚1∶2或1∶2.5水泥砂浆。双层做法是:① 10~20厚1∶3水泥砂浆找平;② 5~10厚1∶2水泥砂浆压平赶光。双层构造虽增加了施工工序,却容易保证质量,减少了表面干缩时产生裂纹的可能,故当前以双层水泥砂浆地面居多。如图4-23所示。

对于浴室、卫生间等防水要求较高的楼地面,在结构层与装饰层之间要加设防水层。

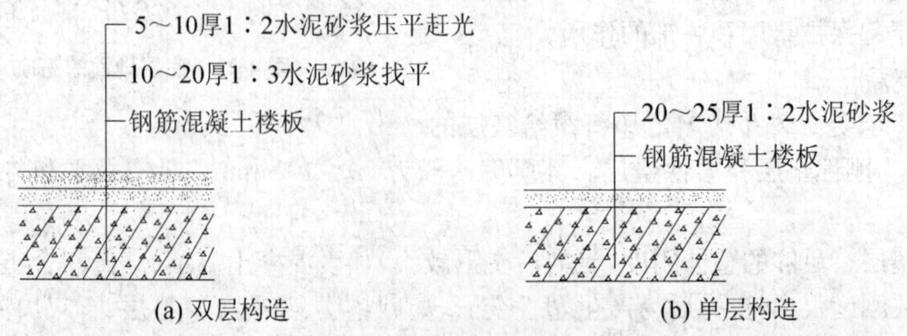


**图 4-23 水泥砂浆地面**

② 现浇水磨石地面

现浇水磨石楼地面是以水泥为胶结料,掺入不同色彩、不同粒径的大理石或花岗岩碎石，经过搅拌、成型、养护、研磨等工序而制成的一种具有一定装饰效果的人造石材。

现浇水磨石楼地面具有坚固、光滑、耐磨、易清洁、不易起灰、防水抗渗性好、均匀稳定性强、造价较低等特点。

现浇水磨石楼地面适用于人流量大、保洁度以及防水性要求较高的场所。如公共建筑的门厅、过道、楼梯间、卫生间等处。如图 4-24 所示。

现浇水磨石地面的构造做法：1）素土夯实；2）3∶7 灰土 100 厚（柔性垫层）；3）C10 混凝土 60 厚（刚性垫层）；4）1∶3 水泥砂浆打底找平 15 厚；5）1∶1 水泥砂浆固定分格条（玻璃条或金属条）；6）1∶2 或 1∶2.5 水泥石渣浆抹面；7）浇水养护一周后，用磨石机磨光，先粗磨，再细磨，最后用草酸清洗，打蜡保护。

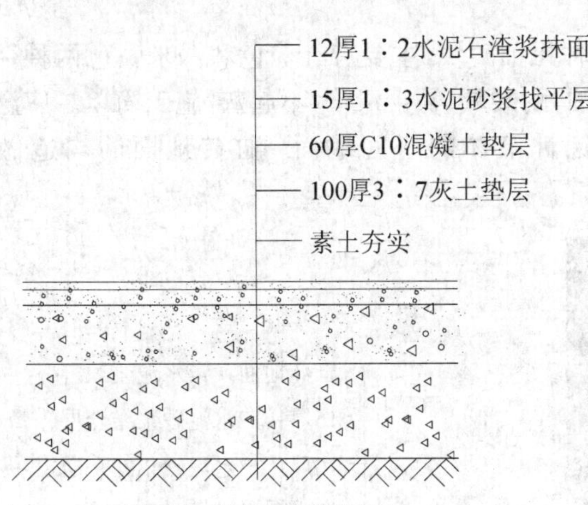


(a) 现浇水磨石地面构造图示

(b) 现浇水磨石地面

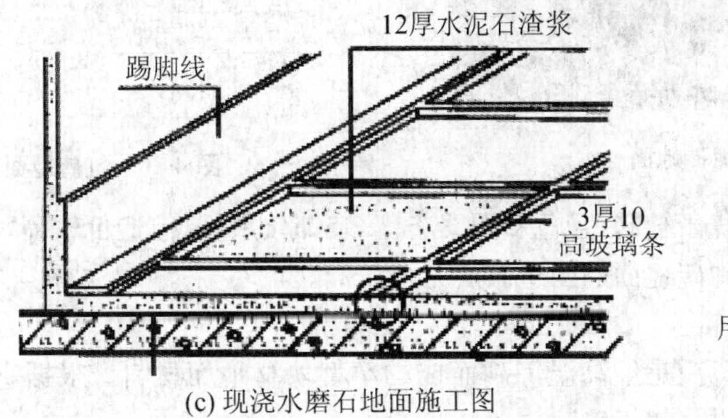


(c) 现浇水磨石地面施工图

**图 4-24　现浇水磨石地面**

③ 菱苦土地面

用菱苦土、木屑、氯化镁溶液、滑石粉及矿物颜料掺配，制成胶泥铺抹压光，养护 4 天硬化稳定后，用磨光机磨光打蜡而成。

菱苦土地面弹性、热工性能一般，不起尘，有较好的防爆性能，但防水性差。可适用于有防爆要求的烟花爆竹生产车间。

（2）*块材地面*

块材式楼地面是指用胶结材料将预制加工好的块状地面材料，通过铺砌或粘贴的方式与基层连接，所形成的地面。

块材式楼地面所选用的材料，包括各种人造和天然的块材或板材，如大理石、花岗石板、陶瓷质地砖、陶瓷锦砖、水泥砖等。其特点是花色品种多样，经久耐用，易于保持清洁，且施工速度快，湿作业量少，因此应用十分广泛。适用于人流量较大、耐磨损、保持清洁、防水防潮等方面要求较高的地面。

① 铺砖地面

铺砖地面有黏土砖地面、水泥砖地面、预制混凝土块地面等。铺设方式有干铺和湿铺两种。干铺是在基层上铺一层 20～40 厚的砂子，将砖块直接铺设在砂上，砖块间用砂或砂浆填缝。湿铺是在基层上铺 12～20 厚 1：3 水泥砂浆，再用 1：1 水泥砂浆灌缝。如图 4-25所示。

② 缸砖、地砖地面

缸砖是陶土加矿物颜料烧制而成的一种无釉砖块，主要有红棕色和深米黄色两种。缸砖质地细密坚硬，强度较高，耐磨，耐水，耐油，耐酸碱，易于清洁，不起灰，施工简单。广泛应用于卫生间、浴室、厨房、实验室及有腐蚀性液体的房间地面。缸砖地面的构造做法见图 4-26。

图 4-25　水泥砖地面

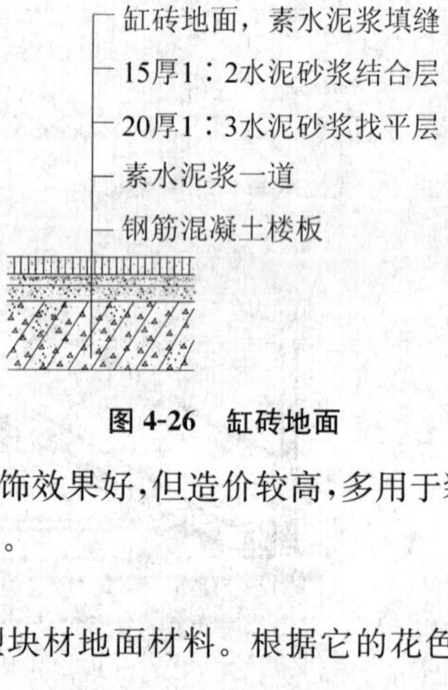

缸砖地面，素水泥浆填缝
15厚1：2水泥砂浆结合层
20厚1：3水泥砂浆找平层
素水泥浆一道
钢筋混凝土楼板

图 4-26　缸砖地面

地砖的各项性能都优于缸砖，且色彩图案丰富，装饰效果好，但造价较高，多用于装修标准较高的建筑物地面。地砖地面的构造做法见图 4-27。

③ 陶瓷锦砖地面

陶瓷锦砖（又称马赛克）是经高温炼制而成的小型块材地面材料。根据它的花色品种，可拼贴成各种花纹图案，故名“锦砖”。

陶瓷锦砖地面的特点是表面光滑，质地坚实，色泽多样，经久耐用，耐酸碱，耐火，耐磨，不透水，易清洗等。它还可以和其他块材结合铺装（如陶瓷质地砖、大理石、花岗石），使地面的形式更加丰富活泼，这种设计方案常用于酒店、餐厅、游泳池、洗浴中心等的地面。陶瓷锦砖出厂前已按照各种图案反贴在牛皮纸上，以便于施工。

陶瓷锦砖楼地面的构造见图 4-28。施工时，先在基层上铺 15 厚 1：3 水泥砂浆找平层，将拼合好的陶瓷锦砖纸板反铺在上面，然后用滚筒压平，使水泥砂浆挤入缝隙。待水泥砂浆硬化后，用水及草酸洗去牛皮纸，再用白水泥擦缝。

④ 大理石、花岗岩地面

大理石、花岗岩是从天然岩体中开采出来的，经过加工成为块材或板材，再经过粗磨、细磨、抛光、打蜡等工序，就可加工成各种不同质感的高级装饰材料。

(a) 地砖地面

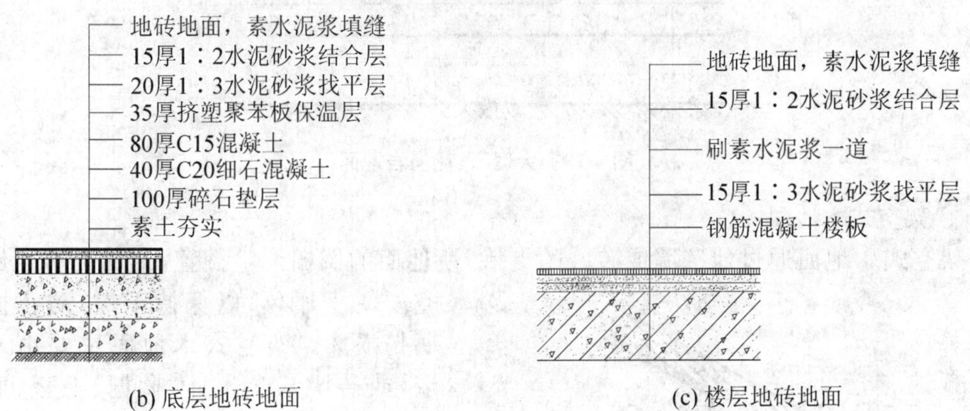


(b) 底层地砖地面　　(c) 楼层地砖地面

**图 4-27 地砖地面**

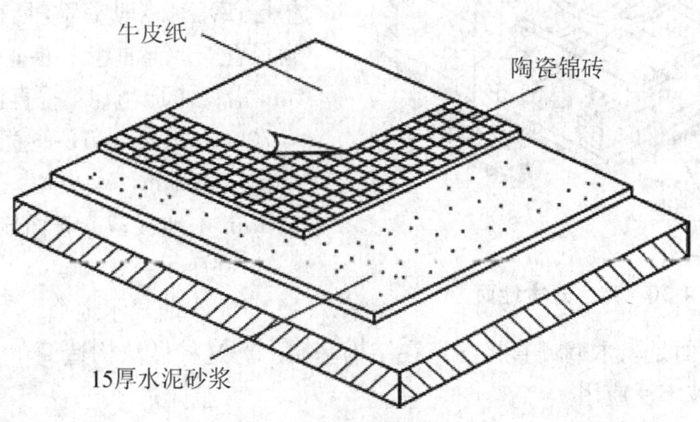


**图 4-28 陶瓷锦砖地面**

此类地面的特点是抗压强度高、空隙率小、吸水率小、材质坚硬、耐磨耐久，但它的抗拉强度低、密度大、加工困难、价格高。适用于营业厅等人流量较大的公共建筑的出入口等处。大理石、花岗岩地面的构造做法如图 4-29 所示。

(3) 木地面

木地面一般是指楼地面表面由木板铺钉或硬质木块胶合而成的地面。木地面具有自重轻、保温隔热性能好、有弹性、不起灰、易清洁、不泛潮、纹理及色泽自然美观等优点，但也存在耐久性差、潮湿环境下易腐朽、易产生裂缝和翘曲变形等缺陷。

木地面按其结构构造形式不同可分为架空式木地面、实铺式木地面和粘贴式木地面。

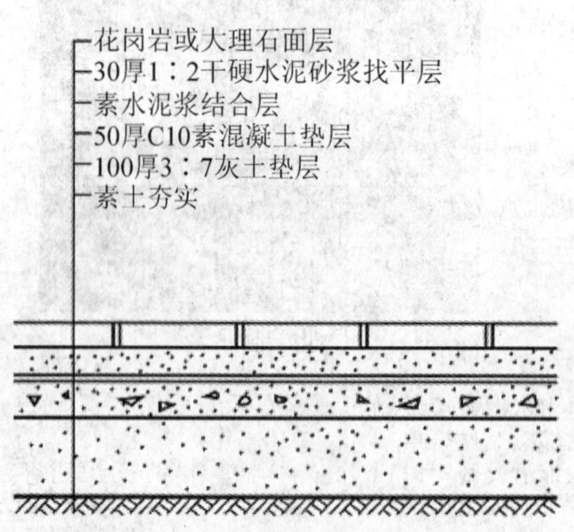


图 4-29 大理石、花岗岩地面

① 架空式木地面

架空式木地面通过地垄墙或砖墩的支持,使地面的搁栅架空搁置,地面下有足够的空间便于通风,以保持干燥,防止搁栅腐朽损坏。架空式木地面主要由地垄墙(或砖墩)、垫木、木搁栅、毛板、面板组成。

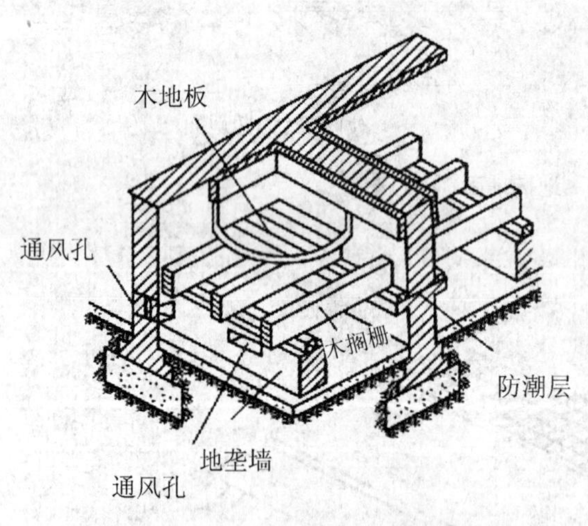


图 4-30 架空式木地面

架空式木地面的构造做法:1) 混凝土垫层;2) 砌砖地垄墙,且在地垄墙上设置通风孔,干铺油毡一层;3) 50 mm×100 mm 沿椽木压毡;4) 垂直钉木龙骨 50 mm×70 mm@400;5) 垂直龙骨方向钉 50 mm×50 mm@800 横撑;6) 钉 50 mm×20 mm 木地板;7) 表面刷油漆、打蜡。如图 4-30 所示。

② 实铺式木地面

实铺式木地面是将木搁栅直接固定在结构基层上。这种做法构造简单,结构安全可靠,节约木材,所以被广泛应用。

实铺式木地面的面层板可分为单层和双层做法。单层面层板的做法是在固定的木搁栅上铺钉一层长条形硬木面板即可。双层做法是在木搁栅上先铺钉一层软质木毛板,然后在其上再铺一层硬木面板。面层板双层做法按其面板形式,又可分为长条形和短块拼花两种形式。拼花式面层使用短小木条,木材利用率高,加工方便,通过不同的组合,可以形成不同的图案,具有很好的装饰效果。

木地板面层一般为错位铺装。对于单层实铺式木地面,其具体构造如图 4-31 所示。对于双层实铺式木地面,其具体构造如图 4-32 所示。为了保证木搁栅层通风干燥,通常在木地板与墙面之间留有 20～30 mm 的空隙,用踢脚板及压缝条加以封盖。木搁栅与墙接触的部位应进行防腐处理，并在踢脚板上设通风孔。如图 4-33 所示。

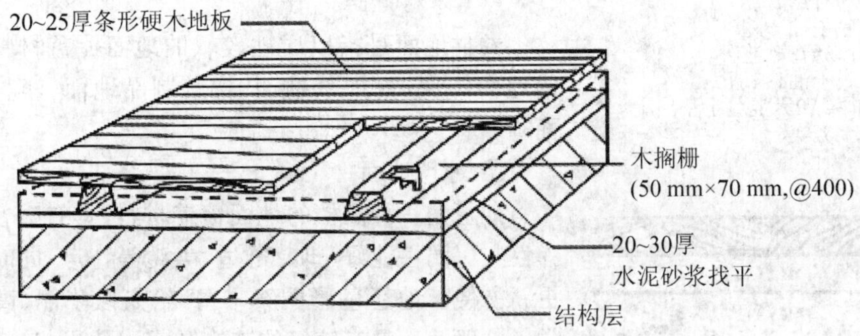


图 4-31　单层实铺式木地面

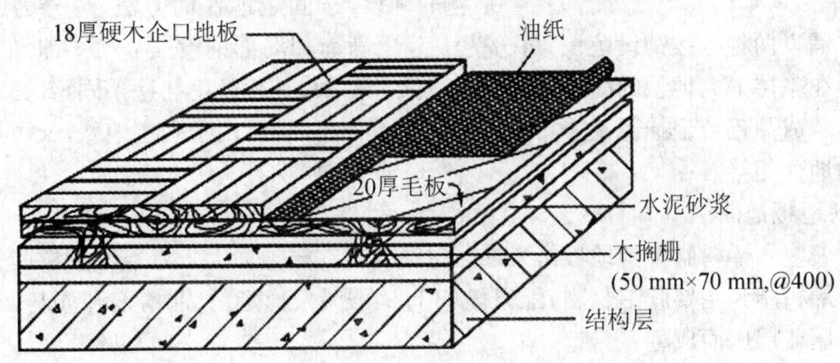


图 4-32　双层实铺式木地面

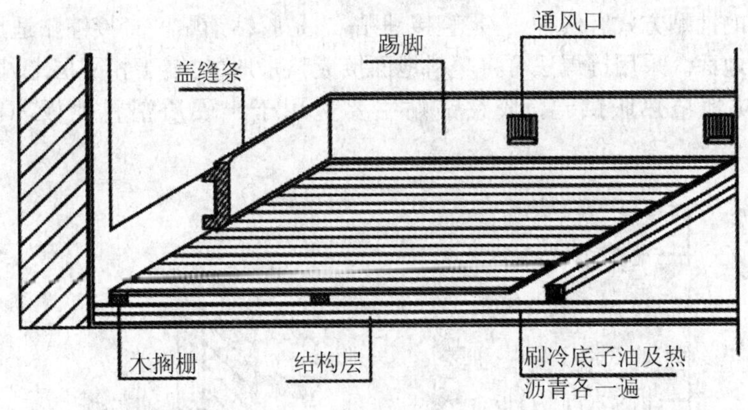


图 4-33　实铺式木地面通风孔

③ 粘贴式木地面

粘贴式木地面是在钢筋混凝土楼板上做好找平层，然后用粘贴材料将木板直接粘贴上去而成。

粘贴式木地面具有省工省料、构造简单、造价较低等优点，还可以得到同搁栅式实铺木地面相同的表面效果，但这种地面的弹性和减震性不如搁栅式实铺木地面。

粘贴式硬木地板构造要求铺贴密实、防止脱落，为此要控制好木板含水率(10%)，基层

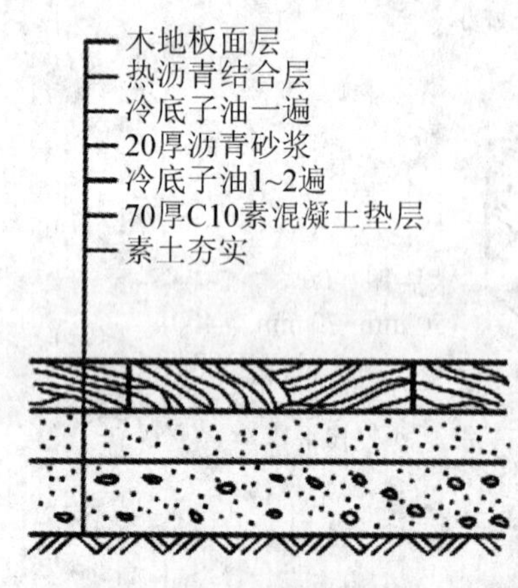


**图 4-34 粘贴式木地面**

要清洁，其构造做法如图 4-34 所示。

(4) 卷材地面

卷材地面是指以质地较软的地面覆盖材料所形成的地面饰面，如地毯地面、橡胶制品地面、塑料制品地面等。

① 地毯地面

地毯是一种高档的地面覆盖材料，具有吸音、隔声、弹性与保温性能好、脚感舒适、美观等特点，同时施工及更新方便。地毯色彩图案丰富，给人以华丽、高雅的感觉。一般地毯具有较好的装饰和实用效果，广泛用于宾馆、酒楼、住宅等各类建筑之中。

地毯的铺设，按固定地毯的方法，可分为固定式铺设和活动式铺设两种。按铺设范围，可分为大范围满铺和局部铺设。活动式铺设是指将地毯直接搁置在基层上。地毯的固定式铺设方法又分两种，一种是用挂毯条固定，另一种是用胶粘结固定。成品铝合金挂毯条兼具挂毯收口双重作用，既可用于固定地毯，又可用于两种不同材质的地面相接。

② 塑料地板地面

是指用聚氯乙烯树脂塑料地板作为饰面材料铺贴在楼地面上。聚氯乙烯树脂塑料地板是以聚氯乙烯树脂为主要胶结材料，配以增塑剂、填充料、稳定剂、润滑剂和颜料，经高温混合、塑化、辊压或层压而成型。

塑料地板地面具有色彩丰富、装饰性强、耐湿性好、使用耐久、耐磨性佳等优点。适用于办公室、图书馆、酒吧、饭店、剧院、实验室等的楼地面。

塑料地板的铺贴方式有两种，一是直接铺贴，二是胶粘铺贴。直接铺贴适用于人流量小及潮湿房间的地面。采用拼焊法可将塑料地面接成整张地毡，铺于找平层上，四周与墙身留有伸缩缝，以防地毡热胀拱起。胶粘铺贴主要适用于半硬质塑料地板，具体构造做法见图 4-35。

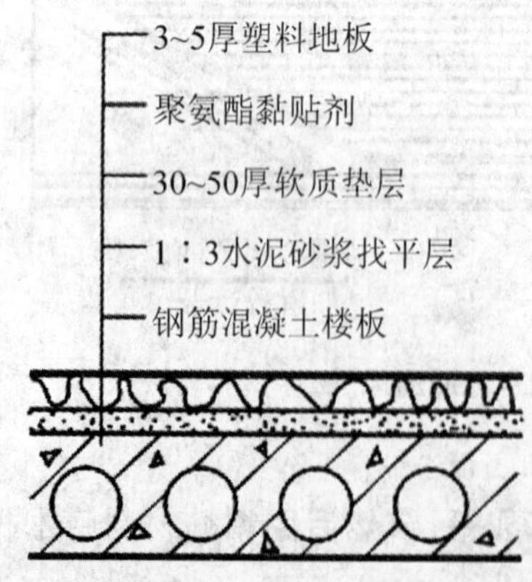


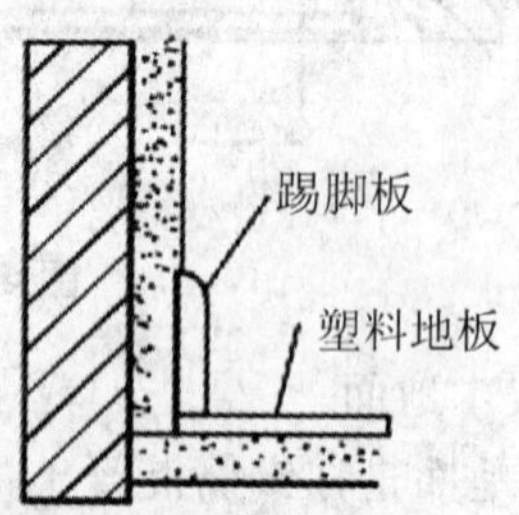


**图 4-35 塑料地板地面**

(5) 涂料地面

涂料地面是为了改善水泥砂浆地面在使用和装饰质量方面的不足，在水泥砂浆楼地面上加做的各种涂层饰面。常使用的地面涂料有地板漆、地面涂料两类产品。其中，过氯乙烯地面涂料具有一定的抗冲击强度、硬度、耐磨性、附着力和抗水性，施工方便，涂膜干燥快。苯乙烯地面涂料是以苯乙烯焦油为基料，经选择熬炼处理，加入填料、颜料、有机溶剂等原料配制而成的溶剂型地面涂料。

涂料地面的构造做法：1）清除基层浮砂、浮灰及油污，地面含水率控制在 6%以下；2）根据面层材料调配腻子，将基层孔洞及凹凸不平的地方填嵌平整，然后在基层满刮腻子若干遍，干后用砂纸打磨平整，清扫干净；3）面层根据涂饰材料及使用要求，涂刷若干遍面漆，层与层之间前后间隔时间，以前一层面漆干透为准，并进行相应处理；4）根据需要进行磨光、打蜡、涂刷罩光剂、养护等修饰处理。

**3. 地面细部构造**

（1）踢脚线

室内地面与内墙面交接处的构造处理，称为踢脚线（或踢脚板）。在有水作业的房间，往往把踢脚线延伸到窗台位置，甚至整个墙面。踢脚线的延伸部位称为墙裙。如图 4-36、图 4-37所示。

踢脚线具有保护墙脚的作用，其高度一般为 100～150 mm，所用材料通常与地面面层装饰材料一致。

**图 4-36　踢脚线及墙裙**

**图 4-37　墙裙**

（2）地面防排水处理

对于经常被水或非腐蚀性液体浸湿的地面，应采用防水、防滑类面层。为便于排水，还应设置地漏，并使地面由四周向地漏有一定的坡度，从而引导水流入地漏。地面排水坡度一般为 1%～1.5%。图 4-38 所示为教学楼的外走廊地面，为了避免雨水流入室内，外走廊地面低于室内地面 30～50 mm。

有防水要求的建筑地面必须设置防水隔离层。楼层结构必须采用现浇混凝土楼板，混凝土强度等级不应小于 C20，楼板四周除门洞外，应做混凝土翻边，其高度不应小于 120 mm。图 4-39 为现浇钢筋混凝土楼板，在厨房、卫生间墙体位置，设置上翻梁。图 4-40 为现浇楼板预留烟道。图 4-41 为现浇楼板预留管道。

图 4-38　外走廊地面与室内地面的关系

图 4-39　上翻梁

图 4-40　预留烟道

图 4-41　预留管道

## 4.3.3　任务拓展

### 实铺式木地面施工方案

**1. 环境要求**

某市住宅小区 501 室住户进行楼地面装修，需做实铺式木地面，地面预埋的各种管线已完成，墙、顶抹灰已完成。

**2. 材料及主要机具**

(1) 材料准备：木龙骨、毛板、面板、粘结材料、腻子、油漆等。

(2) 主要机具：小电锯、小电刨、平刨、电动圆锯、冲击钻、手电钻、手锯、手刨、锤子、斧子、凿子、磨光机、螺丝刀、撬棍、方尺、木折尺、墨斗等。

**3. 工艺流程**

基层处理→安装木搁栅、撑木→钉毛地板（找平、刨平）→弹线、钉硬木地板→钉踢脚板→刨光、打磨→油漆。

**4. 技术措施**

(1) 基层处理

先在楼板或垫层上弹出木搁栅的位置线，并使其与预埋在楼板或垫层内的预埋铁件绑牢固定，也可在现场钻孔打入木楔后用地板钉将木搁栅钉固在木楔上。搁栅常用 30 mm×40 mm 或 40 mm×50 mm 的木方，使用前应做防腐处理。

(2) 毛地板的铺钉

双层木地板的下层是毛地板，毛地板的表面要刨平，其宽度不宜大于 120 mm，长度不应小于两档木搁栅。铺设前，应清除已安装木搁栅内的刨花等杂物，并在木搁栅内均匀地洒上防虫粉。

铺设时，毛地板与木搁栅成 30°或 45°方向铺钉并应使髓心朝上，板间缝隙不大于 3 mm；接头要错开，并接在木搁栅上；要在毛地板凸企口处斜着钉暗钉，钉子入木搁栅内的长度为板厚的 2.5 倍。每块板在每根木搁栅上不少于 2 根钉，毛地板与墙之间应留 10～15 mm 的缝隙。

(3) 铺设面板

条形木板的板宽不大于 120 mm，铺设时应与木搁栅垂直，并使板缝顺着进门方向。地板铺钉时通常从房间顺着进门方向较长的一面墙开始，第一行板凹企口对墙，顺着墙从左至右，两板端头企口插接，直到第一行最后一块板，然后截去长出的部分。板的接缝必须在搁栅的中间，且应间隔错开。

板缝要紧密，其缝宽不得大于 0.5 mm。板面与墙之间应留 10～15 mm 的缝隙，该缝隙用木踢脚板封盖。铺钉木地板的地板钉长度应为木板厚的 2～2.5 倍，从板边凸企口侧边的凹角处斜向钉入，钉与板面成 45°或 60°斜角。

(4) 安装木踢脚板

木地板房间的四周墙角处应设木踢脚板，踢脚板高 100～200 mm，通常取 150 mm。所用木材一般应与木地板面层所用材质品种相同。踢脚板提前刨光，内侧开凹槽，每隔 1 m 钻 6 mm 通风孔，墙身每隔 750 mm 设防腐固结木砖，木砖上钉防腐木块，用于固定脚踢板。也可不设防腐固结木砖，直接用高强水泥钉将踢脚板固定在墙面上。

(5) 刨平

原木地板面层的表面应刨平、磨光。使用电刨刨削地板时，滚刨方向应与木纹成 45°角斜刨，推刨不宜太快，也不能太慢或停滞，防止啃咬板面。边角部位采用手工刨，须顺木纹方向，避免刨槎或撕裂木纹。刨削应分层次多次刨平，注意刨去的厚度不应大于 1.5 mm。

(6) 打磨、刷油漆

刨平后应用地板磨光机打磨两遍。磨光时也应顺木纹方向打磨。第一遍用粗砂，第二遍用细砂。打磨后，在天棚和墙面装饰施工完毕后刷木地板油漆，一般要刷两道底漆、一道面漆。

**6. 质量标准**

(1) 木地板面层的允许偏差和检验方法如表 4-3 所示。

**表 4-3 木地板面层的允许偏差和检验方法**

<table>
<tr><th rowspan="3">项次</th><th rowspan="3">项　目</th><th colspan="4">允许偏差(mm)</th><th rowspan="3">检验方法</th></tr>
<tr><th colspan="3">实木地板面层</th><th rowspan="2">中密度(强化)复合地板面层</th></tr>
<tr><th>实木地板</th><th>硬木地板</th><th>拼花地板</th></tr>
<tr><td>1</td><td>板面缝隙宽度</td><td>1.0</td><td>0.5</td><td>0.2</td><td>0.5</td><td>用钢尺检查</td></tr>
<tr><td>2</td><td>表面平整度</td><td>3.0</td><td>2.0</td><td>2.0</td><td>2.0</td><td>踢脚线上口平整</td></tr>
<tr><td>3</td><td>踢脚线上口平整</td><td>3.0</td><td>3.0</td><td>3.0</td><td>3.0</td><td rowspan="2">拉 5 m 线，不足 5 m 者拉通线和尺量检查</td></tr>
<tr><td>4</td><td>板面拼缝平直</td><td>3.0</td><td>3.0</td><td>3.0</td><td>3.0</td></tr>
<tr><td>5</td><td>相邻板面高差</td><td>0.5</td><td>0.5</td><td>0.5</td><td>0.5</td><td>用钢尺和楔形塞尺检查</td></tr>
<tr><td>6</td><td>踢脚线与面层的接缝</td><td colspan="4">1.0</td><td>用楔形塞尺检查</td></tr>
</table>

(2) 实木地板面层的质量标准和检验方法如表 4-4 所示。

**表 4-4 实木地板面层的质量标准和检验方法**

| 项目 | 项次 | 质量要求 | 检验方法 |
|---|---|---|---|
| 主控项目 | 1 | 实木地板面层所采用和铺设时的木材含水率必须符合设计要求，木搁栅、垫木和毛地板等必须做防腐、防蛀处理 | 观察和检查材质合格证明文件及检测报告 |
| | 2 | 木搁栅安装应牢固、平直 | 观察、脚踩检查 |
| | 3 | 面层铺设应牢固，粘结无空鼓 | 观察、脚踩或用小锤轻击检查 |
| 一般项目 | 4 | 实木地板面层应刨平、磨光，无明显刨痕和毛刺等现象；图案清晰，颜色均匀一致 | 观察、手摸和脚踩检查 |
| | 5 | 面层缝隙应严密；接头位置应错开，表面洁净 | 观察检查 |
| | 6 | 拼花地板接缝应对齐，粘、钉严密；缝隙宽度均匀一致；表面洁净；胶粘无溢胶 | 观察检查 |
| | 7 | 踢脚线表面应光滑，接缝严密，高度一致 | 观察和尺量检查 |

### 7. 通病原因及防治措施

(1) 行走有响声

产生原因：木材松动、变形或钉接不牢。

防治措施：严格控制木板的含水率并现场抽样检查，木龙骨含水率应不大于 12%；钉接施工时，每钉一块地板，用脚踩检查，如有响声，及时返工；钉接时钉长、数量应符合要求。

(2) 地板局部翘鼓

产生原因：面层木地板含水率偏高或偏低(偏高时，在干燥空气中失去水分，断面产生收缩而发生翘曲变形。偏低时，易吸收空气中的水分而产生起拱)；地板四周未留伸缩缝、通气孔，面层板铺设后内部潮气不能及时排出；毛地板未拉开缝隙或缝隙过少，受潮膨胀后，使面层板起鼓、变形。

防治措施：搁栅和踢脚板一定要留通风槽孔，并应做到孔槽相通，地板面层通气孔每间不少于2处；所有暗埋水、气管施工完必须试压，合格后才能进行地板施工；阳台、露台厅口与地板连接部位必须有防水隔断措施，避免渗水进入地板内；地板与四周墙面应留有10～15 mm的伸缩缝，以适应地板变形；木地板下层毛地板的板缝应适当拉开，一般为2～5 mm。

(3) 接缝不严

产生原因：面板收缩变形；板材宽度尺寸误差较大，地板条不直，宽窄不一，企口太窄、太松等；拼装企口地板条时缝太虚，表面上看结合严密，刨平后即显出缝隙；面层板铺设接近收尾时，剩余宽度与地板条宽不成倍数，为凑整块，加大板缝，或将一部分地板条宽度加以调整，经手工加工后，地板条不很规矩，因而产生缝隙；板条受潮，在铺设阶段含水率过大，铺设后经风干收缩而产生大面积"拔缝"。

防治措施：精心挑选合格板材，宽窄不一或有腐朽、劈裂、翘曲等疵病者应剔除，特别注意板材的含水率一定要合格；铺钉时应用楔块、扒钉挤紧面层板条，使板缝一致后再钉接；长条地板与木龙骨垂直铺钉，其接头必须在龙骨上，接头应互相错开，并在接头的两端各钉一枚钉子；装最后一块地板条时，可将其刨成略有斜度的大小头，以小头嵌入并楔紧。

(4) 表面不平整

产生原因：房间内水平线弹得不准，使每一房间实际标高不一；先后施工的地面，或不同房间同时施工的地面，操作时互不照应，造成高低不平。

防治措施：施工前校正、调整水平线；两种不同材料的地面如高差在3 mm以内，可将高处刨平或磨平，但必须在一定范围内顺平，不得有明显痕迹；门口处高差为3～5 mm时，可加过门石处理。

### 4.3.3.2　练习与提高

1. 现浇水磨石地面常嵌固玻璃条(或铜条、铝条)分隔，其目的是(　)。
   A. 增添美观　B. 便于磨光　C. 防止石层开裂　D. 使石层不起灰
2. 为排除地面积水，地面应有一定的坡度，一般为(　)。
   A. 1%～1.5%　B. 2%～3%　C. 0.5%～1%　D. 3%～5%
3. 地坪由(　)组成。
   A. 面层、结构层、素土夯实层　B. 面层、垫层、素土夯实层
   C. 面层、结构层、垫层　D. 结构层、垫层、素土夯实层
4. 地面按其材料和做法可分为(　)。
   A. 水磨石地面、块料地面、塑料地面、木地面
   B. 块料地面、塑料地面、木地面、泥地面
   C. 整体地面、块料地面、卷材地面、木地面
   D. 刚性地面、柔性地面
5. 下面属于整体地面的是(　)。
   A. 釉面地砖地面、菱苦土地面　B. 地砖地面、水磨石地面
   C. 水泥砂浆地面、地砖地面　D. 水泥砂浆地面、水磨石地面
6. 下面属块材地面的是(　)。
   A. 黏土砖地面、水磨石地面　B. 地砖地面、水磨石地面
   C. 马赛克地面、地砖地面　D. 水泥砂浆地面、耐磨砖地面

7. 木地面按其构造做法有(　)三种。

A. 空铺、实铺、砌筑　　B. 实铺、空铺、拼接

C. 粘贴、实铺、空铺　　D. 砌筑、拼接、实铺

8. 地坪由哪些构造层次组成？各层次的作用是什么？

9. 简述实铺式木地面的构造做法。

10. 试述常用整体式地面、块材地面的构造做法。

# 4.4　任务3:顶棚、阳台、雨篷的构造处理

## 4.4.1　任务资讯

**1. 顶棚的特点**

顶棚又称吊顶或天花板，是建筑内部空间的顶面。顶棚是建筑装饰工程的重要组成部分，它直接影响整个建筑空间的装饰效果。能够较好地保护各种结构构件，为室内复杂的管网提供隐藏空间，便于安装维修，同时也兼具美观的作用。

顶棚是位于承重结构下部的装饰构件，位于房间的上方，其上一般布置有照明灯光、音响设备、空调及其他管线等，因此顶棚构造与承重结构的连接要求牢固、安全、稳定。

顶棚的构造设计涉及声学、热工、光学、空气调节、防火安全等方面，顶棚装饰是技术要求比较复杂的装饰工程项目，应根据装饰效果、经济条件、设备安装、管线敷设、维护检修、防火安全等各方面的要求综合考虑。

**2. 顶棚的类型**

顶棚可按以下几方面进行分类：

① 按顶棚面层与结构位置的关系分为直接式顶棚和悬吊式顶棚。

② 按顶棚外观的不同有平滑式顶棚、井格式顶棚、分层式顶棚、悬浮式顶棚。

③ 按其面层的施工方法分为抹灰式顶棚、喷涂式顶棚、粘贴式顶棚、装配式板材顶棚。

④ 按其面层材料的不同分为木质顶棚、石膏板顶棚、各种金属薄板顶棚、玻璃镜顶棚。

## 4.4.2　任务实施

**1. 直接式顶棚**

(1) 直接式顶棚的特点

直接式顶棚是指直接在钢筋混凝土楼板下做饰面层而形成的顶棚。通常是在屋面板、楼板等底面直接进行喷浆、抹灰或粘贴壁纸、面板等饰面材料。

直接式顶棚构造简单，构造层厚度小，可以充分利用空间，材料用量少，施工方便，造价较低，但这类顶棚不能提供荫蔽管线、设备等的内部空间。因此，直接式顶棚适用于普通建筑及功能较为简单、空间尺度较小的场所。

(2) 直接式顶棚的构造

① 直接喷涂涂料顶棚构造

当楼板底面平整、室内装饰要求不高时，可在楼板底面填缝刮平后直接喷刷大白浆、石灰浆等涂料，以增强顶棚的反射光照作用。

② 直接抹灰顶棚构造

当楼板底面不够平整或室内装修要求较高时，可在楼板底抹灰后再喷刷涂料。顶棚抹灰可用纸筋灰、水泥砂浆和混合砂浆等，其中纸筋灰应用最普遍。纸筋灰抹灰应先用混合砂浆打底，再用纸筋灰罩面。如图 4-42(a)所示。

③ 粘贴顶棚构造

对于某些有保温、隔热、吸声要求的房间，以及楼板底不需要敷设管线而装修要求又较高的房间，可于楼板底面用砂浆打底找平后，用黏结剂粘贴墙纸、泡沫塑料板、铝塑板或装饰吸音板等，形成粘贴顶棚。如图 4-42(b)所示。

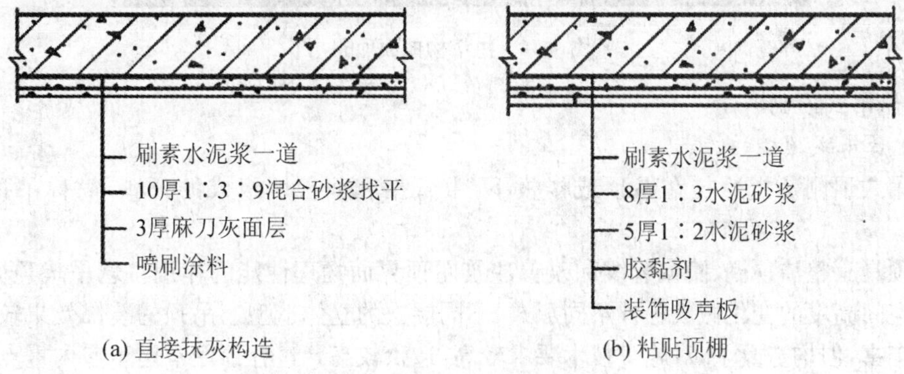


**图 4-42　直接式顶棚构造**

④ 结构式顶棚构造

将屋盖或楼盖结构暴露在外，利用结构本身的韵律做装饰，不再另做顶棚的，称为结构式顶棚。在网架结构中，构成网架的杆件本身很有规律，充分利用结构本身的艺术表现，能获得优美的韵律感，如图 4-43 所示。在拱结构屋盖中，利用拱结构的优美曲面，可形成富有韵律的拱面顶棚，如图 4-44 所示。

**图 4-43　鸟巢体育场馆**

结构式顶棚充分利用屋顶结构构件，巧妙地结合自然采光、照明、通风、防火、吸声等设备，能形成和谐统一的空间景观。结构式顶棚多用于机场、体育馆、购物广场等大型公共建筑。

图 4-44 拱结构曲面顶棚

**2. 悬吊式顶棚**

(1) 悬吊式顶棚的特点

悬吊式顶棚是指悬挂在屋顶或楼板下，由骨架和面板所组成的顶棚，简称吊顶或吊顶棚。

吊顶具有整洁顶棚、隐藏管线和改善建筑屋顶界面物理性能的作用。悬吊式顶棚还可以利用空间高度的变化做成各种不同形式、不同层次的立体造型。吊顶的装饰效果较好，形式变化丰富，但构造复杂，对施工技术要求较高，造价较高。这种顶棚常用于室内重点、局部空间的装饰，以突出效果。

(2) 悬吊式顶棚的构造

悬吊式顶棚在构造上一般由吊筋、龙骨和面板三大部分组成，如图 4-45 所示。

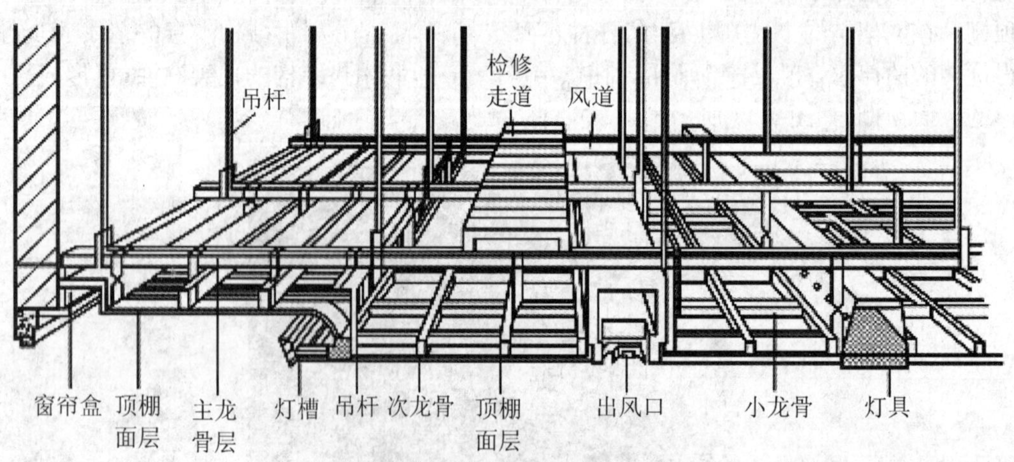


图 4-45 悬吊式顶棚构造

吊筋是龙骨和承重结构的承重传力构件，承担吊顶的全部荷载，并将荷载传递给承重结构层。吊筋的固定方法一是在建筑施工期间预埋吊筋或连接吊筋的预埋件，二是在二次装修时使用射钉将吊筋固定在承重结构层上，如图 4-46 所示。

吊顶龙骨一般由主龙骨和次龙骨两部分组成。主龙骨通过吊筋与承重结构相连，一般单向布置。次龙骨固定在主龙骨上，其布置方式和间距视面层材料和顶棚外形而定。

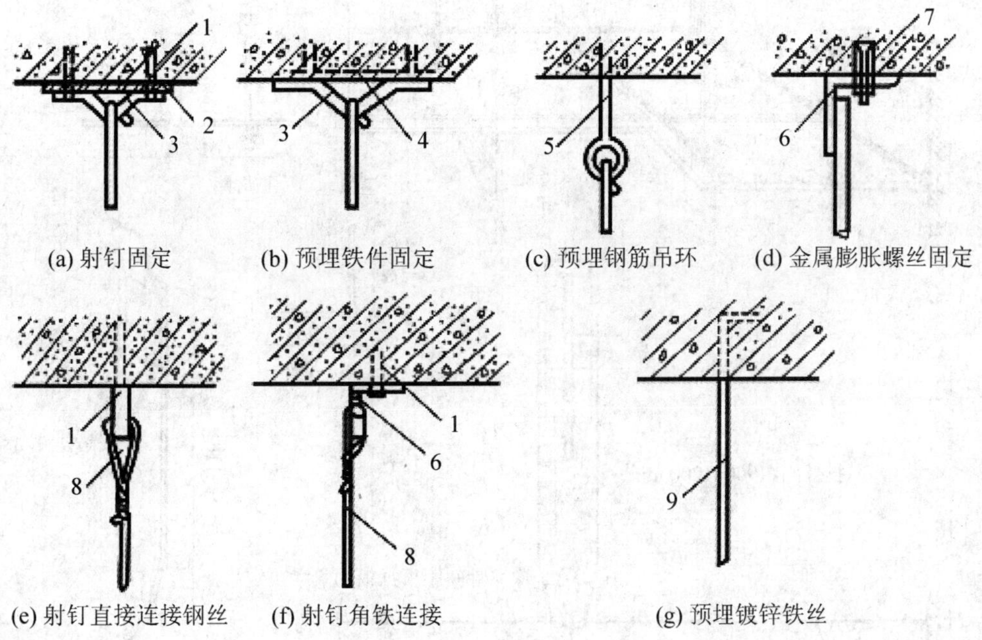


**图 4-46　吊筋固定方法**

1-射钉；2-钢板；3-V 型钢板；4-预埋铁件；5-钢筋；6-角铁；7-膨胀螺丝；8-钢丝；9-铁丝

龙骨是吊顶的骨架，对吊顶起着支撑的作用，主要是承受顶棚的荷载，并通过吊筋将荷载传递给承重结构。按材料不同可分为木龙骨、金属龙骨。按类型不同可分为 U 形龙骨、T 形铝合金龙骨、T 形镀锌铁烤漆龙骨、嵌入式金属龙骨等。

面层的作用是装饰室内空间，并有吸音、反射、保温、隔热等功能。面层一般分为抹灰饰面和板材饰面。板材类饰面包括植物板材、矿物板材、金属板材和新型高分子聚合物板材。常用的植物板材有各种木条板、胶合板、装饰吸音板、纤维板、木丝板、刨花板等。矿物板材有石膏板、矿棉板、玻璃棉板和水泥板等。金属板材有铝板、铝合金板、薄钢板等。新型高分子聚合物板材有 PVC 板等。如图 4-47 所示为 T 形金属龙骨吊顶构造，如图 4-48、图 4-49 所示为石膏板吊顶构造。

**3. 阳台**

阳台是楼房建筑中不可缺少的室内外过渡空间。

(1) 阳台的类型

按与外墙的位置关系不同可分为凸阳台、凹阳台、半凸半凹阳台。

按住宅阳台功能的不同分为生活阳台、服务阳台。

按在建筑中所处的位置不同可分为中间阳台和转角阳台。

(2) 阳台的结构布置形式

凹阳台为简支板的形式，为楼板层的一部分，构造与楼板层相同。而凸阳台为悬挑构件，其挑出长度和构造做法必须满足结构抗倾覆的要求。当挑出长度在 1200 mm 以内时，可采用挑板式，当挑出长度大于 1200 mm 时可采用挑梁式。

① 挑板式

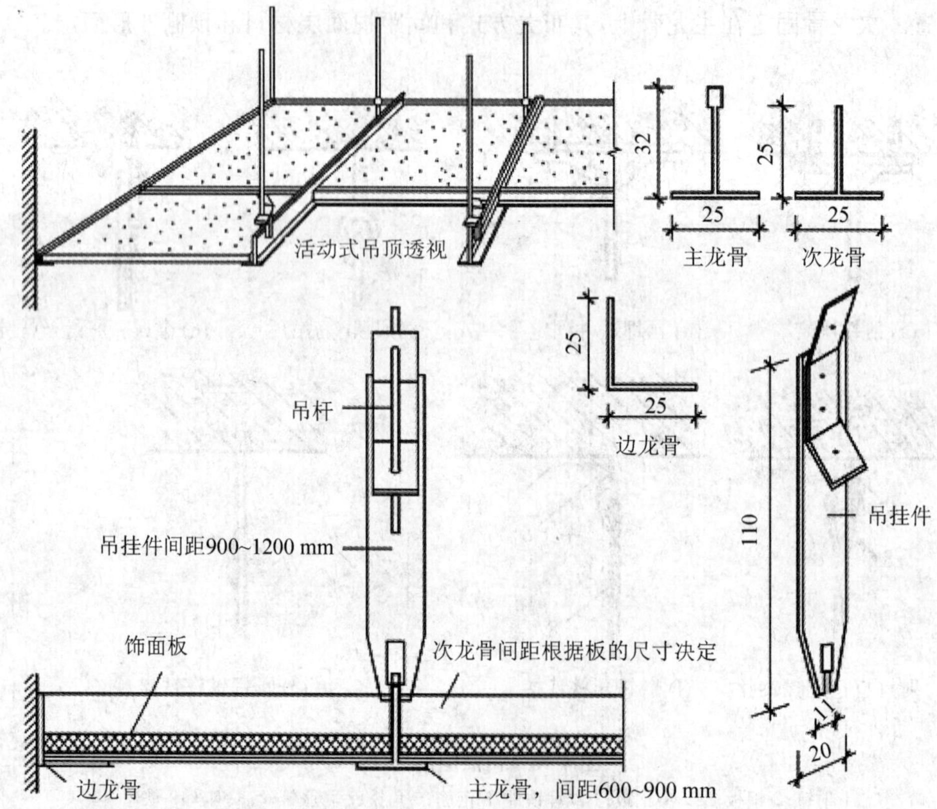


**图 4-47　T 形金属龙骨吊顶构造**

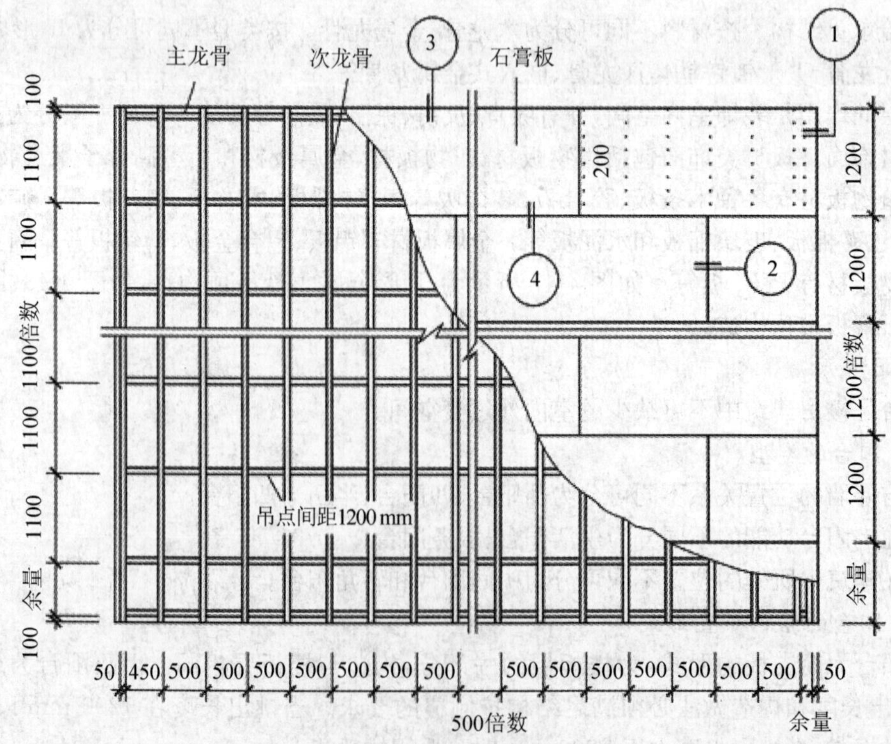


**图 4-48　石膏板吊顶构造**

当楼板为现浇楼板时，可选择挑板式，悬挑长度一般为 1.2 m 左右，即从楼板外延挑出平板。板底平整、美观，阳台平面形式可做成半圆形、弧形、梯形、斜三角形等各种形状。挑板厚度不小于挑出长度的 1/12。如图 4-50(a)所示。

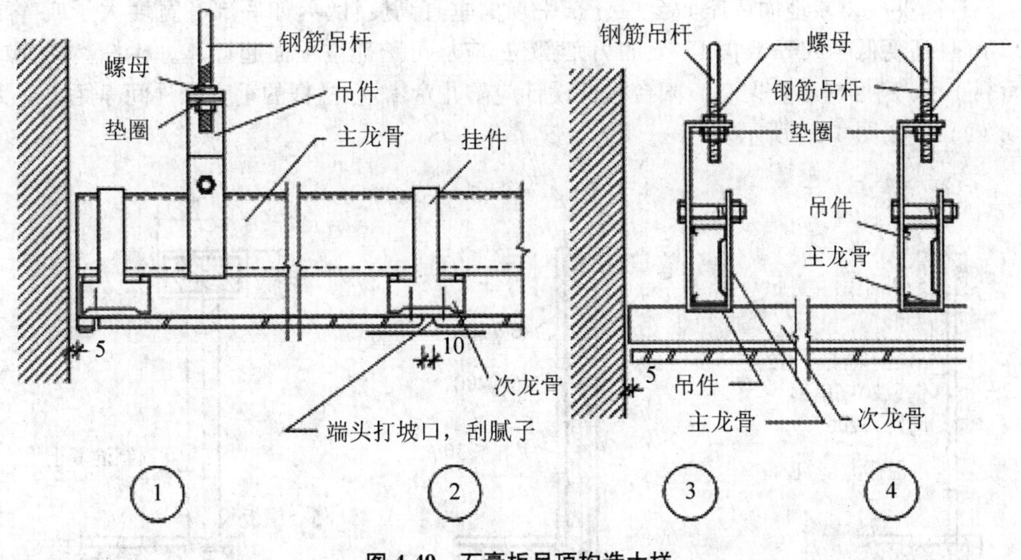


**图 4-49　石膏板吊顶构造大样**

② 压梁式

阳台板与墙梁现浇在一起，墙梁的截面应比圈梁大，以保证阳台的稳定，而且阳台悬挑不宜过长，一般为 1.2 m 左右。如图 4-50(b)所示。

③ 挑梁式

从横墙外伸挑梁，其上搁置预制楼板。这种结构布置简单、受力合理、阳台长度与房间开间一致。挑梁根部截面高度为(1/5～1/6)$L$，$L$ 为悬挑净长，截面宽度为(1/2～1/3)梁高。为美观起见，可在挑梁端头设置连梁，既可以遮挡挑梁头，又可以承受阳台栏杆重量，还可以加强阳台的整体性。如图 4-50(c)所示。

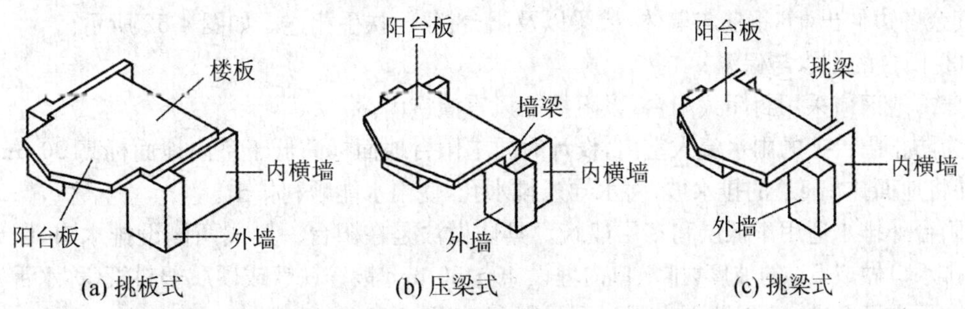


**图 4-50　现浇钢筋混凝土凸阳台**

(3) 阳台的细部构造

① 阳台栏杆(栏板)

栏杆(栏板)是为保证人们在阳台上活动安全而设置的竖向构件，要求坚固可靠，舒适美观。

栏杆的作用是承担人们的侧推力，以保证人的安全，同时对建筑物起装饰作用。

栏杆应用坚固、耐久的材料制作,并能承受荷载规范规定的水平荷载。建筑物高度在24 m以下时,栏杆高度不应低于1.05 m,建筑物高度在24 m及24 m以上时,栏杆高度不应低于1.10 m。

栏杆高度应以楼地面或屋面至栏杆扶手顶面垂直高度计算,如底部有宽度大于或等于0.22 m且高度低于或等于0.45 m的可踏部位,应从可踏部位顶面起计算。栏杆离楼面或屋面0.10 m高度内不宜留空。阳台栏杆设计应防儿童攀登,栏杆的垂直杆件间净距不应大于0.11 m。如图4-51所示。

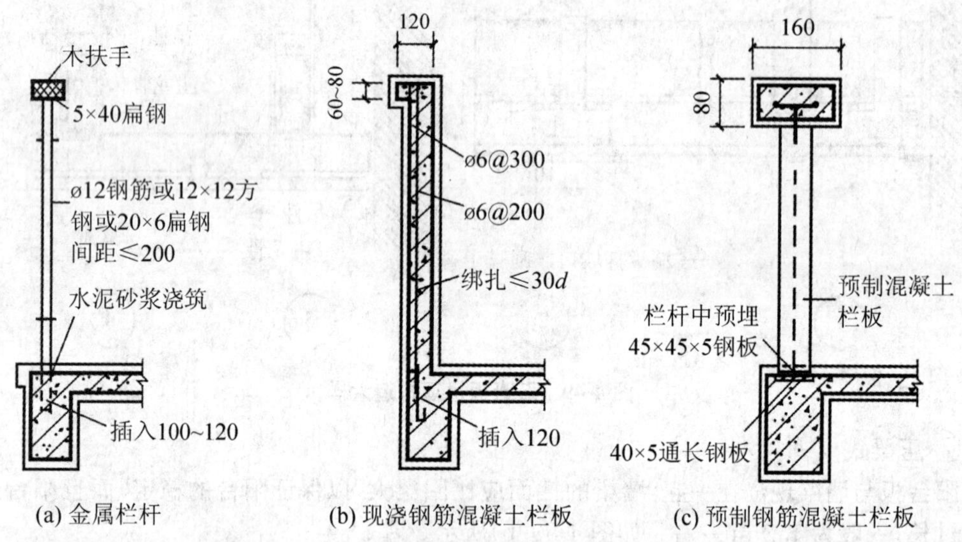


**图4-51 阳台栏杆(栏板)与扶手构造**

② 阳台隔板

阳台隔板用于连接双阳台,有砖砌隔板和钢筋混凝土隔板两种。砖砌隔板一般采用60 mm和120 mm厚两种。砖砌隔板荷载较大且整体性较差,故工程中多采用钢筋混凝土隔板。钢筋混凝土隔板采用60厚C20细石混凝土预制,下部预埋铁件与阳台预埋铁件焊接,其余各边伸出φ6钢筋与墙体,挑梁以及阳台栏杆、扶手相连。如图4-52所示。

③ 阳台的排水与保温

寒冷地区应采用封闭式阳台,以阻挡冷风直灌室内。

为防止阳台上的雨水流入室内,设计时要求阳台地面标高低于室内地面标高30 mm以上,并将地面抹出5‰的排水坡,将水导入排水孔,使雨水能顺利排出。

阳台外排水适用于低层和多层建筑。具体做法是在阳台一侧或两侧设排水口,阳台地面向排水口做成5‰的坡度,排水口内埋设40~50 mm镀锌铁管或硬质塑料管(称水舌),外挑长度不少于80 mm,以防雨水溅到下层阳台,如图4-53(a)所示。

阳台内排水适用于高层建筑和高标准建筑。具体做法是在阳台内设置排水立管和地漏,将雨水直接排入地下管网,保证建筑立面美观,如图4-53(b)所示。

**4. 雨篷**

雨篷是建筑物入口处和顶层阳台上部用以遮挡雨水、保护外门免受雨水侵蚀的水平构件。

雨篷多为钢筋混凝土悬挑构件。在构造上需解决好两个问题:防倾覆,保证雨篷梁上有足够的压重；板面上要做好排水和防水。通常沿板四周用砖砌或现浇混凝土做凸檐挡水，板面用防水砂浆抹面，并向排水做出 1%的坡度。防水砂浆应顺墙上卷至少 300 mm 做泛水处理。

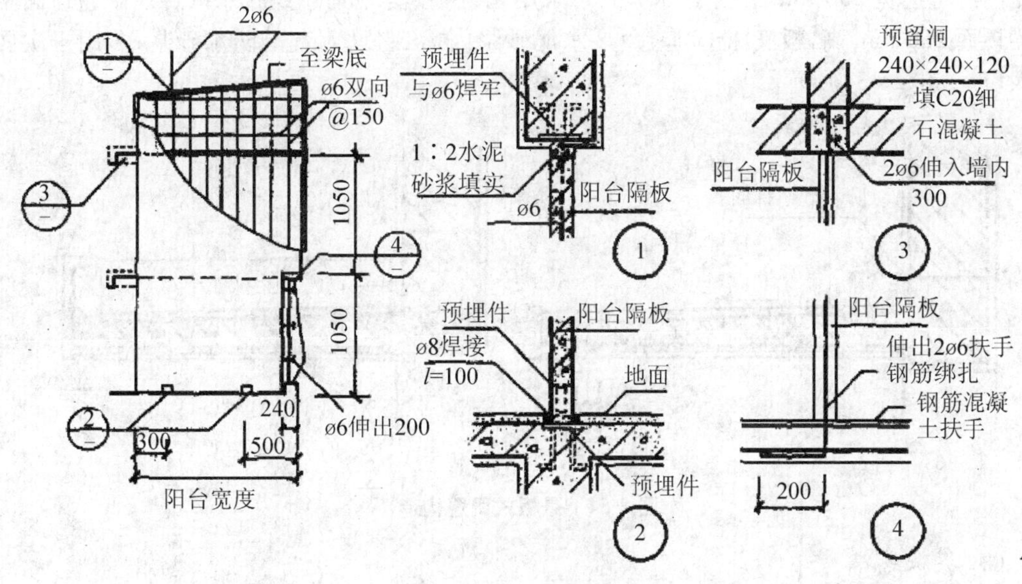


图 4-52　阳台隔板构造

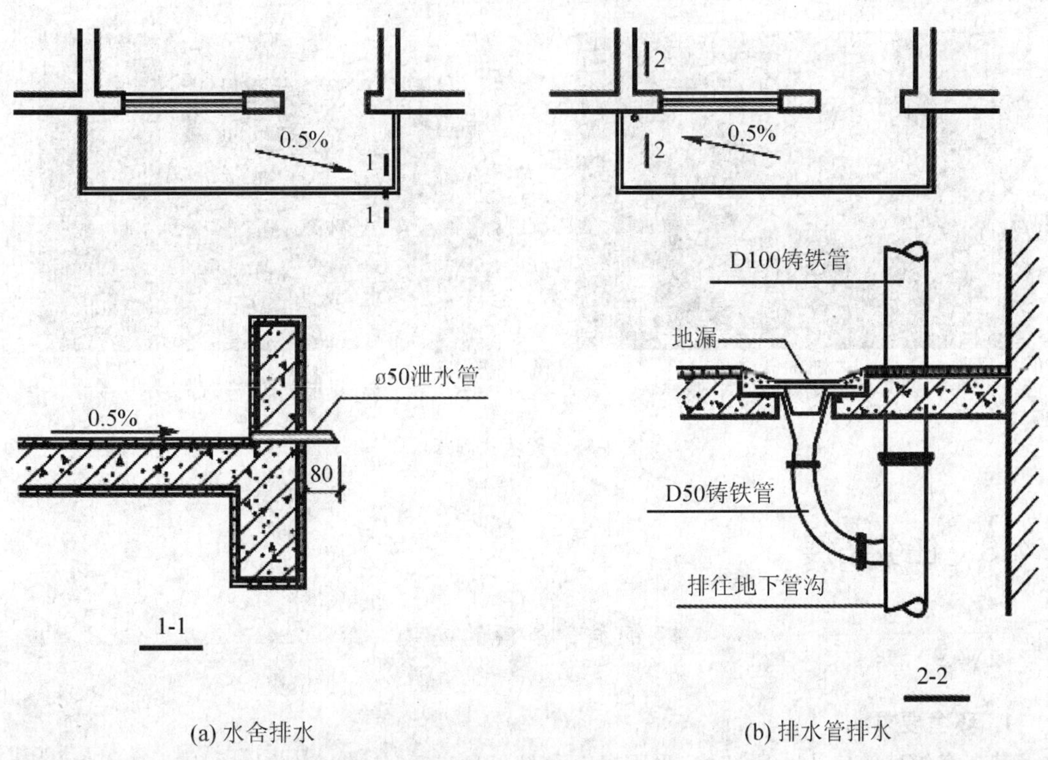


(a) 水舍排水　(b) 排水管排水

图 4-53　阳台排水构造

雨篷由雨篷梁(兼做过梁)和雨篷板组成。根据雨篷板的支承方式不同，有悬板式和梁板式两种。

(1) 悬板式

悬板式雨篷外挑长度一般为 0.9～1.5 m,板根部厚度不小于挑出长度的 1/12,雨篷宽度比门洞每边宽 250 mm,雨篷排水方式可采用无组织排水和有组织排水两种。雨篷顶面距过梁顶面 250 mm 高,板底抹 15 厚 1∶2 水泥砂浆内掺 5%防水剂的防水砂浆,多用于次要出入口。如图 4-54 所示。

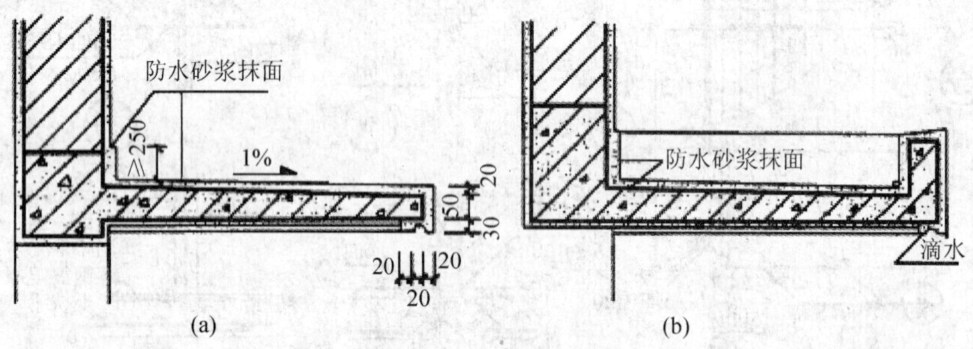


**图 4-54 悬板式雨篷构造**

(2) 梁板式

梁板式雨篷多用在宽度较大的入口处,悬挑梁从建筑物的柱上挑出,为使板底平整,多做成倒梁式。如图 4-55 所示。

(a) 梁板式雨篷板底平整

(b) 梁板式雨篷板面设梁

**图 4-55 梁板式雨篷**

## 4.4.3 任务拓展

### 轻钢龙骨吊顶的安装

**1. 环境要求**

某市宾馆建筑室内大厅装修,采用轻钢龙骨吊顶工程。对主体结构工程进行核查验收,并取得结构验收手续后,根据房间的大小和饰面板材的种类,按照设计要求合理布局,排列出各种龙骨的间距,绘制施工组装平面图。以施工组装平面图为依据,统计并提出各种龙骨、吊杆、吊挂件及其他各种配件的数量。

**2. 施工机具的选择**

电动冲击钻、无齿锯、射钉枪、手锯、手刨、螺丝刀、电动或气动螺丝刀、扳手、方尺、钢尺、钢水平尺等。

**3. 工艺流程**

弹线定位→固定吊杆→安装主龙骨→安装中龙骨→安装横撑龙骨→固定面板→灯具处理。

**4. 技术措施**

(1) 吊杆的安装

吊杆用φ6～φ10钢筋制作,上人吊顶吊杆间距一般为900～1200 mm,不上人吊顶吊杆间距一般为1200～1500 mm。安装前,应先按龙骨的标高沿房屋四周在墙上弹出水平线,再按龙骨的间距弹出龙骨中心线,找出吊杆中心点,计算好吊杆的长度,将吊杆上端焊接固定在预埋件上,下端套丝,并配好螺帽,以便与主龙骨连接。

(2) 主龙骨的安装

用吊挂件将主龙骨连接在吊杆上,拧紧螺丝卡牢,然后以一个房间为单位,将大龙骨调整平直。调整方法可用60 mm×60 mm方木按主龙骨间距钉圆钉,将主龙骨卡住,临时固定。方木两端要顶到墙上或梁边,再按十字和对角拉线,拧动吊杆螺栓,升降调平。调平时,一般可按3/1000起拱。如图4-56所示。

(3) 中龙骨的安装

中龙骨垂直于主龙骨,在交叉点处用中龙骨吊挂件将其固定在主龙骨上,吊挂件上端搭在主龙骨上,挂件U形腿用钳子卧入龙骨内。中龙骨的间距因饰面板是密缝安装还是离缝安装而异。中龙骨间距应计算准确并要翻样而定。如图4-57所示。

(4) 横撑龙骨的安装

横撑龙骨应由中龙骨截取。安装时,将截取的中龙骨的端头插入挂插件,扣在纵向龙骨上,并用钳子将挂插件弯入纵向龙骨内。组装好后,纵向龙骨和横撑龙骨底面要求平齐。横撑龙骨间距应视实际使用的饰面板规格尺寸而定。

(5) 金属装饰板的安装

① 方板搁置式安装:吊顶次龙骨采用T型轻钢龙骨,金属方形板的四边带翼,将其搁置于T型龙骨下部的翼板之上即可。

② 方板卡入式安装:采用龙骨材料为带夹簧的嵌龙骨配套型材,便于方形金属吊顶板的卡入。金属方形板的卷边向上,形成缺口式的盒子形,方板边部在加工时轧出凸起的卡口,可以精确地卡入带夹簧的嵌龙骨中。

③ 金属条形板的安装:基本上无需各种连接件,只要直接将条形板卡扣在特制的条龙骨内即可完成安装,所以也被称为扣板。

(6) 灯具的处理

一般轻型灯具可固定在中龙骨或横撑龙骨上,较重的需吊于大龙骨或附加大龙骨上。重型的应按设计要求决定,且不得与轻钢龙骨连接。

**5. 技术组织措施**

充分做好施工准备工作。轻钢龙骨的规格、间距、材质、品种、式样等应符合设计要求,安装位置正确。在吊顶施工中应注意工种间的配合,避免返工拆装损坏龙骨、板材及吊顶上的风口、灯具。烟感探头、喷洒头等可以先安装，也可在罩面板就位后安装。T形外露龙骨吊顶应在全面安装完成后对龙骨及板面做最后调整，以保证平直。

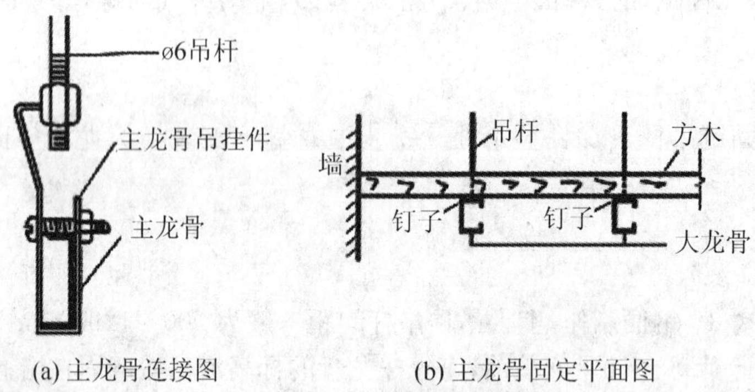


(a) 主龙骨连接图　　(b) 主龙骨固定平面图

**图 4-56　主龙骨的安装**

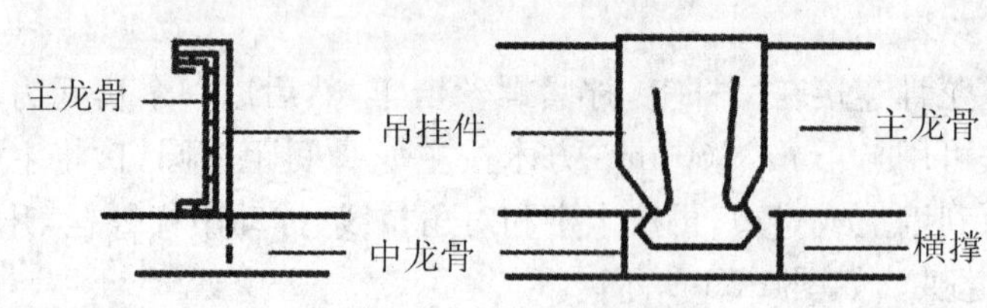


**图 4-57　中龙骨安装**

## 4.4.4　练习与提高

1. 按功能不同住宅阳台可分为(　)。

A. 凹阳台、凸阳台　　B. 生活阳台、服务阳台

C. 封闭阳台、开敞阳台　　D. 生活阳台、工作阳台

2. 吊顶棚的吊筋是连接(　)的承重构件。

A. 主搁栅和面板　　B. 主搁栅和次搁栅

C. 次搁栅和屋面板　　D. 次搁栅和面层

3. 悬板式雨篷外挑长度一般为________，板根部高度不小于挑出长度的________，雨篷宽度比门洞每边宽________，雨篷排水方式可采用________排水和________排水两种。

4. 顶棚按顶棚面层与结构位置的关系分为________和________。

5. 将屋盖或楼盖结构暴露在外，利用结构本身的韵律做装饰，不再另做顶棚的，称为________。

6. 悬吊式顶棚在构造上一般由________、________和________组成。

7. 凸阳台按结构布置形式分为________、________和________。

8. 栏杆的作用是________，以保证人的安全，同时对建筑物起________作用。

9. 建筑物高度在24 m以下时，栏杆高度不应低于________，建筑物高度在24 m及以上时，栏杆高度不应低于________。阳台栏杆设计应防儿童攀登，栏杆的垂直杆件间净距不应大于________。

10. 名称解释：

顶棚　直接式顶棚　吊顶棚　雨篷

11. 雨篷的构造要点是什么？

12. 如何处理阳台、雨篷的排水与防水？

# 4.5　任务4:绘制外墙身节点构造图

## 4.5.1　任务资讯

分项实训项目和综合实训项目在教学中采取项目教学法进行教学。教学流程主要有确定项目任务，收集资料，制定方案，小组讨论，确定方案，检查记录，总结评价等实施过程。分项实训项目考核评价标准(表4-5)、小组成员活动记录表(表4-6)、实训项目效果反馈信息表(表4-7)、小组成员各工作步骤成绩评定表(表4-8)，均为教学过程中检查记录所用材料。

**表4-5　分项实训项目考核评价标准**

| 分项实训项目 | 实训目标 | 考核内容 | 考核评价方法 | 分值 |
|---|---|---|---|---|
| 外墙身节点构造设计 | (1) 掌握墙身剖面构造。<br>(2) 训练绘制和识读施工图的能力 | (1) 散水、防潮层、地面的构造及做法。<br>(2) 窗台、过梁、圈梁的构造及做法。<br>(3) 踢脚板、勒脚的构造及做法。<br>(4) 查阅《建筑设计规范》、《房屋建筑制图统一标准》 | (1) 自我评价内容：相关构造做法完整情况，符合建筑规范和建筑制图统一标准情况。<br>(2) 小组评价：图面表现情况，构造做法情况，实训态度、工作习惯等情况。<br>(3) 教师总体评价：结合现场验收、口头答辩、图面质量、构造做法等进行综合考核 | 3 |

**表4-6　设计图纸评分标准**

| 等　级 | 图纸评分标准 |
|---|---|
| 优秀<br>(90分以上) | 按照要求很好地完成全部内容，建筑构造合理，投影关系正确，图面工整，符合制图标准，图纸内容无错误 |
| 良好<br>(80～89分) | 按照要求较好地完成全部内容，建筑构造合理，投影关系正确，图面基本工整，符合制图标准，图纸内容基本没有错误 |
| 中等<br>(70～79分) | 按照要求基本完成全部内容，建筑构造基本合理，投影关系正确，图面表现一般，基本符合制图标准，图纸内容有错误 |
| 及格<br>(60～69分) | 按照要求完成全部内容，建筑构造欠合理，投影关系一般，图面表现较差，基本符合制图标准，图纸内容有错误 |
| 不及格<br>(59分以下) | 按照要求没有完成全部内容，建筑构造处理不合理，投影关系不正确，图面表现差，不符合制图标准，图纸内容有较多错误 |

**表 4-7 小组成员活动记录表**

<table>
<tr><td>专业班级</td><td></td><td>工作任务</td><td colspan="3"></td></tr>
<tr><td>小组编号</td><td></td><td>组　　长</td><td></td><td>活动地点</td><td></td></tr>
<tr><td>参加人员</td><td colspan="5"></td></tr>
<tr><td colspan="6">活动内容：<br><br>记录人：<br>年　　月　　日</td></tr>
</table>

**表 4-8 实训项目效果反馈信息表**

课程名称________　项目任务________　专业班级________

姓　　名________　小组编号________　日　　期________

| 1. 填写在本次实训过程中的收获及不足 |
| --- |
| |
| 2. 在本次实训中，哪些方面值得肯定？哪些方面有待改进？针对这些问题你有什么建议？ |
| |

**表 4-9　小组成员工作任务成绩评定表**

专业班级＿＿＿＿＿＿　课程名称＿＿＿＿＿＿　项目任务＿＿＿＿＿＿
小组编号＿＿＿＿＿＿　组　长＿＿＿＿＿＿　日　期＿＿＿＿＿＿

| 分值 \ 姓名 | ① 是否服从组织管理<br>10 分<br>A:9～10　B:7～8<br>C:5～6　D:3～5 | | ② 是否按时完成任务<br>20 分<br>A:18～20　B:15～17<br>C:12～14　D:10～12 | | ③ 工作质量高低<br>40 分<br>A:36～40　B:31～35<br>C:25～30　D:20～24 | |
|---|---|---|---|---|---|---|
| | 个人评价 | 组长评价 | 个人评价 | 组长评价 | 个人评价 | 组长评价 |
| | | | | | | |
| | | | | | | |
| | | | | | | |
| | | | | | | |
| | | | | | | |
| | | | | | | |
| | | | | | | |
| | | | | | | |

| 分值 \ 姓名 | ④是否按要求工作<br>10 分<br>A:9～10　B:7～8<br>C:5～6　D:3～5 | | ⑤团队协作意识<br>20 分<br>A:18～20　B:15～17<br>C:12～14　D:10～12 | | ⑥合计<br>⑥＝①＋②＋③＋④＋⑤ | |
|---|---|---|---|---|---|---|
| | 个人评价 | 组长评价 | 个人评价 | 组长评价 | 个人评价 | 组长评价 |
| | | | | | | |
| | | | | | | |
| | | | | | | |
| | | | | | | |
| | | | | | | |
| | | | | | | |
| | | | | | | |
| | | | | | | |

## 4.5.2　任务实施

外墙身节点构造设计实训任务书

**1. 工作任务目标**

（1）掌握墙体中墙脚、窗台、窗过梁、圈梁、墙与楼板连接处等节点的墙身剖面构造。

（2）提高绘制和识读施工图的能力。

**2. 任务设计条件**

(1) 某中学宿舍楼,砖混结构,外墙承重,墙厚 240 mm,室内外高差 450 mm,层高3.4 m。

(2) 采用现浇或预制钢筋混凝土楼板及过梁。

(3) 窗台距室内地面 900 mm 高。

(4) 墙面装修,楼面、地面做法,散水、勒脚、踢脚线等做法自定。

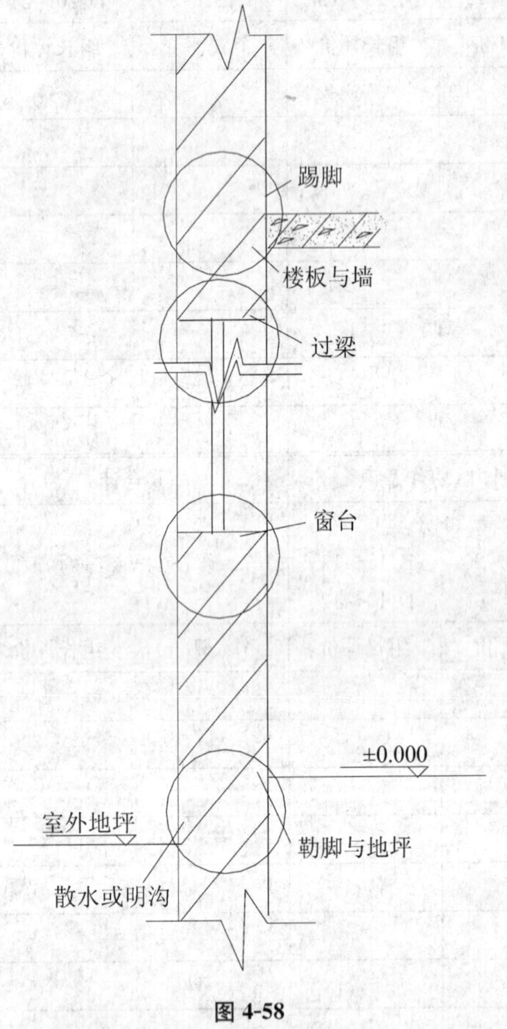

图 4-58

(5) 设计中所需的其他条件自定。

**3. 任务过程及要求**

(1) 任务过程

用一张竖向 A3 图纸,绘制外墙身节点详图(参考图 4-58)。要求按顺序将节点详图自下而上布置在同一垂直轴线(即墙身定位轴线)上。所绘图示线条、材料符号等,均按建筑制图标准表示。字体工整,线型粗细分明,以铅笔绘制完成。

(2) 任务要求

① 比例:1∶10。

② 节点详图 1——墙脚和地坪层构造。

画出墙身、勒脚、散水、防潮层、室内外地坪、踢脚板和内外墙面抹灰,剖切到的部分用材料图例表示。

用引出线注明勒脚做法,标明勒脚高度。用多层构造引出线注明散水或明沟各层的做法,标注出散水或明沟的宽度、排水方向和坡度值。表示出防潮层的位置,注明做法。用多层构造引出线注明地坪层各层的做法。注明踢脚板的做法,标注出踢脚板的高度等尺寸。标注定位轴线及编号圆圈,标注墙体厚度(在轴线两边分别标注)和室内外地面标高。

③ 节点详图 2——窗台构造。

画出墙身、内外墙面抹灰、内外窗台和窗框等。用引出线注明内外窗台的饰面做法,标注细部尺寸,标注外窗台的排水方向和坡度值。按开启方式和材料表示出窗框,表示清楚窗框与窗台饰面的连接。用多层构造引出线注明内外墙面装修做法。标注定位轴线(与节点详图 1 的轴线对齐),标注窗台标高。

④ 节点详图 3、4——过梁、圈梁和楼板层构造。

画出墙身、内外墙面抹灰、过梁、圈梁、窗框、楼板层和踢脚板等。表示出圈梁的断面形式,标注有关尺寸。用多层构造引出线注明楼板层的做法,表示清楚楼板的形式以及板与墙的相互关系。标注踢脚板的做法和尺寸。标注定位轴线(与节点详图 1、2 的轴线对齐),标注圈梁底面标高和楼面标高,注写图名和比例。

**4. 任务设计步骤**

以墙脚节点设计详图为例进行绘制：

(1) 先画定位轴线。

(2) 沿定位轴线画墙线，按标高画出墙脚室内外地面线、水平防潮层以及窗台线。

(3) 绘制室外地坪、散水、勒脚、室内地坪、踢脚等，并标注其构造层次。

(4) 进行有关尺寸和文字的标注。

(5) 标注图名、比例。

**5. 任务参考资料**

(1) 房屋建筑制图统一标准(GB/T 50001－2001)；

(2) 民用建筑设计通则(GB 50352－2005)；

(3) 民用建筑热工设计规范(GB 50176－93)；

(4) 房屋建筑学实训指导；

(5) 相关建筑施工图纸。

## 4.5.3 任务拓展

如图 4-59 所示为外墙身节点构造详图，供大家参考。

## 4.5.4 练习与提高

### 墙身构造设计

**1. 设计条件**

今有一两层建筑物，层高 3.0 m，外墙采用砖墙(墙厚根据本地区的特点自定)，墙上有窗。室内外高差为 300 mm。室内地坪层次分别为素土夯实；3∶7 灰土，厚 100 mm；C10 素混凝土层，厚 80 mm；水泥砂浆面层，厚 20 mm。采用钢筋混凝土楼板。

**2. 设计内容**

要求沿外墙窗部位纵剖，直至基础以上，绘制墙身剖面。重点绘制以下大样(比例为 1∶10)：

(1) 楼板与砖墙结合节点；

(2) 过梁；

(3) 窗台；

(4) 勒脚及其防潮处理；

(5) 明沟或散水。

**3. 图纸要求**

用一张 3＃图纸完成。图中线条、材料等，一律按建筑制图标准表示。图中必须注明具体尺寸，注明所用材料。要求字体工整，线条粗细分明。

3.400
地砖地面，素水泥浆填缝
15厚1：2水泥砂浆结合层
刷素水泥浆一道
15厚1：3水泥砂浆找平层
刷素水泥浆一道
钢筋混凝土楼板
墙内刷涂料
2厚纸筋灰抹面
6厚1：3石灰膏砂浆
10厚1：3：9水泥石灰膏砂浆打底
2%
30
120
滴水槽
60
地砖地面，素水泥浆填缝
10厚1：2水泥砂浆结合层
10厚1：3水泥砂浆找平层
35厚挤塑聚苯板保温层
80厚C15混凝土
40厚C20细石混凝土
100厚碎石垫层
素土夯实
8厚1：1.5水泥石子罩面水刷石露出石子
刷素水泥浆一道
12厚1：3水泥砂浆打底扫毛
刷界面处理剂一道
8~10厚贴地砖
12~14厚1：2
水泥砂浆打底
120
±0.000
−0.060
水泥砂浆或
水刷石抹面
散水
5%
沥青膏嵌缝
室外地坪
−0.450
120
120

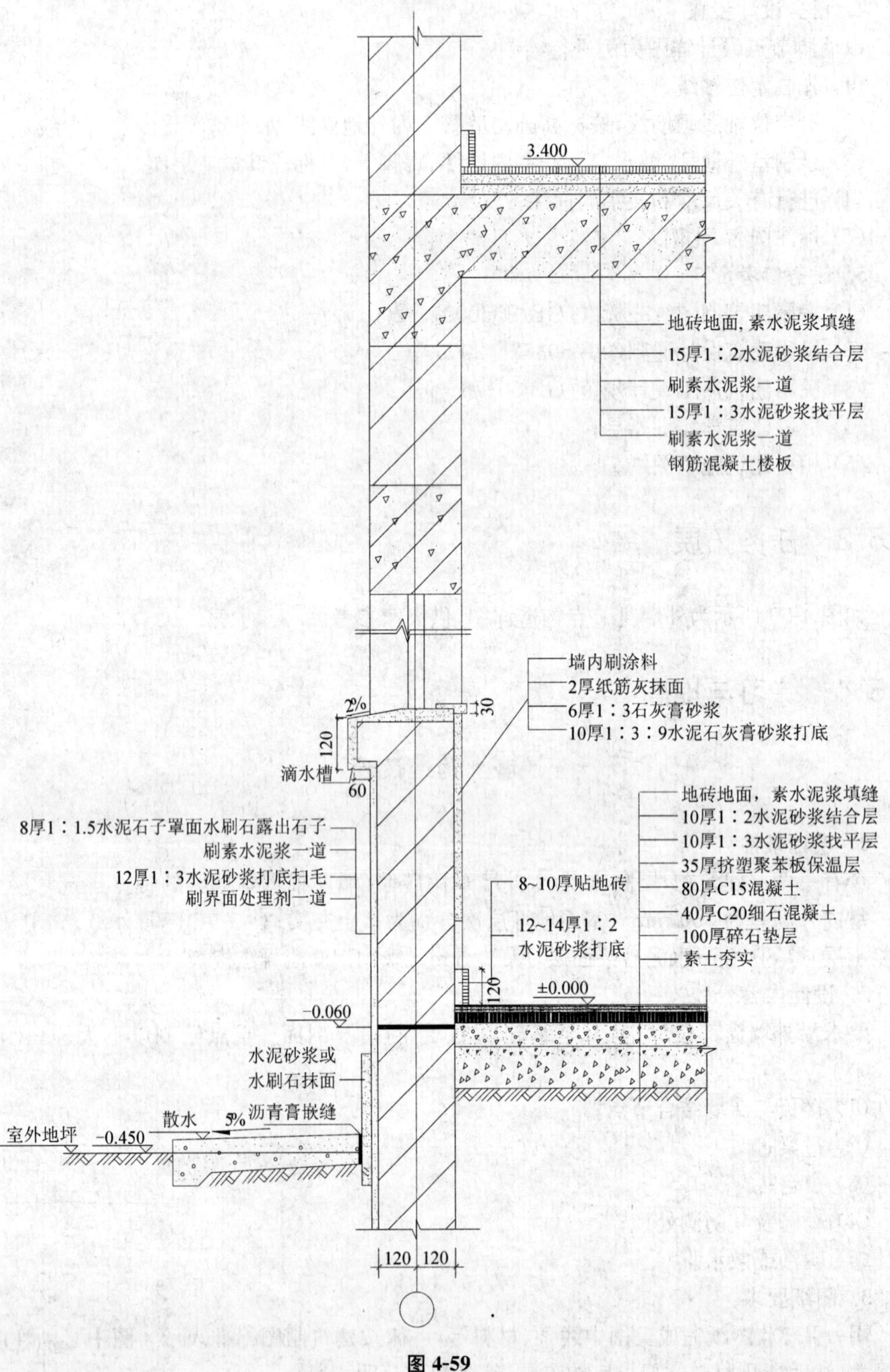

图 4-59

# 学习情境5　楼　　梯

## 5.1　学习情境描述

### 5.1.1　学习目标

完成本学习情境后，你应当能：

(1) 运用所学知识，阅读建筑施工图纸，明确楼梯平面图、剖面图的构造做法。

(2) 参观学院建筑物，分析各建筑物楼梯的平面布置情况及荷载传递路线。

(3) 运用所学知识，根据建筑物中不同类型楼梯的布置情况，分析其构造处理方法的异同点。

(4) 在教师指导下，绘制楼梯节点构造图示。

### 5.1.2　学习任务

具体学习任务与任务驱动如表5-1所示。

**表5-1　学习任务与任务驱动**

| 序　号 | 学习任务 | 任务驱动 |
| --- | --- | --- |
| 1 | 楼梯设计要求 | (1) 参观学院建筑物，分析各建筑物楼梯的平面布置情况。<br>(2) 对照施工图纸，明确楼梯设计要求 |
| 2 | 钢筋混凝土楼梯构造处理 | (1) 阅读建筑施工图纸，熟悉楼梯平面图、剖面图的构造做法。<br>(2) 分析各建筑物楼梯的荷载传递路线。<br>(3) 根据建筑物中不同类型楼梯的布置情况，分析其构造处理方法的异同点 |
| 3 | 绘制楼梯节点构造图 | 绘制楼梯各层平面图、楼梯剖面图及踏步、栏杆节点构造详图 |

# 5.2 任务1:楼梯设计要求

## 5.2.1 任务资讯

楼梯是一个或若干个连续的梯段和平台的组合,用以连通不同标高的平面。楼梯应满足人们正常的垂直交通、搬运家具设备和紧急情况下安全疏散的要求。

**1. 楼梯的类型**

按楼梯的主要材料分,有钢筋混凝土楼梯、钢楼梯、木楼梯等。

按楼梯在建筑物中所处的位置分,有室内楼梯和室外楼梯。

按楼梯的使用性质分,有主要楼梯、辅助楼梯、疏散楼梯、消防楼梯等。

按楼梯的形式分,有单跑楼梯、双跑折角楼梯、双跑平行楼梯、双跑直楼梯、三跑楼梯、四跑楼梯、双分平行楼梯、双合平行楼梯、八角形楼梯、圆形楼梯、螺旋形楼梯、弧形楼梯、剪刀式楼梯、交叉式楼梯等。见图5-1楼梯平面形式。

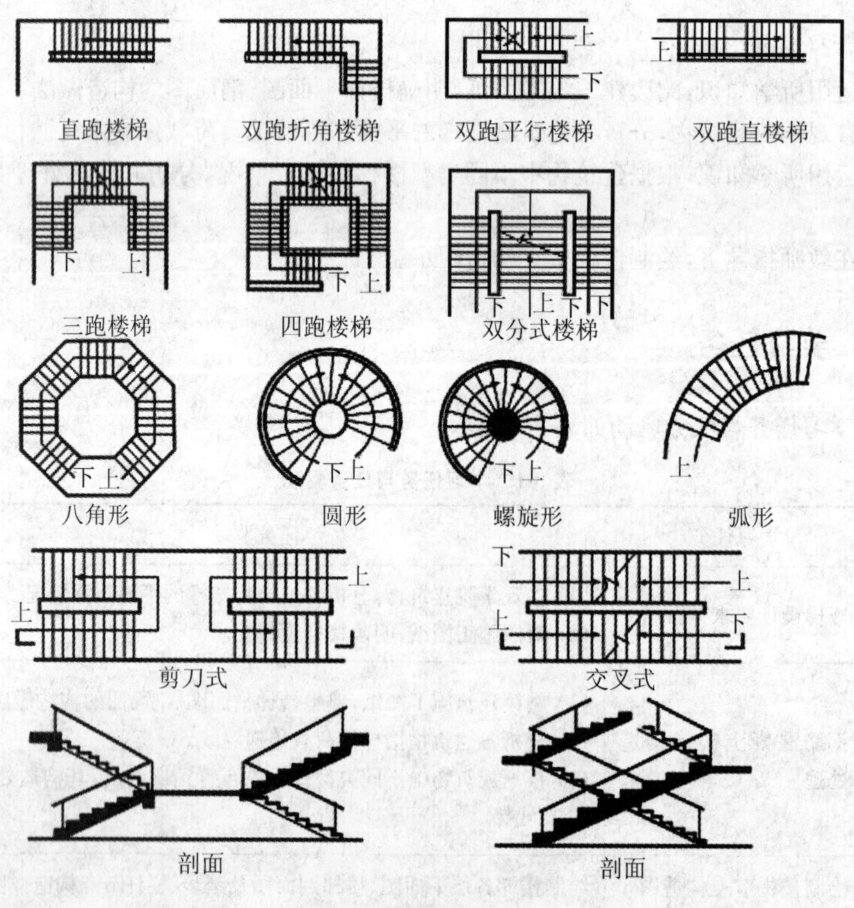


图5-1 楼梯平面形式

按楼梯间的平面形式分，有封闭式楼梯和开敞式楼梯。

**2. 楼梯平面形式**

（1）单跑直楼梯

单跑直楼梯是无楼梯平台直达上一层楼面标高的楼梯。其楼梯所占楼梯间的宽度较小、长度较大，适用于层高较小的建筑，如住宅、地下室等。

（2）双跑楼梯

双跑直楼梯：在使用中不改变行进方向，两楼梯段之间设一楼梯平台，适用于楼层较高或人流量大的公共建筑，如影剧院、体育场馆等。

折角楼梯：楼梯平面呈 L 形，一般不设楼梯间，楼梯段沿转角墙面开敞布置，楼梯板下的空间可以充分利用，适用于人流量小的底层建筑。

双跑平行楼梯：是普遍采用的一种形式。由于第二跑楼梯段折回，在使用中改变行进方向，所以这种楼梯所占楼梯间的进深较小，与一般房间的进深一致，便于进行房屋平面的组合。

（3）三跑楼梯

三跑楼梯由三跑梯段、一或两个楼梯平台组成。根据梯段和楼梯平台组合方式的不同，可产生双分转角楼梯、双合平行楼梯、双分平行楼梯和∩形楼梯等多种变化。此类楼梯具有均衡对称的形式，典雅庄重，常用于对称式门厅内，底层楼梯平台下常设门，作为门厅通道。适用于人流量大的教学楼、图书馆、办公楼等。见图 5-2 双分平行楼梯，图 5-3 三跑楼梯。

**图 5-2 双分平行楼梯**

**图 5-3 三跑楼梯**

（4）曲线楼梯

曲线楼梯有圆形、弧形、螺旋形等形式，踏步呈扇形，有较强的装饰效果。适用于公共建筑门厅、立交桥等。见图 5-4 螺旋楼梯。

（5）交叉式楼梯

交叉式楼梯是在同一楼梯间内，由一对互相重叠而又不连通的单跑或双跑直上梯段构成的楼梯。能通行较多人流并节省建筑面积。适用于人流量大的教学楼、商场等。

（6）剪刀式楼梯

剪刀式楼梯由一对方向相反、楼梯平台共用的双跑平行梯段组成。能通行较多人流并能有效利用建筑空间。适用于人流量大的教学楼、图书馆等。见图 5-5 剪刀式楼梯。

图 5-4 螺旋楼梯

图 5-5 剪刀式楼梯

## 5.2.2 任务实施

**1. 楼梯的组成**

楼梯一般由楼梯梯段、楼梯平台、栏杆(栏板)扶手三部分组成,见图 5-6 楼梯的组成。

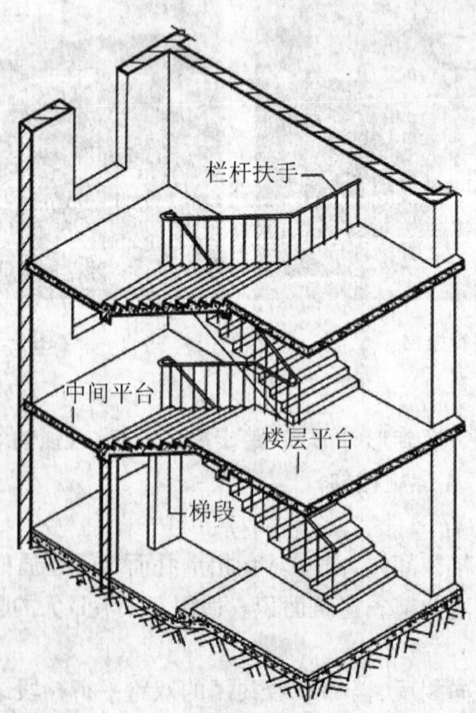


图 5-6 楼梯的组成

(1) 楼梯梯段

楼梯梯段是两个平台之间若干连续踏步的组合。每个梯段的踏步数一般在 3～18 步之间。

每个踏步由踏面和踢面组成。踏面数＝踢面数－1。

楼梯井是四周为梯段和平台内侧面围绕的空间。它是为楼梯施工方便而设置的,其宽度一般在 100 mm 左右,通常为 60～200 mm 之间。

(2) 楼梯平台

楼梯平台用于解决楼梯段的转折和与楼层的连接问题,同时也让人们在连续上下楼时可在平台上稍加休息。其中,楼层平台是连接楼板层和梯段端部的水平构件,中间休息平台是位于两层楼面之间连接两梯段的水平构件。

(3) 栏杆(栏板)扶手

栏杆(栏板)是布置在楼梯段和平台临空一侧边缘处,有一定刚度和安全度的围护构件。扶手位于栏杆(栏板)顶部供人们依扶之用。

**2. 楼梯的坡度**

楼梯的坡度是楼梯梯段中各级踏步前缘的假定连线与水平面的夹角,或以夹角的正切表示踏步的高宽比。

楼梯的坡度应根据建筑物的使用性质和层高来确定,公共建筑的楼梯使用人数较多,坡度应比较平缓,一般常用 1/2 左右。住宅建筑的楼梯,使用人数较少,坡度可以较陡,常用1/1.5左右。楼梯的坡度一般在 23°～45°之间,30°为适宜坡度。见图 5-7 楼梯坡度范围。

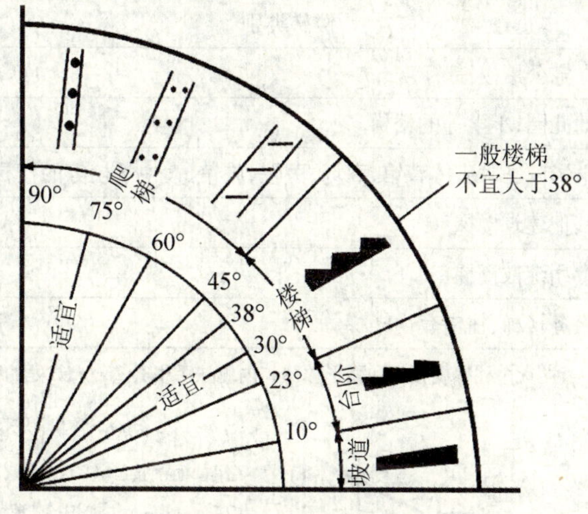


**图 5-7 楼梯坡度范围**

**3. 梯段宽度与平台深度**

楼梯梯段宽度是指墙面到扶手中心线之间的水平距离。梯段宽度除应符合防火规范的规定外,供日常主要交通用的楼梯梯段宽度应根据建筑物使用特征,按每股人流 0.55＋(0～0.15) m 确定,并不应少于两股人流。0～0.15 m 为人流在行进中人体的摆幅,公共建筑人流众多的场所应取上限值。

楼梯平台深度应不小于梯段宽度,并不得小于 1200 mm。楼梯平台深度用于保证平台处人流不致拥挤,以及搬运家具转弯的可能性。

**4. 楼梯模数协调**

(1) 楼梯间

楼梯间开间是楼梯间定位轴线之间宽度的水平距离。楼梯间进深是楼梯间定位轴线之间长度的水平距离。

楼梯间开间及进深的尺寸应符合水平扩大模数 3M 的整数倍数,必要时可采用基本模数的整数倍数。楼梯梯段宽度应采用基本模数的整数倍数,必要时可采用 1/2M 的整数倍数。

(2) 楼层高度

当楼层高度小于 3600 mm 时,应采用基本模数的整数倍数,即 2600、2700、2800、2900、

3000、3100、3200、3300、3400、3500、3600。

当楼层高度大于 3600 mm 时，应采用扩大模数 3M 的整数倍数，即 3600、3900、4200、4500、4800、5100、5400、5700、6000 及其他 300 mm 的整数倍数。

(3) 楼梯踏步

楼梯踏步是由踏步面和踏步踢板组成的梯级。踏步面是踏步的水平上表面，踏步踢板是与踏步面相连的垂直(或倾斜)部分。踏步宽度是相邻两踏步前缘线之间的水平距离。踏步前缘是踏步前面的边缘。踏步高度是相邻两踏步面之间的垂直距离。楼梯踏步的高宽比应符合表 5-2 的规定。楼梯踏步宽度与人的脚长和人在上下楼梯时脚与踏步面接触的状态有关。若上下楼梯时脚完全落在踏步上，行走舒适。当踏面宽度较小时，由于脚跟部分悬空，行走不便。踏步高度取决于踏步宽度，这是由于踏步高度与踏步宽度之和与人的步距有关，也可按经验公式计算踏步尺寸，即：$2r+g=600\sim620$ mm 或 $r+g\approx450$ mm，式中 $r$ 为踏步高(mm)，$g$ 为踏步宽(mm)。

**表 5-2 楼梯踏步最小宽度和最大高度**

| 楼梯类别 | 最小宽度(mm) | 最大高度(mm) |
|---|---|---|
| 住宅公用楼梯 | 260 | 175 |
| 幼儿园、小学等的楼梯 | 260 | 150 |
| 电影院、剧场、体育馆、商场、医院、旅馆、大中学校等的楼梯 | 280 | 160 |
| 其他建筑楼梯 | 260 | 170 |
| 专用疏散楼梯 | 250 | 180 |
| 服务楼梯、住宅套内楼梯 | 220 | 200 |

注：无中柱螺旋楼梯和弧形楼梯离内侧扶手中心 250 mm 处的踏步宽度不应小于 220 mm。

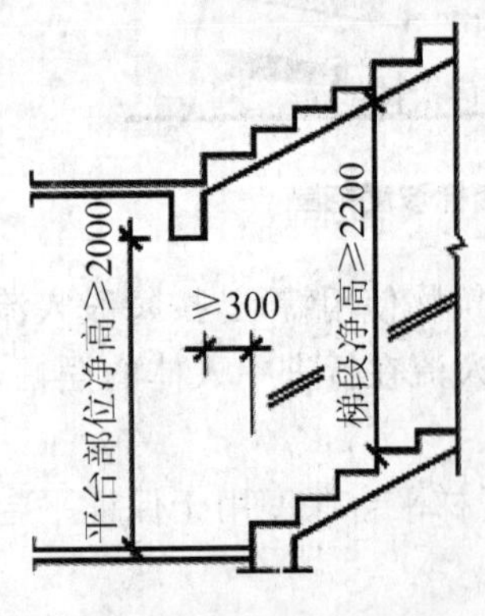

图 5-8 楼梯的净空高度

楼梯各级踏步高度应相等，踏步宽度可选用 220 mm、240 mm、260 mm、280 mm、300 mm、320 mm，必要时可采用 250 mm。其计算数值可按表 5-3 选用，表中粗线以下为坡度不超过 38°的数值，$Q$ 为坡度角。

(4) 楼梯的净空高度

楼段净高是指梯段之间垂直于水平面踏步前缘线处的净距。平台净高是指平台或中间平台最低点与楼地面的垂直距离。

楼梯平台部位的净高不应小于 2000 mm，楼梯梯段部位的净高不应小于 2200 mm，楼梯梯段最低、最高踏步的前缘线与顶部凸出物的内边缘线的水平距离不应小于 300 mm。见图 5-8 楼梯的净空高度。

## 5.2.3 任务拓展

当楼梯底层平台下做通道，不满足净空要求时，可采取的措施主要有：

(1) 将底层楼梯设计成不等跑梯段，增加第一梯段的踏步数，减少第二梯段的踏步数，

表 5-3　楼梯踏步计算数值

| 步数 | 层高 *S* | | | | | | | | | | | | | | | | | |
|---|---|---|---|---|---|---|---|---|---|---|---|---|---|---|---|---|---|---|
| | 2800 | | | 2900 | | | 3000 | | | 3100 | | | 3200 | | | 3300 | | |
| *N* | *r* | *g* | *Q* | *r* | *g* | *Q* | *r* | *g* | *Q* | *r* | *g* | *Q* | *r* | *g* | *Q* | *r* | *g* | *Q* |
| 14 | 200 | 220 | 42°16′ | | | | | | | | | | | | | | | |
| 15 | 187 | 240 | 37°52′ | 193 | 240 | 38°51′ | 200 | 220 | 42°16′ | | | | | | | | | |
| | | 250 | 36°45′ | | | | | | | | | | | | | | | |
| 16 | 175 | 250 | 35° | 181 | 240 | 37°4′ | 188 | 240 | 38° | 194 | 240 | 38°55′ | 200 | 220 | 42°16′ | | | |
| | | 260 | 33°57′ | | 250 | 35°57′ | | 250 | 36°32′ | | | | | | | | | |
| | | 280 | 32° | | 260 | 34°53′ | | | | | | | | | | | | |
| 17 | 165 | 280 | 30°28′ | 171 | 260 | 33°18′ | 176 | 250 | 35°13′ | 182 | 240 | 37°14′ | 188 | 240 | 38°6′ | 194 | 240 | 38°68′ |
| | | 300 | 28°45′ | | 280 | 31°21′ | | 260 | 34°10′ | | 250 | 36°6′ | | | | | | |
| | | | | | | | | | | | 260 | 35°3′ | | 250 | 36°59′ | | | |
| 18 | 156 | 300 | 27°24′ | 161 | 280 | 29°55′ | 167 | 280 | 30°48′ | 172 | 260 | 33°31′ | 178 | 250 | 35°25′ | 183 | 240 | 37°23′ |
| | | | | | 300 | 28°14′ | | | | | | | | | | | 250 | 36°15′ |
| | | | | | | | | | | | | | | | | | 260 | 35°11′ |
| | | | | | | | | | | | 280 | 32°36′ | | 260 | 34°22′ | | | |
| 19 | 147 | 320 | 24°44′ | 153 | 300 | 26°58′ | 150 | 300 | 27°46′ | 163 | 280 | 30°14′ | 168 | 280 | 31°2′ | 174 | 260 | 33°45′ |
| | | | | | 320 | 25°30′ | | | | | 300 | 28°32′ | | | | | 280 | 31°48′ |
| 20 | | | | | | | | | | 155 | 300 | 27°19′ | 160 | 280 | 29°45′ | 165 | 280 | 30°31′ |
| | | | | | | | | | | | 320 | 25°51′ | | 300 | 28°4′ | | 300 | 28°49′ |
| 21 | | | | | | | | | | 148 | 320 | 24°46′ | 152 | 300 | 26°56′ | 157 | 300 | 27°39′ |
| | | | | | | | | | | | | | | 320 | 25°28′ | | | |
| 22 | | | | | | | | | | 141 | 320 | 23°46′ | 145 | 320 | 24°27′ | 150 | 300 | 26°34′ |
| | | | | | | | | | | | | | | | | | 320 | 25°7′ |
| 23 | | | | | | | | | | | | | | | | 143 | 320 | 24°9′ |

利用踏步数的增减来调节下部净空的高度，如图 5-9(a)所示。

(2) 降低楼梯间底层地面的标高，如图 5-9(b)所示。

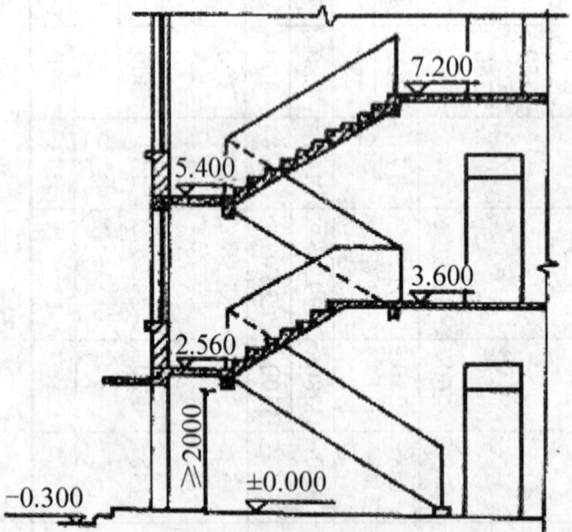

(a) 底层不等跑梯段设计

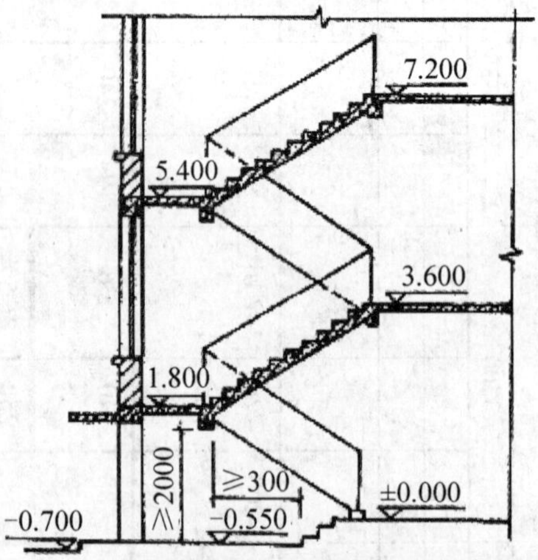

(b) 降低楼梯间底层地面的标高

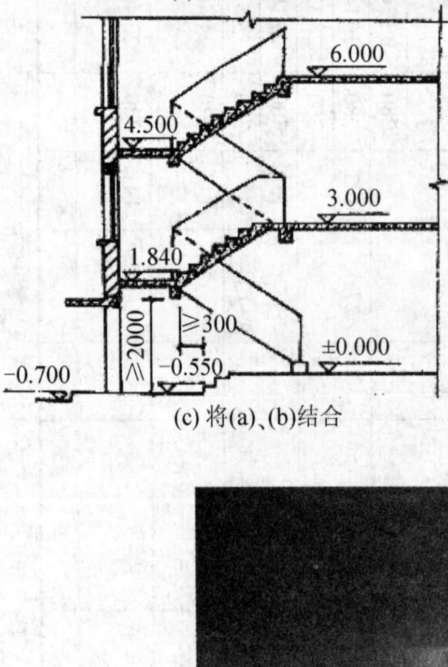

(c) 将(a)、(b)结合

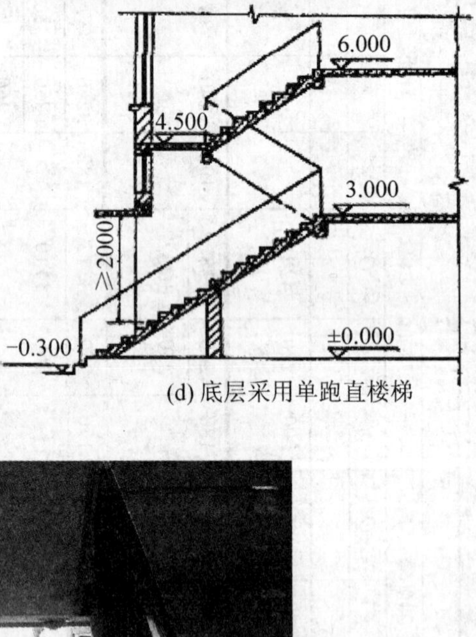

(d) 底层采用单跑直楼梯

(e) 折板处理

**图 5-9 底层平台楼梯净空高度处理措施**

(3) 将上述两种方法结合，即降低楼梯间底层地面的标高，同时增加第一梯段的踏步数，如图 5-9(c)所示。

(4) 将底层采用单跑直楼梯，如图 5-9(d)所示。

(5) 取消平台梁，即平台板和梯段组合成一块折形板，如图 5-9(e)所示。

## 5.2.4 练习与提高

1. 楼梯主要由________、________和________三部分组成。
2. 楼梯梯段的踏步数量一般不应超过________级，也不应少于________级。
3. 楼梯按其材料可分为________、________和________等类型。
4. 楼梯平台按所处的位置不同分________平台和________平台。
5. 中间平台的主要作用是________和________，________。
6. 楼梯平台部位的净高不应小于________，楼梯梯段部位的净高不应小于________楼梯梯段最低、最高踏步的前缘线与顶部凸出物的内边缘线的水平距离不应小于________
7. 常见楼梯的坡度范围为(　)。
   A. 30°～60°　B. 20°～45°　C. 45°～60°　D. 30°～45°
8. 在设计楼梯时，踏步宽 $g$ 和踏步高 $r$ 的关系式是(　)。
   A. $2r+g=600\sim620$ mm　B. $2r+g=450$ mm
   C. $r+g=600\sim620$ mm　D. $2r+g=500\sim600$ mm
9. 有关楼梯的净空高度设计，下列叙述不正确的是(　)。
   A. 楼梯平台上部及下部过道处的净高不应小于 1.90 m
   B. 楼梯平台上部及下部过道处的净高不应小于 2.00 m
   C. 梯段净高不应小于 2.20 m
   D. 储藏室、局部夹层、走道及房间的最低处的净高不应小于 2.0 m
10. 楼梯的踏步宽度以(　) mm 为宜。
   A. 150　B. 180　C. 210　D. 300
11. 当楼梯梯段的角度较小时，(　)。
   A. 行走方便，楼梯所占面积亦小　B. 行走方便，与梯段所占面积无关
   C. 行走不便，梯段所占面积亦小　D. 行走方便，梯段所占面积较大
12. 不是双跑楼梯显著特点的是(　)。
   A. 平面紧凑　B. 形式活泼　C. 结构简单　D. 使用方便
13. 单股人流通行宽度，建筑规范对住宅、公共建筑楼梯梯段宽度的限定是(　)。
   A. 600～700 mm、≥1200 mm、≥1300 mm
   B. 500～600 mm、≥1100 mm、≥1300 mm
   C. 600～700 mm、≥1200 mm、≥1500 mm
   D. 500～650 mm、≥1100 mm、≥1300 mm
14. 楼梯井宽度以(　)为宜。
   A. 60～150 mm　B. 100～200 mm　C. 60～200 mm　D. 100～150 mm
15. 楼梯平台梁下设出入口，其净空高度应不小于(　)。
   A. 2000 mm　B. 2100 mm　C. 2200 mm　D. 2400 mm

16. 居住建筑常用的楼梯形式是(　)。

A. 螺旋式　　B. 双跑式　　C. 弧线式　　D. 剪刀式

# 5.3 任务2:钢筋混凝土楼梯构造处理

## 5.3.1 任务资讯

钢筋混凝土楼梯按施工方式不同,可分为现浇式和预制装配式两类。其中,现浇钢筋混凝土楼梯按梯段的传力特点不同,可分为板式楼梯和梁板式楼梯。

**1. 现浇钢筋混凝土楼梯**

现浇钢筋混凝土楼梯具有整体性好,可塑性强,抗震性能好,施工速度慢等特点。适用于施工现场无起重设备,抗震要求高的建筑。

**2. 预制装配式钢筋混凝土楼梯**

预制装配式钢筋混凝土楼梯具有施工速度快,可提高工业化程度,减少现场湿作业量,节约模板但整体性较差等特点。适用于工业化程度较高,工期要求紧的工程,但不适宜于抗震区。

按其构造方式,可分为梁承式、墙承式和悬臂式三种。

(1) 梁承式楼梯

梁承式楼梯的预制构件主要有梯段(板式或梁板式梯段)、平台梁、平台板三部分。

梁板式梯段由斜梁和踏步板组成。一般在踏步板两端各设一根斜梁,踏步板支承在斜梁上。踏步板断面形式有一字形、L形、三角形等。用于搁置一字形、L形断面踏步板的斜梁为锯齿形变断面构件,搁置三角形断面踏步板的斜梁为等断面构件。为了便于支承斜梁或梯段板,减少平台梁所占结构空间,平台梁做成L形断面。平台板可根据需要采用钢筋混凝土空心板、槽板或实心平板。该楼梯的荷载传递路线为:荷载→踏步板→斜梁→平台梁→柱。见图5-10(a)预制装配式梁板式梯段梁承式楼梯。

板式梯段为整块或数块带踏步条板。板式梯段梁承式楼梯的荷载传递路线为:荷载→梯段→平台梁→柱。见图5-10(b)预制装配式板式梯段梁承式楼梯。

(2) 墙承式楼梯

是指预制钢筋混凝土踏步板直接搁置在墙上的一种楼梯形式,其踏步板一般采用一字形、L形断面。这种楼梯由于在梯段之间有墙,搬运家具不方便,也阻挡视线,上下人流易相撞。通常在中间墙上开设观察口,以使上下人流视线流通。见图5-11预制装配式墙承式楼梯。

(3) 悬臂式楼梯

是指预制钢筋混凝土踏步板一端嵌固于楼梯间侧墙上,另一端凌空悬挑的楼梯形式。适用于嵌固踏步板的墙体厚度不应小于240 mm,踏步板悬挑长度≤1800 mm。踏步板采用L形带肋断面形式,墙嵌固端做成矩形断面,嵌入深度为240 mm。见图5-12预制装配式悬臂式楼梯。

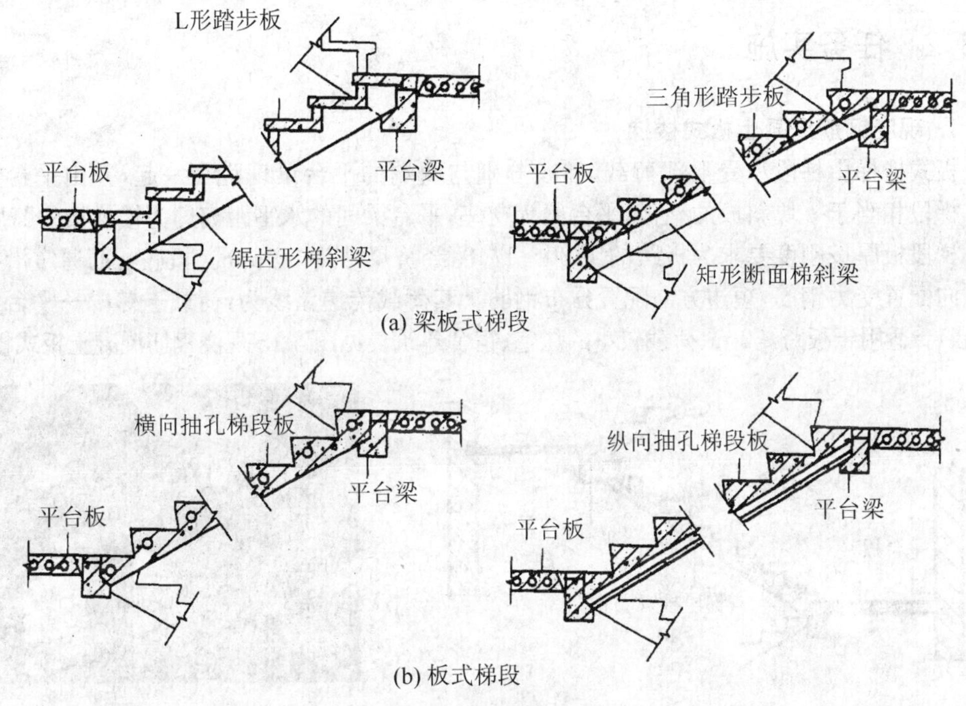


**图 5-10　梁承式楼梯**

**图 5-11　墙承式楼梯**

**图 5-12　悬臂式楼梯**

## 5.3.2 任务实施

**1. 现浇钢筋混凝土板式楼梯**

板式楼梯由梯段承受上部荷载，梯段分别与两端的平台梁现浇在一起，并由平台梁支承。梯段相当于一块斜放的整板，平台梁为支座，平台梁间的水平距离即为楼梯板的跨度。

梯段板厚按刚度要求为板跨的1/30～1/40，经济尺寸为80 mm。板底配筋通常沿板长边方向配置受力钢筋，短边方向配置分布钢筋。其荷载传递路线为：荷载→梯段→平台梁→柱(墙)。适用于板跨≤3 m、荷载较小的住宅、宿舍建筑。见图5-13现浇钢筋混凝土板式楼梯。

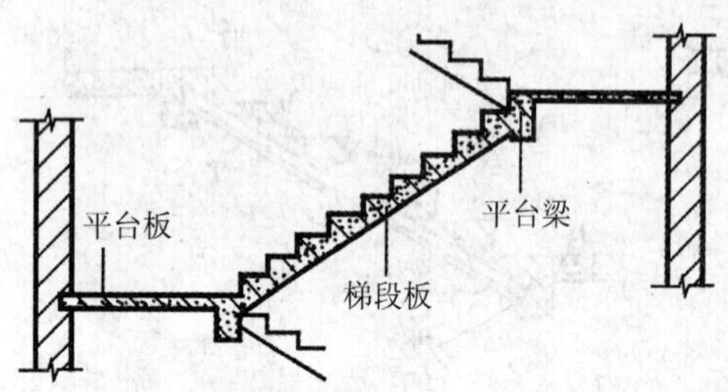

**图5-13 现浇钢筋混凝土板式楼梯**

**2. 现浇钢筋混凝土梁板式楼梯**

当梯段较宽或楼梯负载较大时，采用板式梯段往往不经济，须增加梯段斜梁，以承受板的荷载，并将荷载传给平台梁。斜梁在结构布置上有双梁布置和单梁布置之分，见图5-14。

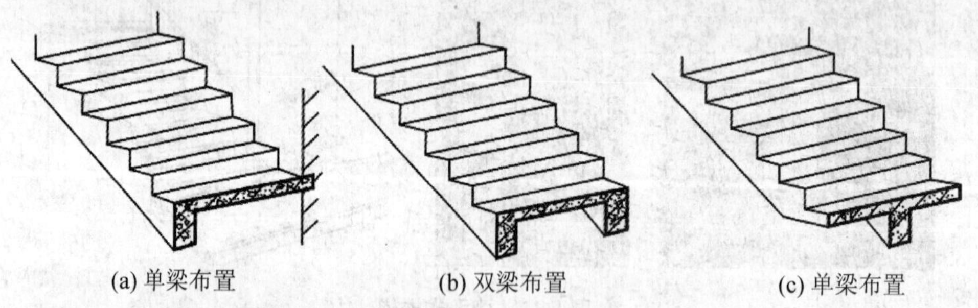


**图5-14 斜梁结构布置**

斜梁与踏步板的关系可分正梁和上翻梁两种。斜梁在下，踏步板在上为正梁，即明步梯段；反之，斜梁在上，踏步板在下为上翻梁，即暗步梯段，见图5-15。

梁板式楼梯的荷载传递路线为：荷载→梯段→斜梁→平台梁→柱。适用于荷载较大的公共建筑楼梯。见图5-16现浇钢筋混凝土梁板式楼梯。

**3. 楼梯的细部构造**

(1) 踏面防滑处理

楼梯踏步的踏面应光洁、耐磨、易于清扫。面层常采用水泥砂浆、水磨石、缸砖等。

为防止行人在上下楼梯时滑倒，常在踏步踏口处，用不同于面层的材料做出略高于踏面的防滑条，或用带有槽口的陶土块或金属板包住踏口。如果面层采用水泥砂浆抹面，由于表面粗糙，可不做防滑条。见图5-17、图5-18。

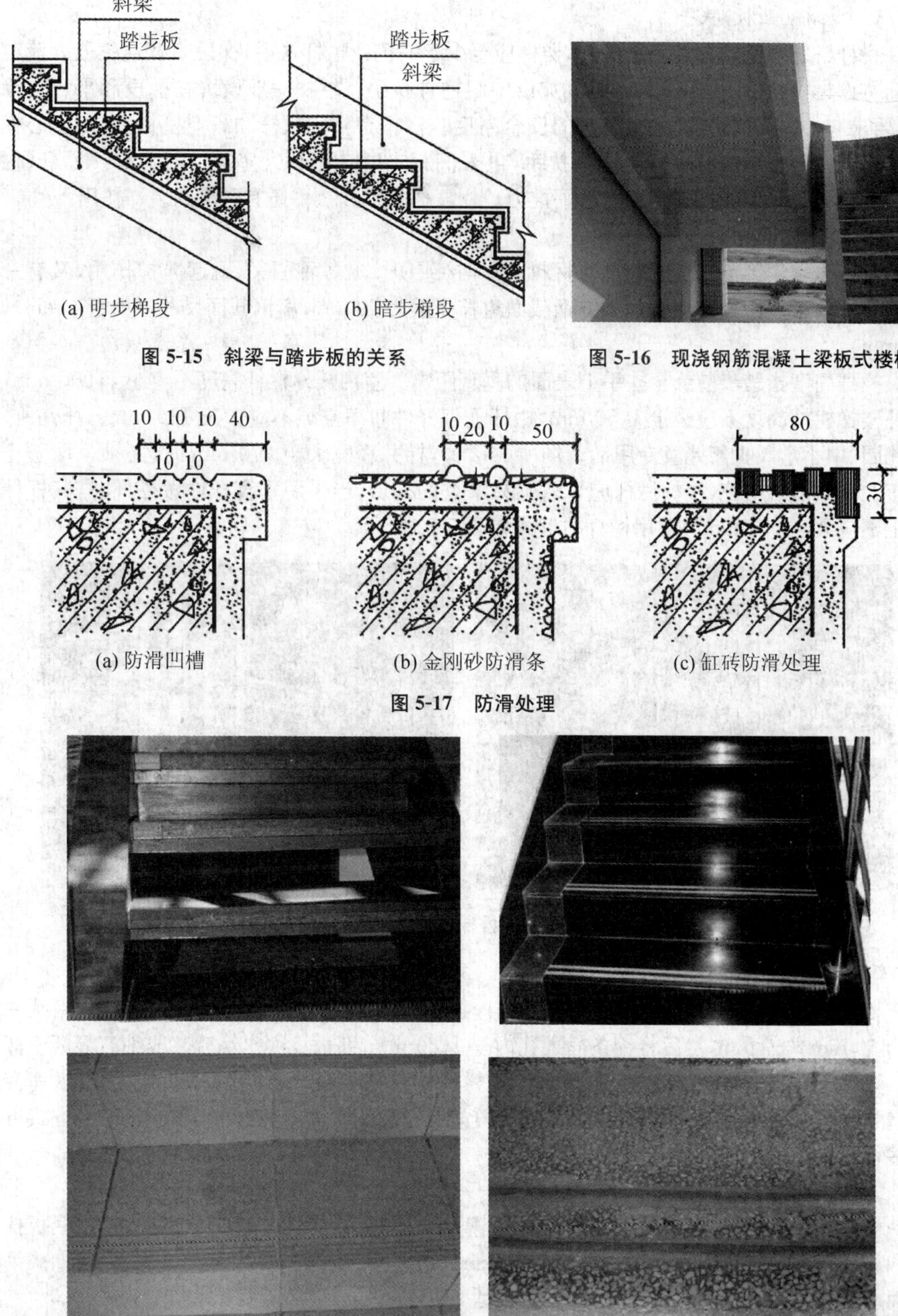


(a) 明步梯段　(b) 暗步梯段

**图 5-15　斜梁与踏步板的关系**

**图 5-16　现浇钢筋混凝土梁板式楼梯**

(a) 防滑凹槽　(b) 金刚砂防滑条　(c) 缸砖防滑处理

**图 5-17　防滑处理**

**图 5-18　防滑处理**

设置防滑条可以提高踏步前缘的耐磨程度，并起到保护踏步阳角的作用。

(2) 栏杆(栏板)扶手

栏杆(栏板)是楼梯的安全设施，楼梯应至少于一侧设栏杆扶手，梯段净宽达三股人流时应两侧设栏杆扶手，达四股人流时宜加设中间栏杆扶手。栏杆一般设置在梯段和平台边缘处，要求它必须坚固可靠，并有足够的安全高度。栏杆有实心栏杆和漏空栏杆之分，实心栏杆称为栏板。栏杆(栏板)的上缘为扶手，供人们行走时扶持和人多拥挤时倚靠。栏杆(栏板)和扶手组合后，能抵抗一定的水平推力。栏杆(栏板)和扶手还有一定的装饰作用。

① 楼梯栏杆

栏杆多采用圆钢、方钢、扁钢等材料，可焊接或铆接成各种图案，既起防护作用，又有一定的装饰效果。圆钢截面直径和方钢截面边长一般为 20 mm，扁钢截面尺寸不大于 6 mm×40 mm。

栏杆高度指踏步前缘至扶手上表面的垂直距离。室内楼梯栏杆高度不应小于 900 mm，室外楼梯栏杆高度不应小于 1050 mm，栏杆垂直杆件间净空隙不应大于 110 mm。托儿所、幼儿园、中小学及少年儿童专用活动场所的楼梯，梯井净宽大于 200 mm 时，必须采取防止少年儿童攀滑的措施，楼梯栏杆应采取不易攀登的构造，当采用垂直杆件做栏杆时，其杆件净距不应大于 110 mm。常用栏杆的形式如图 5-19 所示。

**图 5-19 楼梯栏杆的形式**

② 栏杆的固定

栏杆与踏步的连接方式有锚接、焊接和栓接三种。锚接是在踏步上预留孔洞，预留孔一般为 50 mm×50 mm，然后将钢条插入孔内至少 80 mm，孔内浇注水泥砂浆或细石混凝土嵌固。焊接是在浇注楼梯踏步时，在需要设置栏杆的部位，沿踏面预埋钢板或在踏步内埋套管，然后将钢条焊接在预埋钢板或套管上。栓接系指利用螺栓将栏杆固定在踏步上，方式可有多种。见图 5-20 栏杆与踏步的连接。

③ 楼梯扶手

楼梯扶手按材料分有木扶手、金属扶手、塑料扶手等，按构造分有漏空栏杆扶手、栏板扶手和靠墙扶手等。扶手宽度一般在 60～85 mm，应坚固、耐磨、光滑、美观。见图 5-21 扶手断面形式，图 5-22 扶手收头处理，图 5-23 扶手弯折处理。

④ 楼梯栏板

楼梯栏板有多种形式，如砌筑栏板、钢丝网水泥栏板、预制水磨石板栏板、塑料饰面板栏板、玻璃栏板、不锈钢镜面栏板等，见图 5-24、图 5-25 栏杆与栏板混合式。

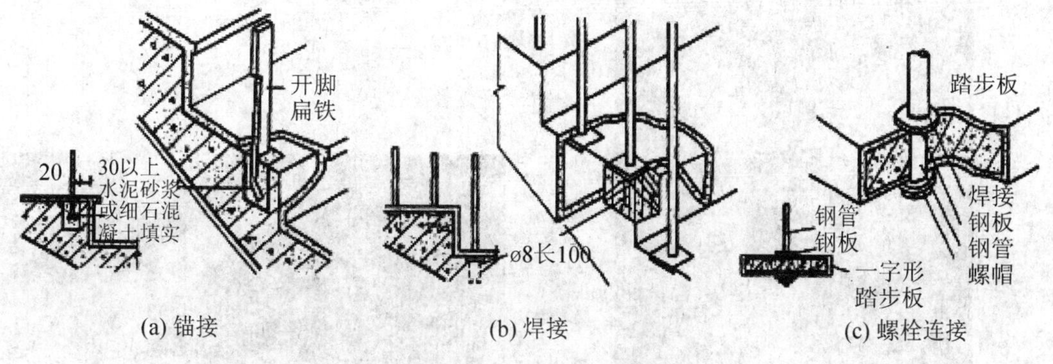


图 5-20　栏杆与踏步的连接

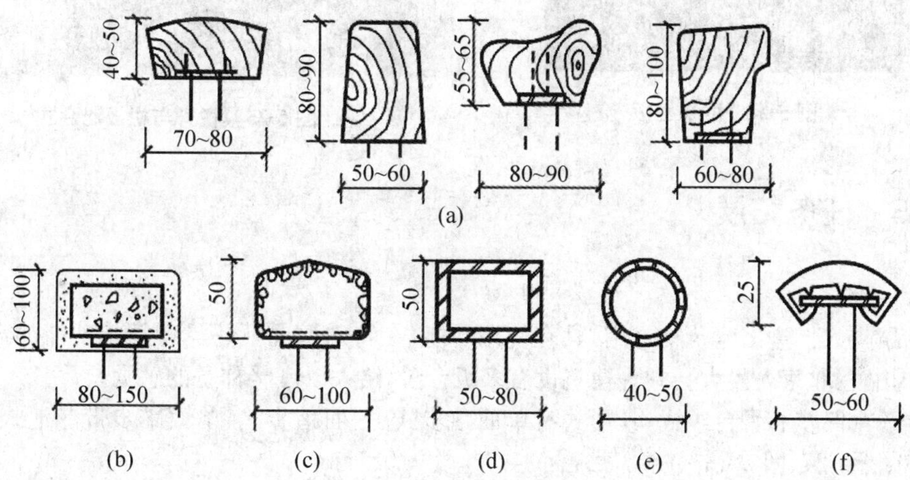


图 5-21　扶手断面形式

图 5-22　扶手收头处理

图 5-23　扶手弯折处理

图 5-24 楼梯栏板

图 5-25 栏杆与栏板混合式

## 5.3.3 任务拓展

**1. 台阶**

台阶供人们进出建筑物之用,具有使用功能,在特殊情况下还具有精神功能的需要,如南京中山陵、北京人民大会堂等建筑设有多级台阶,给人以庄严神圣的感觉。

台阶由踏步和平台组成,其形式有单面踏步式、三面踏步式、单面踏步带花池式等。见图 5-26、图 5-27、图 5-28。

图 5-26 单面踏步式

图 5-27 三面踏步式

民用建筑设计通则(GB 50352－2005)中对台阶设置做出了相关规定:公共建筑室内外台阶踏步宽度不宜小于 300 mm,踏步高度不宜大于 150 mm,并不宜小于 100 mm,踏步应防滑。室内台阶踏步数不应少于 2 级,当高差不足 2 级时,应按坡道设置。人流密集的场所台阶高度超过 700 mm 并侧面临空时,应有防护设施。

台阶的构造分实铺和架空两种。实铺台阶的构造与室内地坪的构造相似，包括基层、垫层和面层。基层为夯实层。垫层可采用混凝土垫层、砖垫层，严寒地区需考虑地基土冻胀因素，可采用含水率低的砂石垫层换土至冰冻线以下。面层材料应选择防滑、耐久的材料。见图 5-29。

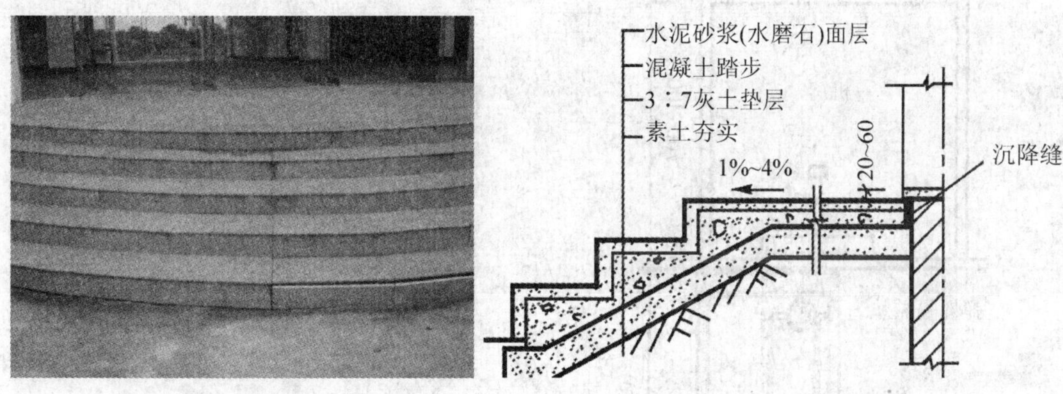


**图 5-28　半圆形台阶**　　　　**图 5-29　混凝土台阶构造**

**2. 坡道**

坡道分为行车坡道和轮椅坡道，见图 5-30、图 5-31。随着社会文明程度的提高，为使残疾人能平等地参与社会活动，体现社会对特殊人群的关爱，应在为公众服务的建筑及市政工程中设置方便残疾人使用的设施，轮椅坡道是其中之一。

**图 5-30　自行车坡道**

**图 5-31　行车坡道**

民用建筑设计通则(GB 50352－2005)中对坡道设置做了相关规定：室内坡道坡度不宜大于 1∶8，室外坡道坡度不宜大于 1∶10。室内坡道水平投影长度超过 15 m 时，宜设休息平台，平台宽度应根据使用功能或设备尺寸所需缓冲空间而定。供轮椅使用的坡道不应大于1∶12，困难地段不应大于 1∶8。自行车推行坡道每段坡长不宜超过 6 m，坡度不宜大于1∶5。坡道应采取防滑措施，见图 5-32。

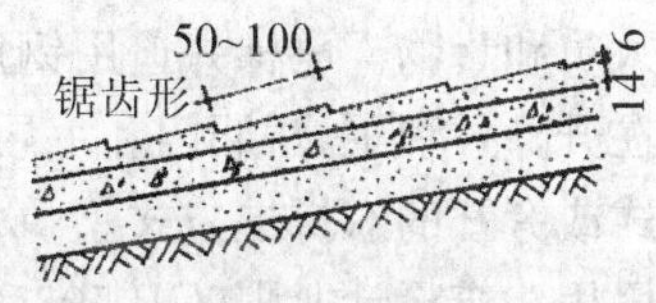


**图 5-32　坡道防滑处理**

**3. 电梯**

电梯是高层建筑中的垂直交通设施，运行速度快，可以节省时间和人力。电梯由井道、机房、地坑三部分组成，见图 5-33。设置电梯的建筑，楼梯还应照常规做法设置。

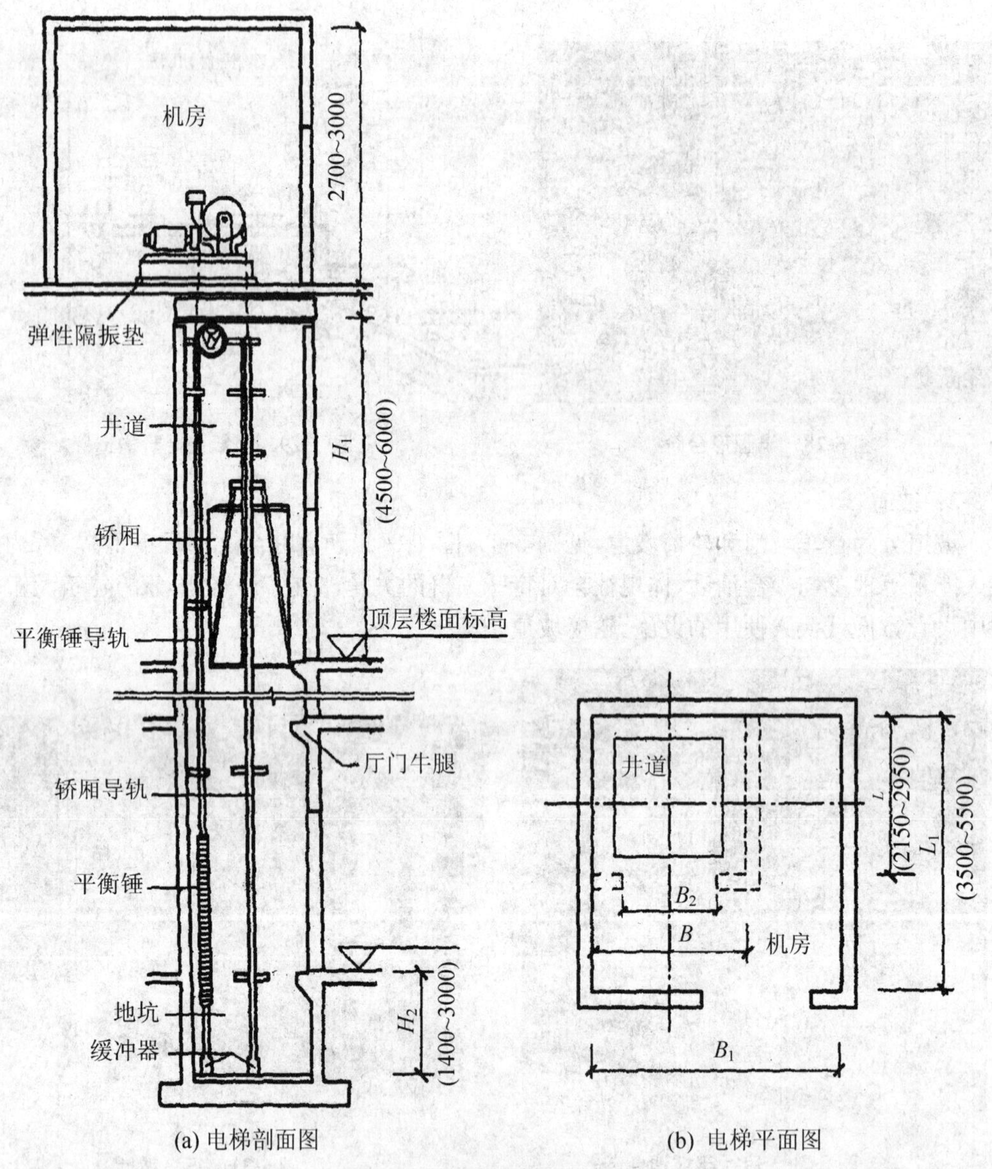


(a) 电梯剖面图 (b) 电梯平面图

**图 5-33 电梯构造示意图**

在电梯井道内有轿厢和保证平衡的平衡锤，通过机房内的曳引机和控制屏进行操纵来运送人员和货物。电梯井道用钢筋混凝土浇注而成。在每层楼面应留出门洞，并设置专用门。在升降过程中，轿厢门和每层专用门全部封闭，以保证安全。门的开启方式一般为中分推拉式或旁开的双折推拉式。

民用建筑设计通则(GB 50352－2005)中对电梯设置做了相关规定：电梯不得计作安全出口。以电梯为主要垂直交通的高层公共建筑和 12 层及 12 层以上的高层住宅，每栋楼设置电梯的台数不应少于 2 台。建筑物每个服务区单侧排列的电梯不宜超过 4 台，双侧排列的电梯不宜超过 2×4 台。电梯不应在转角处贴邻布置。电梯井道和机房不宜与有安静要求的用房贴邻布置，否则应采取隔振、隔声措施。机房应为专用的房间，其围护结构应保温隔热，室内应有良好通风、防尘，宜有自然采光，不得将机房顶板作水箱底板及在机房内直接穿越水管或蒸汽管。

**4. 自动扶梯**

自动扶梯是人流集中的大型公共建筑使用的垂直交通设施。它具有结构紧凑、重量轻、耗电省、安装维修方便等优点。自动扶梯运行时，电动机械牵动梯段踏步连同栏杆扶手一起运转，可以正向运行，也可以反向运行，见图 5-34、图 5-35。

**图 5-34　自动扶梯**

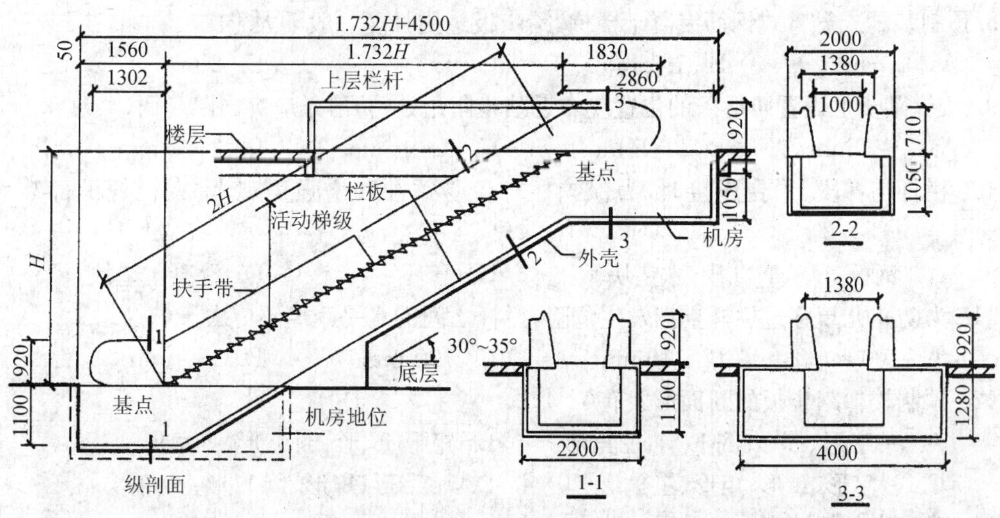


**图 5-35　自动扶梯构造示意图**

民用建筑设计通则(GB 50352－2005)中对自动扶梯设置做了相关规定：自动扶梯不得

计作安全出口。出入口畅通区的宽度不应小于 2500 mm,畅通区有密集人流穿行时,其宽度应加大。栏板应平整、光滑和无突出物。扶手带顶面距自动扶梯前缘、自动人行道踏板面或胶带面的垂直高度不应小于 900 mm。扶手带外边至任何障碍物的距离不应小于 500 mm,否则应采取措施防止障碍物引起人员伤害。扶手带中心线与平行墙面或楼板开口边缘间的距离、相邻平行交叉设置时两梯(道)之间扶手带中心线的水平距离不宜小于 500 mm,否则应采取措施防止障碍物引起人员伤害。自动扶梯的梯级、自动人行道的踏板或胶带上空,垂直净高不应小于 2300 mm。自动扶梯的倾斜角不应超过 30°,当提升高度不超过 6000 mm,额定速度不超过 0.50 m/s 时,倾斜角允许增至 35°,倾斜式自动人行道的倾斜角不应超过 12°。自动扶梯和层间相通的自动人行道单向设置时,应就近布置相匹配的楼梯。设置自动扶梯或自动人行道所形成的上下层贯通空间,应符合防火规范所规定的有关防火分区等要求。

### 5.3.4 练习与提高

1. 现浇钢筋混凝土楼梯按梯段的传力特点不同,有__________和__________两种类型。

2. 楼梯踏步表面的防滑处理通常是在__________做__________。

3. 电梯主要由__________、__________和__________三部分组成。

4. 斜梁与踏步板的关系:斜梁在下,踏步板在上为__________,即明步梯段;斜梁在上,踏步板在下为__________,即暗步梯段。

5. 梁板式楼梯的荷载传递路线为:______________________________。

6. 预制装配式钢筋混凝土楼梯按其构造方式,可分为__________和__________。

7. 用于搁置三角形断面踏步板的梯段斜梁常用(　)断面形式。

A. 矩形　　B. L 形　　C. T 形　　D. 锯齿形

8. 预制装配式悬臂式钢筋混凝土楼梯,踏步板悬挑长度一般不大于(　)。

A. 1.2 m　　B. 1.5 m　　C. 1.8 m　　D. 2 m

9. 楼梯踏步上设置防滑条的位置应靠近踏步阳角处,防滑条应突出踏步面(　)。

A. 2～3 mm　　B. 2～5 mm　　C. 2～4 mm　　D. 3～4 mm

10. 栏杆与梯段、平台连接时,为保护栏杆免受锈蚀和增强美观,常在栏杆下部装设(　)。

A. 钢板　　B. 木垫块　　C. 套环　　D. 混凝土垫块

11. 为防止儿童穿过栏杆空挡发生危险,栏杆之间的水平距离不应大于(　)。

A. 100 mm　　B. 110 mm　　C. 120 mm　　D. 130 mm

12. 预制楼梯踏步板的断面形式有(　)。

A. 一字形、L 形、倒 L 形、三角形　　B. 矩形、L 形、倒 L 形、三角形

C. 一字形、L 形、矩形、三角形　　D. 一字形、矩形、倒 L 形、三角形

13. 残疾人通行坡度一般采用(　)。

A. 1∶12　　B. 1∶10　　C. 1∶8　　D. 1∶6

14. 自动扶梯的坡度一般采用(　)。

A. 10°　　B. 20°　　C. 30°　　D. 45°

15. 无障碍设计对坡道坡度的要求是不大于( )。
A. 1/20 B. 1/16 C. 1/12 D. 1/10

# 5.4 任务3:绘制楼梯节点构造图

## 5.4.1 任务资讯

分项实训项目和综合实训项目在教学中采取项目教学法进行教学。教学流程主要有确定项目任务,收集资料,制定方案,小组讨论,确定方案,检查记录,总结评价等主要实施过程。分项实训项目考核评价标准(表5-4)、小组成员活动记录表、实训项目效果反馈信息表、小组成员各工作步骤成绩评定表,均为在教学过程中检查记录所用材料(后面的几个表格在前面已经给出)。

**表5-4 分项实训项目考核评价标准**

| 分项实训项目 | 实训目标 | 考核内容 | 考核评价方法 | 分值 |
|---|---|---|---|---|
| 楼梯节点构造设计 | (1) 理解楼梯的尺度。<br>(2) 能根据工程实际选择楼梯类型。<br>(3) 能够设计楼梯 | (1) 确定楼梯的尺度。<br>(2) 解决一层平台下过人的处理手法。<br>(3) 楼梯设计方案。<br>(4) 查阅《建筑设计规范》和《房屋建筑制图统一标准》 | (1) 自我评价内容:楼梯尺度合理情况,一层平台下过人的处理情况,符合建筑规范和建筑制图统一标准情况。<br>(2) 小组评价:符合工程实际情况,图面表现情况,实训态度、工作习惯等情况。<br>(3) 教师总体评价:结合现场验收、口头答辩、图面质量、构造做法、设计方案等进行综合考核 | 5 |

## 5.4.2 任务实施

楼梯节点构造设计实训任务书

**1. 任务目标**

通过楼梯节点设计掌握楼梯的尺度要求;能根据工程实际选择楼梯类型;能够设计现浇钢筋混凝土板式楼梯。

**2. 任务设计条件**

已知某单元式住宅楼梯,一梯二户,砖混结构,层高2.8 m或2.9 m ,室内外高差450 mm,楼梯开间尺寸2.7 m,进深尺寸6.0 m,5层,双跑式平行楼梯,楼梯间的墙体为普通黏土砖,墙厚240 mm,轴线居中,底层平台下设有住宅出入口。楼梯结构形式为现浇钢筋混凝土楼梯,栏杆扶手的样式、材料及尺寸等自定。楼地面做法自定。

**3. 任务设计内容**

(1) 本设计共包括 6 个图:底层平面图,二层平面图,三层平面图,顶层平面图,楼梯剖面图,楼梯栏杆(栏板),踏步详图。

(2) 比例:平面图为 1∶50;剖面图为 1∶50;详图为 1∶10。

(3) 使用 2#图纸一张,以铅笔绘制。

**4. 任务要求**

(1) 在楼梯各平面图中绘出定位轴线,标出定位轴线至墙边的尺寸。绘出门窗、楼梯踏步、折断线,以各层地面为基准标注楼梯的上、下行指示箭头。

(2) 在楼梯各层平面图中注明中间平台及各层地面的标高。

(3) 在底层楼梯平面图上注明剖面图剖切线的位置及编号,注意剖切线的剖切方向。剖切线应通过楼梯间的门或窗。

(4) 平面图上应标注两道尺寸。

进深方向:第一道:平台净宽、梯段长=踏面宽×步数。第二道:楼梯间进深轴线尺寸。

开间方向:第一道:楼梯段宽度和楼梯井宽。第二道:楼梯间开间轴线尺寸。

(5) 首层平面图上要绘出室外台阶、散水,二层平面图应绘出雨篷。

(6) 剖面图应注意剖视方向,不要把方向弄错。剖面图可绘制到顶层栏杆扶手,其上用折断线切断,不需绘出屋顶。

(7) 剖面图的内容包括楼梯的断面形式,栏杆(栏板)、扶手的形式,墙、楼板和楼层地面、顶棚、台阶、室外地面、首层地面等。

(8) 绘制出材料符号。

(9) 标注标高:室内地面、室外地面、各层平台、各层地面、窗台及窗顶、门顶、雨篷上下皮等处。

(10) 在剖面图中绘出定位轴线,并标注定位轴线间的尺寸。标注出各梯段的踏步数及各梯段的高度,绘制出详图索引符号。

(11) 详图应注明材料、构造做法和尺寸。与详图无关的连续部分可用折断线断开。标注出详图编号。

**5. 任务设计步骤**

(1) 根据题意,确定楼梯形式。

(2) 确定楼梯开间方向细部尺寸。

(3) 确定楼梯进深方向细部尺寸。

(4) 确定楼梯结构形式。

(5) 验算楼梯净空高度。

(6) 各层休息平台标高计算。

(7) 确定各层平面细部尺寸。

(8) 根据确定的数据,完成各层平面图、剖面图及详图的绘制。

**6. 任务参考资料**

(1) 房屋建筑制图统一标准 GB/T 50001-2001。

(2) 民用建筑设计通则 GB 50352-2005。

(3) 民用建筑热工设计规范 GB 50176-93。

(4) 房屋建筑学实训指导。

(5) 相关建筑施工图纸。

## 5.4.3 任务拓展

### 楼梯构造设计分析

**1. 确定楼梯为平行双跑式楼梯**

根据住宅规范要求，楼梯踏步宽度为 260～300 mm，高度为 150～175 mm，由公式 $g+r=450$ (mm)或 $g+2r=600\sim620$ (mm)，初步确定踏步宽度为 $g=260$ mm，踏步高度为 $r=175$ mm，$n=16$ 级，坡度为 $33°57'$。

**2. 开间方向细部尺寸**

开间净尺寸为 2700－2×120＝2460 (mm)，取楼梯井宽 60 mm，每梯段宽度 $B=(2460-60)/2=1200$ (mm)。

**3. 进深方向细部尺寸**

进深净尺寸为 6000－2×120＝5760 (mm)。

梯段水平投影长度 $L=260\times(8-1)=1820$ (mm)。

取中间休息平台宽度 $B_1$ 为 1300 mm($B_1\geqslant$梯段宽 $B$)。

取楼层平台宽度 $B_2=5760-1820-1300=2640$ (mm)(注：$B_1$ 和 $B_2$ 在画草图时可调整)。

**4. 结构形式**

楼梯梯段水平投影长度为 1820 mm，小于 3 m，采用板式楼梯较为经济，现采用现浇钢筋混凝土板式楼梯。

梯段板厚、楼板厚在建筑图上均按 100 mm 厚画图，具体厚度由结构计算定。平台板厚取为 60 mm。取平台梁截面高为 300 mm，宽为 250 mm。

**5. 验算楼梯净空高度**

(1) 底层平台梁下净空高度验算

175×8＝1400，1400－300＝1100＜2000，需调整。

首先将平台下室内地坪降低 300，此时平台下净空高度调整为 1100＋300＝1400。

其次，调整第一跑楼梯踏步数为 12 级，梯段高为 175×12＝2100。则底层平台梁下净空高度为 2100＋300－300＝2100＞2000，满足要求。

此时，第二跑梯段高为 175×4＝700，梯段长为 260×3＝780。

(2) 第二层楼梯平台梁下净空高度验算

700＋175×8－300＝1800＜2000，需调整。

将第三跑梯段踏步数调整为 10 级，则 700＋175×10－300＝2150＞2000，满足要求。

此时，第四跑梯段踏步数为 6 级，梯段高为 175×6＝1050，梯段长为 260×5＝1300。

(3) 第三层楼梯平台下净空高度验算

1050＋175×8－300＝2150＞2000，满足要求。

故从第五跑开始，每个梯段踏步数均为 8 级。

**6. 各层休息平台标高计算**

一层休息平台标高：175×12＝2100。

二层休息平台标高：175×4＋175×10＝2450，2450＋2100＝4550。

三层休息平台标高：175×6＋175×8＝2450，2450＋4550＝7000。

四层休息平台标高：175×8＋175×8＝2800，2800＋7000＝9800。

**7. 确定各层平面细部尺寸**

(1) 各层开间尺寸：120＋1200＋60＋1200＋120＝2700。

(2) 室内踏步进深尺寸：120＋1600＋300＋3860＋120＝6000。

(3) 第一梯段进深尺寸：120＋1600＋260×11＋1300＋120＝6000。

(4) 第二梯段进深尺寸：120＋1300＋260×3＋3680＋120＝6000。

(5) 第三梯段进深尺寸：120＋1300＋260×9＋2120＋120＝6000。

(6) 第四梯段进深尺寸：120＋1300＋260×5＋3160＋120＝6000。

(7) 第五梯段进深尺寸：120＋1300＋260×7＋2640＋120＝6000。

(8) 第六、七、八梯段进深尺寸：同上。

8. 绘图

根据确定的数据，完成各层平面图、剖面图及详图的绘制，如图 5-36、图 5-37、图 5-38 所示。

## 5.4.4 练习与提高

楼梯构造设计

**1. 设计条件**

某单元式住宅，层数为 3 层，层高为 2.9 m，开间尺寸 2700 mm，进深尺寸 6000 mm。平行双跑楼梯，楼梯间的墙厚为 240 mm，轴线居中，底层中间平台下设有住宅出入口。结构形式及楼地面做法自定。

**2. 设计内容**

绘制楼梯间各层平面图，标出每个梯段的踏步数、踏步宽度，梯段、梯井、平台尺寸及标高。

绘制楼梯间剖面图，标出踏步高度、平台标高、楼层标高及主要尺寸。

**3. 图纸要求**

比例：平面图为 1∶50；剖面图为 1∶50；详图为 1∶10。

使用 2＃图纸一张，以铅笔绘制。要求字迹工整、布图均称，所有线条、材料图例等均应符合制图统一规定要求。

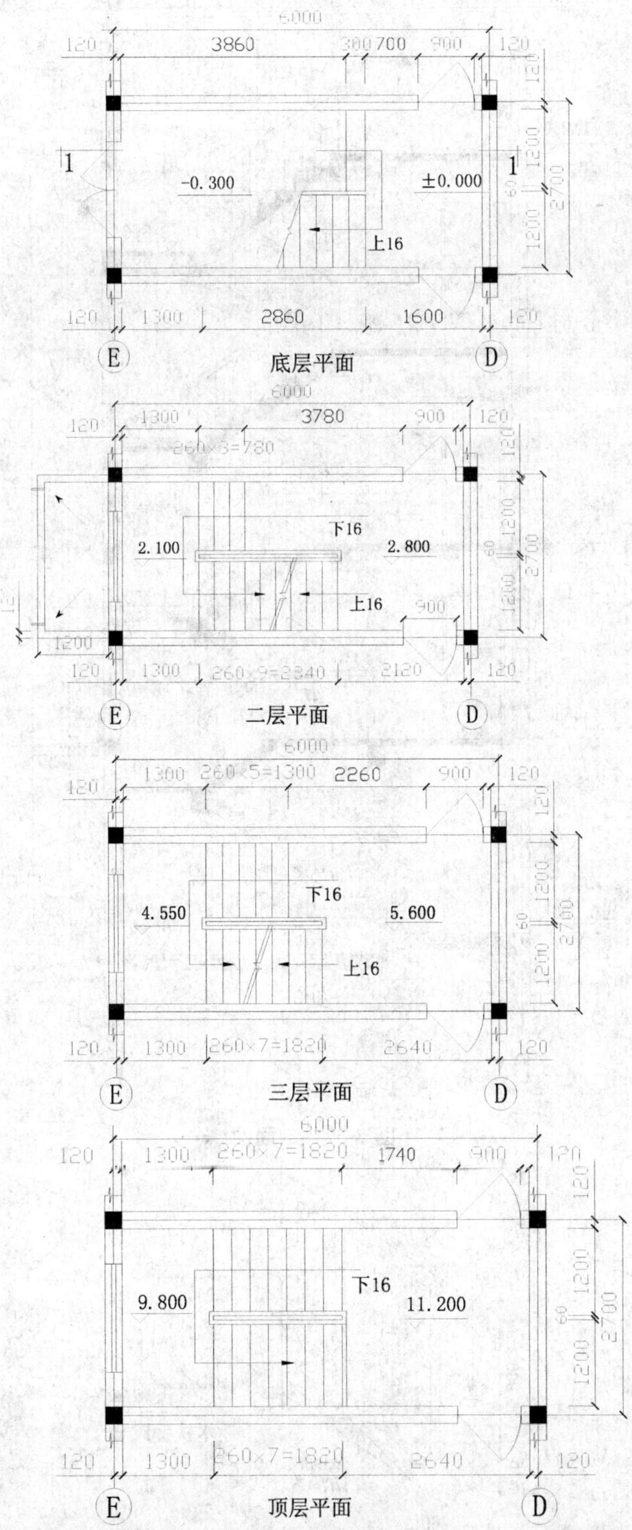


6000
120
3860
300
700
900
120
1
-0.300
±0.000
1
上16
1200
60
1200
2700
120
1300
2860
1600
120
E
底层平面
D
6000
120
1300
3780
900
120
260×3=780
下16
2.100
2.800
上16
900
1200
120
1300
260×9=2340
2120
120
E
二层平面
D
6000
1300
260×5=1300
2260
900
120
120
下16
4.550
5.600
上16
120
1300
260×7=1820
2640
120
E
三层平面
D
6000
120
1300
260×7=1820
1740
900
120
下16
9.800
11.200
120
1300
260×7=1820
2640
120
E
顶层平面
D

图 5-36 平面图(1∶50)

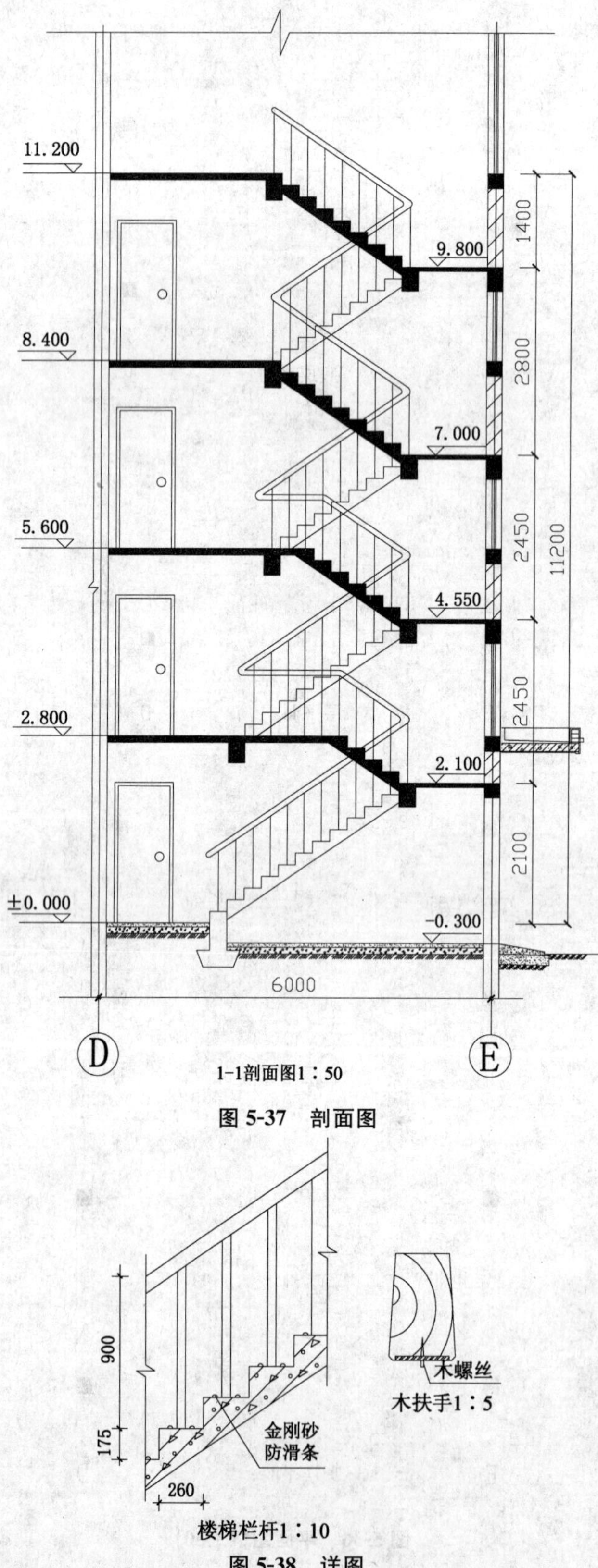


1-1剖面图1：50

图 5-37 剖面图



楼梯栏杆1：10

木扶手1：5

图 5-38 详图

# 学习情境 6　屋　　顶

## 6.1　学习情境描述

### 6.1.1　学习目标

完成本学习情境后，你应当能：

（1）运用所学知识，阅读屋顶平面图施工图纸，确定雨水管的设置位置和屋顶的排水方式。

（2）根据环境要求，确定屋面排水的方式及节点构造做法。

（3）在教师指导下，设计屋面排水并绘制屋顶平面图及有组织外排水构造详图。

### 6.1.2　学习任务

具体学习任务与任务驱动如表 6-1 所示。

表 6-1　学习任务与任务驱动

| 序　号 | 学习任务 | 任务驱动 |
| --- | --- | --- |
| 1 | 设计屋面排水 | （1）观察并分析教学楼和办公楼等民用建筑的屋顶找坡形式及排水方式。<br>（2）绘制屋面排水图示，包括屋面平面图及节点详图 |
| 2 | 柔性防水屋面构造处理 | （1）参观柔性防水屋面的节点处理，包括檐口构造和山墙泛水。<br>（2）绘制柔性防水屋面的构造图和节点详图 |
| 3 | 刚性防水屋面构造处理 | （1）参观刚性防水屋面的节点处理，包括分仓缝、檐口构造和山墙泛水。<br>（2）绘制刚性防水屋面的构造图和节点详图。<br>（3）阅读教学楼屋顶平面施工图，分析刚性防水屋面和柔性防水屋面的异同点 |
| 4 | 坡屋顶构造处理 | （1）观察坡屋顶在檐口、山墙等处的防水及泛水处理方法。<br>（2）分析坡屋顶的结构布置形式 |
| 5 | 绘制平屋顶构造图 | 绘制屋顶平面图及有组织外排水构造详图 |

# 6.2 任务1:设计屋面排水

## 6.2.1 任务资讯

**1. 屋顶的作用、组成**

(1) 屋顶的作用

屋顶是建筑物最上层起覆盖作用的承重和围护构件,它的主要作用首先是应能承受屋顶本身的自重、风雪荷载及上人或检修屋面时的各种荷载,同时还起着对房屋上部的水平支撑作用;其次,它应能抵御风霜雨雪、阴晴冷暖对屋顶覆盖下的空间的不利影响;再者,屋顶的形式在很大程度上影响到建筑物的整体造型。因此屋顶的主要作用是承重、围护及美观。

(2) 屋顶的组成

屋顶由屋面、承重结构、保温隔热层和顶棚组成。屋面是屋顶的面层。承重结构承受由屋面传来的荷载和屋面的自重。保温、隔热层可选用导热系数小的材料,起到建筑节能的作用。顶棚是屋顶的底面。见图6-1屋顶的组成。

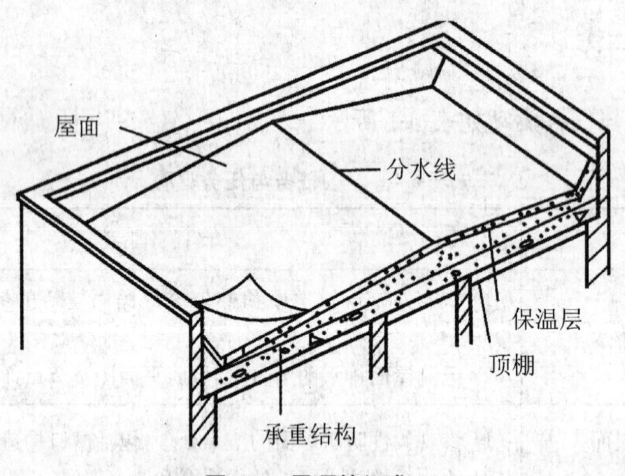


**图6-1 屋顶的组成**

**2. 屋顶的形式及设计要求**

(1) 屋顶的形式

① 平屋顶

平屋顶通常是指排水坡度小于5%的屋顶,常用坡度为2%~3%,见图6-2平屋顶的形式。

② 坡屋顶

坡屋顶通常是指屋面坡度大于5%的屋顶,见图6-3坡屋顶的形式。

③ 曲面屋顶

随着科学技术的发展,出现了许多新型的屋顶结构形式,如拱结构、薄壳结构、悬索结构、网架结构屋顶等。这类屋顶多用于较大跨度的公共建筑。见图6-4曲面屋顶。

**图 6-2 平屋顶的形式**

**图 6-3 坡屋顶的形式**

**图 6-4 曲面屋顶**

(2) 屋顶的设计要求

屋顶是建筑物的重要组成部分，在设计时应满足使用功能、结构安全、建筑艺术等方面的要求。

① 使用功能

屋顶是建筑物上部的围护结构，主要应满足防水排水和保温隔热的要求。

屋顶应采用不透水的防水材料及合理的构造处理来达到防水的目的。屋顶排水采用一定的排水坡度将屋顶的雨水尽快排走。根据《屋面工程技术规范》(GB 50345—2004)中的规定，屋面工程应根据建筑物的性质、重要程度、使用功能要求以及防水层合理使用年限，按不同等级进行设防，并应符合表 6-2 的规定。

**表 6-2 屋面防水等级和防水要求**

| 项 目 | 屋面防水等级 | | | |
|---|---|---|---|---|
| | Ⅰ | Ⅱ | Ⅲ | Ⅳ |
| 建筑物类别 | 特别重要或对防水有特殊要求的建筑 | 重要的建筑和高层建筑 | 一般的建筑 | 非永久性的建筑 |
| 防水层合理使用年限 | 25 年 | 15 年 | 10 年 | 5 年 |
| 设防要求 | 三道或三道以上防水设防 | 二道防水设防 | 一道防水设防 | 一道防水设防 |
| 防水层选用材料 | 宜选用合成高分子防水卷材、高聚物沥青改性防水卷材、金属板材、合成高分子防水涂料、细石防水混凝土等材料 | 宜选用高聚物沥青改性防水卷材、合成高分子防水卷材、金属板材、合成高分子防水涂料、高聚物沥青改性防水涂料、细石防水混凝土、平瓦、油毡瓦等材料 | 宜选用高聚物沥青改性防水卷材、合成高分子防水卷材、三毡四油沥青防水卷材、金属板材、合成高分子防水涂料、高聚物沥青改性防水涂料、细石防水混凝土、平瓦、油毡瓦等材料 | 可选用二毡三油沥青防水卷材、高聚物沥青改性防水涂料等材料 |

注:(1) 本规范中采用的沥青均指石油沥青,不包括煤沥青和煤焦油等材料。

(2) 石油沥青纸胎油毡和沥青复合胎柔性防水材料,系限制使用材料。

(3) 在Ⅰ、Ⅱ级屋面防水设防中,如仅做一道金属板材时,应符合有关技术规定。

屋顶保温是在屋顶的构造层次中采用保温材料作保温层,并避免产生结露或内部受潮,使寒冷地区保持室内温度的正常。屋顶隔热是在屋顶的构造中采用相应的构造做法,使南方地区在炎热的夏季避免强烈的太阳辐射引起室内温度过高。

② 结构安全

屋顶同时是建筑物上部的承重结构,因此要求屋顶结构应有足够的强度和刚度,能承受建筑物上部的所有荷载,以确保建筑物的安全和耐久。

③ 建筑艺术

屋顶是建筑物外部形体的重要组成部分,屋顶的形式对建筑的特征有很大的影响。变化多样的屋顶外形,装修精美的屋顶细部,是中国传统建筑的重要特征。在现代建筑中,如何处理好屋顶的形式和细部也是设计中不可忽视的重要方面。

## 6.2.2 任务实施

**1. 屋面坡度**

*(1) 屋面排水坡度的表示方法*

常用的坡度表示方法有角度法、斜率法和百分比法,见表 6-3 屋面坡度的表示方法。

**表 6-3 屋面坡度的表示方法**

| 屋顶类型 | 平屋顶 | 坡屋顶 | |
|---|---|---|---|
| 常用排水坡度 | <5%,常用 2%～3% | 一般大于 10% | |
| 屋顶坡度表示方式 | H L 百分比法 | H L 斜率法 | 1 2 (屋面坡度符号) $\theta$ 角度法 |
| 应用情况 | 普遍 | 普遍 | 较少采用,$\theta$ 多为 26°34′ |

斜率法是以屋顶倾斜面的垂直投影长度与水平投影长度之比来表示。百分比法是以屋顶倾斜面的垂直投影长度与水平投影长度之比的百分比值来表示。角度法是以倾斜面与水平面所成夹角的大小来表示。坡屋顶多采用斜率法,平屋顶多采用百分比法。角度法应用较少。

(2) 屋面排水坡度的确定

屋面排水坡度应根据屋顶结构形式、屋面基层类别、防水构造形式、材料性能及当地气候等条件确定,并应符合表 6-4 的规定。

**表 6-4 屋面的排水坡度**

| 屋面类别 | 屋面排水坡度(%) |
|---|---|
| 卷材防水、刚性防水的平屋面 | 2～5 |
| 平瓦 | 20～50 |
| 波形瓦 | 10～50 |
| 油毡瓦 | ⩾20 |
| 网架、悬索结构金属板 | ⩾4 |
| 压型钢板 | 3～35 |
| 种植土屋面 | 1～3 |

注:(1) 平屋面采用结构找坡不应小于 3%,采用材料找坡宜为 2%。

(2) 卷材屋面的坡度不宜大于 25%,当坡度大于 25%时应采取固定和防止滑落的措施。

(3) 卷材防水屋面天沟、檐沟纵向坡度不应小于 1%,沟底水落差不得超过 200 mm。天沟、檐沟排水不得流经变形缝和防火墙。

(4) 平瓦必须铺置牢固,地震设防地区或坡度大于 50%的屋面,应采取固定加强措施。

(5) 架空隔热屋面坡度不宜大于 5%,种植屋面坡度不宜大于 3%。

(3) 屋面坡度的形成方法

① 材料找坡

是指屋顶结构层的楼板水平搁置,利用轻质材料垫置坡度,因而材料找坡又称垫置坡度。常用找坡材料有水泥炉渣、石灰炉渣等,找坡材料最薄处应不小于 30 mm 厚。这种做法可获得平整的室内顶棚,但找坡材料增加了屋面荷载,且多费材料和人工。当屋顶坡度不大或需设保温层时常采用这种做法。见图 6-5(a)材料找坡。

② 结构找坡

结构找坡是将屋面板倾斜搁置在梁或墙上形成 3%的坡度。结构找坡构造简单,不增加荷载，但天棚顶倾斜，室内空间不平整。该方法一般用于单层工业厂房。见图 6-5(b)结构找坡。

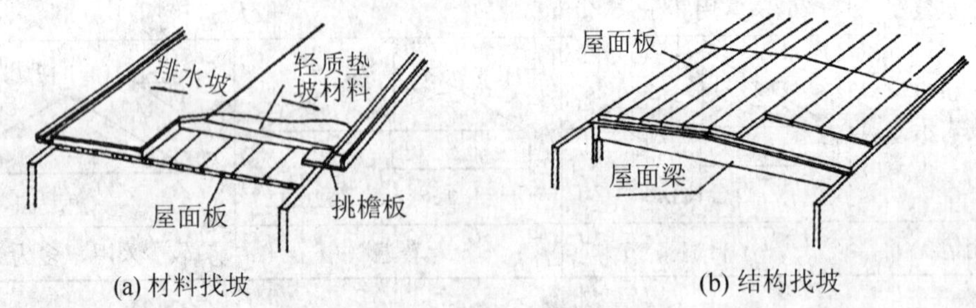


(a) 材料找坡　　(b) 结构找坡

**图 6-5　屋顶坡度的形成**

**2. 屋面排水方式**

屋面排水方式分为有组织排水和无组织排水两大类。

(1) 无组织排水

无组织排水是指屋面雨水直接从檐口滴落至地面的一种排水方式，又称为自由落水。无组织排水具有构造简单，造价低廉的特点，一般用于少雨地区和低层建筑。见图 6-6 无组织排水。

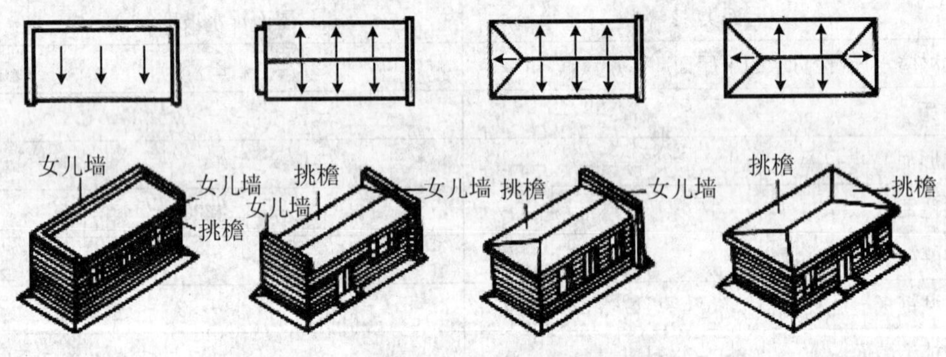


**图 6-6　无组织排水**

(2) 有组织排水

有组织排水是把屋面划分成若干排水区，设置排水天沟，把雨水汇集起来，经雨水口和雨水管有组织地排到地面或地下排水系统。有组织排水可分为有组织外排水和有组织内排水两种。

① 有组织外排水

是将屋面做成四坡水，沿房屋四周做外檐沟，将屋面雨水汇集，经雨水口和室外雨水管排出。见图 6-7 女儿墙有组织外排水，图 6-8 檐沟有组织外排水。

② 有组织内排水

是将雨水汇集到屋面天沟，经雨水口和室内雨水管流入到地下排水系统。适用于高层建筑、严寒地区、多跨单层工业厂房等。见图 6-9 有组织内排水。

**3. 屋面排水组织设计**

屋面排水组织设计的主要任务是将屋面划分成若干排水区，将各区的雨水分别引向各雨水管，使排水线路短捷，雨水管负荷均匀，排水顺畅。为此，屋面须有适当的排水坡度，设置必要的天沟、雨水管和雨水口，并合理地确定这些排水装置的规格、数量和位置，最后将它们标绘在屋顶平面图上，这一系列的工作就是屋顶排水组织设计。

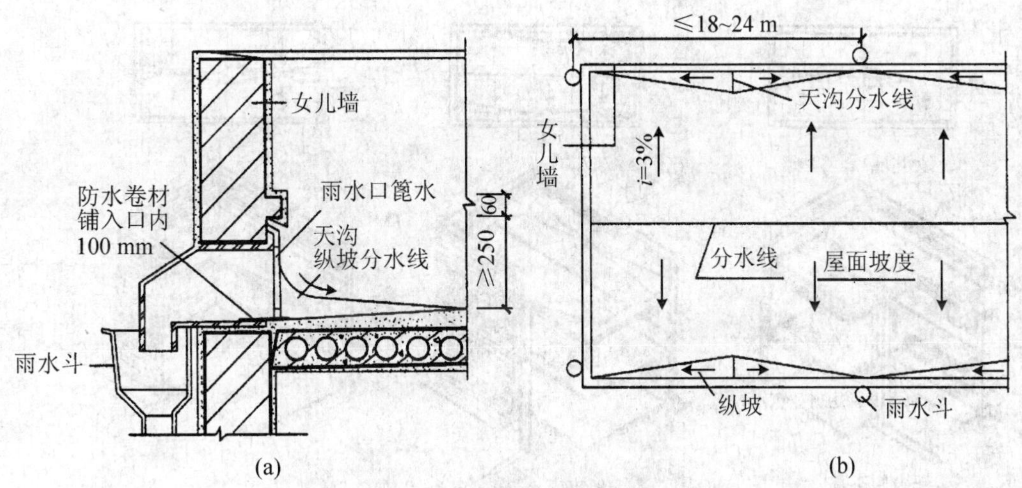


图 6-7　女儿墙有组织外排水

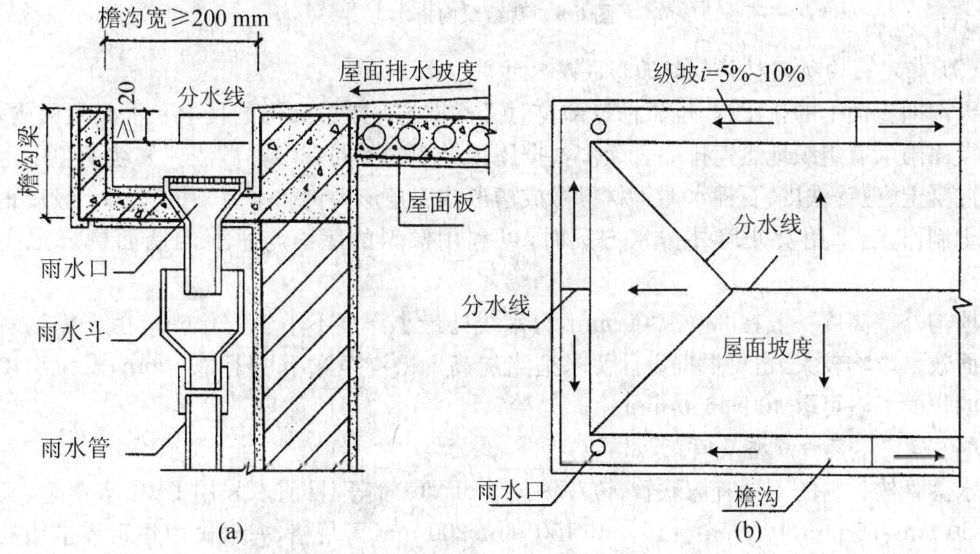


图 6-8　檐沟有组织外排水

（1）确定屋面坡度的形成

屋面坡度的形成方法有材料找坡和结构找坡两种。屋面找坡可以做四坡水或二坡水。做四坡水时，沿屋顶四周做檐沟，将屋面雨水汇集，经雨水口和落水管排走。做二坡水时，在屋顶纵向两侧做檐沟将屋面雨水汇集，或在屋面与女儿墙相交处做纵坡坡向雨水口，雨水经雨水口和水落管排走，为了防止雨水沿山墙溢出以及各个建筑立面效果的统一，在山墙处也要设女儿墙或挑檐。当屋面跨度不大时，也可沿短跨方向单侧找坡。

（2）排水区域划分

排水区域划分应尽可能规整，面积大小应相当，以保证每个水落管排水面积负荷相当。

在划分排水区域时，每块区域的面积宜小于 200 $m^2$，以保证屋面排水通畅，防止屋面雨水积蓄。还要考虑雨水口的设置位置，要注意尽量避开门窗洞口和入口的垂直上方位置，一般设置在窗间墙部位，雨水口间距一般在 18～24 m 之间。

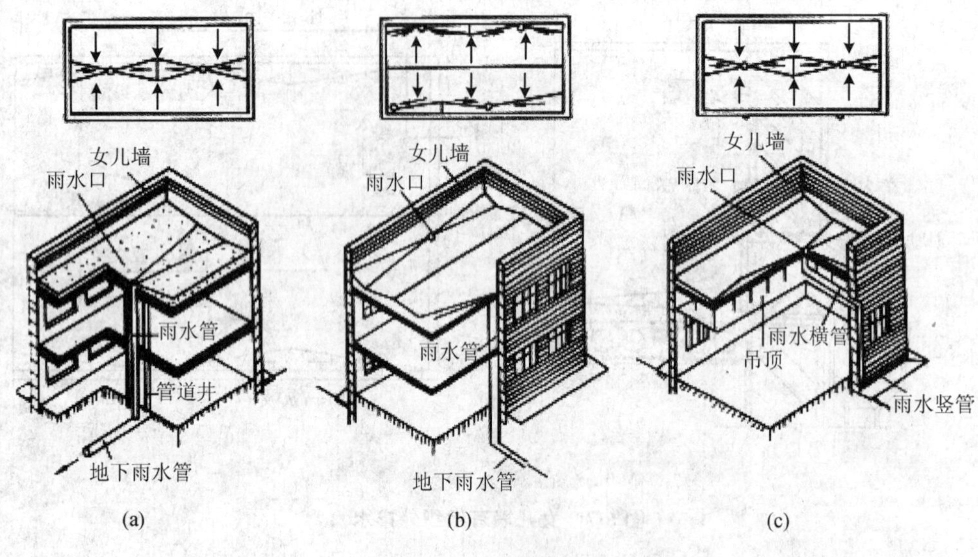


图 6-9 有组织内排水

(3) 确定天沟所用材料和断面形式及尺寸

天沟即屋面上的排水沟，位于檐口部位时又称檐沟。设置天沟的目的是汇集屋面雨水，并将屋面雨水有组织地迅速排除。天沟根据屋顶类型的不同有多种做法。如坡屋顶中可用钢筋混凝土、镀锌铁皮、石棉水泥等材料做成槽形或三角形天沟。平屋顶的天沟一般用钢筋混凝土制作，当采用女儿墙外排水方案时，可利用倾斜的屋面与垂直的墙面构成三角形天沟。

檐沟外壁高度一般在 200～300 mm，分水线处最小深度不小于 120 mm，由于檐沟对建筑立面效果影响较大，也可根据设计要求适当加高。檐沟净宽不小于 200 mm，悬挑出墙体部分的长度一般可取 400～600 mm。

(4) 确定水落管规格及间距

水落管按材料的不同有铸铁管、镀锌铁皮管、PVC 管等，目前多采用 PVC 水落管，其直径有 50 mm、75 mm、100 mm、125 mm、150 mm、200 mm 等规格，一般民用建筑最常用的水落管直径为 100 mm。水落管的位置应在实墙面处，其间距一般在 18～24 m，如间距过大，则沟底纵坡面较长，会使沟内的垫坡材料增厚，减少天沟的容水量，造成雨水溢向屋面引起渗漏或从檐沟外侧涌出。

水落管距墙面的距离不应小于 20 mm，其排水口距离散水坡的高度不应小于 200 mm。水落管应用管箍与墙面固定，管箍的竖向间距小于 1.2 m。水落管经过的带形线脚、檐口线等墙面突出部分处宜用直管，并应预留缺口或孔洞。当必须采用弯管绕过时，弯管的结合角应为钝角。

## 6.2.3　任务拓展

屋面工程技术规范 GB 50345－2004 中对屋面工程设计进行了一般规定和要求。

**1. 屋面工程设计一般规定**

屋面工程设计应包括确定屋面防水等级和设防要求；屋面工程的构造设计；防水层选用的材料及其主要物理性能；保温隔热层选用的材料及其主要物理性能；屋面细部构造的密封防水措施，选用的材料及其主要物理性能；屋面排水系统的设计。

屋面工程防水设计应遵循“合理设防、防排结合、因地制宜、综合治理”的原则。屋面防水多道设防时，可将卷材、涂膜、细石防水混凝土、瓦等材料复合使用，也可使用卷材叠层。屋面防水设计采用多种材料复合时，耐老化的防水层应放在最上面，相邻材料之间应具相容性。

屋面防水层细部构造，如天沟、檐沟、阴阳角、水落口、变形缝等部位应设置附加层。屋面工程采用的防水材料应符合环境保护要求。

**2. 屋面工程构造设计要求**

结构层为装配式钢筋混凝土板时，应用强度等级不小于 C20 的细石混凝土将板缝灌填密实；当板缝宽度大于 40 mm 或上窄下宽时，应在缝中放置构造钢筋；板端缝应进行密封处理。

单坡跨度大于 9 m 的屋面宜做结构找坡，坡度不应小于 3%。当材料找坡时，可用轻质材料或保温层找坡，坡度宜为 2%。天沟、檐沟纵向坡度不应小于 1%，沟底水落差不得超过 200 mm；天沟、檐沟排水不得流经变形缝和防火墙。

卷材、涂膜防水层的基层应设找平层，找平层厚度和技术要求应符合表 6-5 中的规定；找平层应留设分格缝，缝宽宜为 5～20 mm，纵横缝的间距不宜大于 6 m，分格缝内宜嵌填密封材料。

**表 6-5　找平层厚度和技术要求**

| 类　别 | 基层种类 | 厚度(mm) | 技术要求 |
|---|---|---|---|
| 水泥砂浆找平层 | 整体现浇混凝土 | 15～20 | 1∶2.5～1∶3(水泥∶砂)体积比，宜掺抗裂纤维 |
| | 整体或板状材料保温层 | 20～25 | |
| | 装配式混凝土板 | 20～30 | |
| 细石混凝土找平层 | 板状材料保温层 | 30～35 | 混凝土强度等级 C20 |
| 混凝土随浇随抹 | 整体现浇混凝土 | — | 原浆表面抹平、压光 |

在纬度 40°以北地区且室内空气湿度大于 75%，或其他地区室内空气湿度常年大于 80%时，若采用吸湿性保温材料作保温层，应选用气密性、水密性好的防水卷材或防水涂料做隔汽层。隔汽层应沿墙面向上铺设，并与屋面的防水层相连接，形成全封闭的整体。

多种防水材料复合使用时，应符合以下规定：合成高分子卷材或合成高分子涂膜的上部，不得采用热熔型卷材或涂料；卷材与涂膜复合使用时，涂膜宜放在下部；卷材、涂膜与刚性材料复合使用时，刚性材料应设置在柔性材料的上部。

涂膜防水层应以厚度表示，不得用涂刷的遍数表示。卷材、涂膜防水层上设置块体材料或水泥砂浆、细石混凝土时，应在二者之间设置隔离层；在细石混凝土防水层与结构层间宜设置隔离层。隔离层可采用干铺塑料膜、土工布或卷材，也可铺抹低强度等级的砂浆。

柔性防水层上应设保护层，可采用浅色涂料、铝箔、粒砂、块体材料、水泥砂浆、细石混凝土等材料；水泥砂浆、细石混凝土保护层应设分格缝。架空屋面、倒置式屋面的柔性防水层上可不做保护层。

### 6.2.4 练习与提高

1. 下列哪种建筑的屋面可采用无组织排水方式？（ ）

A. 高度较低的简单建筑　　B. 积灰多的屋面
C. 有腐蚀介质的屋面　　D. 降雨量较大地区的屋面

2. 我国现行的《屋面工程技术规范》(GB 50345－2004)中，将屋面防水等级和设防要求划分为（ ）个等级。

A. 2　　B. 3　　C. 4　　D. 5

3. 材料找坡适用于坡度（ ）以内、跨度不大的平屋顶。

A. 3%　　B. 5%　　C. 10%　　D. 15%

4. 屋面排水分区的大小一般按一个雨水口汇集（ ）屋面面积的雨水考虑。

A. 100 $m^2$　　B. 150 $m^2$　　C. 200 $m^2$　　D. 300 $m^2$

5. 屋顶的坡度形成中材料找坡是指（ ）来形成。

A. 选用轻质材料找坡　　B. 利用钢筋混凝土板的搁置
C. 利用油毡的厚度　　D. 利用水泥砂浆的找平层

6. 平屋顶采用材料找坡的形式时，垫坡材料不宜用（ ）。

A. 水泥炉渣　　B. 石灰炉渣　　C. 细石混凝土　　D. 膨胀珍珠岩

7. 屋顶坡度的表示方法有________、________和________三种。
8. 平屋顶排水坡度的形成方式有________和________。
9. 平屋顶的排水方式分为________和________。
10. 屋顶的形式有________、________和________。
11. 屋顶由哪几部分组成？它们的主要功能各是什么？
12. 屋顶排水组织设计主要包括哪些内容？具体要求是什么？
13. 结构找坡与材料找坡有什么区别？

## 6.3 任务2：柔性防水屋面构造处理

### 6.3.1 任务资讯

卷材防水屋面（柔性防水屋面）是指以防水卷材和胶粘剂分层粘贴而构成防水层的屋面。卷材防水屋面所用卷材有沥青类卷材、高分子类卷材、高聚物改性沥青类卷材等，其卷材黏粘剂主要有改性沥青胶黏剂、合成高分子胶黏剂、双面胶黏带。卷材防水屋面适用于防水等级为Ⅰ～Ⅳ级的屋面防水。

## 6.3.2 任务实施

**1. 卷材防水屋面构造层次及做法**

卷材防水屋面由多层材料叠合而成，其基本构造层次有结构层、找平层、结合层、防水层和保护层，辅助构造层次有找坡层、保温层、隔热层、蒸汽扩散层等。见图6-11卷材防水屋面构造层次及做法。

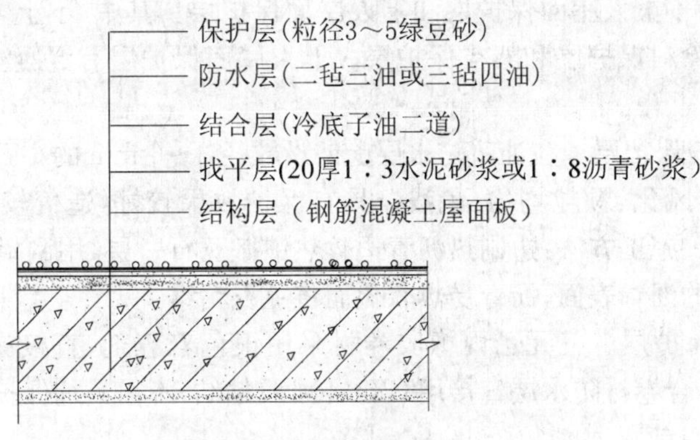


**图6-11 卷材防水屋面构造层次及做法**

(1) 结构层

通常为预制或现浇钢筋混凝土屋面板，要求具有足够的强度和刚度。

(2) 找平层

卷材防水层需要铺贴在坚固而平整的基层上，因此必须在保温层或找坡层上设置找平层。

(3) 结合层

结合层所用材料应根据卷材防水层材料的不同来选择，如油毡卷材、聚氯乙烯卷材及自粘型彩色三元乙丙复合卷材用冷底子油在水泥砂浆找平层上喷涂一至二道；三元乙丙橡胶卷材则采用聚氨酯底胶；氯化聚乙烯橡胶卷材需用氯丁胶乳等。冷底子油采用沥青加入汽油或煤油等溶剂稀释而成，喷涂时不用加热，在常温下进行，故称冷底子油。

(4) 防水层

防水层是由胶结材料与卷材粘合而成，卷材连续搭接，形成屋面防水的主要部分。当屋面坡度较小时，卷材一般平行于屋脊铺设，从檐口到屋脊层层向上粘贴，上下搭接不小于70 mm，左右搭接不小于100 mm。

油毡屋面在我国已有几十年的使用历史，具有较好的防水性能，对屋面基层变形也有一定的适应能力，但这种屋面施工麻烦、劳动强度大，且容易出现油毡鼓泡、沥青流淌、油毡老化等方面的问题，使油毡屋面的寿命大大缩短，平均10年左右就要进行大修。

目前所用的新型防水卷材，主要有三元乙丙橡胶防水卷材、自粘型彩色三元乙丙复合防水卷材、聚氯乙烯防水卷材、氯化聚乙烯防水卷材、氯丁橡胶防水卷材及改性沥青油毡防水卷材等，这些材料一般为单层卷材防水构造，防水要求较高时可采用双层卷材防水构造。这些防水材料的共同优点是自重轻,适用温度范围广,耐气候性好,使用寿命长,抗拉强度高,延伸率大,冷作业施工,操作简便,可大大改善劳动条件,减少环境污染。

(5) *屋面保护层*

① 设置保护层的原因

因为油毡防水层表面为黑色,容易吸热,夏季在太阳辐射下,表面温度可达 60～80 ℃,致使油毡和沥青加速老化,甚至使沥青熔化流淌(沥青软化点为 40～60 ℃),油毡下滑,搭接脱节而渗漏。在防水层上加设浅颜色吸热性差的材料,可对油毡防水屋面起保护作用。

② 保护层的种类

屋面保护层分为不上人屋面保护层和上人屋面保护层。其中,不上人屋面保护层有绿豆砂保护层、铝银粉涂料保护层和架空保护层。上人屋面保护层有混凝土保护层和块材保护层。

1) 绿豆砂(豆石)保护层。在油毡防水层上铺设粒径 3～6 mm 的小石子,称为绿豆砂保护层。绿豆砂要求耐风化、颗粒均匀、色浅。具有保护效果较好,造价较低的特点,但自重大,增加了屋顶荷载。施工方法:边刷热沥青边趁热铺撒豆石一层,用刮板刮平刮匀;将豆石炒热,铺撒在已刷好的沥青表面,沥青受热软化而将豆石粘结。

2) 铝银粉涂料保护层。三元乙丙橡胶卷材采用银色着色剂,直接涂刷在防水层上表面。彩色三元乙丙复合卷材防水层直接用 CX－404 胶粘结,不需另加保护层。具有厚度薄,自重轻,造价一般的特点。

3) 架空保护层。用砖或砌块砌筑砖墩,上面用砂浆铺设混凝土板,板上勾缝或抹面。保护效果好,但自重和造价偏高。适用于有隔热降温要求的不上人屋顶。

4) 混凝土保护层。在油毡防水层上浇筑 30～40 厚细石混凝土,每 2 m×2 m 设分格缝。

5) 块材保护层。通常采用 20 厚水泥砂浆或沥青砂浆铺设面砖、缸砖等。

见图 6-12 有找坡、有保温、不上人油毡卷材防水屋面的构造组成,图 6-13 无找坡、隔热、隔汽、架空保护层、油毡卷材防水屋面的构造组成。

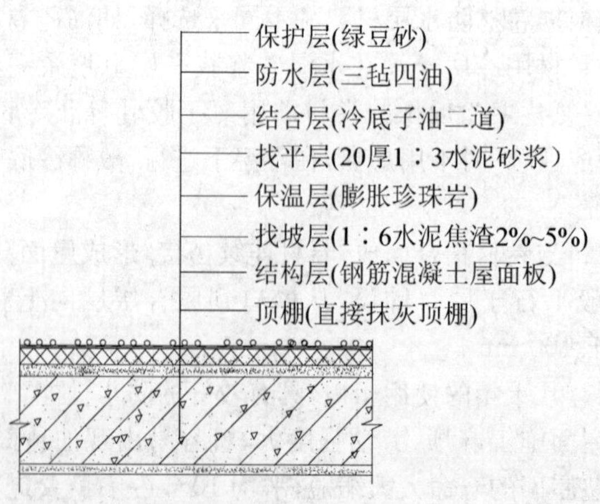


**图 6-12 有找坡、有保温、不上人油毡卷材防水屋面构造**

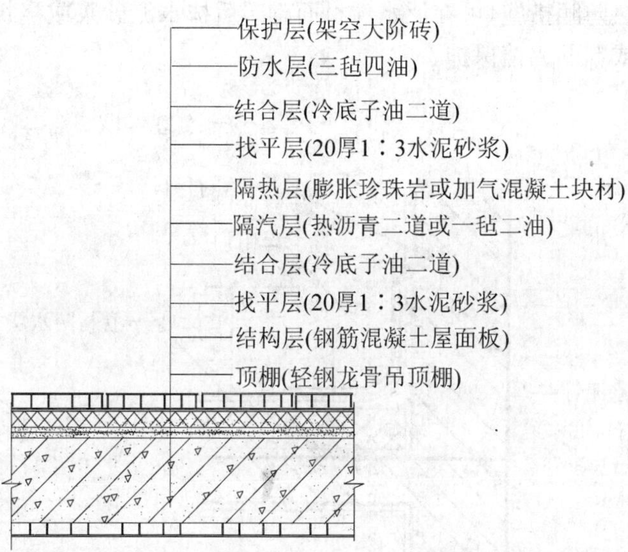


**图 6-13　无找坡、隔热、隔汽、架空保护层、油毡卷材防水屋面构造**

**2. 柔性防水屋面细部构造**

屋顶细部指屋面上的泛水、天沟、雨水口、檐口、上人孔等部位。

(1) 泛水

泛水指屋面与垂直面相交处的防水处理。屋面工程技术规范 GB 50345－2004 中对泛水防水构造做了相关规定：铺贴泛水处的卷材应采用满粘法。泛水收头应根据泛水高度和泛水墙体材料确定其密封形式。当墙体为砖墙时，卷材收头可直接铺至女儿墙压顶下，用压条钉压固定并用密封材料封闭严密，压顶应做防水处理，见图 6-14 屋面泛水(一)。卷材收头也可压入砖墙凹槽内固定密封，凹槽距屋面找平层高度不应小于 250 mm，凹槽上部的墙体应做防水处理，见图 6-15 屋面泛水(二)。当墙体为混凝土时，卷材收头可采用金属压条钉压，并用密封材料封固，见图 6-16 屋面泛水(三)。

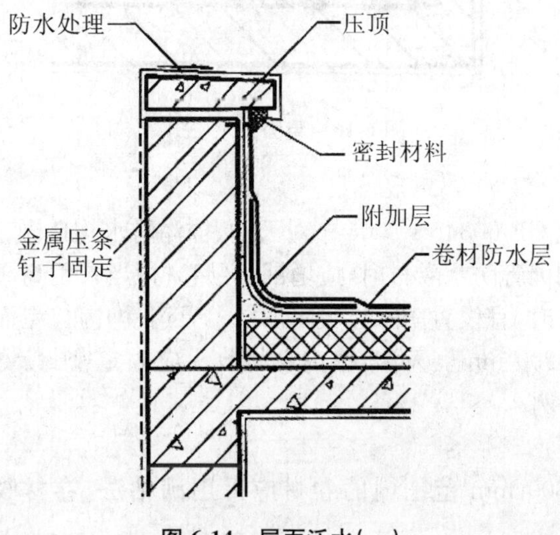


**图 6-14　屋面泛水(一)**

泛水宜采取隔热防晒措施，可在泛水卷材面砌砖后抹水泥砂浆或浇筑细石混凝土保护，也可涂刷浅色涂料或粘贴铝箔保护。

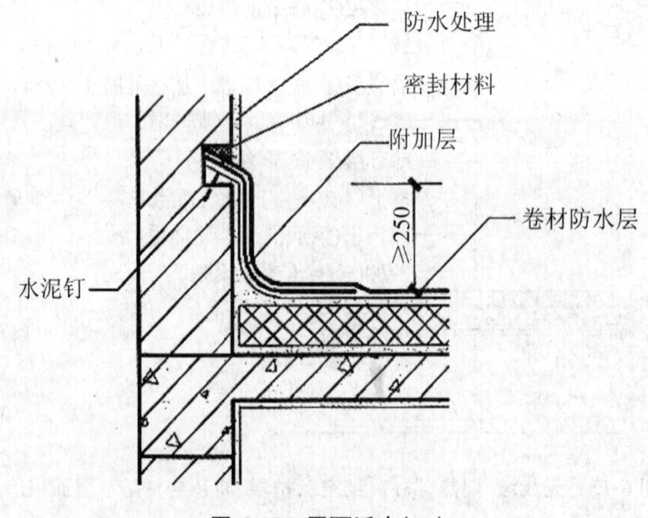


图 6-15 屋面泛水(二)

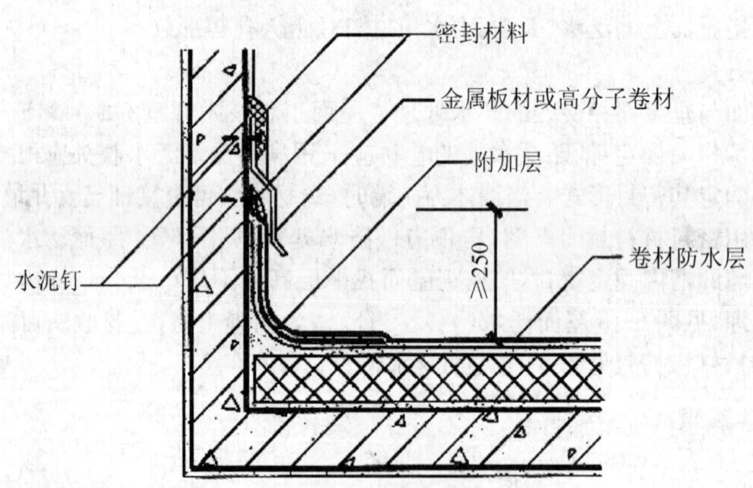


图 6-16 屋面泛水(三)

(2) 天沟、檐沟

屋面工程技术规范 GB 50345—2004 中对天沟、檐沟防水构造做了相关规定：天沟、檐沟应增铺附加层。当采用沥青防水卷材时，应增铺一层卷材；当采用高聚物改性沥青防水卷材或合成高分子防水卷材时，宜设置防水涂膜附加层。天沟、檐沟与屋面交接处的附加层宜空铺，空铺宽度不应小于 200 mm。天沟、檐沟卷材收头应固定密封。见图 6-17 屋面檐沟构造，图 6-18 屋面檐沟实例。

(3) 檐口

无组织排水檐口 800 mm 范围内的卷材应采用满粘法，卷材收头应固定密封，见图 6-19。

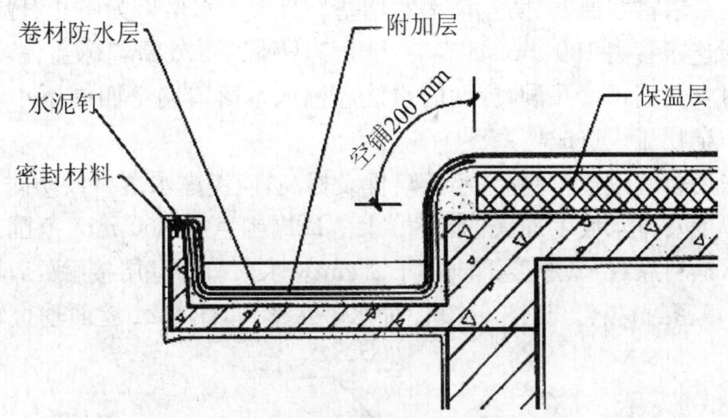


**图 6-17　屋面檐沟构造**

**图 6-18　屋面檐沟实例**

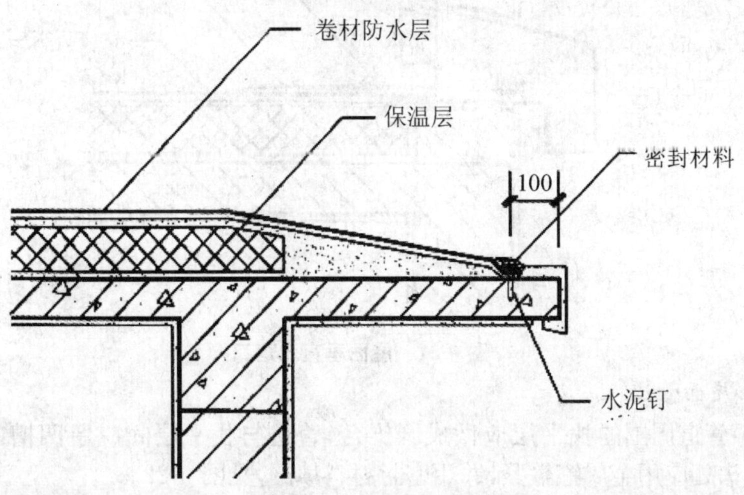


**图 6-19　屋面檐口**

(4) 水落口

水落口的类型有用于檐沟排水的直管式水落口和女儿墙外排水的弯管式水落口两种。

水落口在构造上要求排水通畅、防止渗漏水堵塞。直管式水落口为防止其周边漏水，应加铺一层卷材并贴入连接管内100 mm，水落口上用定型铸铁罩或铅丝球盖住，用油膏嵌缝。弯管式水落口穿过女儿墙预留孔洞，屋面防水层应铺入水落口内壁四周不小于100 mm，并安装铸铁蓖子以防杂物流入造成堵塞。

水落口宜采用金属或塑料制品；水落口埋设标高，应考虑水落口设防时增加的附加层和柔性密封层的厚度及排水坡度加大的尺寸；水落口周围直径500 mm范围内坡度不应小于5%，并应用防水涂料涂封，其厚度不应小于2 mm。水落口与基层接触处，应留宽20 mm、深20 mm凹槽，嵌填密封材料。见图6-20屋面水平水落口，图6-21屋面垂直水落口。

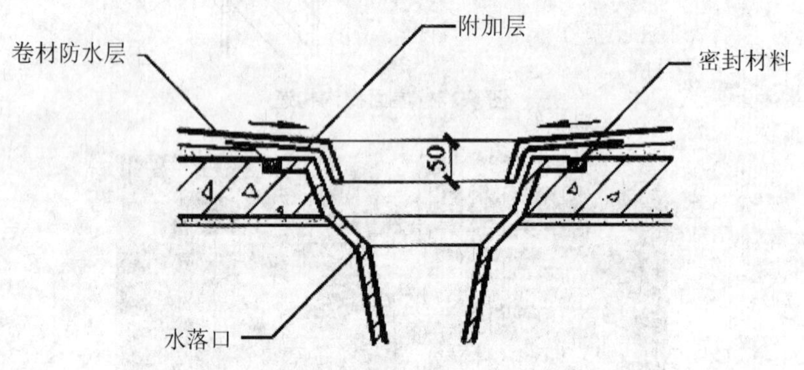


**图6-20 屋面水平水落口**

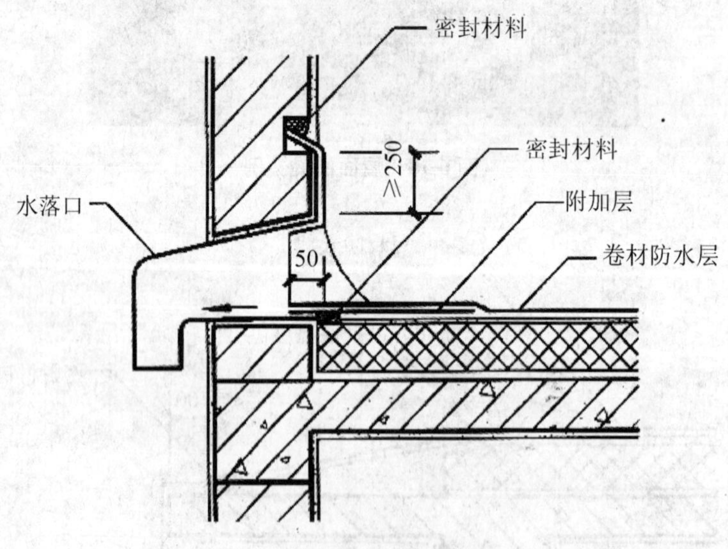


**图6-21 屋面垂直水落口**

(5) 伸出屋面管道

伸出屋面管道周围的找平层应做成圆锥台，管道与找平层间应留凹槽，并嵌填密封材料；防水层收头处应用金属箍箍紧，并用密封材料填严，见图6-22。

(6) 屋面出入口

不上人屋面须设屋面出入口。屋面垂直出入口四周的孔壁可用砖立砌，也可在现浇屋面板时将混凝土上翻制成，其高度为300 mm左右，壁外侧的防水层应做成泛水并将卷材用镀锌铁皮盖缝钉压牢固。见图6-23屋面垂直出入口。

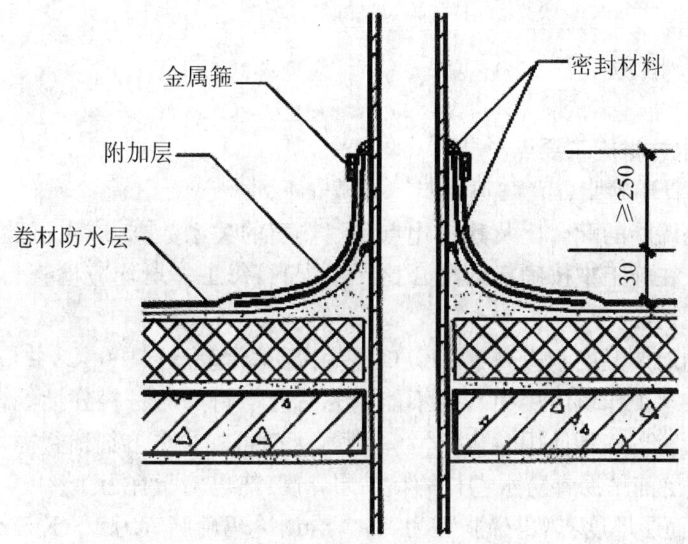


图 6-22　伸出屋面管道

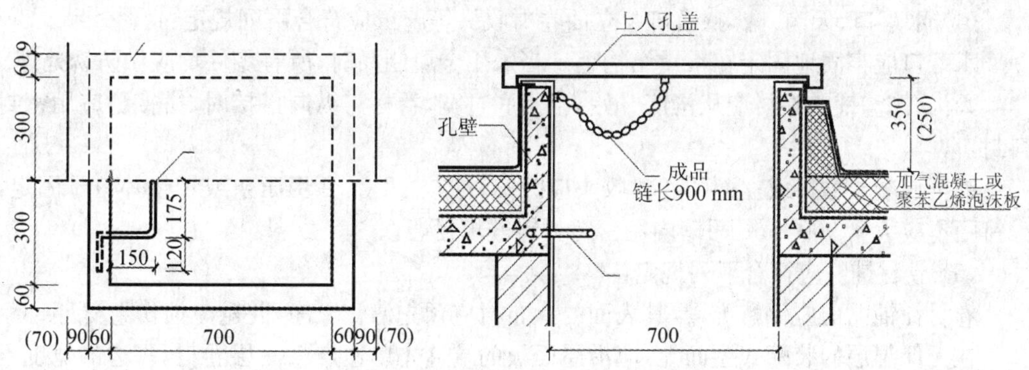


图 6-23　屋面垂直出入口

出屋面楼梯间一般需设屋面水平出入口，如不能保证顶部楼梯间的室内地坪高于室外，就要在出入口处设挡水的门槛。水平出入口防水层收头，应压在混凝土踏步下，防水层的泛水应设护墙。见图 6-24 屋面水平出入口。

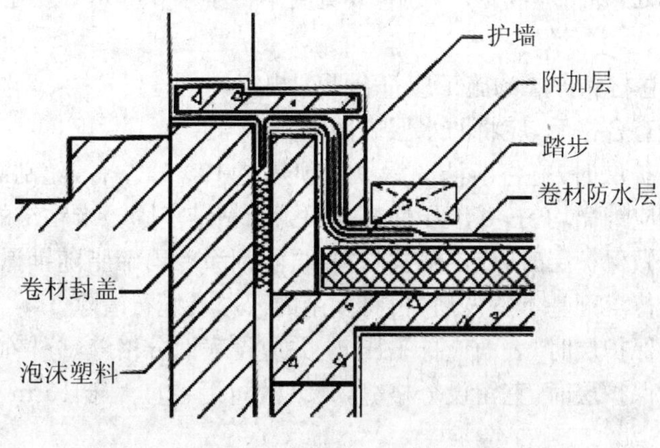


图 6-24　屋面水平出入口

## 6.3.3 任务拓展

**1. 沥青防水卷材施工要点**

(1) 配制沥青玛碲脂(简称“玛碲脂”)应遵守下列规定:

现场配制玛碲脂的配合比及其软化点和耐热度的关系数据,应由试验部门根据所用原料试配后确定。在施工中按确定的配合比严格配料,每工作班均应检查与玛碲脂耐热度相应的软化点和柔韧性。

热玛碲脂的加热温度不应高于 240 ℃,使用温度不宜低于 190 ℃,并应经常检查。熬制好的玛碲脂宜在本工作班内用完。当不能用完时应与新熬的材料分批混合使用,必要时还应做性能检验。冷玛碲脂使用时应搅匀,稠度太大时可加少量溶剂稀释搅匀。

(2) 采用叠层铺贴沥青防水卷材的粘贴层厚度:热玛碲脂宜为 1～1.5 mm,冷玛碲脂宜为 0.5～1 mm;面层厚度:热玛碲脂宜为 2～3 mm,冷玛碲脂宜为 1～1.5 mm。玛碲脂应涂刮均匀,不得过厚或堆积。

(3) 铺贴立面或大坡面卷材时,玛碲脂应满涂,并尽量减少卷材短边搭接。

(4) 水落口、天沟、檐沟、檐口及立面卷材收头等施工应符合下列规定:

水落口应牢固地固定在承重结构上。当采用金属制品时,所有零件均应做防锈处理。

天沟、檐沟铺贴卷材应从沟底开始,当沟底过宽,卷材需纵向搭接时,搭接缝应用密封材料封口。

铺至混凝土檐口或立面的卷材收头应裁齐后压入凹槽,并用压条或带垫片钉子固定,最大钉距不应大于 900 mm,凹槽内用密封材料嵌填封严。

(5) 卷材铺贴应符合下列规定:

卷材在铺贴前应保持干燥,其表面的撒布料应预先清扫干净,并避免损伤卷材。

在无保温层的装配式屋面上,应沿屋面板的端缝先单边点粘一层卷材,每边的宽度不应小于 100 mm,或采取其他能增大防水层适应变形的措施,然后再铺贴屋面卷材。

选择不同胎体和性能的卷材复合使用时,高性能的卷材应放在面层。

铺贴卷材时应随刮涂玛碲脂随滚铺卷材,并展平压实。

采用空铺、点粘、条粘第一层卷材或第一层为打孔卷材时,在檐口、屋脊和屋面的转角处及突出屋面的交接处,卷材应满涂玛碲脂,其宽度不得小于 800 mm。当采用热玛碲脂时,应涂刷冷底子油。

(6) 沥青防水卷材保护层的施工应符合下列规定:

卷材铺贴经检查合格后,应将防水层表面清扫干净。

用绿豆砂做保护层时,应将清洁的绿豆砂预热至 100 ℃左右,随刮涂热玛碲脂,随铺撒热绿豆砂。绿豆砂应铺撒均匀,并滚压使其与玛碲脂粘结牢固。未粘结的绿豆砂应清除。

用云母或蛭石做保护层时,应先筛去粉料,再随刮涂冷玛碲脂随铺撒云母或蛭石。铺撒应均匀,不得露底,待溶剂基本挥发后,再将多余的云母或蛭石清除。

用水泥砂浆做保护层时,表面应抹平压光,并应设表面分格缝,分格面积宜为 1 $m^2$。

用块体材料做保护层时,宜留设分格缝,其纵横间距不宜大于 10 m,分格缝宽度不宜小于 20 mm。

用细石混凝土做保护层时,混凝土应振捣密实,表面抹平压光,并应留设分格缝,其纵横缝间距不宜大于 6 m。

水泥砂浆、块体材料或细石混凝土保护层与防水层之间应设置隔离层。与女儿墙之间应预留宽度为 30 mm 的缝隙,并用密封材料嵌填严密。

(7) 沥青防水卷材严禁在雨天、雪天施工,5 级风及其以上时不得施工,环境气温低于 5℃时不宜施工。施工中途下雨时,应做好已铺卷材周边的防护工作。

**2. 高聚物改性沥青防水卷材施工要点**

(1) 立面或大坡面铺贴高聚物改性沥青防水卷材时,应采用满粘法,并宜减少短边搭接。

(2) 冷粘法铺贴卷材应符合下列规定:

胶黏剂涂刷应均匀,不露底,不堆积。卷材空铺、点粘、条粘时,应按规定的位置及面积涂刷胶粘剂。根据胶黏剂的性能,应控制胶黏剂涂刷与卷材铺贴的间隔时间。

铺贴卷材时应排除卷材下面的空气,并辊压粘贴牢固。

铺贴卷材时应平整顺直,搭接尺寸准确,不得扭曲、皱折。搭接部位的接缝应满涂胶黏剂,辊压粘贴牢固。搭接缝口应用材性相容的密封材料封严。

(3) 热粘法铺贴卷材应符合下列规定:

熔化热熔型改性沥青胶时,宜采用专用的导热油炉加热,加热温度不应高于 200 ℃,使用温度不应低于 180 ℃。粘贴卷材的热熔型改性沥青胶厚度宜为 1～1.5 mm。铺贴卷材时,应随刮涂热熔型改性沥青胶随滚铺卷材,并展平压实。

(4) 热熔法铺贴卷材应符合下列规定:

火焰加热器的喷嘴距卷材面的距离应适中,幅宽内加热应均匀,以卷材表面熔融至光亮黑色为度,不得过分加热卷材。厚度小于 3 mm 的高聚物改性沥青防水卷材,严禁采用热熔法施工。

卷材表面热熔后应立即滚铺卷材,滚铺时应排除卷材下面的空气,使之平展并粘贴牢固。

搭接缝部位宜以溢出热熔的改性沥青为度,溢出的改性沥青宽度以 2 mm 左右并均匀顺直为宜。当接缝处的卷材有铝箔或矿物粒(片)料时,应清除干净后再进行热熔和接缝处理。

铺贴卷材时应平整顺直,搭接尺寸准确,不得扭曲。

采用条粘法时,每幅卷材与基层粘结面不应少于两条,每条宽度不应小于 150 mm。

(5) 自粘法铺贴卷材应符合下列规定:

铺粘卷材前,基层表面应均匀涂刷基层处理剂,干燥后及时铺贴卷材。铺贴卷材时应将自粘胶底面的隔离纸完全撕净。铺贴卷材时应排除卷材下面的空气,并辊压粘贴牢固。

铺贴的卷材应平整顺直,搭接尺寸准确,不得扭曲、皱折。低温施工时,立面、大坡面及搭接部位宜采用热风机加热,加热后随即粘贴牢固。搭接缝口应采用材性相容的密封材料封严。

(6) 高聚物改性沥青防水卷材保护层的施工应符合下列规定:

采用浅色涂料做保护层时,应待卷材铺贴完成,并经检验合格、清扫干净后涂刷。涂层应与卷材粘结牢固,厚薄均匀,不得漏涂。

高聚物改性沥青防水卷材严禁在雨天、雪天施工。5 级风及其以上时不得施工;环境气温低于 5 ℃时不宜施工。施工中途下雨、下雪,应做好已铺卷材周边的防护工作。热熔法施工环境气温不宜低于−10 ℃。

### 6.3.4 练习与提高

1. 当采用檐沟外排水时,沟底沿长度方向设置的纵向排水坡度一般应不小于(  )。
   A. 0.5%　B. 1%　C. 1.5%　D. 2%
2. 当屋面排水坡度为(  )时,卷材平行于屋脊方向铺贴。
   A. ≤3%　B. ≥3%　C. >15%　D. ≤5%
3. 卷材防水屋面泛水构造中,卷材铺贴高度为(  )。
   A. ≥150 mm　B. ≥200 mm　C. ≥250 mm　D. 180 mm
4. 平屋顶坡度小于3%时,卷材宜沿(  )屋脊方向铺设。
   A. 平行　B. 垂直　C. 30°　D. 45°
5. 泛水指__________,其高度应为________。
6. 卷材防水屋面的胶黏剂主要有________、________和________。卷材防水屋面适用于防水等级为________级的屋面防水。
7. 卷材防水屋面由多层材料叠合而成,其基本构造层次有________、________、________、________和保护层,辅助构造层次有________、________、________、________等。
8. 什么是柔性防水屋面?其基本构造层次有哪些?各层次的作用是什么?
9. 柔性防水屋面的细部构造有哪些?各自的设计要点是什么?
10. 常用的不上人屋面和上人屋面保护层的做法分别有哪些?

## 6.4 任务3:刚性防水屋面构造处理

### 6.4.1 任务资讯

刚性防水屋面是利用刚性防水材料,形成连续致密的构造层来防水的一种屋面。具有构造简单,施工方便,造价经济,维修较为方便等特点,但对温度变化和结构变形较为敏感,对屋顶基层变形的适应性较差,施工技术要求较高,较易产生裂缝而渗漏。

选择刚性防水设计方案时,应根据屋面防水设防要求、地区条件和建筑结构特点等因素,经技术经济比较确定。刚性防水屋面应采用结构找坡,坡度宜为2%~3%。

刚性防水屋面主要适用于防水等级为Ⅲ级的屋面防水,也可用作Ⅰ、Ⅱ级屋面多道防水设防中的一道防水层。刚性防水层不适用于受较大振动或冲击的建筑屋面。

### 6.4.2 任务实施

**1. 刚性防水屋面的构造层次及做法**

刚性防水屋面一般由结构层、找平层、隔离层和防水层等构造层次组成,见图6-25。

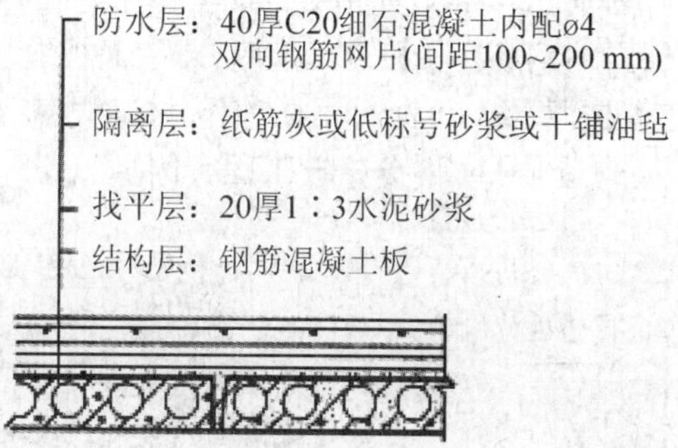

**图 6-25 刚性防水屋面**

(1) 结构层

刚性防水屋面的结构层要求具有足够的强度和刚度，一般应采用现浇或预制装配的钢筋混凝土屋面板，并在结构层现浇或铺板时形成屋面的排水坡度。

(2) 找平层

为保证防水层厚薄均匀，通常应在结构层上用 20 厚 1∶3 水泥砂浆找平。若采用现浇钢筋混凝土屋面板或设有纸筋灰等材料时，也可不设找平层。

(3) 隔离层

为减少结构层变形及温度变化对防水层的不利影响，宜在防水层下设置隔离层。隔离层可采用纸筋灰、低强度等级砂浆或薄砂层上干铺一层油毡等。当防水层中加有膨胀剂类材料时，其抗裂性有所改善，也可不做隔离层。

(4) 防水层

细石混凝土防水屋面的混凝土强度等级应不低于 C20，其厚度不应小于 40 mm，并应配置直径为 4～6 mm、间距为 100～200 mm 的双向钢筋网片。钢筋网片在分格缝处应断开，其保护层厚度不应小于 10 mm。

防水层的细石混凝土宜用普通硅酸盐水泥或硅酸盐水泥，不得使用火山灰质硅酸盐水泥；当采用矿渣硅酸盐水泥时，应采取减少泌水性的措施。防水层内配置的钢筋宜采用冷拔低碳钢丝。防水层的细石混凝土中，粗骨料的最大粒径不宜大于 15 mm，含泥量不应大于 1%；细骨料应采用中砂或粗砂，含泥量不应大于 2%。

为提高防水层的抗渗性能，可在细石混凝土内掺入适量外加剂，如膨胀剂、减水剂、防水剂等，以提高其密实性能。外加剂应根据不同品种的适用范围、技术要求选择。

**2. 刚性防水屋面细部构造**

刚性防水屋面的细部构造包括屋面防水层的分格缝、泛水、檐口、雨水口等部位的构造处理。

(1) 屋面分格缝

设置分格缝，其目的在于防止因温度变形引起防水层开裂，防止因结构变形将防水层拉坏。

屋面分格缝应设置在温度变形允许的范围以内和结构变形敏感的部位，通常应设在屋面板的支承端、屋面转折处、防水层与突出屋面结构的交接处，并应与板缝对齐。一般情况下分格缝间距不宜大于 6 m。见图 6-26 分格缝设置位置。普通细石混凝土和补偿收缩混凝土防水层,分格缝的宽度宜为5～30 mm,分格缝内应嵌填密封材料,上部应设置保护层。

分格缝的构造:防水层内的钢筋在分格缝处应断开;屋面板缝用浸过沥青的木丝板等密封材料嵌填,缝口用油膏等嵌填;缝口表面用防水卷材铺贴盖缝,卷材的宽度为200～300 mm。见图6-27分格缝构造,图6-28分格缝工程实例。

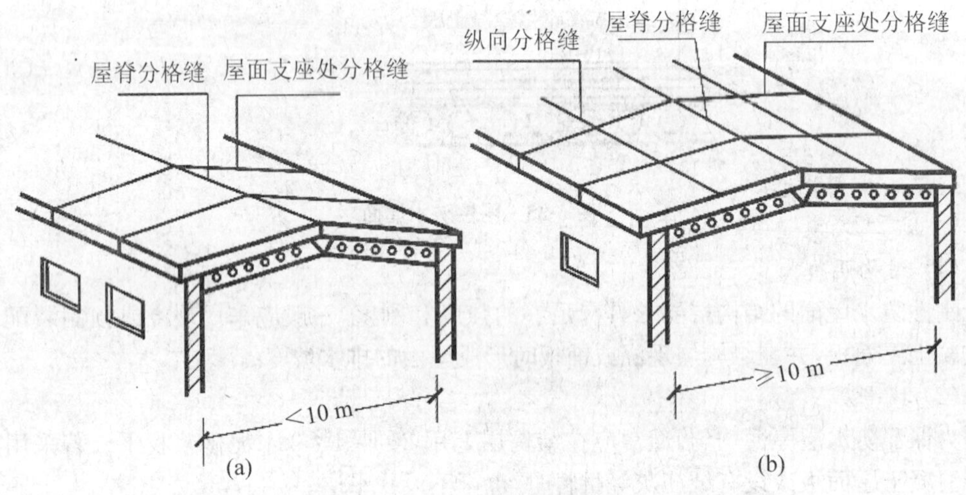


图6-26 分格缝的设置位置

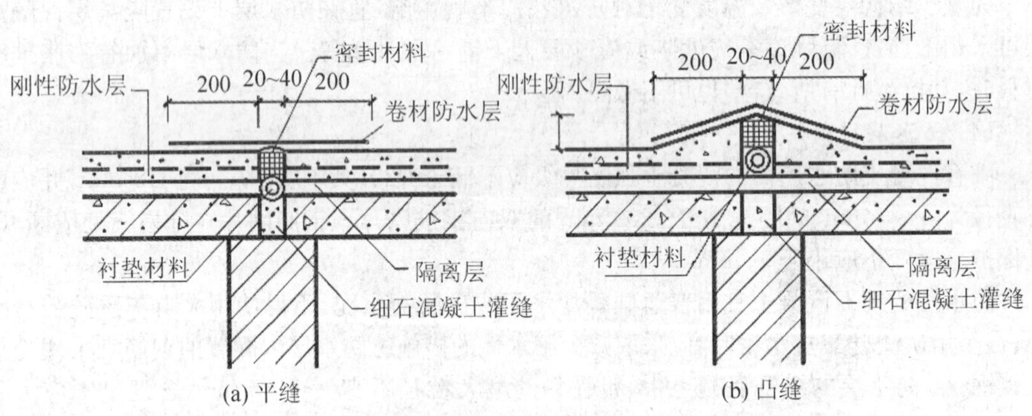


图6-27 分格缝的构造

(2) 泛水

刚性防水屋面的泛水构造要点与卷材屋面基本相同。不同之处是刚性防水层与山墙、女儿墙交接处,应留宽度为30 mm的缝隙,并用密封材料嵌填。泛水处应铺设卷材或涂膜附加层。见图6-29泛水的构造处理。

(3) 檐口

① 自由落水檐口

根据挑檐出挑的长度,有直接利用混凝土防水层悬挑和在增设的现浇或预制钢筋混凝土挑檐板上做防水层等做法。无论采用哪种做法,都应在悬挑端的底部做好滴水。

② 外排水檐口

外排水檐口有挑檐沟外排水檐口和女儿墙外排水檐口。檐沟构件一般采用现浇或预制的钢筋混凝土槽形天沟板，在沟底用低强度等级的混凝土或水泥炉渣等材料垫置成纵向排水坡度，铺好隔离层后再浇筑防水层，悬挑檐沟的底部应做好滴水。见图6-30檐沟外排水，图6-31女儿墙外排水，图6-32檐沟外排水工程实例。

图6-28 分格缝工程实例

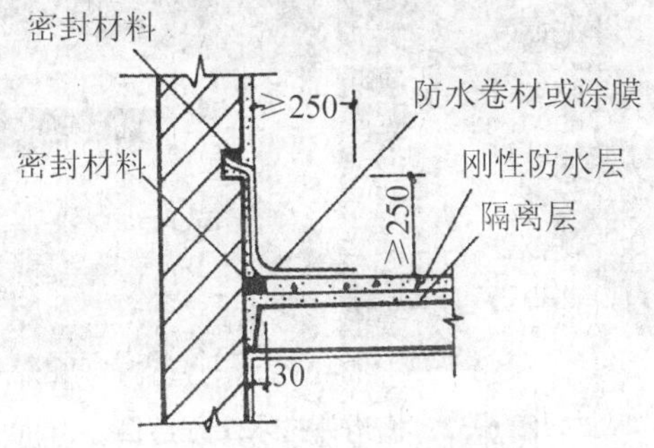


图6-29 泛水的构造处理

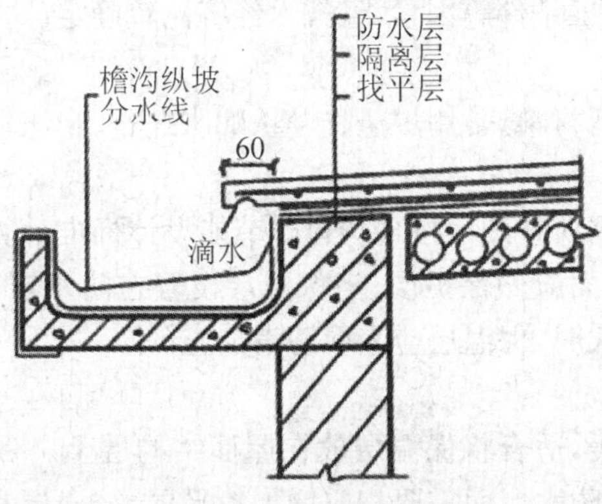


图6-30 檐沟外排水

**3. 平屋顶的保温与隔热**

保温隔热屋面适用于具有保温隔热要求的屋面工程。当屋面防水等级为Ⅰ级、Ⅱ级时，不宜采用蓄水屋面。屋面保温可采用板状材料或整体现喷保温层，屋面隔热可采用架空、蓄水、种植等隔热层。封闭式保温层的含水率，应相当于该材料在当地自然风干状态下的平衡含水率。架空屋面宜在通风较好的建筑物上采用，不宜在寒冷地区采用。蓄水屋面不宜在寒冷地区、地震地区和振动较大的建筑物上采用。种植屋面应根据地域、气候、建筑环境、建筑功能等条件，选择相适应的屋面构造形式。

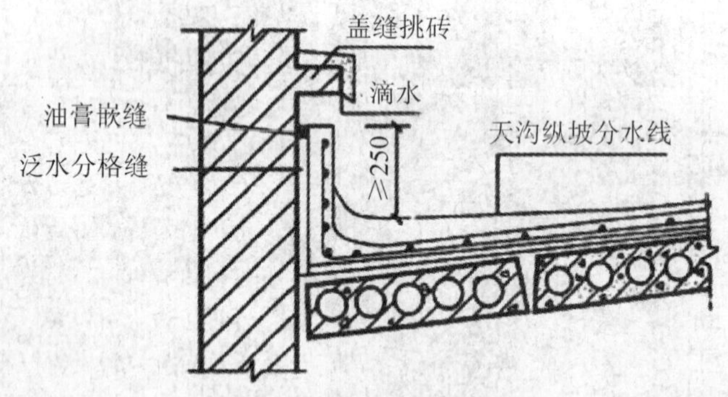


图 6-31　女儿墙外排水

图 6-32　檐沟外排水工程实例

保温隔热屋面的类型和构造设计，应根据建筑物的使用要求、屋面的结构形式、环境气候条件、防水处理方法和施工条件等因素，经技术经济比较确定。

(1) 平屋顶的保温

保温材料多为轻质多孔材料，常用炉渣、矿渣、膨胀蛭石、膨胀珍珠岩、加气混凝土块材、泡沫混凝土块材、泡沫塑料等。

保温层厚度设计应根据所在地区按现行建筑节能设计标准计算确定。当保温层设置在防水层上部时，保温层的上面应做保护层；当保温层设置在防水层下部时，保温层的上面应做找平层。当屋面坡度较大时，保温层应采取防滑措施。

① 保温层级设置

平屋顶因屋面坡度平缓，适合将保温层放在屋面结构层上。保温层通常设在结构层之上、防水层之下。保温卷材防水屋面需要相应增加找平层、结合层和隔汽层。设置隔汽层的目的是防止室内水蒸气渗入保温层，使保温层受潮而降低保温效果。隔汽层的一般做法是在 20 厚 1∶3 水泥砂浆找平层上刷冷底子油两道作为结合层，结合层上做一毡二油或两道热沥青隔汽层。

根据保温层在屋顶上设置位置的不同，有正铺式保温层（见图 6-33）、倒铺式保温层（见

图 6-34)、保温层与结构层结合铺设(见图 6-35)三种方式。

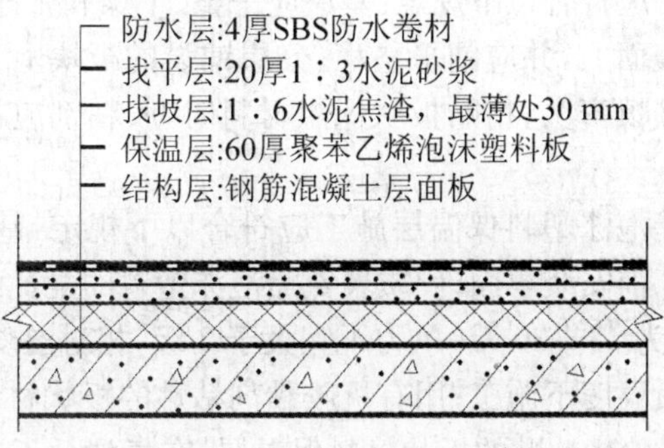


**图 6-33 正铺式保温层**

倒铺式保温层屋面的设计应符合以下规定:倒铺式屋面坡度不宜大于 3%;倒铺式屋面的保温层,应采用吸水率低且长期浸水不腐烂的保温材料;保温层可干铺或粘贴板状保温材料,也可现喷硬质聚氨酯泡沫塑料;保温层的上面采用卵石保护层时,保护层与保温层之间应铺设隔离层;现喷硬质聚氨酯泡沫塑料与涂料保护层间应具相容性;倒铺式屋面的檐沟、水落口等部位,应采用现浇混凝土或砖砌堵头,并做好排水处理。

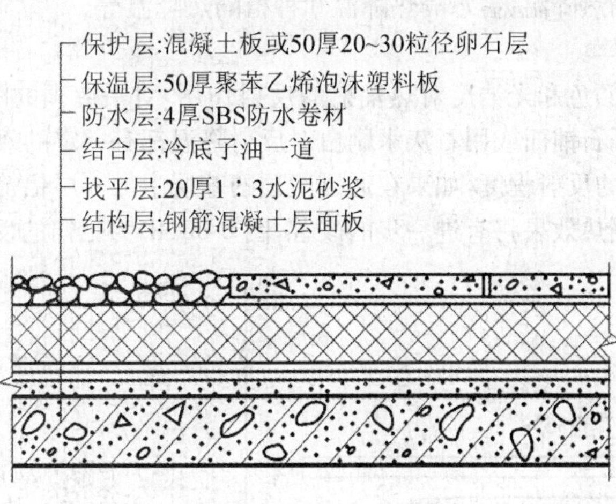


**图 6-34 倒铺式保温层**

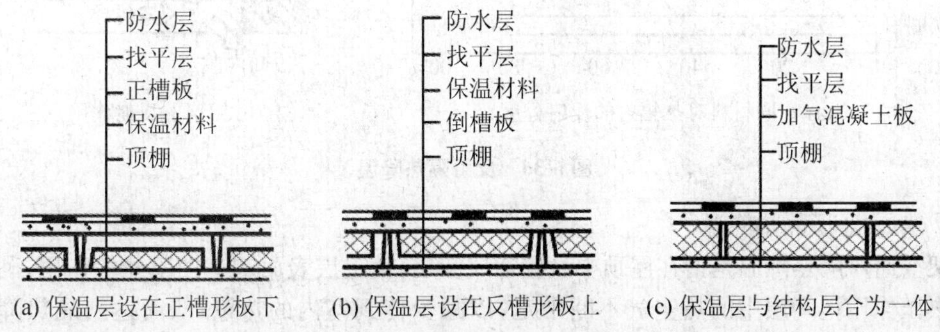


(a) 保温层设在正槽形板下 (b) 保温层设在反槽形板上 (c) 保温层与结构层合为一体

**图 6-35 保温层与结构层结合铺设**

② 保温层级施工

板状材料保温层施工应符合以下规定：基层应平整、干燥和干净；干铺的板状保温材料，应紧靠在需保温的基层表面上，并应铺平垫稳；分层铺设的板块上下层接缝应相互错开，板间缝隙应采用同类材料嵌填密实；粘贴板状保温材料时，胶粘剂应与保温材料材性相容，并应贴严、粘牢。

整体现喷硬质聚氨酯泡沫塑料保温层施工应符合以下规定：基层应平整、干燥和干净；伸出屋面的管道应在施工前安装牢固；硬质聚氨酯泡沫塑料的配比应准确计量，发泡厚度均匀一致；施工环境气温宜为 15～30 ℃，风力不宜大于 3 级，相对湿度宜小于 85%。

干铺的保温层可在负温度下施工；用有机胶黏剂粘贴的板状材料保温层，在气温低于－10 ℃时不宜施工；用水泥砂浆粘贴的板状材料保温层，在气温低于 5 ℃时不宜施工。雨天、雪天和 5 级风及其以上时不得施工。施工中途下雨、下雪时，应采取遮盖措施。

(2) 平屋顶的隔热

南方炎热地区，在夏季太阳辐射和室外气温的综合作用下，将从屋顶传入室内大量热量，影响室内的热环境。为创造人们生活和工作的舒适室内条件，应采取适当的构造措施解决屋顶的降温和隔热问题。

屋顶隔热降温的主要目的是减少热量对屋顶表面的直接作用。所采用的方法包括反射隔热降温、架空通风隔热降温、蓄水隔热降温和种植隔热降温等。

① 反射隔热降温

利用表面材料的颜色和光洁度对热辐射的反射作用，对平屋顶的隔热降温有一定的效果，如屋顶采用淡色砾石铺面或用石灰水刷白对反射降温都有一定的效果。图 6-36(a)为不同材料屋面对热辐射的反射程度，如果在通风屋顶的基层中加一层铝箔，则可利用其第二次反射作用，对屋顶的隔热效果将有进一步的改善，图 6-36(b)为铝箔的反射作用示意。

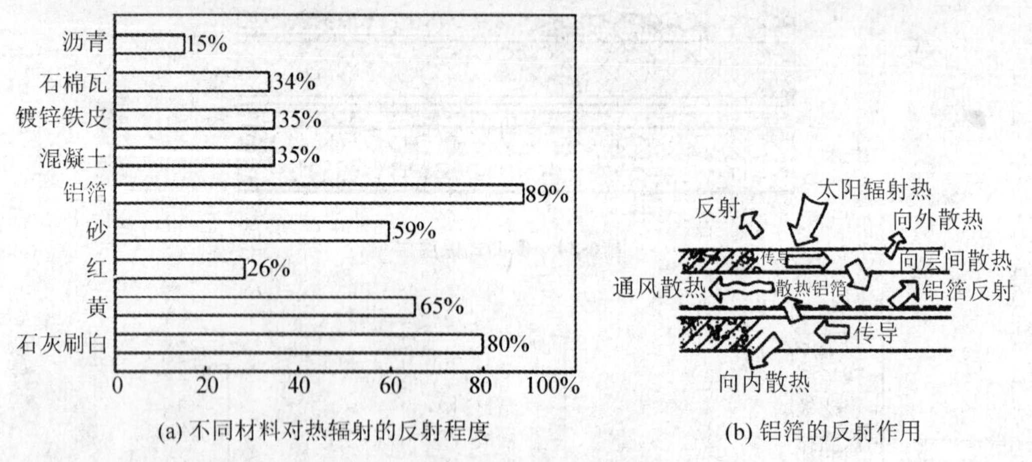

(a) 不同材料对热辐射的反射程度　　(b) 铝箔的反射作用

**图 6-36　反射隔热降温**

② 架空通风隔热降温

架空通风隔热降温是指在屋顶中设置通风间层，使上层表面起遮挡阳光的作用，利用风压和热压作用把间层中的热空气不断带走，以减少传到室内的热量，从而达到隔热降温的目的。

架空通风隔热其通风层设在防水层之上，其做法见图 6-37。架空通风隔热屋面的设计应符合以下规定：架空屋面的坡度不宜大于5%；架空隔热层的高度，应按屋面宽度或坡度大小的变化确定；当屋面宽度大于10 m时，架空屋面应设置通风屋脊；架空隔热层的进风口，宜设置在当地炎热季节最大频率风向的正压区，出风口宜设置在负压区。

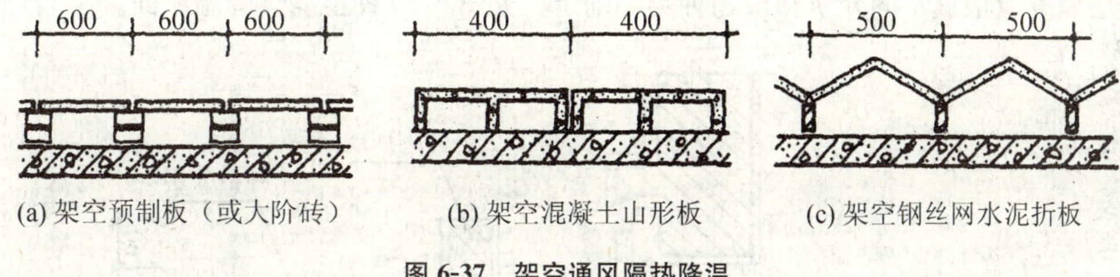


**图6-37　架空通风隔热降温**

③ 蓄水隔热降温

蓄水隔热降温屋面是指在屋顶蓄积一层水，利用水蒸发时需要大量汽化热的特性，大量消耗屋面的太阳辐射热，减少屋顶吸收的热能，从而达到隔热降温的目的。

蓄水屋面的设计应符合下列规定：蓄水屋面的坡度不宜大于0.5%；蓄水屋面应划分为若干蓄水区，每区的边长不宜大于10 m，在变形缝的两侧应分成两个互不连通的蓄水区；长度超过40 m的蓄水屋面应设分仓缝；蓄水屋面应设排水管、溢水口和给水管，排水管应与水落管或其他排水出口连通；蓄水屋面的蓄水深度宜为150～200 mm；蓄水屋面泛水的防水层高度，应高出溢水口100 mm；蓄水屋面应设置人行通道。见图6-38蓄水隔热降温屋面。

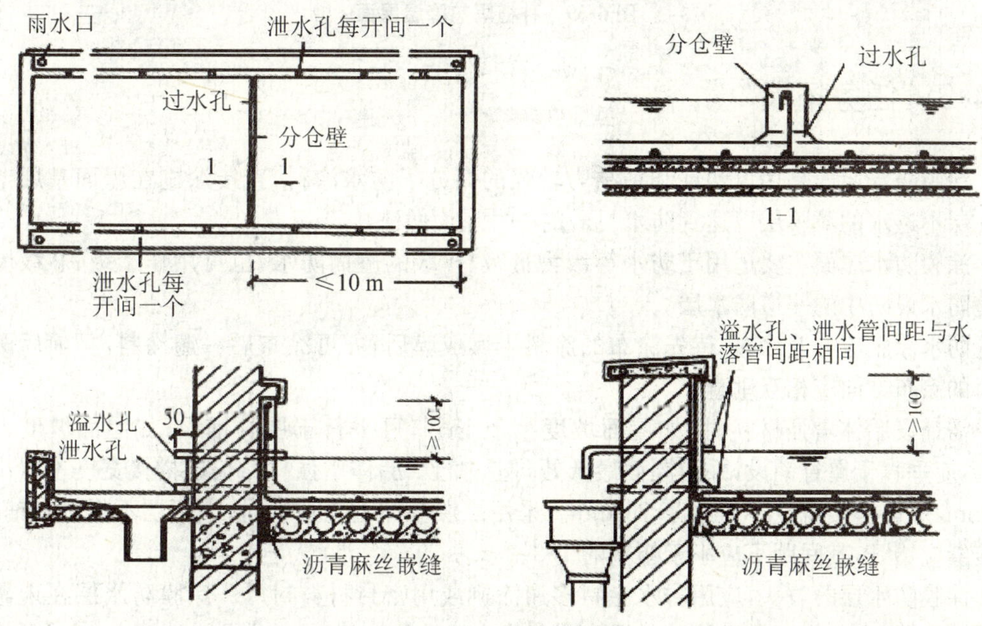


**图6-38　蓄水隔热降温屋面**

④ 种植隔热降温

种植隔热降温屋面是在平屋顶上种植植物，借助栽培介质隔热及植物吸收阳光进行光合作用和遮挡阳光的双重功效来达到降温隔热的目的。

种植屋面的设计应符合下列规定：在寒冷地区应根据种植屋面的类型，确定是否设置保温层。保温层的厚度，应根据屋面的热工性能要求，经计算确定。种植屋面所用材料及植物等应符合环境保护要求。种植屋面根据植物及环境布局的需要，可分区布置，也可整体布置。分区布置应设挡墙（板），其形式根据需要确定。排水层材料应根据屋面功能、建筑环境、经济条件等进行选择。介质层材料应根据种植植物的要求，选择综合性能良好的材料。介质层厚度应根据不同介质和植物种类等确定。见图 6-39 种植隔热降温屋面。

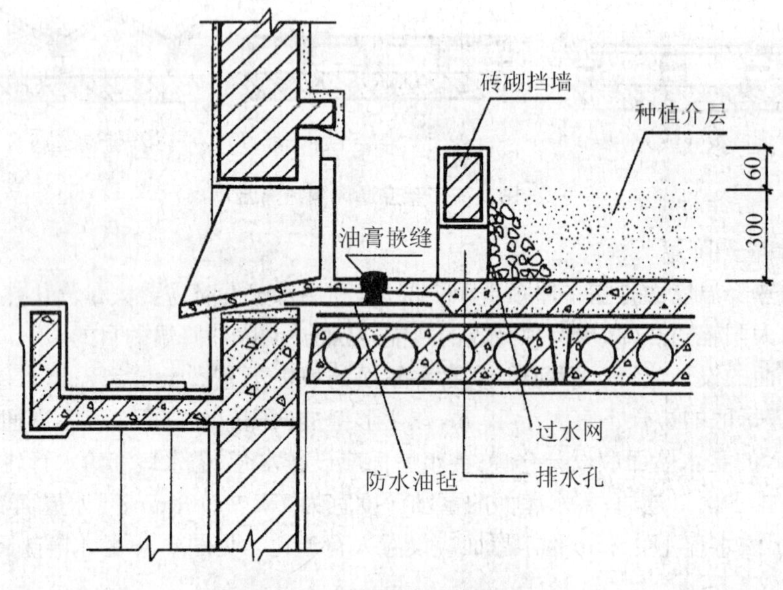


图 6-39　种植隔热降温屋面

## 6.4.3　任务拓展

涂膜防水屋面是用可塑性和粘结力较强的高分子防水涂料，直接涂刷在屋面基层上形成一层不透水的薄膜层以达到防水目的的一种屋面做法。

涂膜防水屋面主要适用于防水等级为Ⅲ级、Ⅳ级的屋面防水，也可用作Ⅰ级、Ⅱ级屋面多道防水设防中的一道防水层。

防水涂膜应分遍涂布，待先涂布的涂料干燥成膜后，方可涂布后一遍涂料，且前后两遍涂料的涂布方向应相互垂直。

需铺设胎体增强材料时，如屋面坡度小于 15%，可平行于屋脊铺设；如屋面坡度大于 15%，应垂直于屋脊铺设，并由屋面最低处向上进行。胎体增强材料长边搭接宽度不得小于 50 mm，短边搭接宽度不得小于 70 mm。采用二层胎体增强材料时，上下层不得垂直铺设，搭接缝应错开，其间距不应小于幅宽的 1/3。

涂膜防水层的收头，应用防水涂料多遍涂刷或用密封材料封严。涂膜防水层在未做保护层前，不得在防水层上进行其他施工作业或直接堆放物品。

**1. 涂膜防水屋面材料**

应用于涂膜防水屋面的材料主要有各种防水涂料和胎体增强材料两大类。

(1) 防水涂料

防水涂料的种类很多，根据其溶剂或稀释剂的类型可分为溶剂型、水溶型、乳液型；根据施工时涂料液化方法的不同则可分为热熔型、常温型。常用的有高聚物改性沥青防水涂料、合成高分子防水涂料和聚合物水泥防水涂料等。

(2) 胎体增强材料

某些防水涂料(如氯丁胶乳沥青涂料)需要胎体增强材料的配合,以增强涂层的贴附覆盖能力和抗变形能力。目前使用较多的胎体增强材料为 0.1×6×4 或 0.1×7×7 的中性玻璃纤维网格布、中碱玻璃布、聚酯无纺布、化纤无纺布等。

**2. 涂膜防水屋面的构造层次和做法**

涂膜防水屋面的构造层次主要由结构层、找坡层、找平层、结合层、防水层和保护层组成,见图 6-40 涂膜防水屋面的构造。

结构层为整体性较强的钢筋混凝土楼板。

找平层是在屋顶板上用水泥砂浆做找平层并设分格缝,分格缝宽 20 mm,其间距不大于 6 m,缝内嵌填密封材料。

防水层首先将稀释防水涂料均匀涂布于找平层上作为底涂层,干后再刷 2~3 遍涂料。中间层为加胎体增强材料的涂层,要铺贴玻璃纤维网格布,采取二层胎体增强材料时,上下层不得互相垂直铺设,搭接缝应错开,其间距不应小于幅宽的 1/3。一布二涂的厚度通常大于 2 mm,二布三涂的厚度大于 3 mm。

保护层根据需要可做细砂保护层或涂覆着色层。细砂保护层是在未干的中涂层上抛撒 20 厚浅色细砂并辊压,使砂浆牢固地粘结于涂层上;着色层可使用防水涂料或耐老化的高分子乳液作黏合剂,加上各种矿物养料配制成品着色剂,涂布于中涂层表面。

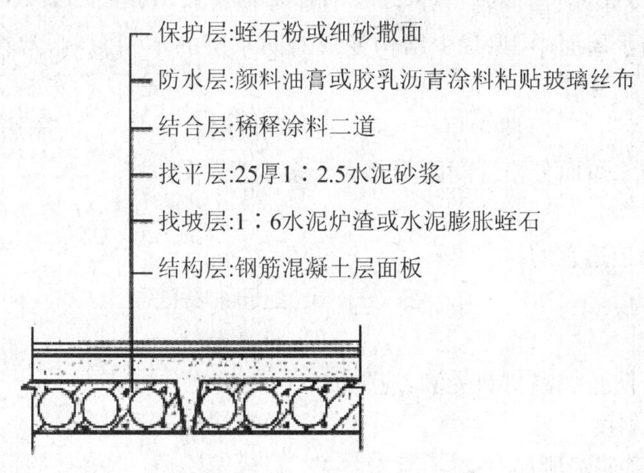


**图 6-40 涂膜防水屋面构造**

**3. 高聚物改性沥青防水涂膜施工**

屋面基层的干燥程度,应视所选用的涂料特性而定。当采用溶剂型、热熔型改性沥青防水涂料时,屋面基层应干燥、干净。基层处理剂应配比准确,充分搅拌,涂刷均匀,覆盖完全,干燥后方可进行涂膜施工。

高聚物改性沥青防水涂膜施工应符合下列规定:防水涂膜应多遍涂布,其总厚度应达到设计要求。涂层的厚度应均匀,且表面平整。涂层间夹铺胎体增强材料时,宜边涂布边铺胎体;胎体应铺贴平整,排除气泡,并与涂料粘结牢固。在胎体上涂布涂料时,应使涂料浸透胎体,覆盖完全,不得有胎体外露现象。最上面的涂层厚度不应小于 1.0 mm。涂膜施工应先做好节点处理,铺设带有胎体增强材料的附加层,然后再进行大面积涂布。屋面转角及立面的涂膜应薄涂多遍,不得有流淌和堆积现象。

当采用细砂、云母或蛭石等撒布材料做保护层时，应筛去粉料。在涂布最后一遍涂料时，应边涂布边撒布均匀，不得露底，然后辊压粘牢，待干燥后将多余的撒布材料清除。

高聚物改性沥青防水涂膜严禁在雨天、雪天施工，5 级风及其以上时不得施工。溶剂型涂料施工环境气温宜为 −5～35 ℃；水乳型涂料施工环境气温宜为 5～35 ℃；热熔型涂料施工环境气温不宜低于−10 ℃。

### 6.4.4 练习与提高

1. 下列哪种构造层次不属于不保温屋面？（ ）。

A. 结构层 B. 找平层 C. 隔汽层 D. 保护层

2. 在倒铺保温层屋面体系中，所用的保温材料为（ ）。

A. 膨胀珍珠岩板块 B. 散料保温材料

C. 聚苯乙烯 D. 加气混凝土

3. 用细石混凝土作防水的刚性防水屋面，混凝土强度等级应（ ）。

A. ≥C20 B. ≤C20 C. ≤C10 D. ≥C10

4. 刚性防水屋面一般应在（ ）设置分隔缝。

A. 防水屋面与立墙交接处 B. 纵横墙交接处

C. 屋面板的支承端、屋面转折处 D. 屋面板跨中处

5. 混凝土刚性防水屋面中，为减少结构变形对防水层的不利影响，常在防水层与结构层之间设置（ ）。

A. 隔汽层 B. 隔声层 C. 隔离层 D. 隔热层

6. 平屋顶刚性防水屋面分格缝间距不宜大于多少米？（ ）

A. 5 B. 3 C. 12 D. 6

7. 刚性防水屋面最适宜的材料是（ ）。

A. 防水砂浆 B. 配筋细石混凝土

C. 细石混凝土 D. SBS 卷材

8. 保温屋顶为了防止保温材料受潮，应采取（ ）的措施。

A. 加大屋面斜度 B. 做钢筋混凝土基层

C. 加做水泥砂浆粉刷层 D. 设隔蒸汽层

9. 防水层的细石混凝土宜用______水泥或______水泥，不得使用______水泥；当采用______水泥时，应采取减少泌水性的措施。

10. 刚性防水屋面主要适用于防水等级为______级的屋面防水，也可用作______级屋面多道防水设防中的一道防水层；刚性防水层不适用于______的建筑屋面。

11. 普通细石混凝土和补偿收缩混凝土防水层，分格缝的宽度宜为______ mm，分格缝内应嵌填密封材料，上部应设置______。

12. 防水层内的钢筋在分格缝处应______；屋面板缝用浸过沥青的木丝板等密封材料嵌填，缝口用______等嵌填；缝口表面用______铺贴盖缝，卷材的宽度为 200～300 mm。

13. 在刚性防水层与山墙、女儿墙交接处，应留宽度为______ mm 的缝隙，并应用______材料嵌填。泛水处应铺设卷材或涂膜附加层。

14. 当保温层设置在__________层上部时，保温层的上面应做__________层；当保温层设置在__________层下部时，保温层的上面应做__________层；当屋面坡度较大时，保温层应采取__________措施。

15. 什么是刚性防水屋面？其基本构造层次有哪些？

16. 平屋顶的隔热构造处理有哪几种做法？

17. 画出正铺式柔性防水保温屋面的构造做法，已知：钢筋混凝土板 130 mm 厚，找平层 20 mm，保温层：200 mm 厚加气混凝土，防水层：SBS 卷材防水 4 mm 厚。

# 6.5 任务 4:坡屋顶构造处理

## 6.5.1 任务资讯

**1. 瓦屋面的一般规定**

(1) 平瓦屋面适用于防水等级为Ⅱ级、Ⅲ级、Ⅳ级的屋面防水，油毡瓦屋面适用于防水等级为Ⅱ级、Ⅲ级的屋面防水，金属板材屋面适用于防水等级为Ⅰ级、Ⅱ级、Ⅲ级的屋面防水。

(2) 平瓦、油毡瓦铺设在钢筋混凝土或木基层上，金属板材可直接铺设在檩条上。

(3) 平瓦、油毡瓦屋面与山墙及突出屋面结构的交接处，均应做泛水处理。

(4) 在大风或地震地区，应采取措施使瓦与屋面基层固定牢固。

(5) 瓦屋面严禁在雨天或雪天施工，5 级风及其以上时不得施工。油毡瓦的施工环境气温宜为 5～35 ℃。

(6) 瓦屋面完工后，应避免屋面受物体冲击。严禁随意上人或堆放物件。

**2. 瓦屋面的设计要点**

(1) 平瓦单独使用时，可用于防水等级为Ⅲ级、Ⅳ级的屋面防水；平瓦与防水卷材或防水涂膜复合使用时，可用于防水等级为Ⅱ级、Ⅲ级的屋面防水。

油毡瓦单独使用时，可用于防水等级为Ⅲ级的屋面防水；油毡瓦与防水卷材或防水涂膜复合使用时，可用于防水等级为Ⅱ级的屋面防水。

金属板材应根据屋面防水等级选择性能相适应的板材。

(2) 有保温隔热要求的平瓦、油毡瓦屋面，保温层可设置在钢筋混凝土结构基层的上部；金属板材屋面的保温层可选用复合保温板材等形式。

(3) 瓦屋面的排水坡度，应根据屋架形式、屋面基层类别、防水构造形式、材料性能以及当地气候条件等因素，经技术经济比较后确定，并宜符合表 6-6 的规定。

**表 6-6 瓦屋面的排水坡度**

| 材料种类 | 屋面排水坡度(%) |
|---|---|
| 平瓦 | ≥20 |
| 油毡瓦 | ≥20 |
| 金属板材 | ≥10 |

(4) 基层与突出屋面结构的交接处以及屋面的转角处，应绘出细部构造详图。

(5) 当平瓦屋面坡度大于50%或油毡瓦屋面坡度大于150%时，应采取固定加强措施。

(6) 平瓦屋面应在基层上面先铺设一层卷材，其搭接宽度不宜小于100 mm，并用顺水条将卷材压钉在基层上，顺水条的间距宜为500 mm，再在顺水条上铺钉挂瓦条。

(7) 平瓦可采用在基层上设置泥背的方法铺设，泥背厚度宜为30～50 mm。

(8) 油毡瓦屋面应在基层上面先铺设一层卷材。卷材铺设在木基层上时，可用油毡钉固定卷材；卷材铺设在混凝土基层上时，可用水泥钉固定卷材。

(9) 天沟、檐沟的防水层，可采用防水卷材或防水涂膜，也可采用金属板材。

## 6.5.2 任务实施

**1. 坡屋顶的承重结构**

(1) 承重结构类型

坡屋顶中常用的承重结构有横墙承重、屋架承重和梁架承重，见图6-41。

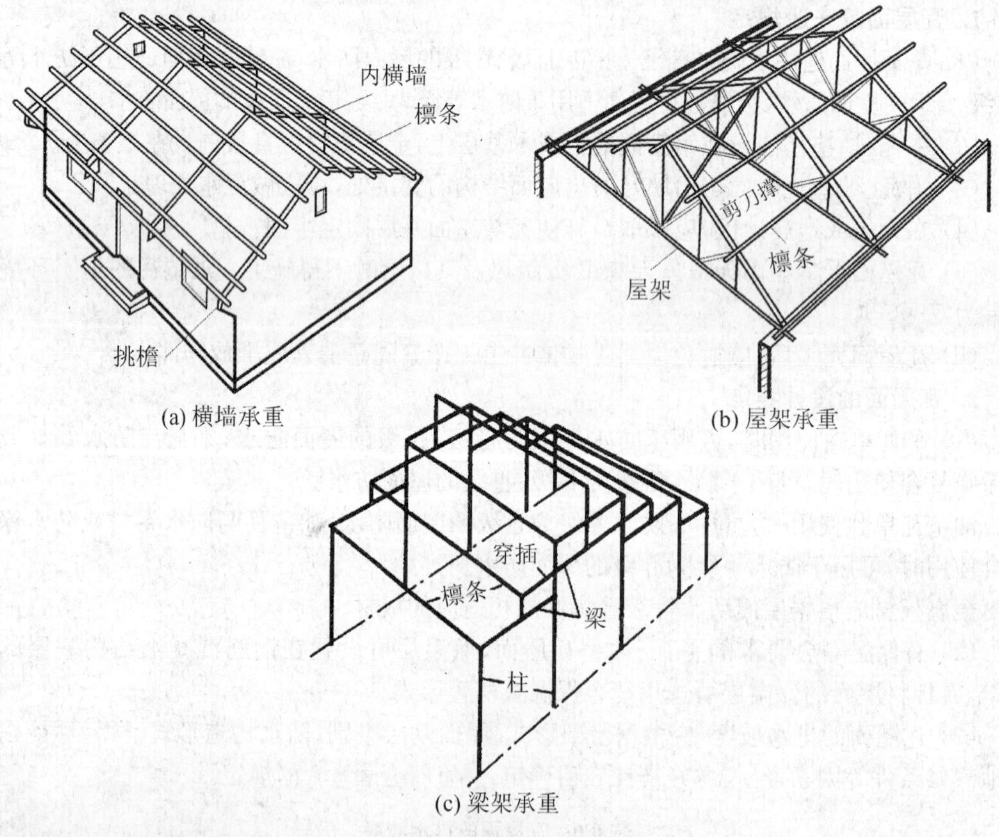


**图6-41 坡屋顶承重结构类型**

① 横墙承重

根据所要求的坡度，将横墙上部砌成三角形，在墙上直接搁置承重构件(如檩条)来承受屋顶荷载的结构方式。横墙承重构造简单、施工方便、节约材料，有利于屋顶的防火和隔音。

适用于开间为4.5 m以内、尺寸较小的房间,如住宅、宿舍、旅馆客房等建筑。

② 屋架承重

屋架承重是由一组杆件在同一平面内互相结合成整体构件屋架,其上搁置承重构件(如檩条)来承受屋顶荷载的结构方式。这种承重方式可以形成较大的内部空间,多用于要求有较大空间的建筑,如食堂、教学楼等。

③ 梁架承重

梁架承重是我国的传统结构形式,用木材做主要材料的柱与梁形成的梁架承重体系,是一个整体承重骨架,墙体只起围护和分隔的作用。

(2) 承重结构构件

① 屋架

屋架的形式常为三角形,它由上弦杆、下弦杆及腹杆组成,腹杆包括直杆和斜杆。所用材料有木材、钢材及钢筋混凝土等。木屋架一般用于跨度不超过12 m的建筑。将木屋架中受拉力的下弦及直腹杆件用钢筋或型钢代替,这种屋架称为钢木屋架。钢木屋架一般用于跨度不超过18 m的建筑。当跨度更大时需采用预应力钢筋混凝土屋架或钢屋架。见图6-42屋架的形式。

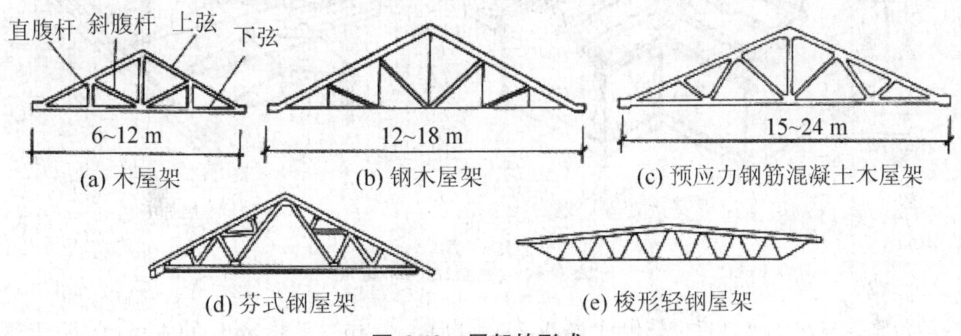


**图6-42 屋架的形式**

② 檩条

檩条所用材料可为木材、钢材及钢筋混凝土,檩条材料的选用一般与屋架所用材料相同,使两者的耐久性接近。

(3) 承重结构布置

坡屋顶承重结构布置主要是指屋架和檩条的布置,其布置方式根据屋顶形式而定,见图6-43。

**2. 平瓦屋面**

(1) 平瓦屋面的构造做法

屋面板也叫"望板",一般采用15～20 mm厚的木板钉在檩条上。屋面板的接头应在檩条上,但不得集中于一根檩条上。为了使屋面板结合严密,可以做成企口缝。

屋面板上应干铺油毡一层,起到保持屋面板干燥的目的。油毡应平行于屋檐,自下而上铺设,纵横搭接宽度应不小于100 mm,用热沥青粘牢。遇有山墙、女儿墙及其他屋面突出物时,油毡应做泛水处理。

在油毡上顺着屋面水流方向钉顺水条,顺水条为断面24 mm×6 mm的木条,起到压油毡的作用。顺水条与屋檐垂直,即顺水方向,故称为"顺水压毡条"。顺水条的间距为

400～500 mm。

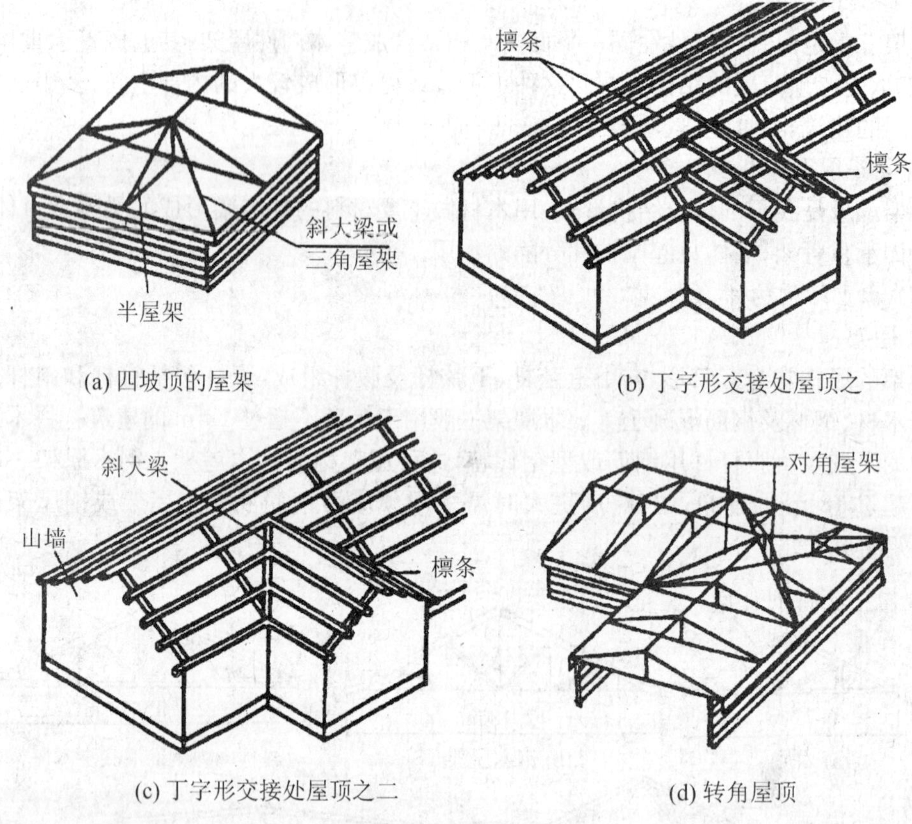


(a) 四坡顶的屋架　　(b) 丁字形交接处屋顶之一

(c) 丁字形交接处屋顶之二　　(d) 转角屋顶

**图 6-43　承重结构布置**

挂瓦条固定在顺水条上，与顺水条垂直，为断面 20 mm×30 mm 的木条，间距为平瓦的有效尺寸，一般为 280～330 mm。在挂瓦条上挂瓦。

平瓦屋面的防水、保温隔热效果较好，但耗用木材多、造价偏高，见图 6-44 平瓦屋面。

(2) 平瓦屋面的施工

在木望板上铺设卷材时，应自下而上平行屋脊铺贴，搭接顺流水方向。卷材铺设时应压实铺平，上部工序施工时不得损坏卷材。挂瓦条间距应根据瓦的规格和屋面坡长确定。挂瓦条应铺钉平整、牢固。

平瓦应铺成整齐的行列，彼此紧密搭接，并应瓦榫落槽，瓦脚挂牢，瓦头排齐，檐口应成一直线。脊瓦搭盖间距应均匀；脊瓦与坡面瓦之间的缝隙，应采用掺有纤维的混合砂浆填实抹平；屋脊和斜脊应平直，无起伏现象。沿山墙封檐的一行瓦，宜用 1∶2.5 的水泥砂浆做出坡水线将瓦封固。

铺设平瓦时，平瓦应均匀分散堆放在两坡屋面上，不得集中堆放。铺瓦时，应由两坡从下向上同时对称铺设。在基层上采用泥背铺设平瓦时，泥背应分两层铺抹，待第一层干燥后再铺抹第二层，并随铺平瓦。在混凝土基层上铺设平瓦时，应在基层表面抹 1∶3 水泥砂浆找平层，钉挂瓦条挂瓦。当设有卷材或涂膜防水层时，防水层应铺设在找平层上；当设有保温层时，保温层应铺设在防水层上。

平瓦屋面施工工序为：屋架→檩条→屋面板→油毡→顺水条→挂瓦条→铺瓦。

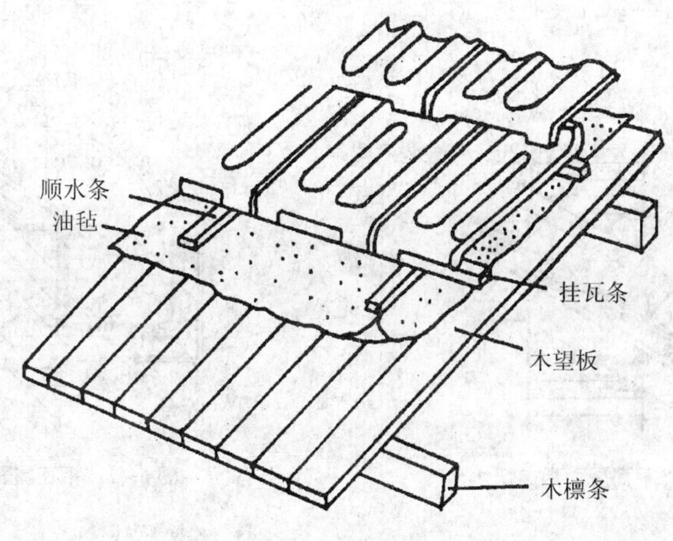


图 6-44　平瓦屋面

### 3. 平瓦屋面的细部构造

平瓦屋面应做好檐口、泛水、檐沟、屋脊、天沟等部位的细部处理。

(1) 檐口

平瓦屋面的瓦头挑出封檐的长度宜为 50～70 mm，见图 6-45。

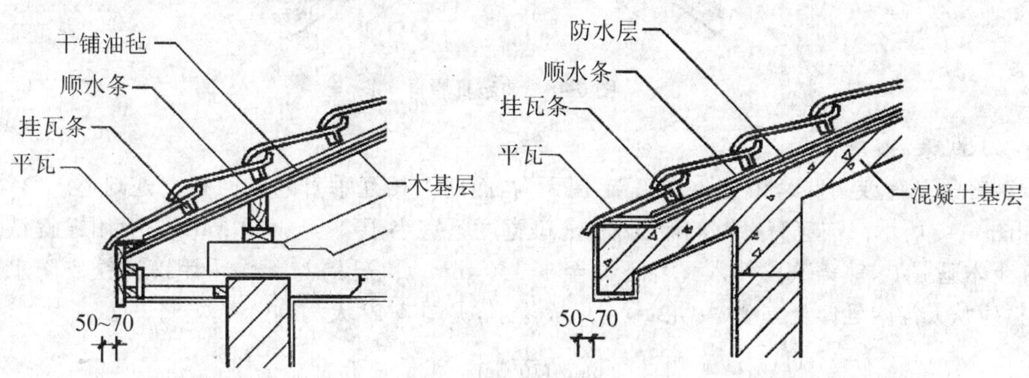


图 6-45　平瓦屋面檐口

(2) 泛水

平瓦屋面的泛水，宜采用聚合物水泥砂浆或掺有纤维的混合砂浆分次抹成。烟囱与屋面的交接处，在迎水面中部应抹出分水线，并应高出两侧各 30 mm。见图 6-46 平瓦屋面的烟囱泛水。

(3) 檐沟

平瓦伸入天沟、檐沟的长度宜为 50～70 mm，见图 6-47 平瓦屋面檐沟。

(4) 屋脊

平瓦屋面的脊瓦下端距坡面瓦的高度不宜大于 80 mm，脊瓦在两坡面瓦上的搭盖宽度，每边不应小于 40 mm。油毡瓦屋面的脊瓦在两坡面瓦上的搭盖宽度，每边不应小于 150 mm，见图 6-48 油毡瓦屋脊。

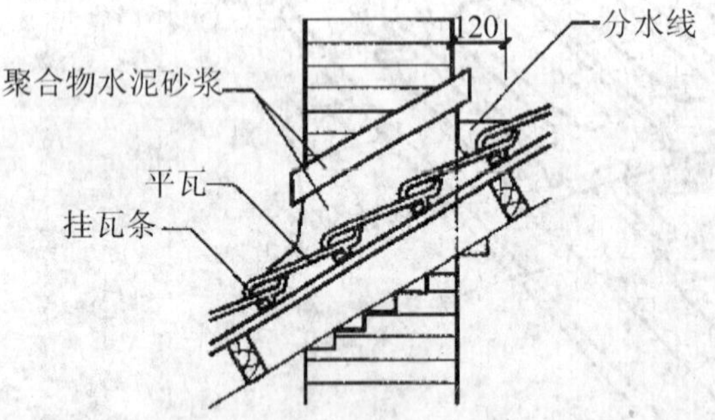

图 6-46　平瓦屋面烟囱泛水

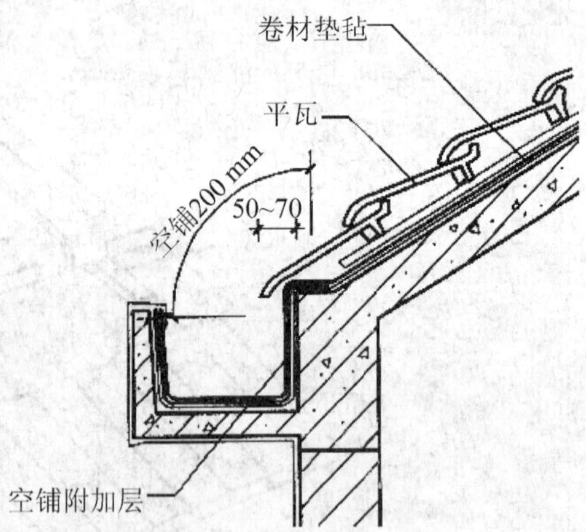

图 6-47　平瓦屋面檐沟

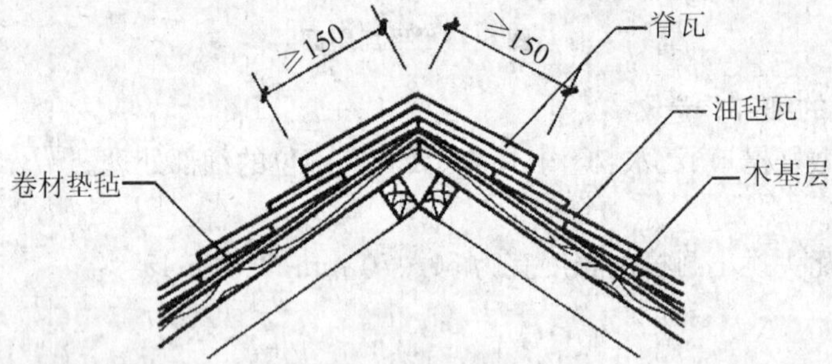

图 6-48　油毡瓦屋脊

（5）天沟

在等高跨或高低跨相交处，常常出现天沟，而两个相互垂直的屋面相交处则形成斜沟。如图 6-49 所示。沟应有足够的断面积，上口宽度不宜小于 300～500 mm，一般用镀锌铁皮铺于木基层上，镀锌铁皮伸入瓦片下面至少 150 mm。高低跨与天沟采用镀锌铁皮防水层时，应从天沟内延伸至立墙（女儿墙）上形成泛水，见图 6-49 天沟构造。

(a) 三角形天沟　(b) 矩形天沟　(c) 高低跨屋面天沟

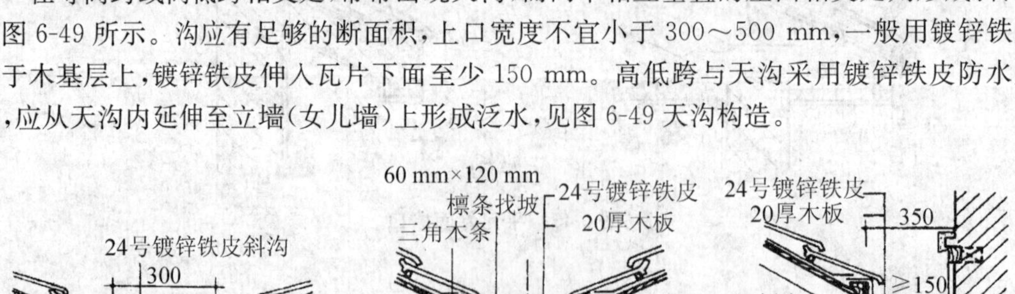

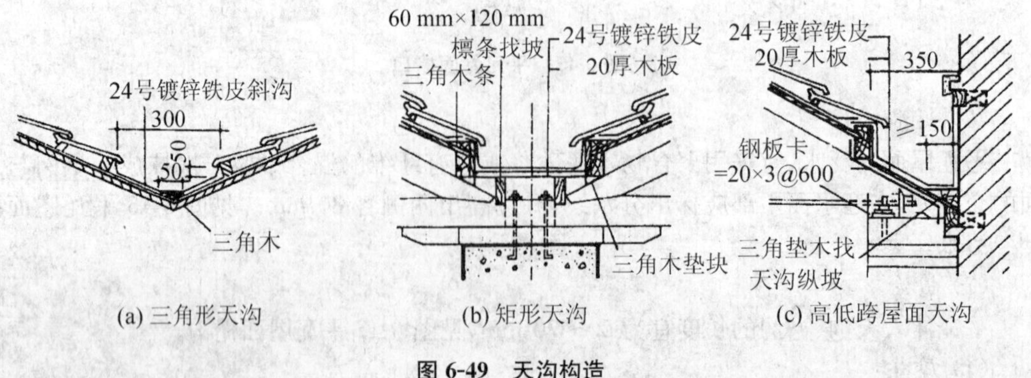

图 6-49　天沟构造

（6）硬山、悬山

山墙檐口按屋顶形式分为硬山与悬山两种。硬山是将山墙升起包住檐口，女儿墙与屋面交接处应做泛水处理，女儿墙顶应做压顶板，以保护泛水，见图 6-50 硬山的构造。悬山是将檩条外挑，檩条端部钉木封檐板，沿山墙挑檐的一行瓦，应用 1∶2.5 的水泥砂浆做出披水线，将瓦封固，见图 6-51 悬山的构造。

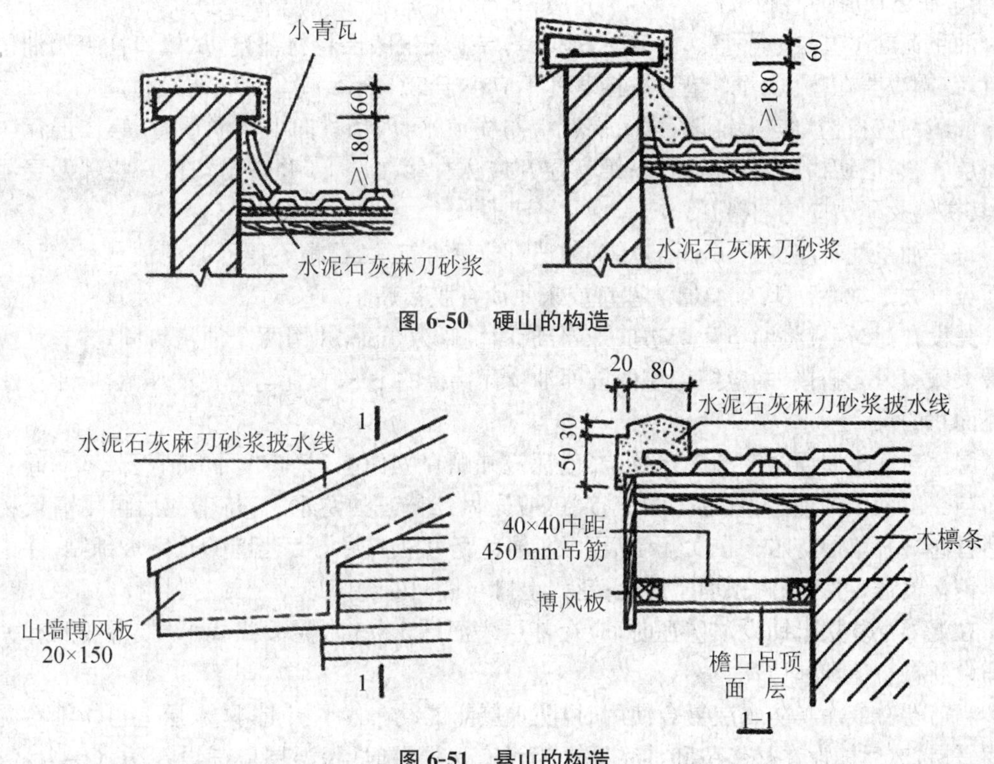


图 6-50　硬山的构造

图 6-51　悬山的构造

**4. 坡屋顶的通风隔热**

坡屋顶利用顶棚与屋顶之间的空间作隔热层。顶棚通风隔热层设计应满足以下规定：顶棚通风层应有足够的净空高度，一般为 500 mm 左右。还需设置一定数量的通风孔，以利空气对流。通风孔应考虑防飘雨措施。见图 6-52 顶棚通风隔热降温构造。

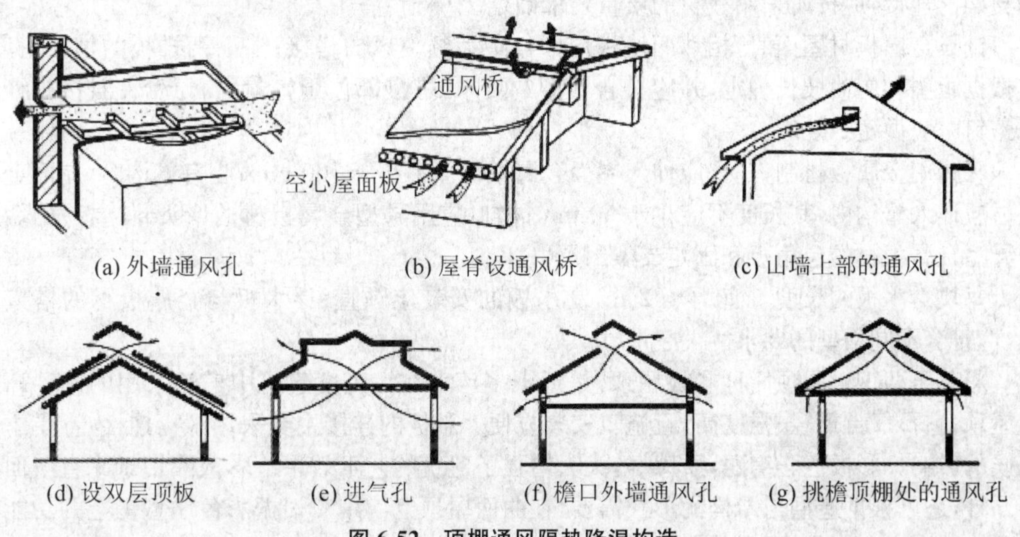


(a) 外墙通风孔　(b) 屋脊设通风桥　(c) 山墙上部的通风孔

(d) 设双层顶板　(e) 进气孔　(f) 檐口外墙通风孔　(g) 挑檐顶棚处的通风孔

图 6-52　顶棚通风隔热降温构造

## 6.5.3 任务拓展

**1. 油毡瓦屋面的施工**

油毡瓦的木基层应平整。铺设时，应在基层上先铺一层卷材垫毡，从檐口往上用油毡钉铺钉，钉帽应盖在垫毡下面，垫毡搭接宽度不应小于 50 mm。

油毡瓦应自檐口向上铺设，第一层瓦应与檐口平行，切槽向上指向屋脊；第二层瓦应与第一层叠合，但切槽向下指向檐口；第三层瓦应压在第二层上，并露出切槽。相邻两层油毡瓦，其拼缝及瓦槽应均匀错开。

每片油毡瓦不应少于 4 个油毡钉，油毡钉应垂直钉入，钉帽不得外露于油毡瓦表面。当屋面坡度大于 150%时，应增加油毡钉或采用沥青胶粘贴。

铺设脊瓦时，应将油毡瓦切槽剪开，分成四块作为脊瓦，并用两个油毡钉固定；脊瓦应顺年最大频率风向搭接，并应搭盖住两坡面油毡瓦接缝的 1/3；脊瓦与脊瓦的压盖面，不应小于脊瓦面积的 1/2。

屋面与突出屋面结构的交接处，油毡瓦应铺贴在立面上，其高度不应小于 250 mm。在屋面与突出屋面的烟囱、管道等的交接处，应先做二毡三油防水层，待铺瓦后再用高聚物改性沥青卷材做单层防水。在女儿墙泛水处，油毡瓦可沿基层与女儿墙的八字坡铺贴，并用镀锌薄钢板覆盖，钉入墙内预埋木砖上；泛水上口与墙间的缝隙应用密封材料封严。

在混凝土基层上铺设油毡瓦时，应在基层表面抹 1∶3 水泥砂浆找平层，再按照有关规定铺设卷材垫毡和油毡瓦。

当与卷材或涂膜防水层复合使用时，防水层应铺设在找平层上，防水层上再做细石混凝土找平层，然后铺设卷材垫毡和油毡瓦。当设有保温层时，保温层应铺设在防水层上，保温层上再做细石混凝土找平层，然后铺设卷材垫毡和油毡瓦。

**2. 金属板材屋面的施工**

金属板材应用专用吊具吊装，吊装时不得损伤金属板材。

金属板材应根据板型和设计的配板图铺设；铺设时，应先在檩条上安装固定支架，板材和支架的连接，应按所采用板材的质量要求确定。

铺设金属板材屋面时，相邻两块板应顺年最大频率风向搭接；上下两排板的搭接长度，应根据板型和屋面坡长确定，并应符合板型的要求，搭接部位用密封材料封严；对接拼缝与外露钉帽应做密封处理。

天沟用金属板材制作时，应伸入屋面金属板材下不小于 100 mm；当有檐沟时，屋面金属板材应伸入檐沟内，其长度不应小于 50 mm；檐口应用异型金属板材的堵头封檐板；山墙应用异型金属板材的包角板和固定支架封严。

每块泛水板的长度不宜大于 2 m，泛水板的安装应顺直；泛水板与金属板材的搭接宽度，应符合不同板型的要求。

彩色压型钢板屋顶简称彩板屋顶，是近十多年来在大跨度建筑中广泛采用的一种高效能屋顶，它不仅自重轻、强度高，且施工安装方便。彩板的连接主要采用螺栓连接，不受季节气候的影响。彩板色彩绚丽，质感好，大大增强了建筑的艺术效果。彩板除用于平直坡面的屋顶外，还可根据造型与结构的形式需要，在曲面屋顶上使用。根据彩色压型钢板的功能构造分为单层彩色压型钢板和保温夹心彩色压型钢板。

(1) 单层彩色压型钢板屋顶

单层彩色压型钢板只有一层薄钢板,用它作屋顶时必须在室内一侧另设保温层。单层彩色压型钢板根据断面形式不同,可分为波形板、梯形板、带肋梯形板。波形板和梯形板的力学性能不够理想,在梯形板的上下翼和腹板上增加纵向凹凸槽形成纵向带肋梯形板,起加劲肋的作用,同时再增加横向肋,在纵横两个方向都有加劲肋,提高了彩板的强度和刚度。

单层彩色压型钢板屋顶是将彩色压型钢板直接支承于檩条上,一般为槽钢、工字钢或轻钢檩条。檩条间距视屋顶板型号而定,一般为1.5～3.0 m。屋顶板的坡度大小与降雨量、板型、拼缝方式有关,一般不小于3°。屋顶板与檩条的连接采用各种螺钉、螺栓等紧固件,把屋顶板固定在檩条上,螺钉固定点在屋顶板的波峰上。钉帽均要用带橡胶垫的不锈钢垫圈,防止钉孔处渗水。当屋顶板波高超过35 mm时,屋顶板应先连接在铁架上,铁架再与檩条相连接。单层彩色压型钢板屋顶构造见图6-53。

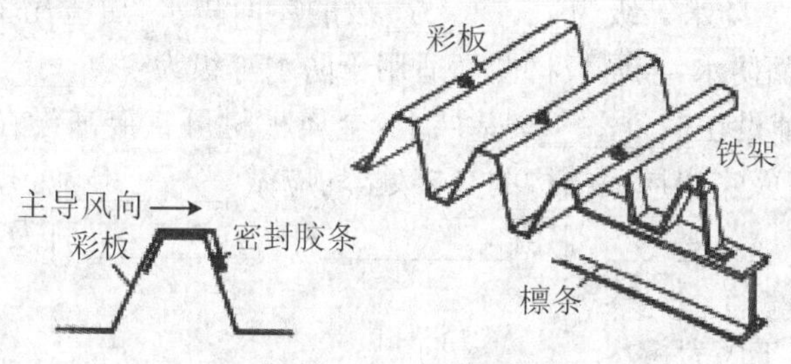


**图6-53　单层彩色压型钢板屋顶构造**

(2) 保温夹心彩色压型钢板屋顶

保温夹心板是由彩色涂层钢板作表层,聚苯乙烯泡沫塑料或硬质聚氨酯泡沫作芯材,通过加压加热固化制成的夹心板,是具有防寒、保温、体轻、防水、装饰、承力等多种功能的高效结构材料,主要适用于公共建筑、工业厂房的屋顶。保温夹心板屋顶坡度为1/6～1/20。在运输、吊装许可条件下,应采用较长尺寸的夹心板,以减少接缝,防止渗漏和提高保温性能,但一般不宜大于9 m。檩条与保温夹心板的连接,通常应使每块板至少有三根支承檩条,以保证屋顶板不发生翘曲。在斜交屋脊处,必须设置斜向檩条,以保证夹心板的斜端头有支承。保温夹心彩色压型钢板屋顶构造见图6-54。

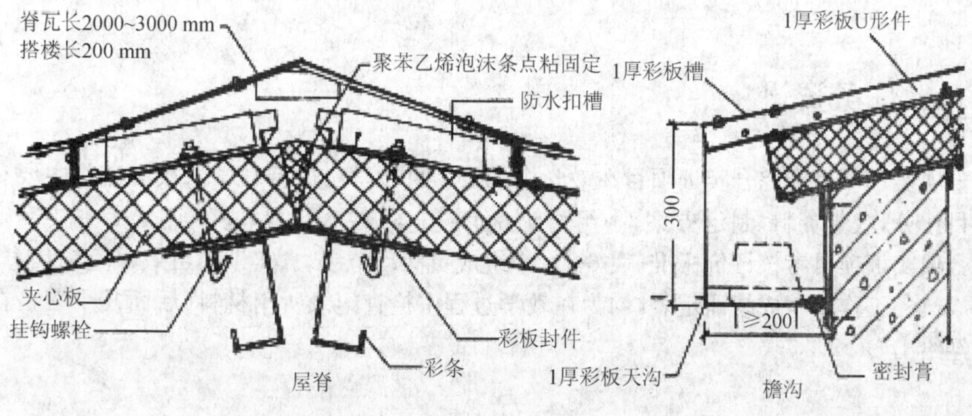


**图6-54　保温夹心彩色压型钢板屋顶**

夹心板选用铆钉连接，钉头用密封胶封死。顺坡连接缝与屋脊缝采用构造防水，横坡连接缝顺水搭接，用防水材料密封，上下板都搭在檩条上。当屋顶坡度≤1/10 时，搭接长度为 300 mm；当坡度>1/10 时，搭接长度为 200 mm。

### 6.5.4 练习与提高

1. 瓦屋面的承重构件主要有（ ）。

A. 屋架、檩条 B. 挂瓦条、椽子 C. 屋架、椽子 D. 檩条、椽子

2. 不同屋面防水材料有各自的排水坡度范围，下面（ ）材料的排水坡度最大。

A. 金属瓦 B. 平瓦 C. 小青瓦 D. 波形瓦

3. 坡屋顶的承重结构有_______、_______和_______三种。

4. 平瓦屋面适用于防水等级为_______级的屋面防水，油毡瓦屋面适用于防水等级为_______级的屋面防水，金属板材屋面适用于防水等级为_______级的屋面防水。

5. 平瓦、油毡瓦铺设在_______基层上，金属板材可直接铺设在_______上。平瓦、油毡瓦屋面与山墙及突出屋面结构的交接处，均应做_______处理。

6. 屋架形式常为_______，它由_______杆、_______杆及腹杆组成，腹杆包括_______杆和_______杆。

7. 平瓦屋面施工工序为：______________________。

8. 在木望板上铺设卷材时，应自_______而_______平行_______铺贴，搭接顺流水方向。

9. 对于平瓦屋面的瓦头，挑出封檐的长度宜为_______ mm。油毡瓦屋面的檐口应设_______。

10. 平瓦屋面的脊瓦下端距坡面瓦的高度不宜大于_______，脊瓦在两坡面瓦上的搭盖宽度，每边不应小于_______。

## 6.6 任务 5：绘制平屋顶构造图

### 6.6.1 任务资讯

分项实训项目和综合实训项目在教学中采取项目教学法进行教学。教学流程主要有确定项目任务，收集资料，制定方案，小组讨论，确定方案，检查记录，总结评价等主要实施过程。分项实训项目考核评价标准（表 6-7）、小组成员活动记录表、实训项目效果反馈信息表、小组成员各工作步骤成绩评定表，均为在教学过程中检查记录所用材料（后面几个表格在前面已经给出）。

表 6-7 分项实训项目考核评价标准

| 分项实训项目 | 实训目标 | 考核内容 | 考核评价方法 | 分值 |
|---|---|---|---|---|
| 平屋顶构造设计 | (1) 掌握平屋面排水设计方法及细部构造。<br>(2) 训练绘制和识读施工图的能力 | (1) 排水方式和檐口形式。<br>(2) 平屋面防水方案。<br>(3) 平屋顶构造及相关做法。<br>(4) 查阅《建筑设计规范》和《房屋建筑制图统一标准》 | (1) 自我评价内容:平屋顶排水方式、檐口形式,平屋面防水方案情况,相关构造做法情况,符合建筑规范和建筑制图标准情况。<br>(2) 小组评价:方案设计与工程实际吻合情况,图面表现情况,构造做法情况,实训态度、工作习惯等情况。<br>(3) 教师总体评价:结合现场验收、口头答辩、图面质量、构造做法、设计方案等进行综合考核 | 2 |

## 6.6.2 任务实施

### 屋面排水及节点设计实训任务书

**1. 任务目标**

(1) 掌握屋面排水设计的步骤、屋顶平面图的绘制、屋顶节点详图的绘制。

(2) 提高绘制和识读施工图的能力。

**2. 任务设计条件**

某学生公寓楼为6层砖混结构,屋面楼板为现浇板,其6层平面图如图6-55所示。底层地面标高为±0.000,室外标高为−0.450 m,屋面标高为19.800 m。墙体厚度为240 mm,定位轴线、墙体中线以及柱子中线相互重合。下部各层门窗及入口的洞口平面位置与顶层门窗洞口的平面位置相同。屋面为不上人屋面,无特别的使用要求,防水层采用卷材防水。学生公寓楼所在地年降雨量为950 mm,每小时最大降雨量为100 mm。设计此学生公寓楼的屋面排水。

**3. 任务过程及要求**

(1) 任务过程

用一张A3图纸绘制该学生公寓楼屋顶平面图和屋顶节点详图。屋顶平面图的比例为1∶100。屋顶节点详图比例自定。所绘图示线条、材料符号等,均按建筑制图标准表示。要求字迹工整,线型粗细分明,以铅笔绘制完成。

(2) 任务要求

屋顶平面图:绘制出屋顶构造的基本平面形状并用定位尺寸明确表示出其平面位置;绘制出建筑的分水线、檐沟轮廓线、檐口边线或女儿墙的轮廓线,并标注其位置;绘制出雨水口的位置;标注出屋面各坡面的坡度方向和坡度值;标注出详图索引号。

屋顶平面图的尺寸线通常标注三道:第三道尺寸线为细部尺寸线,标注出雨水口、分水线和定位轴线相互之间的距离,屋顶最外侧轮廓线与外墙定位轴线的距离;第二道尺寸线为定位轴线尺寸线,标注出定位轴线相互之间的距离、外墙的定位轴线与屋顶最外轮廓线的距离;第一道尺寸线标注出屋顶最外轮廓线间的距离。

屋顶节点详图:内容包括檐口节点详图、泛水节点详图和雨水口节点详图。详图用断面

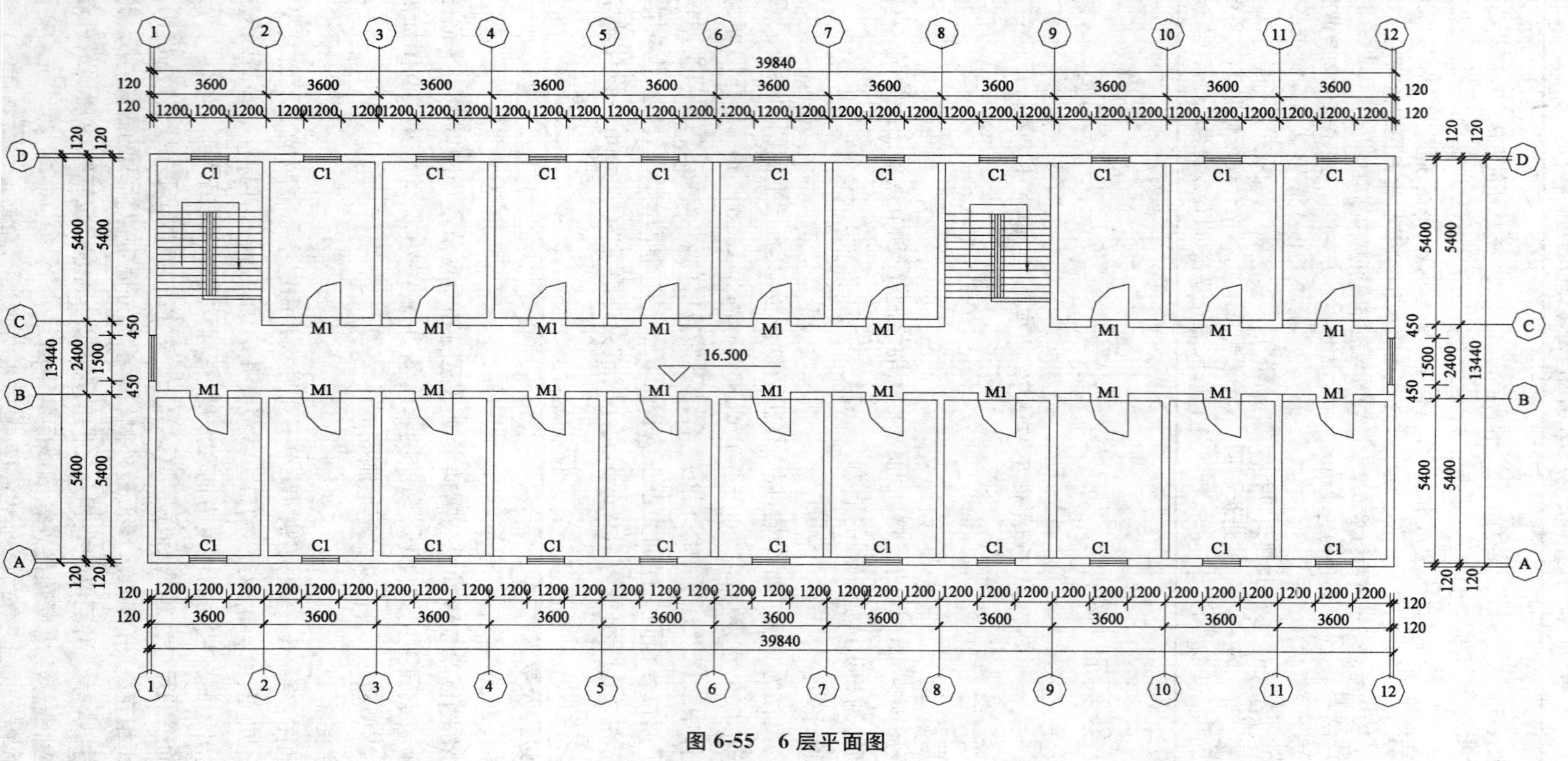


图 6-55 6 层平面图

图形式表示。与详图无关的其他部分用折断线断开。详图的尺寸应标注在图样之外。详图中要标注详图符号和比例。

檐口节点详图：当采用檐沟外排水时，表示清楚檐沟板的形式、屋顶各层构造、檐口处的防水处理，以及檐沟板与屋面板、墙、圈梁或梁的相互关系，标注檐沟尺寸，标注檐沟饰面层的做法和防水层的收头构造做法。当采用女儿墙外排水或内排水时，表示清楚女儿墙压顶构造、泛水构造、屋顶各层构造，标注出女儿墙的高度、泛水高度等尺寸。

泛水节点详图：画出竖直墙体与屋面相接处的连接构造，表示清楚屋面各层构造和泛水构造，注明构造做法，标注泛水高度等有关尺寸。

雨水口节点详图：表示清楚雨水口的形式、雨水口处的防水处理，注明细部做法，标注雨水口等有关尺寸。

**4. 设计步骤**

(1) 确定屋面坡度的形成方法和坡度大小。

(2) 确定排水方式，划分排水区域。

(3) 确定檐沟的断面形状、尺寸以及檐沟的坡度。

(4) 确定雨水管所用材料、口径大小，布置雨水管。

(5) 檐口、泛水和雨水口的节点设计。

**5. 参考资料**

(1) 房屋建筑制图统一标准 GB/T 50001－2001。

(2) 民用建筑设计通则 GB 50352－2005。

(3) 民用建筑热工设计规范 GB 50176－93。

(4) 房屋建筑学实训指导。

(5) 相关建筑施工图纸。

## 屋顶排水设计分析

**1. 确定屋面坡度的形成方法和坡度大小**

由于此学生公寓楼要求顶面平整，且屋面为不上人屋面，无特别的使用要求，所以确定屋面采用材料找坡。为了使排水迅速，减少屋面积水，体现“防排结合”，采用四坡水。由于屋面防水层采用卷材防水，确定屋面排水坡度为3%。

**2. 确定排水方式，划分排水区域**

由于公寓楼所在地区年降雨量为950 mm，屋面标高为19.800 m，所以确定采用有组织排水。由于屋面跨度为13.4 m，采用外排水方式。为了使屋面排水通畅，减少屋面渗漏的可能性，同时结合建筑立面形式，确定采用檐沟外排水方案。

考虑到雨水口间距一般在18～24 m之间，而屋面的纵向长度为39.8 m，所以雨水口每边至少需要3个。为了使雨水管在立面上对称、美观，初步决定：每边安放4个雨水管，每边划分4个排水区域，屋面分水线位于跨中位置。排水区域最大平面尺寸为10.800×7.220≈78 ($m^2$)。水落差最大为144.4 mm。雨水口位置、排水方向和具体划分如图6-56所示。

**3. 确定檐沟的断面形状、尺寸和檐沟的坡度**

檐沟采用与圈梁、现浇板一体现浇的方式。檐沟的分水线确定在排水区域的界线处，坡度依据规范要求取1%。

**4. 确定雨水管所用材料、直径**

雨水管选用 PVC 管材，圆口径，直径为 100 mm。该雨水管最大汇水面积为 558 $m^2$，完全能够满足排水要求。雨水管竖直设置、不弯曲，并与雨水口的平面位置相一致。

**5. 绘制屋顶平面图、檐沟节点详图**

具体如图 6-57、图 6-58 所示。

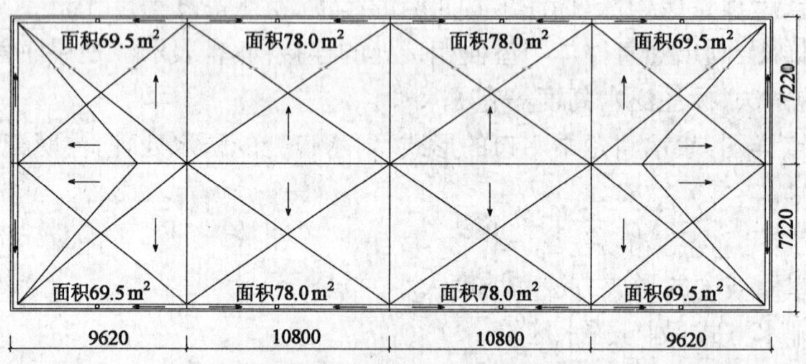


图 6-56 屋面排水区域划分

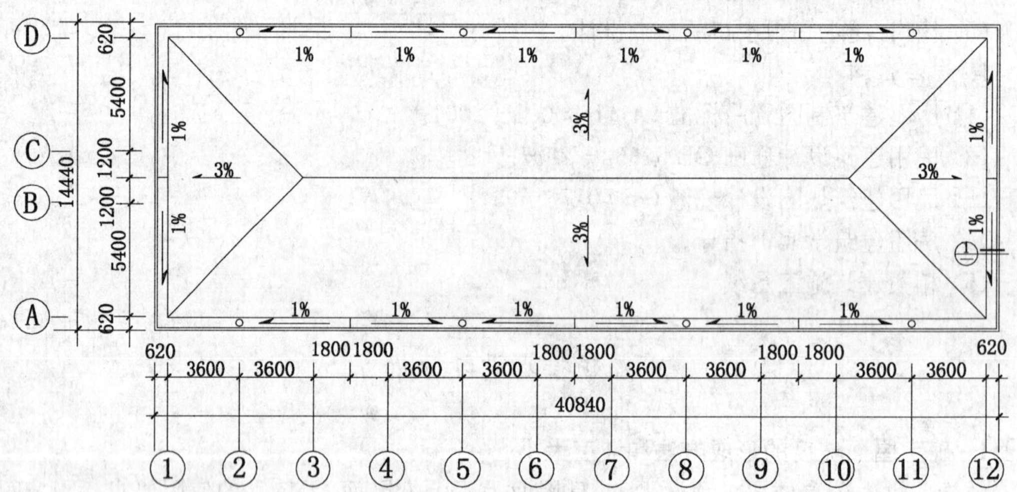


图 6-57 屋顶平面图

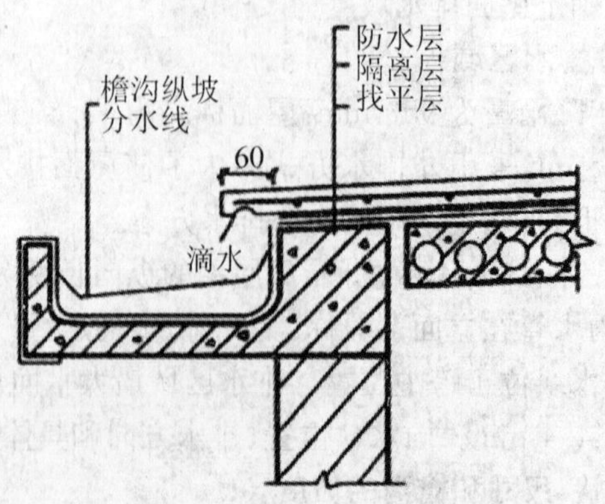


图 6-58 檐沟节点详图

## 6.6.3　任务拓展

### 某办公楼屋面排水设计

**1. 设计条件**

某办公楼为6层砖混结构，屋面楼板为现浇板，建筑顶层平面图如图6-59所示。底层地面标高为±0.000，室外标高为-0.450 m，屋面标高为19.800 m。墙体厚度为240 mm，定位轴线、墙体中线以及柱子中线相互重合。下部各层门窗及入口的洞口平面位置与顶层门窗洞口的平面位置相同。屋面为不上人屋面，无特别的使用要求，防水层采用卷材防水。办公楼所在地年降雨量为950 mm，每小时最大降雨量为100 mm。

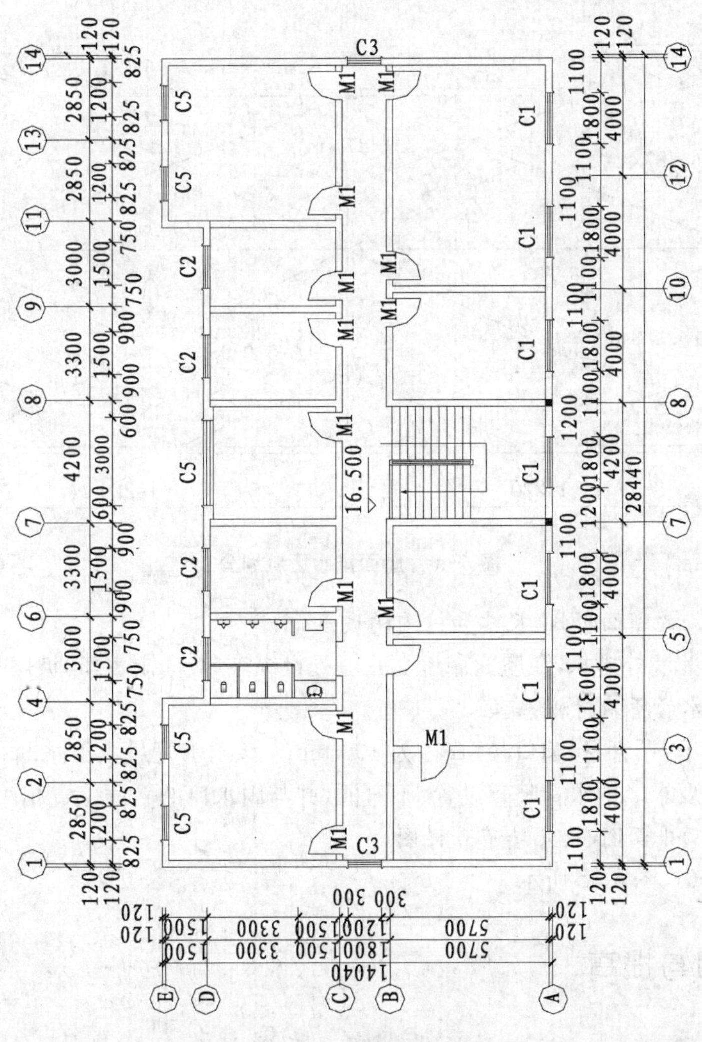

图6-59　顶层平面图

**2. 具体设计**

(1) 确定屋面坡度的形成方法和坡度大小

由于此办公楼要求顶面平整，且屋面为不上人屋面，无特别的使用要求，所以确定屋面采用材料找坡，屋面排水采用二坡水，向屋面短跨方向找坡。考虑到屋面防水层采用卷材防水，确定屋面排水坡度为3%。

(2) 确定排水方式，划分排水区域

由于办公楼所在地区年降雨量为950 mm，屋面标高为19.800 m，所以确定采用有组织排水。由于屋面跨度为13.8 m，采用外排水方式。为了使立面简洁和施工方便，采用女儿墙外排水方案。

考虑到雨水口间距一般在18～24 m之间，而屋面的纵向长度为28.4 m，所以初步决定：每边安放两个雨水管，每边划分两个排水区域，屋面分水线位于跨中位置。排水区域最大平面尺寸为14.220×7.020≈99.8 ($m^2$)。水落差最大为140.4 mm。雨水口位置、排水方向和具体划分如图6-60所示。

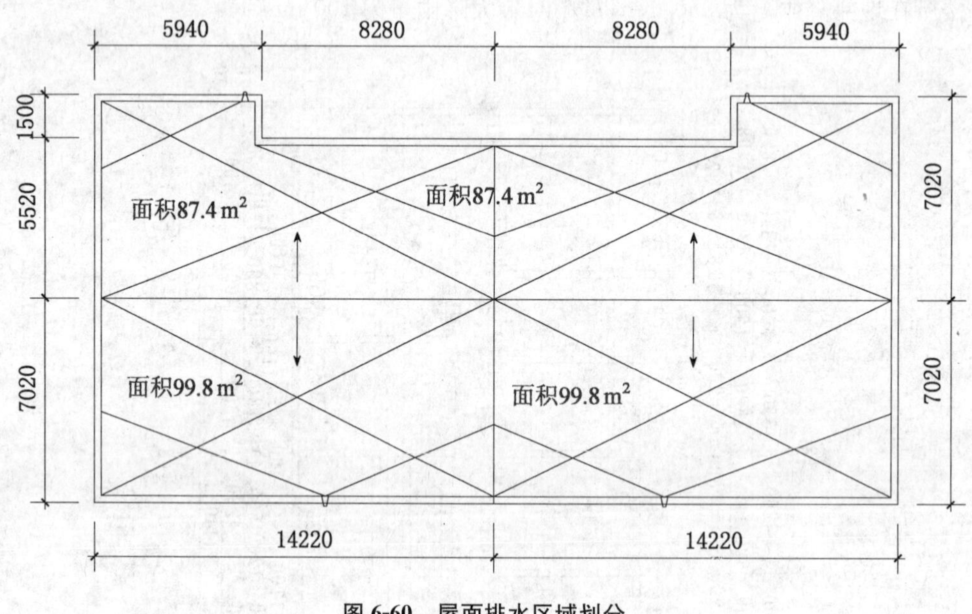


图6-60 屋面排水区域划分

(3) 确定檐沟的断面形状、尺寸和檐沟的坡度

屋面采用女儿墙外排水，在屋面靠近女儿墙处设纵坡，坡向雨水口，坡度为1%。

(4) 确定雨水管所用材料、直径

雨水管选用PVC管材，圆口径，直径为100 mm。该雨水管最大汇水面积为558 $m^2$，完全能够满足排水要求。雨水管竖直设置、不弯曲，并与雨水口的平面位置相一致。

(5) 绘制屋顶平面图、女儿墙节点详图

具体如图6-61、图6-62所示。

## 6.6.4 练习与提高

### 某中学学生公寓屋面排水设计

某中学学生公寓为三层钢筋混凝土框架结构，楼板均为现浇板，其三层平面图如图6-63所示。底层地面标高为±0.000，室外标高为−0.450 m，屋面标高为11.100 m。墙体厚度为 240 mm,定位轴线、墙体中线以及柱子中线相互重合。下部各层门窗及入口的洞口平面位置与顶层门窗洞口的平面位置相同。屋面为不上人屋面,无特别的使用要求,防水层采用卷材防水。该学生公寓所在地年降雨量为 950 mm,每小时最大降雨量为 100 mm。

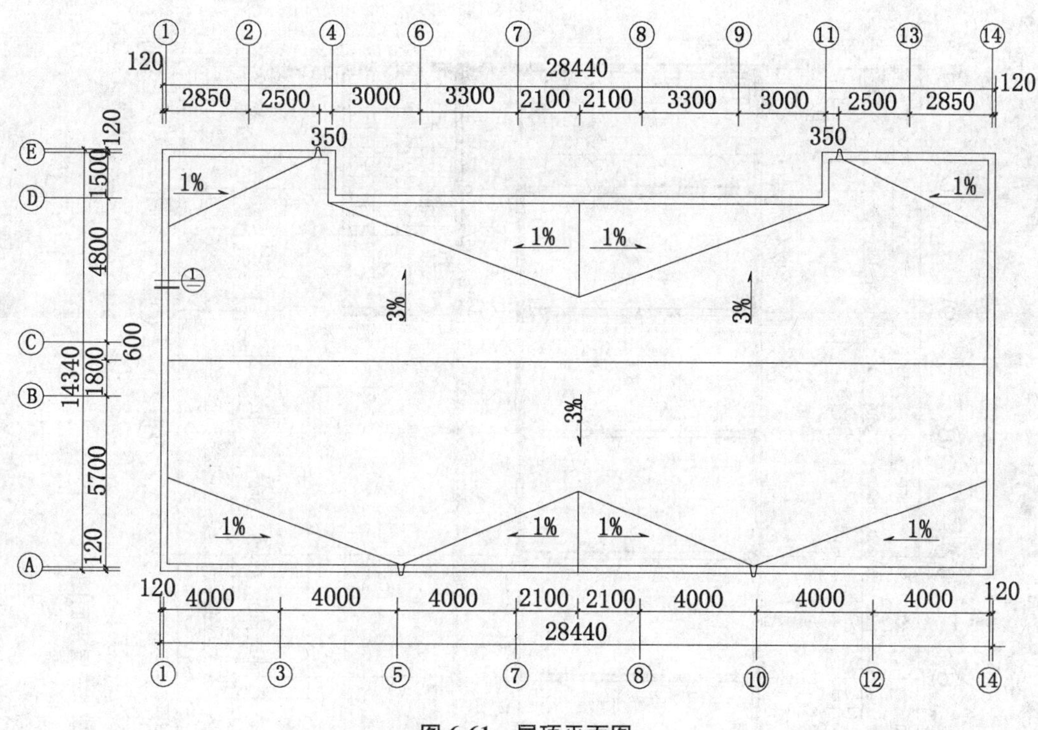


图 6-61　屋顶平面图

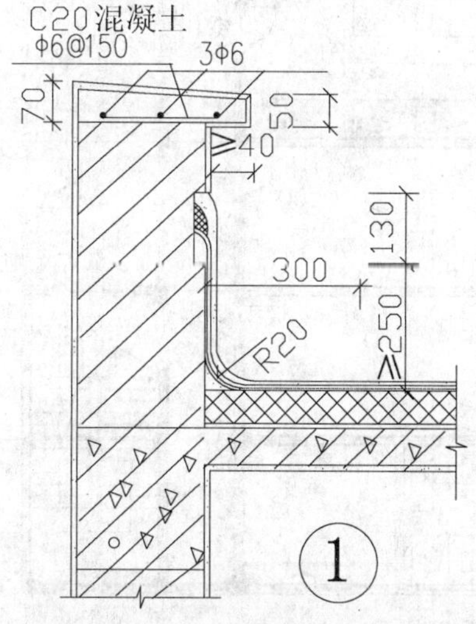


图 6-62　女儿墙节点详图

设计学生公寓的屋顶平面图和节点详图。屋顶平面图比例为 1∶100,详图为 1∶10。采用 3 号图纸一张,用铅笔绘制。

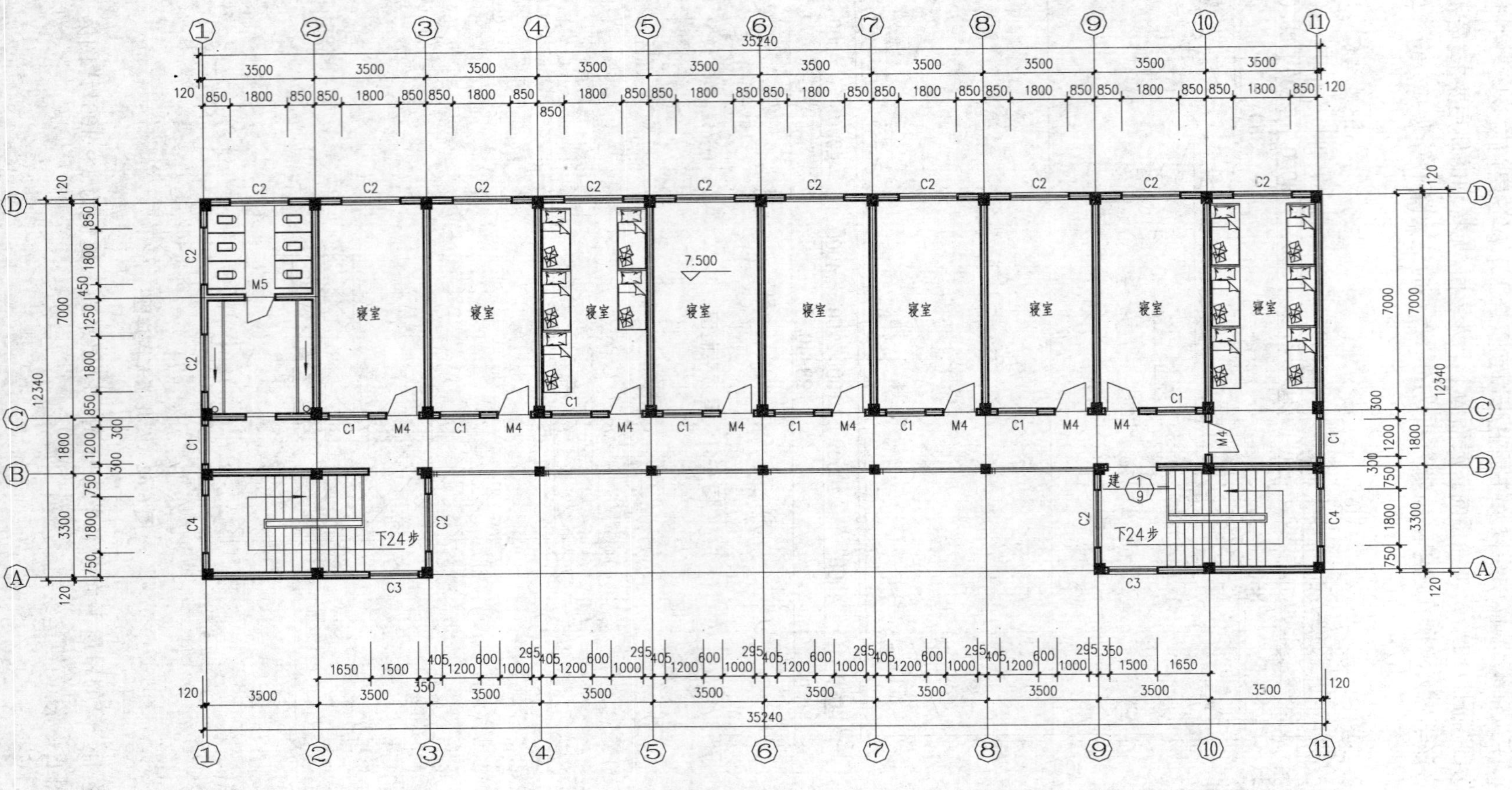


图 6-63 三层平面图

# 学习情境7　门　与　窗

## 7.1　学习情境描述

### 7.1.1　学习目标

完成本学习情境后,你应当能:

(1) 阐述门窗的作用、要求、组成及类型。

(2) 运用所学知识,分析不同类型建筑物的门窗洞口大小、材料选择、开启方式等构造的异同点。

### 7.1.2　学习任务

具体学习任务与任务驱动如表7-1所示。

**表7-1　学习任务与任务驱动**

| 序　号 | 学习任务 | 任务驱动 |
| --- | --- | --- |
| 1 | 门窗构造 | (1) 门窗的设置应考虑的因素。<br>(2) 分析不同类型建筑物的门窗洞口大小、材料选择、开启方式等构造的异同点 |

## 7.2　任务:门窗构造

### 7.2.1　任务资讯

**1. 门窗的作用**

门窗是建筑物的重要组成部分,也是主要围护构件。

门在房屋建筑中的作用主要是交通联系,并兼采光和通风作用;窗的作用主要是采光、通风及眺望。在某些情况下,门窗还有分隔空间、保温、隔热、隔声、防风沙等作用。

门窗在建筑立面构图中的影响也较大,它的尺度、比例、形状、组合、透光材料的类型等,都影响着建筑的艺术效果。

**2. 门窗的要求**

(1) 窗的要求

① 采光的要求

房间的功能不同时,对采光的要求也不同,超过和低于采光要求对工作和生活都是不利的。房间一般应以自然采光为主,特殊情况下选用人工照明。

房屋的采光面积标准与房间面积、使用功能有关。用房间开窗的洞口面积与房间的使用面积之比(称为窗地比)作为采光标准。如卧室、起居室的窗地比为1/7,幼儿园活动室为1/5,办公室为1/6,阅览室为1/5,教室为1/6。

② 通风的要求

开启窗扇排除室内污浊空气、补充室内新鲜空气和降低室内温度,叫做自然通风。借助引风机或排风机进行通风的叫机械通风。一般性建筑应尽量采用自然通风,以降低工程造价,且有利于人体健康。应设置足够多的可开启的窗扇以便通风。

③ 眺望的要求

从室内通过窗户向室外观看即为眺望。这是一般窗均具有的功能,可以通过窗面观看室外的自然环境。用于房间过渡或走廊两侧的橱窗还有观察、陈设的功能,多以不开启大面积玻璃窗为主。

④ 建筑立面装饰的要求

窗户是建筑的心灵。建筑立面装饰与建筑物的性格紧密相关,而建筑物的性格,如庄重或活泼、开敞或封闭、民族地域风貌或时代特色均可利用窗户的选型、大小、布局、形状、色彩等手段充分表现出来。

位于外墙上的窗,既可以吸收阳光的辐射热和紫外线,也是散失热量的重要缺口,一般通过外窗所散失的热量相当于同面积墙体的2~3倍。设计人员在确定窗的数量、大小、材料、层数、朝向等方面时应结合实际情况进行选择。

窗也是传播噪声和进入风沙的途径,在窗扇层数、缝隙处理上应采取可靠的措施予以保证,以提高房间的安静和洁净程度。

(2) 门的要求

① 内外交通的要求

门的主要作用是供人们和家具设施出入建筑物和房间以及房间之间联系的交通口。它的大小、数量、位置、用材、开启方式等均需按照规范要求进行设计。

② 疏散的要求

对于不同耐火等级和不同地震烈度地区的建筑,均应设置相应数量的疏散口,以利于在救急情况下供人们尽快疏散到安全地带。

③ 采光和通风的要求

在门扇上设置小玻璃窗,或利用半玻璃门、全玻璃门均可以改善室内采光。门的位置布置应合理,可以与对应的门窗组织空气对流,利于通风。

④ 防火的要求

建筑物需按其耐火等级划分若干个防火单元,单元之间的联系口应设置防火门。当发生火灾时关闭防火门以断绝火势蔓延。防火门还可以随时疏散人员,防火门隔断火源之处可作为人员临时避难处。防火门须用不燃烧材料制成,并用弹簧铰链安装。

⑤ 建筑立面装饰的要求

建筑物立面装饰的重点，一般均设在主要出入口处，以使建筑物主次分明、重点突出，达到丰富建筑物立面装饰效果的目的。

门也是建筑围护构件，故要求门的材料、构造和施工质量应能满足坚固耐久、防盗、隔声、保温、防风沙、防雨雪等要求。同时门的设置位置、开启方式、开启方向等方面也应力求做到方便简捷、少占空间、开关自如、减少交叉等。

目前我国门窗的生产已经实现工厂化制作和加工。建筑设计人员在绘制建筑施工图时，只需绘制门窗表，确定门窗洞口的尺寸、所选用的标准图集编号、每种门窗的数量即可。建设、施工单位根据门窗表从厂家购买、安装门窗。

**3. 门窗的类型**

(1) 窗的类型

① 按使用材料分类

按使用材料不同，可分为木窗、钢窗、塑钢窗、铝合金窗等类型。

木窗是用经过干燥的含水率在18%左右的不易变形的木材做成的窗。其优点是适合手工制作，构造简单，制作灵活，密封性较好，保温效果好。缺点是窗料截面较大，遮挡光线较多，易变形，防水、防潮、防火性差，维修费用较高。

钢窗是用热轧特殊断面的型钢制成的窗。其优点是强度高，坚固耐久，挡光少，防火性能较好。缺点是易生锈，密封和热工性能较差。

塑钢窗是用硬质塑料制成窗框和窗扇并用型钢加强而制成的窗。其优点是密封和热工性能好，耐腐蚀，不变形，色彩丰富。塑钢窗是我国目前应用最广泛的窗型。

铝合金窗是用铝镁硅系列合金制成的窗。其优点是质量轻，密闭性能较好。但其强度较低，易变形。

② 按开启方式分类

按开启方式不同，可分为平开窗、推拉窗、固定窗、悬窗、立转窗、百叶窗等类型，如图7-1所示。

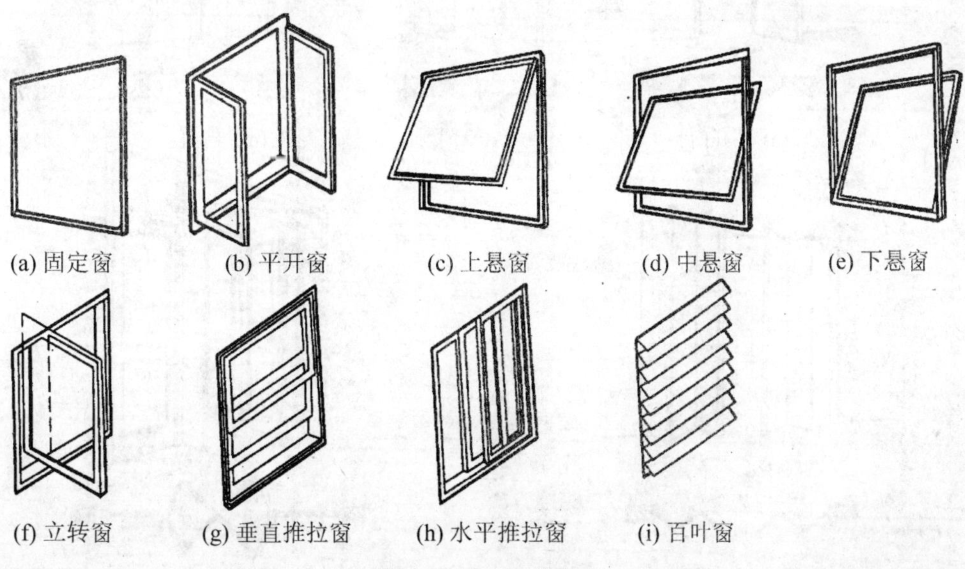

(a) 固定窗 (b) 平开窗 (c) 上悬窗 (d) 中悬窗 (e) 下悬窗

(f) 立转窗 (g) 垂直推拉窗 (h) 水平推拉窗 (i) 百叶窗

**图7-1 窗的开启方式**

固定窗是指不能开启的窗。固定窗的玻璃直接嵌固在窗框上，可采光但不通风。其构造简单，密闭性好，多用于门窗亮子。

平开窗是常用的一种开启方式，窗扇一侧用铰链与窗框相连，开启关闭十分方便。平开窗有单扇、双扇、多扇之分，有向外或向内水平开启之分。其构造简单，开启灵活，制作维修方便。

悬窗是指窗扇可绕水平轴转动的窗。根据铰链和转轴位置的不同，可分为上悬窗、中悬窗和下悬窗。上悬窗铰链安装在窗扇的上边，一般向外开，防雨好，多用于外门和窗上的亮子。中悬窗是在窗扇两边中部安装水平转轴，窗扇可绕水平轴旋转，开启时窗扇上部向内、下部向外，挡雨、通风较好，常用于单层工业厂房的高侧窗。下悬窗铰链安装在窗扇的下部，一般向内开，通风较好，但不防雨，一般用于内门上的亮子。

立转窗是指窗扇可绕垂直轴转动的窗。立转窗引导风进入室内的效果较好，防雨及密封性较差，多用于单层工业厂房的低侧窗。

推拉窗是目前建筑中常用的一种窗，其窗扇可以左右水平推拉，不占用空间，窗扇在导槽内滑动，开启后双层窗扇重叠，故通风面积受到限制。

百叶窗有固定式和活动式两种形式。主要用于遮阳、防雨及通风，但采光差。

(2) 门的类型

① 按使用材料分类

按使用材料不同，可分为木门、钢门、塑钢门、铝合金窗门、玻璃钢门、无框玻璃门等类型。其中木门宜用于内门。木门轻便、手感好、封闭性好，应用广泛。

② 按开启方式分类

按开启方式不同，可分为平开门、推拉门、弹簧门、折叠门、转门等，如图 7-2 所示。

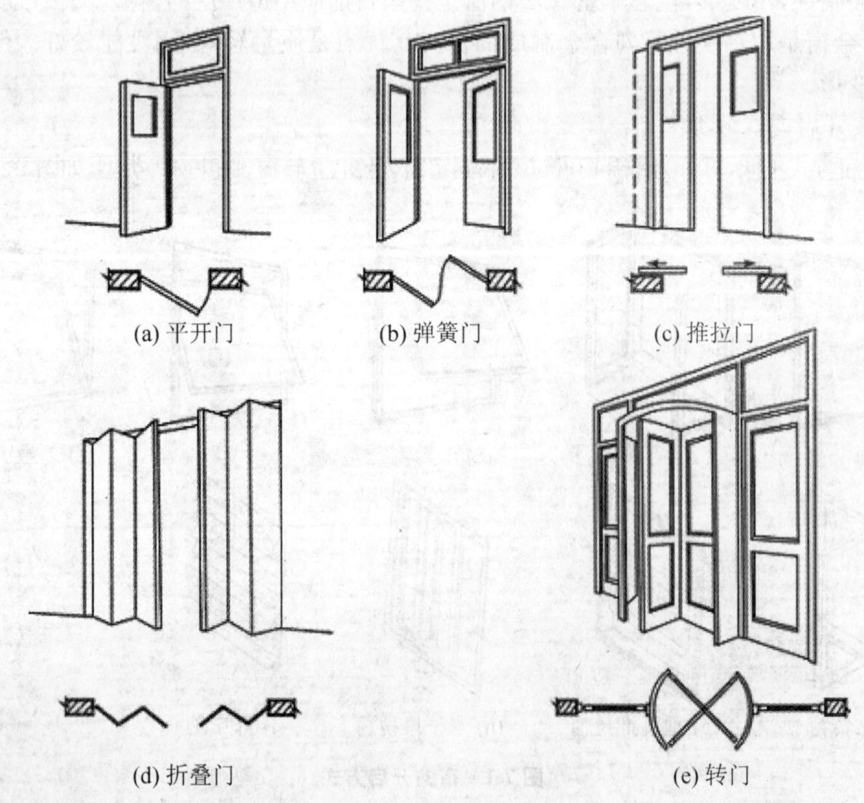


图 7-2 门的开启方式

平开门是水平开启的门，它的铰链装于门扇的一侧与门框相连，使门扇围绕铰链轴转动。其门扇有单扇、双扇和多扇之分，向内开和向外开之分。平开门构造简单，开启方便，关闭时密封性好，加工制作简便，易于维修，是建筑中最常见、使用最广泛的门。

弹簧门与普通平开门的开启方式相同，所不同的是以弹簧铰链代替普通铰链，借助弹簧的力量使门扇能向内、外开启并可经常保持关闭。它使用方便，美观大方，广泛用于商场、学校、医院、办公楼的外门等。

推拉门是开启时门扇沿轨道左右滑行的门。通常为单扇和双扇。根据轨道的位置，推拉门可分为上挂式和下滑式。当门扇高度小于 4 m 时，一般采用上挂式推拉门，即在门扇的上部装置滑轮，滑轮吊在门过梁的预埋轨道上；当门扇高度大于 4 m 时，一般采用下滑式推拉门，即在门扇下部装滑轮，将滑轮置于预埋在地面的轨道上。为使门保持垂直状态稳定运行，导轨必须平直，并有一定刚度。推拉门开启时不占空间，受力合理，不易变形，但在关闭时难以严密，构造亦较复杂，多用于民用建筑的厨房、卫生间、阳台的门，大厅入口处的光电控制无框玻璃门以及工业厂房的大门等也可采用推拉门。

将较大的门洞常设置多扇门并用铰链相连，开启后门扇折叠在一起，即为折叠门。可分为侧挂式折叠门和推拉式折叠门两种。推拉式折叠门与推拉门构造相似，在门顶或门底装滑轮及导向装置，每扇门之间用铰链相连，开启时门扇通过滑轮沿着导向装置移动。折叠门开启时占空间少，但构造较复杂。一般用于学校、医院、企事业单位入口处的大门。

转门由两个固定的弧形门套和垂直旋转的门扇构成。门扇可分为三扇或四扇，绕竖轴旋转。转门对隔绝室外空气流向室内有一定作用，可作为寒冷地区公共建筑的外门，但不能作为疏散门，需在转门旁边另设疏散用门。转门构造复杂，造价高，通常用于人流不多、房间洁净要求较高和寒冷地区公共建筑的外门，如宾馆、金店等处。

## 7.2.2 任务实施

**1. 平开木门的组成、尺寸及构造**

(1) 门的组成

门一般由门框、门扇、亮子、建筑五金及其附件组成，如图 7-3 所示。

门框的主要作用是固定门扇和腰窗并与门洞相连。门扇按其所镶嵌的材料不同，有镶板门、夹板门、拼板门、玻璃门等类型。亮子在门的上方，为辅助采光和通风之用，有平开、固定及上、中、下悬几种形式。建筑五金一般有铰链、插销、门锁、拉手等，附件有贴脸板、筒子板等。

(2) 门的尺寸

门的尺寸应根据建筑中人员和设备等的日常通行要求、安全疏散要求以及建筑造型艺术和立面设计要求等综合决定。为避免门扇面积过大导致门扇及五金连接件等变形而影响使用，平开门的单扇宽度不宜超过 1000 mm，一般供日常活动进出的门，其单扇门宽度为 800～1000 mm，双扇门宽度为 1200～2000 mm。亮子高度一般为 400～900 mm，可根据门洞高度进行调节。在部分公共建筑和工业建筑中，按使用要求，门洞高度可适当增加。

我国各地区按照建筑模数和使用要求均有各类门的标准系列尺寸和定型构造通用图集，可按需要选用。

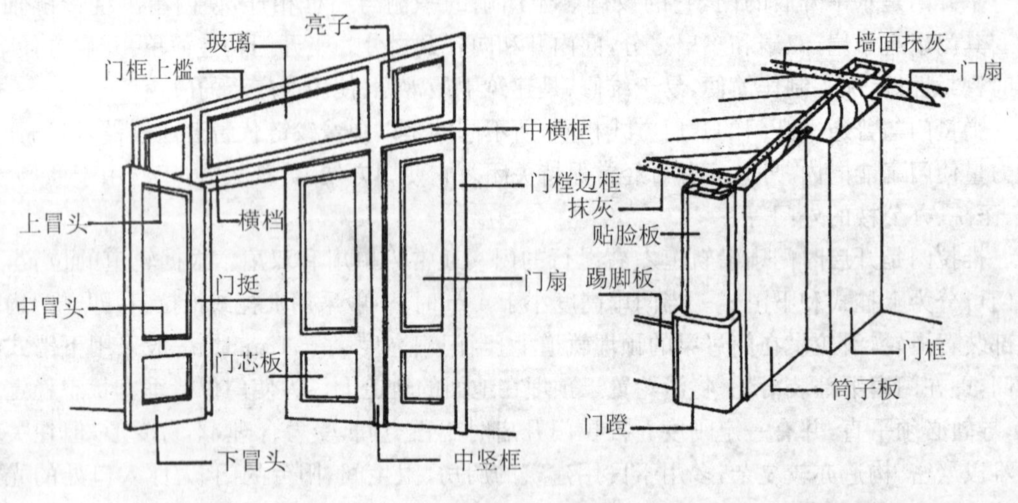


图 7-3 木门的组成

(3) 门的构造

① 门框

门框主要由上槛和边框组成。当门带有亮子时,还有中横框,多扇门则还有中竖框。门框的断面形式与门的类型、层数有关,同时应利于门的安装,并应具有一定的密闭性。如图 7-4 所示。

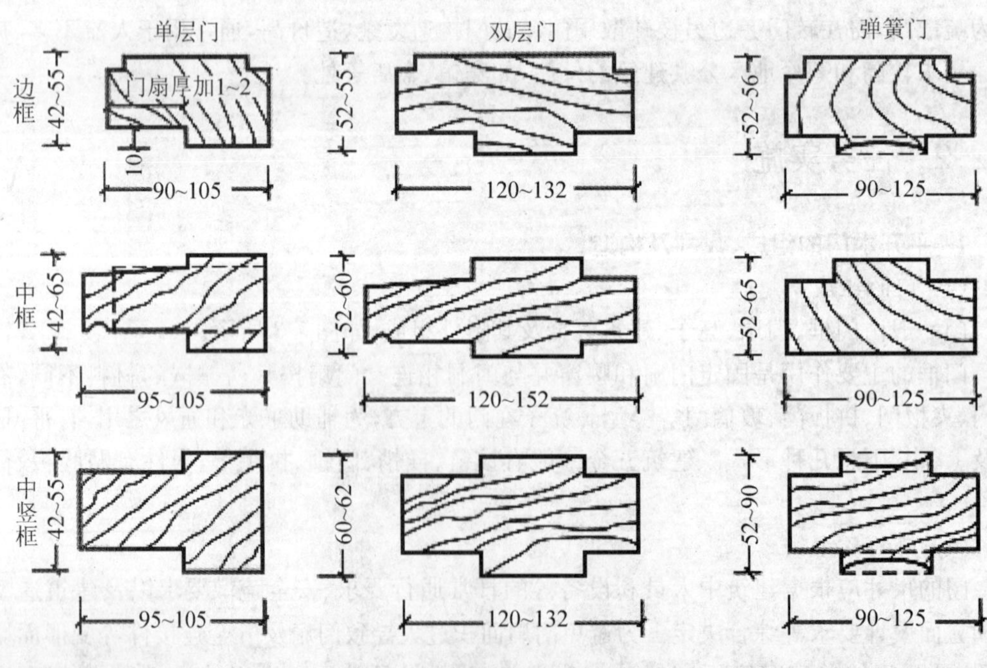


图 7-4 门框的断面形式与尺寸

门框的断面尺寸主要考虑接榫牢固与门的类型,还要考虑制作时的刨光损耗。门框的毛料尺寸:单裁口的木门为(50~70) mm×(100~120) mm,双裁口的木门为(60~70) mm×(130~150) mm。为便于门扇密闭,门框上要有裁口。根据门扇数与开启方式的不同,裁口的形式可分为单裁口和双裁口。裁口宽度要比门扇宽度大 1～2 mm，以利于安装和门扇开启。裁口深度一般为 8～10 mm。

由于门框靠墙一面易受潮变形，故常在该面开 2 道背槽，以免产生翘曲变形，同时也利于门框的嵌固。背槽的形式可为矩形或三角形，深度 8～10 mm，宽 12～20 mm。

门框的安装根据施工方式分先立口和后塞口两种。先立口是在砌墙前即用支撑先立门框然后砌墙。后塞口是在墙砌好后再安装门框。洞口的宽度应比门框大 20～30 mm，高度比门框大 10～20 mm。门洞两侧砖墙上每隔 500～600 mm 预埋木砖或预留缺口，以便用圆钉或水泥砂浆将门框固定。门框与墙间的缝隙需用沥青麻丝嵌填密实。目前工程上通常采用后塞口的安装方式。

门框在墙中的位置，一般多与开启方向一侧平齐，尽可能使门扇开启时贴近墙面。门框四周的抹灰极易开裂脱落，因此在门框与墙结合处应做贴脸板和木压条盖缝。贴脸板一般为 15～20 mm 厚，30～75 mm 宽。木压条厚与宽一般为 10～15 mm。装修标准高的建筑，还可在门洞两侧和上方设筒子板。如图 7-5 所示。

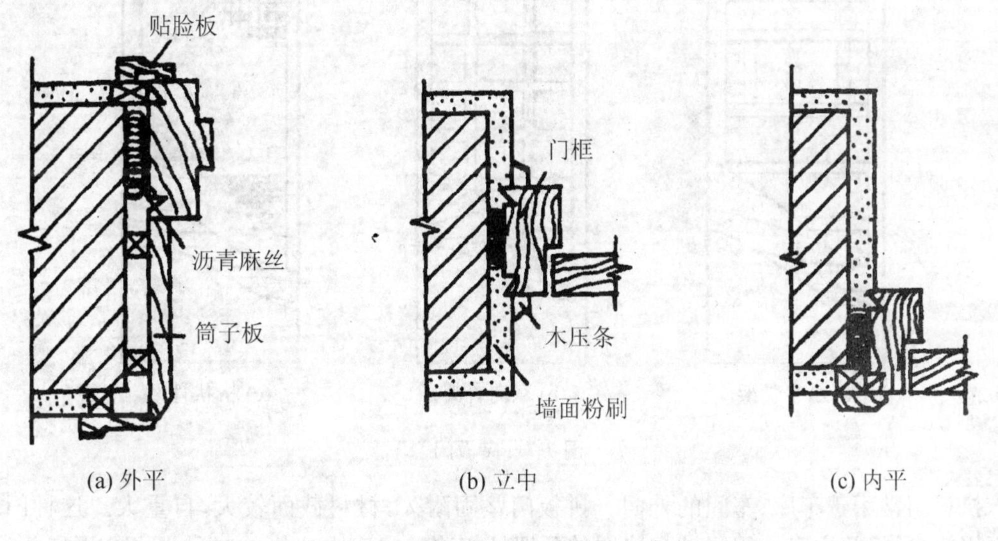


图 7-5 门框位置

② 门扇

常用的木门门扇有镶板门、夹板门和拼板门等。

镶板门是广泛使用的一种门，门扇由边挺、上冒头、中冒头和下冒头组成骨架，内装门芯板而构成。构造简单，加工制作方便，适用于一般民用建筑的内门和外门。其门扇的边挺与上、中冒头的断面尺寸一般相同，厚度为 40～45 mm，宽度为 100～120 mm。为了减少门扇的变形，下冒头的宽度一般加大至 160～250 mm，并与边挺采用双榫结合。门芯板一般采用 10～12 mm 厚的木板拼成，也可采用胶合板、硬质纤维板、玻璃等。如图 7-6 所示。

夹板门使用断面较小的方木做成骨架，两面粘贴面板而成。门扇面板可用胶合板、塑料面板和硬质纤维板，面板和骨架形成一个整体，共同抵抗变形。夹板门的形式可以是全夹板门、带玻璃或带百叶夹板门。夹板门的骨架一般用厚 30 mm、宽 30～60 mm 的木料做边框，中间的肋条用厚 30 mm、宽 10～25 mm 的木条，可以是单向排列、双向排列，间距一般为 200～400 mm，安门锁处需加上锁木。为使门扇内通风干燥，避免因内外温度、湿度差异产生变形，在骨架上需设通气孔。由于夹板门构造简单，可利用小料，外形简洁，便于工业化生产，故在一般民用建筑中广泛用作建筑的内门。如图 7-7 所示。

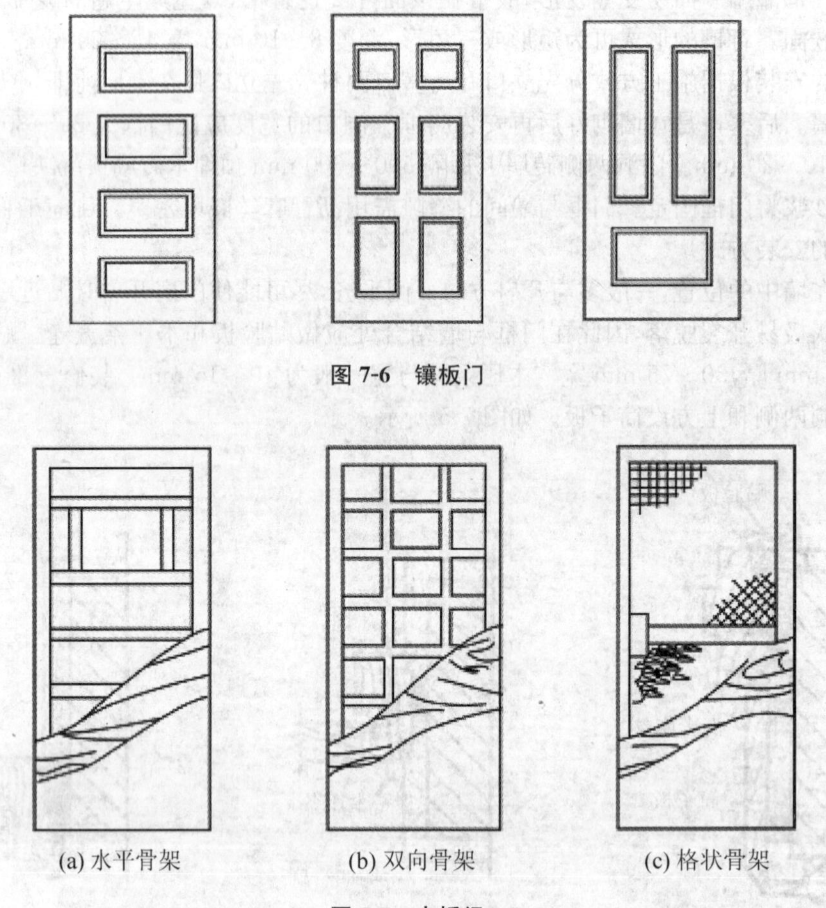

**图 7-6　镶板门**

(a) 水平骨架　(b) 双向骨架　(c) 格状骨架

**图 7-7　夹板门**

拼板门常用于车库、车间的外门。拼板门坚固耐久，材料截面较大，自重大。这种门也可不用门框，将门扇直接用门轴与墙体的预埋件相连。门扇由边挺，中挺，上、中、下冒头，门芯拼板组成。门芯拼板用 35～45 mm 厚的木板拼接而成，接口多用错口或企口相接。门轴用钢板、圆钢焊接而成，预埋件用混凝土和钢板做成，在砌墙时埋入适当部位，焊接门轴后可以承受门扇的较大荷载。如图 7-8 所示。

③ 亮子和建筑五金

亮子一般采用中悬开启方式，也可采用上悬、平开及固定窗形式。

建筑五金主要有铰链、门锁、插销、拉手等，均为工厂定型产品，形式多种多样。在选型时，铰链需特别注意其强度，以防止变形，影响门的使用。拉手需结合建筑装修情况选型。

**2. 平开木窗的组成、尺寸及构造**

(1) 窗的组成

平开窗主要由窗框、窗扇和建筑五金组成，根据需要还可附设窗帘盒、窗台板、贴脸板等。窗框可根据设计有无亮子及多扇而设置中横框和中竖框。如图 7-9 所示。

(2) 窗的尺寸

按照门窗工业化生产及建筑模数的要求，窗洞口尺寸应符合 3M 模数系列尺寸，其高度和宽度尺寸主要有 600 mm、900 mm、1200 mm、1500 mm、1800 mm、2100 mm、2400 mm 等规格。当洞口尺寸较大时，可进行窗扇的组合。我国各地区按照建筑模数和使用要求均有各类窗的标准系列尺寸和定型构造通用图集，可按需要选用。

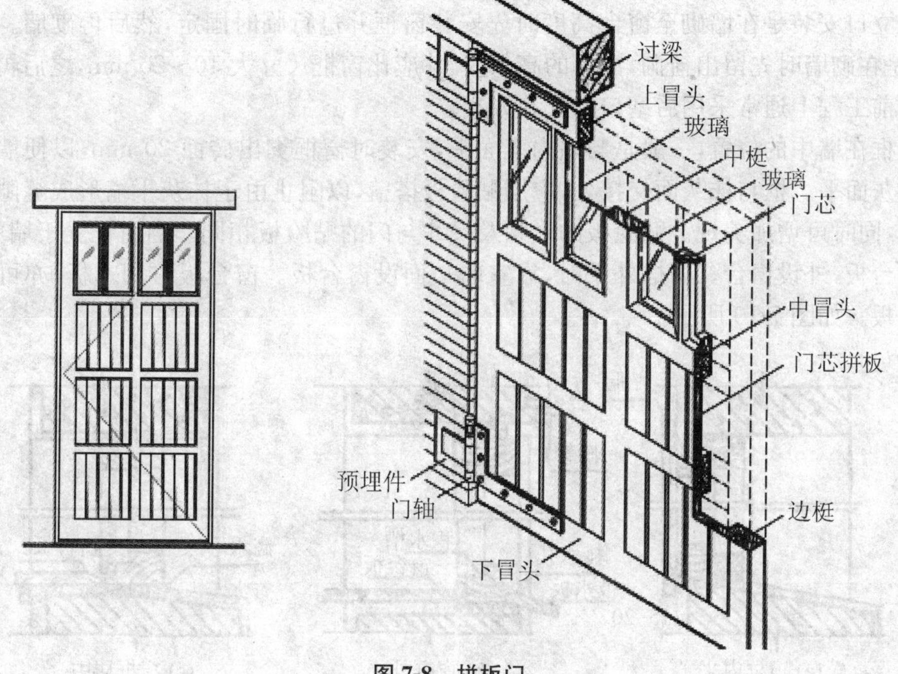


图 7-8　拼板门

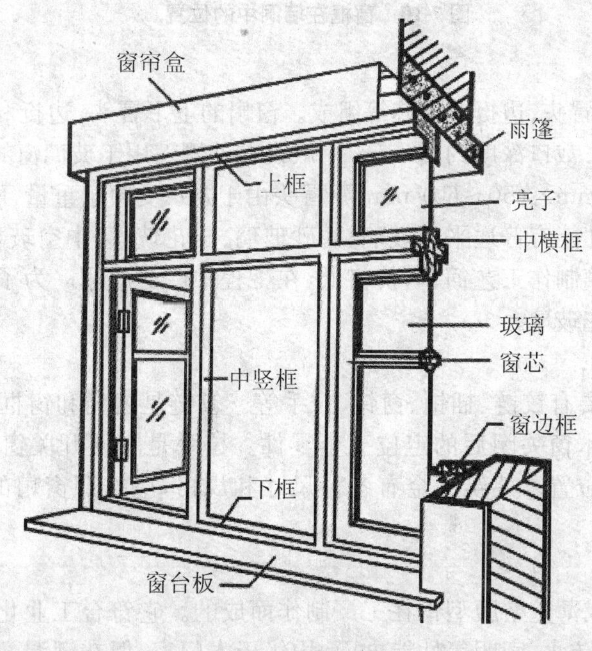


图 7-9　窗的组成

(3) 窗的构造

① 窗框

窗框主要由上框、下框、边框及中横框、中竖框等组成。窗框的主要作用是与墙连接并通过五金件固定窗扇。窗框断面尺寸应考虑接榫牢固，一般单层窗的窗框断面厚 40～60 mm，宽 70～95 mm，中横框和中竖框因两面有裁口，并且横框常有披水，断面尺寸应相应增大，双层窗窗框的断面宽度应比单层窗宽 20～30 mm。

窗框的安装分为先立口和后塞口两种。施工时，一般是先安装窗框，再安装窗扇和五金件。先立口安装是在墙砌至窗台高度时先安装窗框并进行临时固定，然后再砌墙。后塞口安装，是在砌墙时先留出窗洞，洞口的高、宽尺寸应比窗框尺寸大 10～20 mm，之后再安装窗框。目前工程上通常采用后塞口的安装方式。

窗框在墙中的位置，一般是与墙内表面平，安装时窗框突出砖面 20 mm，以便墙面粉刷后与抹灰面平。框与抹灰面交接处，应用贴脸板搭盖，以阻止由于抹灰干缩形成缝隙后风透入室内，同时可增加美观。贴脸板的形状及尺寸与门的贴脸板相同。当窗框立于墙中时，应内设窗台板，外设窗台。窗框外平时，靠室内一面设窗台板。窗台板可用木板，亦可用预制水磨石板。如图 7-10 所示。

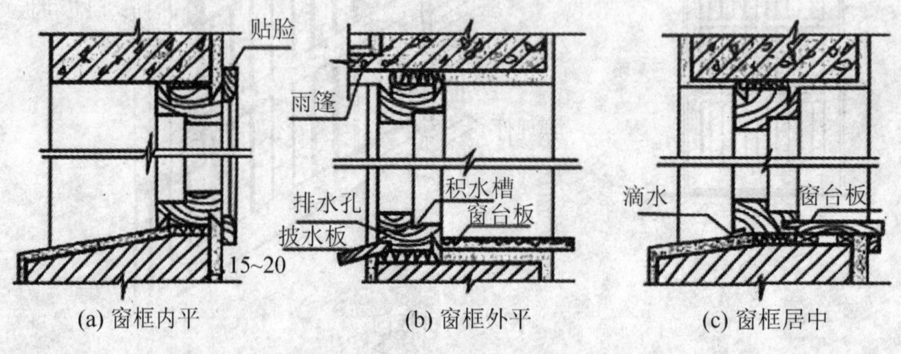


**图 7-10 窗框在墙洞中的位置**

② 窗扇

窗扇由上冒头、下冒头、边挺及窗芯等组成。窗扇的上下冒头、边挺和窗芯均设有裁口，以便安装玻璃或窗纱。裁口深度约 10 mm，一般设在外侧。用于玻璃窗的边挺及上冒头，断面厚×宽为(35～42) mm×(50～60) mm，下冒头由于要承受窗扇重量，可适当加大。

建筑用玻璃按其性能有普通平板玻璃、磨砂玻璃、压花玻璃、中空玻璃、钢化玻璃、夹层玻璃等之分。平板玻璃制作工艺简单，价格低，在工程中广泛应用。为了遮挡视线的需要，可选用磨砂玻璃或压花玻璃。

③ 建筑五金

窗的建筑五金主要有铰链、插销、窗钩、拉手等。铰链是窗扇和窗框的连接件，窗扇可绕铰链转动。插销是木窗关闭后的定位五金零件。拉手是方便开关窗扇的把手，一般安装在窗扇中挺的中部位置。建筑五金有各种尺寸和规格，应按照窗扇的大小及要求进行选用。

**3. 钢门窗的构造**

钢门窗是用型钢或薄壁空腹型钢在工厂制作而成的。它符合工业化、定型化与标准化的要求，在强度、刚度、防火、密闭等性能方面，均优于木门窗，但在潮湿环境下易锈蚀，耐久性差，见图 7-11。

实腹式钢门窗料是最常用的一种，有各种断面形状和规格。一般门可选用 32 及 40 料，窗可选用 25 及 32 料(25、32、40 等分别表示断面高为 25 mm、32 mm、40 mm)。空腹式钢门窗具有更大的刚度，外形美观，自重轻，可节约钢材40%左右。但由于壁薄，耐腐蚀性差，不宜用于湿度大、腐蚀性强的环境。

为了使用运输方便，通常将钢门窗在工厂制作成标准化的门窗单元。设计者可根据需要，直接选用基本钢门窗，或用这些基本钢门窗组合出所需大小和形式的门窗。

钢门窗框的安装方法常采用塞框法。门窗框与洞口四周的连接方法主要有两种：一是在砖墙洞口两侧预留孔洞，将钢门窗的燕尾形铁脚埋入洞中，用砂浆窝牢；二是在钢筋混凝土过梁或混凝土墙体内侧先预埋铁件，将钢窗的Z形铁脚焊在预埋钢板上。

**4. 铝合金门窗的构造**

铝合金门窗具有用料省、自重轻、密封性好、耐腐蚀、坚固耐用、开闭轻便灵活、安装速度快、色泽美观等特点，如图7-12所示。

图7-11　钢窗

图7-12　铝合金窗

应根据使用和安全要求确定铝合金门窗的风压强度性能、雨水渗漏性能、空气渗透性能等综合指标。对于组合门窗设计，宜采用定型产品门窗作为组合单元。非定型产品的设计应考虑洞口最大尺寸和开启扇尺寸的选择和控制。

一般以铝合金门窗框的厚度构造尺寸来区别各种铝合金门窗的称谓，如：平开门门框厚度构造尺寸为50 mm宽，即称为50系列铝合金平开门，推拉窗窗框厚度构造尺寸为90 mm宽，即称为90系列铝合金推拉窗等。实际工程中，通常根据不同地区、不同性质的建筑物的使用要求选用相适应的门窗框。

铝合金门窗安装时，将门窗框在抹灰前立于门窗洞口，与墙内预埋件对正，然后用木楔将三边固定。经检验确定门窗框水平、垂直、无翘曲后，用连接件将铝合金门窗框固定在墙(柱、梁)上，连接件固定可采用焊接、膨胀螺栓或射钉等方法。门窗框与墙体等的连接固定点，每边不得少于2点，且间距不得大于0.7 m，在基本风压大于等于0.7 kPa的地区，不得大于0.5 m。边框端部的第一固定点距端部的距离不得大于0.2 m。

**5. 塑钢门窗构造**

塑钢门窗具有强度好、耐冲击、保温隔热、节约能源、隔音好、气密性水密性好、耐腐蚀性强、防火、耐老化、使用寿命长、外观精美、清洗容易等特点，如图7-13所示。

塑钢门窗是以改性硬质聚氯乙烯(简称UPVC)为主要原料，加上一定比例的稳定剂、着色剂、填充剂、紫外线吸收剂等辅助剂，经挤出机挤出成型为各种断面的中空异型材，经切割后，在其内腔衬以型钢加强筋，用热熔焊接机焊接成型为门窗框扇，配装上橡胶密封条、压条、五金件等附件而制成的门窗。塑钢窗框与墙体的连接如图 7-14 所示。

图 7-13 塑钢窗

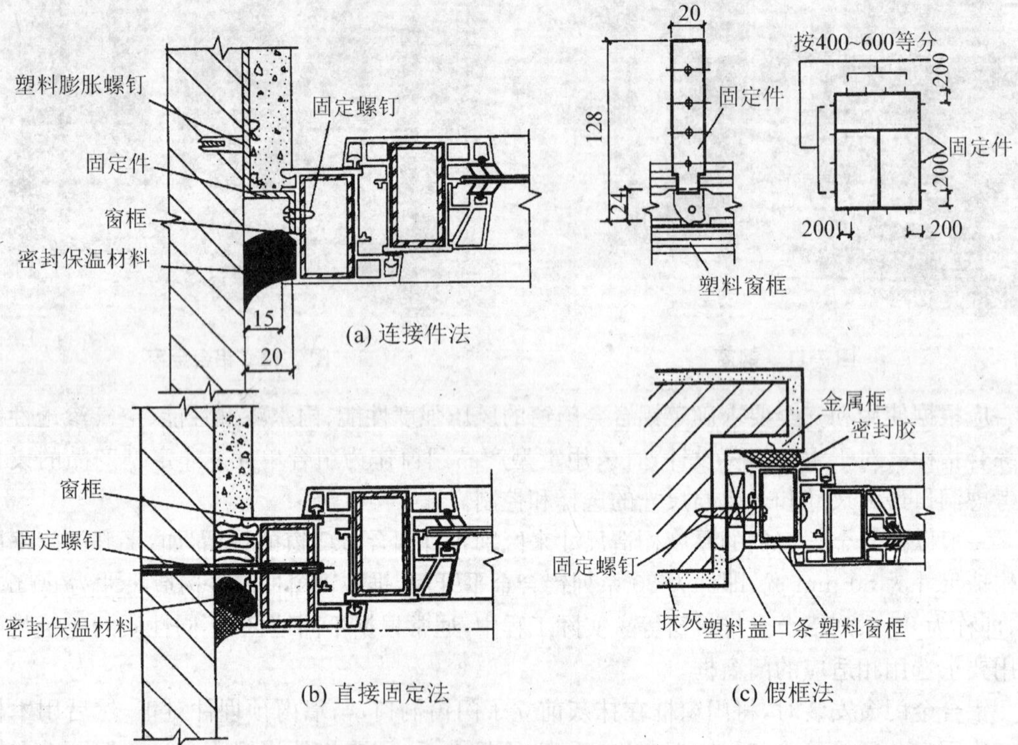


图 7-14 塑钢窗框与墙体的连接构造

## 7.2.3 任务拓展

民用建筑设计通则 GB 50352—2005 中对门窗产品的要求以及设置做了以下规定：

(1) 门窗产品应符合下列要求

门窗的材料、尺寸、功能和质量等应符合使用要求，并应符合建筑门窗产品标准的规定。门窗的配件应与门窗主体相匹配，并应符合各种材料的技术要求。应推广应用具有节能、密封、隔声、防结露等优良性能的建筑门窗。

门窗加工的尺寸,应按门窗洞口设计尺寸扣除墙面装修材料的厚度,按净尺寸加工。

门窗与墙体应连接牢固,且满足抗风压、水密性、气密性的要求,对不同材料的门窗选择相应的密封材料。

(2) 窗的设置应符合下列规定

窗扇的开启形式应方便使用,安全和易于维修、清洗。当采用外开窗时应加强固定窗扇的措施。开向公共走道的窗扇,其底面高度不应低于 2 m;临空的窗台低于 0.80 m 时,应采取防护措施,防护高度由楼地面起计算不应低于 0.80 m;防火墙上必须开设窗洞时,应按防火规范设置;天窗应采用防破碎伤人的透光材料;天窗应有防冷凝水产生或引泄冷凝水的措施;天窗应便于开启、关闭、固定、防渗水,并方便清洗。

住宅窗台低于 0.90 m 时,应采取防护措施。低窗台、凸窗等下部有能上人站立的宽窗台面时,贴窗护栏或固定窗的防护高度应从窗台面起计算。

(3) 门的设置应符合下列规定

外门构造应开启方便,坚固耐用。手动开启的大门扇应有制动装置,推拉门应有防脱轨的措施。双面弹簧门应在可视高度部分装透明安全玻璃。旋转门、电动门、卷帘门和大型门的邻近应另设平开疏散门,或在门上设疏散门。开向疏散走道及楼梯间的门扇开足时,不应影响走道及楼梯平台的疏散宽度。全玻璃门应选用安全玻璃或采取防护措施,并应设防撞击提示标志。门的开启不应跨越变形缝。

## 7.2.4 练习与提高

1. 普通办公用房门、住宅分户门的常用宽度尺寸为(  )mm。

   A. 900  B. 800  C. 1000  D. 1200

2. 民用建筑中,窗面积的大小主要取决于(  )的要求。

   A. 室内采光  B. 室内通风  C. 室内保温  D. 立面装饰

3. 为了预防门框靠墙一面因受潮而变形,常在门框背后开(  )。

   A. 背槽  B. 裁口  C. 积水槽  D. 回风槽

4. 在住宅建筑中无亮子的木门其高度应不低于(  )mm。

   A. 1600  B. 1800  C. 2100  D. 2400

5. 居住建筑中,木门的开启方式主要为(  )。

   A. 推拉门  B. 弹簧门  C. 转门  D. 平开门

6. 铝合金窗产品系列名称是按(  )来区分的。

   A. 窗框长度尺寸  B. 窗框宽度尺寸

   C. 窗框厚度尺寸  D. 窗框高度尺寸

7. 在木门框背后常设背槽,其目的是为了(  )。

   A. 开启灵活  B. 节约木材

   C. 避免产生翘曲变形  D. 利于门窗的安装

8. 门窗洞口与门窗实际尺寸之间预留缝的大小主要取决于(  )。

   A. 门窗框的安装方法  B. 门窗框的断面形式

   C. 门窗扇的安装方法  D. 洞口两侧墙体的材料

9. (  )开启时不占室内空间,但擦窗及维修不变;(  )擦窗安全方便,但影响家具布置和使用。

A. 上悬窗、内开窗　　B. 外开窗、内开窗

C. 内开窗、外开窗　　D. 外开窗、固定窗

10. 木窗的窗扇由(　)组成。

A. 上冒头、下冒头、窗芯、玻璃　　B. 边框、上下框、玻璃

C. 边框、五金零件、玻璃　　D. 亮子、上冒头、下冒头、玻璃

11. 下列(　)是对铝合金门窗的特点的描述。

A. 表面氧化层易被腐蚀,需经常维修

B. 色泽单一,一般只有银白和古铜两种

C. 气密性、隔热性较好

D. 框料较重,因而能承受较大的风荷载

12. 窗框的安装分为________和________两种。

13. 门在建筑中的作用是________,并兼________和________;窗的作用主要是________、________及________。

14. 用房间开窗的洞口面积与房间的使用面积之比,称为________作为采光标准。

15. 窗按使用材料的不同,可分为________、________、塑钢窗、________等类型。

16. 门按开启方式的不同,可分为平开门、________、________、________、________等。

17. 木门一般由________、________、________、________及其附件组成。

18. 为便于门扇密闭,门框上要有________。

19. 门扇由________、________、________和下冒头组成骨架。

20. 平开窗主要由________、________和________组成。

21. 窗框可根据设计有无________及多扇而设置________和________。

22. 塑钢门窗的特点主要是________________。

23. 钢门窗框的安装方法常采用__________。

# 学习情境8 变 形 缝

## 8.1 学习情境描述

### 8.1.1 学习目标

完成本学习情境后,你应当能:

(1) 运用所学知识,分析不同类型建筑物变形缝的设置位置、构造处理有何不同。

(2) 绘制墙面、楼地面、屋面变形缝构造图示。

### 8.1.2 学习任务

具体学习任务与任务驱动,如表 8-1 所示。

表 8-1 学习任务与任务驱动

| 序 号 | 学习任务 | 任务驱动 |
|---|---|---|
| 1 | 变形缝的构造处理 | (1) 分析不同类型建筑物变形缝的设置位置、构造处理有何不同。<br>(2) 绘制墙面、楼地面、屋面变形缝构造图示 |

## 8.2 任务:变形缝的构造处理

### 8.2.1 任务资讯

**1. 变形缝的作用**

建筑物由于温度变化、地基不均匀沉降及地震等因素的影响,使结构内部产生附加应力和变形,当这种应力较大而又处理不当时,会引起建筑构件产生变形,造成建筑物出现裂缝甚至倒塌。为了避免和减少对建筑物的破坏,预先在变形敏感部位预留缝隙,以保证各部分建筑物在这些缝隙中有足够的变形宽度而不会造成建筑物的损坏。这种人为将建筑物垂直分割开来的预留缝称为变形缝。

**2. 变形缝的类型及要求**

变形缝按其作用的不同分为伸缩缝、沉降缝、防震缝三种。

伸缩缝又叫温度缝，是为了防止因温度变化引起建筑物破坏而设置的变形缝。沉降缝是为了防止因建筑物各部分不均匀沉降引起建筑物破坏而设置的变形缝。防震缝是为了防止因地震作用引起建筑物的破坏而设置的变形缝。

虽然各种变形缝的功能不同，但它们的构造要求基本相同，即保证建筑物各独立部分能自由变形，互不影响。变形缝设置时应按缝的性质和条件设计，使其在产生位移或变形时不受阻，不被破坏，并不破坏建筑物。变形缝的构造和材料应根据其部位需要分别采取防排水、防火、保温、防老化、防腐蚀、防虫害和防脱落等措施。变形缝内不应敷设电缆、可燃气体管道和易燃可燃液体管道，必须穿过时，应在穿过处加不燃烧材料套管，并用不燃烧材料将套管两端空隙紧密填塞。

## 8.2.2 任务实施

**1. 伸缩缝的构造处理**

(1) 设置伸缩缝

在建筑物长度超过一定限度；建筑平面复杂，变化较多；建筑中结构类型变化较大等情况下，应设置伸缩缝。

伸缩缝要求把建筑物的墙体、楼板层、屋顶等地面以上部分全部断开，并在两个部分之间留出适当的缝隙，以保证伸缩缝两侧的建筑构件能在水平方向自由伸缩。基础部分因受温度变化影响较小，不需断开。

缝宽一般为20～40 mm，通常采用30 mm。伸缩缝的最大间距与建筑结构类型和屋面保温材料有直接关系。表8-2和表8-3分别列出了各种砌体结构和钢筋混凝土结构房屋伸缩缝的最大间距。砖混结构的建筑伸缩缝最好设置在平面图形有变化处，以利于隐蔽处理。框架结构的伸缩缝结构一般采用悬臂梁方案，也可采用双梁双柱方式，但施工较复杂。

**表8-2 砌体结构房屋伸缩缝的最大间距**

<table>
<tr><th>砌体类别</th><th colspan="2">屋盖或楼盖的类别</th><th>间距(m)</th></tr>
<tr><td rowspan="6">各类砌体</td><td rowspan="2">整体式或装配式钢筋混凝土结构</td><td>有保温层或隔热层的屋盖、楼盖</td><td>50</td></tr>
<tr><td>无保温层或隔热层的屋盖</td><td>40</td></tr>
<tr><td rowspan="2">装配式无檩条体系钢筋混凝土结构</td><td>有保温层或隔热层的屋盖、楼盖</td><td>60</td></tr>
<tr><td>无保温层或隔热层的屋盖</td><td>50</td></tr>
<tr><td rowspan="2">装配式有檩条体系钢筋混凝土结构</td><td>有保温层或隔热层的屋盖</td><td>75</td></tr>
<tr><td>无保温层或隔热层的屋盖</td><td>60</td></tr>
<tr><td>黏土砖、空心砖砌体</td><td colspan="2">黏土瓦或石棉水泥瓦屋面</td><td>100</td></tr>
<tr><td>石和硅酸盐砌体</td><td colspan="2">木屋盖或楼盖</td><td>80</td></tr>
<tr><td>混凝土砌块砌体</td><td colspan="2">砖石屋盖或楼盖</td><td>75</td></tr>
</table>

注：层高大于5 m的混合结构单层房屋，其伸缩缝间距可按表中数值乘以1.3采用，但当墙体采用硅酸盐砖、硅酸盐砌块和混凝土砌块砌筑时，不得大于75 m。温差较大且变化频繁地区和严寒地区不采暖的房屋及构筑物墙体的伸缩缝最大间距，应按表中数值予以适当减小后采用。

表 8-3 钢筋混凝土结构伸缩缝的最大间距

| 结 构 | 类 型 | 室内或土中(m) | 露天(m) |
|---|---|---|---|
| 排架结构 | 装配式 | 100 | 70 |
| 框架结构<br>框架一剪力墙结构 | 装配式 | 75 | 50 |
| | 现浇式 | 55 | 35 |
| 剪力墙结构 | 装配式 | 65 | 40 |
| | 现浇式 | 45 | 30 |
| 挡土墙及地下室<br>墙壁等类结构 | 装配式 | 40 | 30 |
| | 现浇式 | 30 | 20 |

注:当采用适当留出施工后浇带、顶层加强保温隔热等构造或施工措施时,可适当增大伸缩缝的间距。当屋面无保温或隔热措施时,或位于气候干燥地区、夏季炎热且暴雨频繁地区时,或施工条件不利(如材料的伸缩较大)时,宜适当减小伸缩缝的间距。当有充分依据或经验时,表中数值可以适当加大或减小。

(2) 伸缩缝的构造

伸缩缝是在建筑的同一位置将基础以上的建筑构件在垂直方向全部分开,并在两部分之间留出适当的缝隙,以达到伸缩缝两侧的建筑构件能在水平方向自由伸缩的目的。伸缩缝基础构造处理如图 8-1 所示。

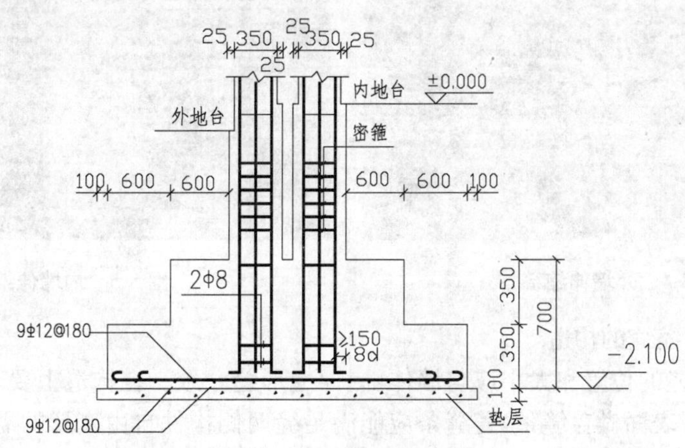


图 8-1 伸缩缝基础构造处理

① 墙体伸缩缝的构造

墙体伸缩缝一般做成平缝、错口缝、企口缝和凹缝等截面形式,如图 8-2 所示。变形缝

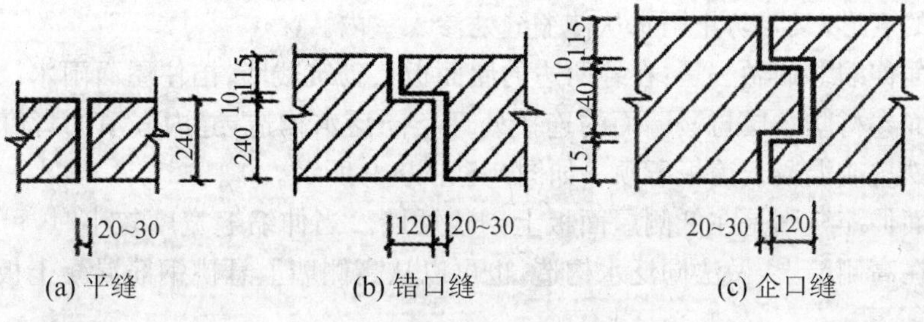


图 8-2 砖墙伸缩缝的截面形式

外墙外侧常用浸沥青的麻丝或木丝板及泡沫塑料条、橡胶条、油膏等有弹性的防水材料塞缝。内墙可用具有一定装饰效果的金属片、塑料片或木盖缝条覆盖。如图 8-3、图 8-4、图 8-5 所示。

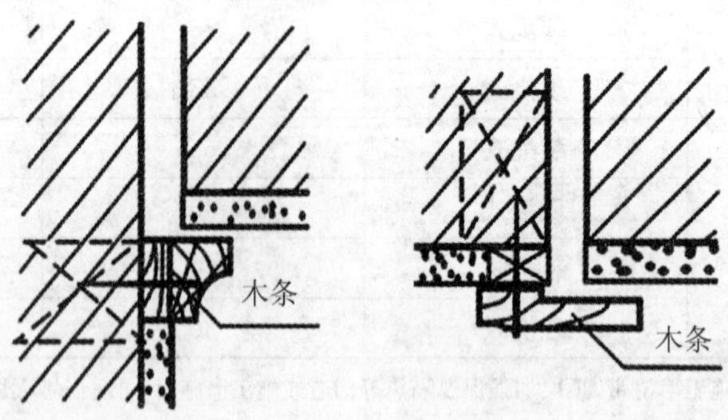


图 8-3 内墙伸缩缝构造

图 8-4 外墙伸缩缝

图 8-5 内墙伸缩缝

② 楼地面伸缩缝的构造

楼板层变形缝的位置和大小应与墙体、屋面变形缝一致。在构造上要求面层和结构层完全脱开,在上下表面做盖缝条,盖缝条应能满足缝两侧构件自由变形的需要,且能满足防水要求,在缝内填塞有弹性的松软材料,用金属调节片封缝。地面变形缝的位置大小应根据建筑物的使用情况而定。如图 8-6、图 8-7 所示。

③ 屋面伸缩缝的构造

常见的有等高屋面伸缩缝和高低屋面伸缩缝两种。屋面伸缩缝的构造处理原则是既不能影响屋面的变形,又要防止雨水从伸缩缝处渗入室内。

等高屋面伸缩缝的做法是:在缝两边的屋面板上砌筑矮墙,挡住屋面雨水。矮墙常为半砖墙厚。屋面卷材防水层与矮墙面的连接处理类同泛水构造,缝内嵌填沥青麻丝。矮墙顶部可用镀锌铁皮或混凝土盖板压顶。如图 8-8、图 8-9 所示。

高低屋面伸缩缝则是在低侧屋面板上砌筑矮墙。当伸缩缝宽度较小时,可用镀锌铁皮盖缝并固定在高侧墙上,做法同泛水构造,也可以从高侧墙上悬挑钢筋混凝土板盖缝。如图 8-10 所示。

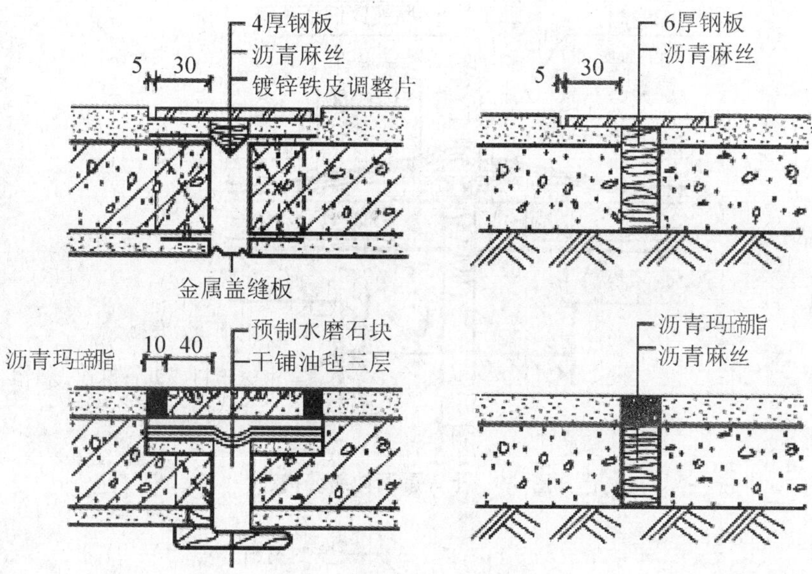


图 8-6 楼地面伸缩缝的构造

图 8-7 楼地面伸缩缝

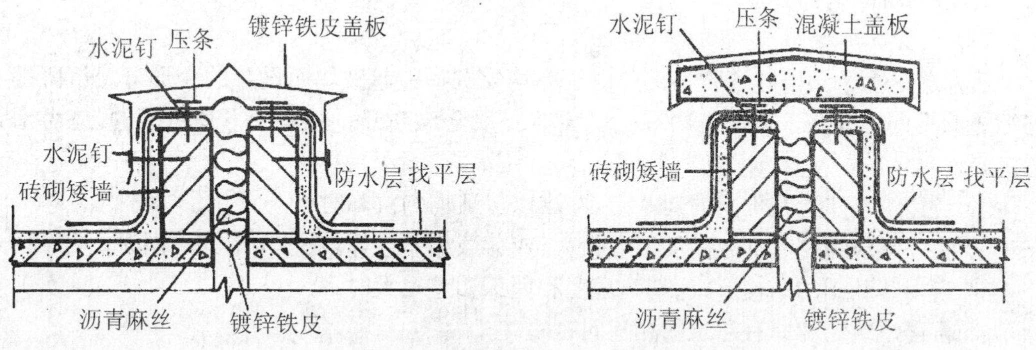


图 8-8 不上人等高屋面伸缩缝构造

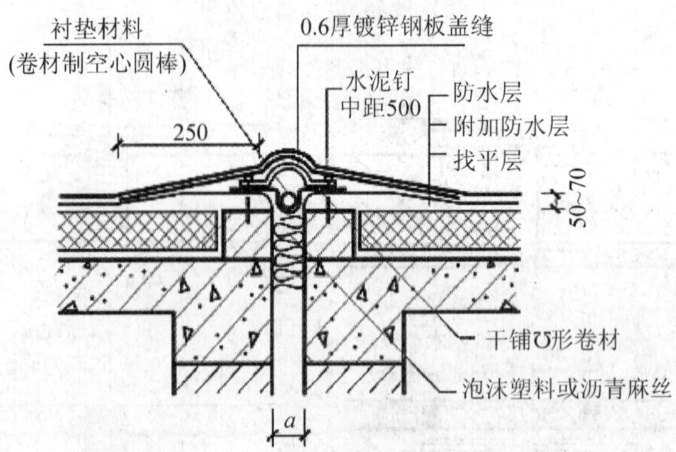


**图 8-9　上人屋面伸缩缝构造**

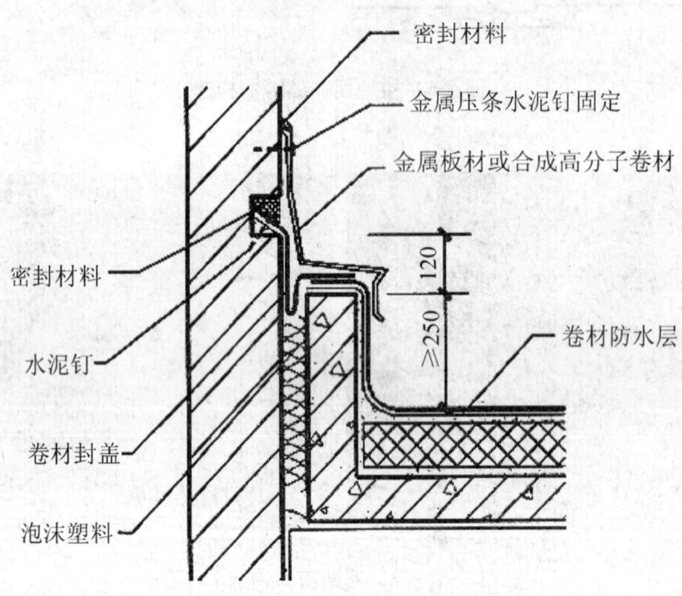


**图 8-10　高低屋面伸缩缝**

**2. 沉降缝的构造处理**

(1) 设置沉降缝

沉降缝是为了预防建筑物各部分由于不均匀沉降引起破坏而设置的变形缝。沉降缝与伸缩缝的不同之处在于从建筑物基础底面至屋顶全部断开。凡属于下列情况的，应考虑设置沉降缝：

① 当建筑物建造在不同的地基上，并难以保证均匀沉降时；

② 同一建筑物相邻部分高度相差很大，或荷载相差悬殊，或结构形式不同时；

③ 当相邻基础的结构形式、基础宽度和埋深相差很大时；

④ 新建建筑物和原有建筑物相连时；

⑤ 建筑物平面复杂，高度变化较多，有可能产生不均匀沉降时。

沉降缝的宽度与地基情况和建筑物高度有关，见表 8-4。一般情况为 50～70 mm。地基越弱，建筑产生沉陷的可能越大；建筑越高，沉陷后产生的倾斜越大。

表 8-4 沉降缝的宽度

| 地基情况 | 建筑物高度 | 沉降缝宽度(mm) |
| --- | --- | --- |
| 一般地基 | $H<5$ m | 30 |
| | $H=5\sim10$ m | 50 |
| | $H=10\sim15$ m | 70 |
| 软弱地基 | 2～3 层 | 50～80 |
| | 4～5 层 | 80～120 |
| | 5 层以上 | $>120$ |
| 湿陷性黄土地基 | | $\geqslant30\sim70$ |

沉降缝构造复杂,给建筑、结构设计和施工带来了一定的难度,因此,在工程设计时,应尽可能通过合理的选址、地基处理、建筑体型优化、结构选型和计算方法的调整以及施工程序上的配合来避免或克服不均匀沉降,从而达到不设或尽量少设缝的目的,应根据不同情况区别对待。

(2) 沉降缝的构造

做沉降缝处理时采用的材料和构造方法要求能适应缝两侧的结构构件在垂直方向自由沉降的需要。沉降缝一般兼起伸缩缝的作用,其构造与伸缩缝的不同之处在于:伸缩缝只需保证建筑物在水平方向的自由伸缩变形,而沉降缝主要应满足建筑物各部分在垂直方向的自由沉降变形,所以要从基础到屋顶全部断开。同时,沉降缝也应兼顾伸缩缝的作用,应在设计时满足伸缩和沉降的双重要求。盖缝条及调节片构造必须能保证在水平方向和垂直方向的变形需要。

① 基础沉降缝的结构处理

沉降缝的基础必须断开,并应避免因不均匀沉降造成的相互影响。对于砖混结构墙下条形基础通常有双墙偏心基础、挑梁基础和交叉式基础三种处理形式。框架结构通常采用双柱偏心基础、挑梁基础、柱交叉布置等处理形式。

② 墙体、楼地面、屋顶沉降缝的构造处理

墙体沉降缝常用镀锌铁皮盖缝,其盖缝条应满足水平伸缩和垂直沉降的要求,见图8-11、图8-12。

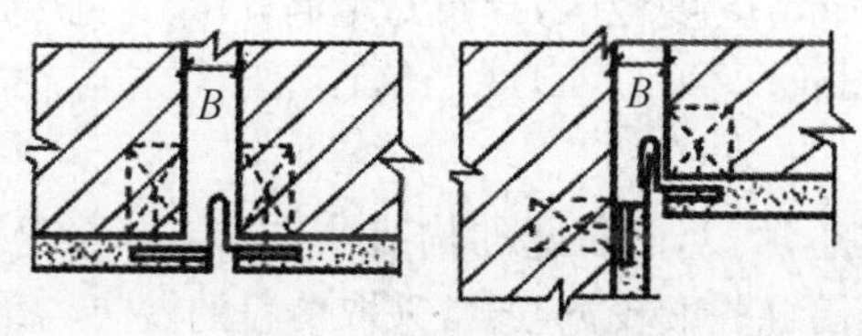


图 8-11 外墙沉降缝构造

图 8-12 沉降缝双墙处理

楼地面、屋顶沉降缝的盖缝与伸缩缝构造基本相同。屋顶沉降缝应充分考虑不均匀沉降对屋面、泛水带来的影响，可用镀锌铁皮做调节。楼板层应考虑沉降对地面交通和装修带来的影响。顶棚盖缝处理要注意变形方向，见图 8-13。当地下室出现变形缝时，为使变形缝处能保持良好的防水性，必须做好地下室墙身及地板层的防水构造。

图 8-13 顶棚盖缝处理

**3. 防震缝的构造处理**

(1) 设置防震缝

在我国抗震设防烈度 6 度及 6 度以上地区，必须考虑地震对建筑物的影响。为此，我国制定了相应的建筑抗震设计规范，对多层砌体房屋，应优先采用横墙承重或纵横墙混合承重的结构体系，在地震设防烈度为 6～9 度的地区，有下列情况之一的要设置防震缝：

① 建筑物立面高差在 6 m 以上；

② 建筑物平面型体复杂；

③ 建筑物有错层且楼板高差较大；

④ 建筑物各部分的结构刚度、重量相差悬殊时。

防震缝同伸缩缝、沉降缝统一布置，并满足防震缝的要求。一般情况下，防震缝基础可不分开，但在平面复杂的建筑中，当与震动有关的建筑物相连部分的刚度差别很大时，也需将基础分开。缝的两侧一般应布置双柱或双墙，以加强防震缝两侧房屋的整体刚度。防震缝的宽度一般为 50～100 mm。

对多层和高层钢筋混凝土结构房屋，应尽量选用合理的建筑结构方案，不设防震缝。当必须设置防震缝时，其最小宽度要符合下列要求：

① 当高度不超过 15 m 时，缝宽 70 mm。

② 当高度超过 15 m 时，按不同设防烈度增加缝宽：6 度地区，建筑每增高 5 m，缝宽增加 20 mm；7 度地区，建筑每增高 4 m，缝宽增加 20 mm；8 度地区，建筑每增高 3 m，缝宽增加 20 mm；9 度地区，建筑每增高 2 m，缝宽增加 20 mm。

(2) 防震缝的构造

建筑物的抗震，一般只考虑水平地震作用的影响，所以，防震缝的构造及要求与伸缩缝相似。但墙体不应做成错口缝和企口缝形式。由于防震缝一般较宽，通常采取覆盖的做法，盖缝板应满足牢固性、防风和防水等要求，同时还应具有一定的适应变形的能力。盖缝条两侧钻有长形孔，加垫圈后打入钢钉，钢钉不能钉实，应给盖板和钢钉之间留有上下少量活动的余地，以适应沉降要求。盖板呈V形或W形，可以左右伸缩，以适应水平变形的要求。见图8-14。

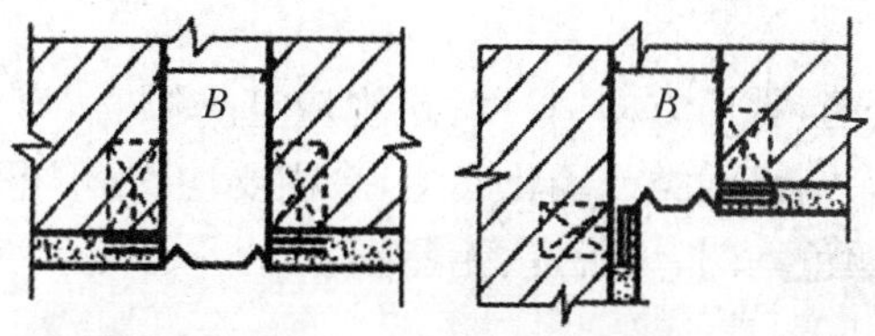


**图8-14　外墙防震缝构造**

## 8.2.3　任务拓展

### 变形缝的制作与安装施工方案

**1. 环境要求**

某市朝阳住宅小区二期工程，变形缝处采用26号镀锌白铁皮、2 mm厚薄钢板盖缝处理。

**2. 主要机具**

电烙铁、烙铁钳、剪子、圆钢管、咬口机、剪板机、电焊机、折尺、直尺、划线规等。

**3. 作业条件**

屋面找平层施工和外墙面找平完成后，经隐蔽工程检查验收合格。

**4. 施工方法**

(1) 工艺流程

划线下料→裁剪→成形→刷油漆→安装。

(2) 制作安装

首先要熟悉图纸和相应的图集，认真考虑安装方法。

① 划线下料：依照图纸尺寸规格，做好划线放样工作，为节约材料宜合理进行裁剪。划线后经检查尺寸无误后先剪出样板，然后依照样板成批下料，先裁大料，后配小料，下料要做到尺寸准确，裁口垂直平正。如实际需要的形状较多时，应分类制作样板，需要焊接的部位应在安装后量好尺寸再行焊接。屋面、外墙缝口上盖板用24～26号白铁皮制作，室内地面用钢板制作。

② 变形缝的薄铁板罩制成后，先将其表面的污迹灰尘除净，然后在内外涂刷防锈漆一道。用镀锌薄铁板制作的罩，刷调和漆之前，应先刷锌磺类或磷化底漆，交活后再刷色铅油二道。

③ 变形缝铁板罩安装前，应检查缝口伸缩片、缝内填充的沥青麻丝、油膏嵌缝等工序的完成情况，经检查确无漏项后，再进行安装。安装前要上下吊线。变形缝与外墙、变形缝与挑檐等交接处，先用50 mm元钉钉牢，用锡焊死钉头，经检查合格后，刷罩面漆一道。

④ 楼地面变形缝装置与钢筋混凝土主体结构用膨胀螺栓固定。一般有两种情况：先固定变形缝装置，后做楼地面装修时，钢筋混凝土主体结构应按构造详图的要求向上做翻边或向下做凹槽。当先做楼地面装修后固定变形缝装置时，需由生产厂家配合提供准确的槽口尺寸，并在项目中交待。

**5. 质量标准**

(1) 保证项目

变形缝的制作必须符合设计要求，接缝无开焊，咬口无开缝，以防产生漏水隐患。变形缝的安装必须牢固,钢钉间距固定方法正确。

(2) 基本项目

变形缝的上下连接紧密,承插方向、长度、正视应基本顺直,弯曲的结合角度应成钝角。使用镀锌铁皮制作时,应涂刷锌磺类或磷化底漆,涂刷要均匀,不得漏刷。如用薄钢板制作,两面都涂刷两度防锈漆,颜色均匀、无脱皮、无漏刷。

**6. 成品保护**

涂刷油漆应按要求进行,涂刷和安装完成的成品要防止碰撞。安装后涂刷最后一道罩面漆时,应注意防止污染墙面。

**7. 应注意的质量问题**

安装时没有找垂直,产生正视不顺直。安装时没有清理砂浆找平层,接缝开焊,咬口开缝,形成单摆浮搁,产生漏水隐患。

**8. 安全事项**

搬运铁皮(钢板)要戴手套或用布纸垫包边口锐利部分,以免伤手。堆放在屋面和外墙作业面上时应放置平稳,防止倾斜坠落。不准在垂直方向的上下两层同时进行作业,以免铁皮(钢板)掉落伤人。严禁与酸碱等物一起存放。

## 8.2.4 练习与提高

1. 关于变形缝的构造做法,下列哪个是不正确的?( )
   A. 当建筑物的长度或宽度超过一定限度时,要设伸缩缝
   B. 在沉降缝处应将基础以上的墙体、楼板全部断开,基础可不分开
   C. 当建筑物相邻部分高度相差很大,荷载相差悬殊时,应设沉降缝
   D. 当建筑物各部分的结构刚度、重量相差悬殊时,应设置防震缝
2. 地震烈度 8 度、9 度地区不需设防震缝的是( )。
   A. 立面高差大于 6 m　　B. 建筑相邻部分质量和刚度相差较大
   C. 建筑物有错层　　D. 新旧建筑交界处
3. 伸缩缝要求建筑物从________分开,沉降缝要求建筑物从________分开。当伸缩缝与防震缝设在同一位置时,缝的宽度应按________缝处理。
4. 变形缝的类型包括________、________和________。
5. ________须将建筑物的基础、墙体、楼地面、屋顶等构件全部断开。
6. 伸缩缝的宽度一般为________,沉降缝的宽度为________,防震缝的宽度为________。
7. 在我国抗震设防烈度________度及________度以上地区,必须考虑地震对建筑物的影响。
8. 墙体伸缩缝一般做成________、错口缝、________和凹缝等截面形式。
9. 沉降缝基础构造处理通常有________基础、________基础和________基础等形式。
10. 防震缝构造及要求与________缝相似,但墙体防震缝不应做成________缝和________缝截面形式。

# 学习情境9　民用建筑设计

## 9.1　学习情境描述

### 9.1.1　学习目标

完成本学习情境后，你应当能：

(1) 建立与相关专业及设计人员交流的基础；掌握平面设计、立面设计、剖面设计的规则和方法。

(2) 了解民用建筑设计的依据、程序和主要设计文件的内容；了解建筑体型设计的基本要求和方法。

(3) 能够熟练识读住宅楼、办公楼、商住楼等建筑施工图，并分析它们在设计上的特点，提出你的建议及看法。

### 9.1.2　学习任务

具体学习任务与任务驱动如表9-1所示。

**表9-1　学习任务与任务驱动**

| 序　号 | 学习任务 | 任务驱动 |
| --- | --- | --- |
| 1 | 建筑平面设计 | (1) 参观住宅楼、教学楼、办公楼等建筑物，分析它们在满足使用功能处理方法上的异同点。<br>(2) 识读房屋建筑平面图。<br>(3) 设计一间教室、卧室或旅馆客房的平面图 |
| 2 | 建筑组合设计 | 参观某售楼部，根据不同户型建筑平面图及小区规划沙盘，分析该小区整体规划是否符合规范要求，并阐述你对其建筑组合设计的观点 |
| 3 | 建筑剖面设计 | (1) 结合所学知识和自身体会，分析教学楼建筑剖面图的剖切位置及方法。<br>(2) 识读房屋建筑剖面图。<br>(3) 绘制你所居住的学生宿舍建筑剖面图 |

续表 9-1

| 序　号 | 学习任务 | 任务驱动 |
| --- | --- | --- |
| 4 | 建筑型体和立面设计 | (1) 参观住宅楼、教学楼、办公楼等建筑物,分析它们在建筑立面处理方法上的异同点。<br>(2) 识读房屋建筑立面图。<br>(3) 分析建筑平面图、立面图、剖面图三者之间的关系 |
| 5 | 识读住宅楼施工图 | 熟练识读住宅楼、教学楼、办公楼、商住楼建筑施工图,并分析它们在设计上的特点,提出你的建议及看法 |
| 6 | 识读教学楼施工图 | |
| 7 | 识读办公楼施工图 | |
| 8 | 识读商住楼施工图 | |

# 9.2 任务1:建筑平面设计

## 9.2.1 任务资讯

建造房屋是一个复杂的过程,它需要多方面的配合,从拟定计划到建成使用需要通过编制工程设计任务书、选择建设用地、场地勘测、设计、施工、工程验收及交付使用等过程。设计工作是其中的重要环节,需对房屋的建造做一个总体的研究,制定一个合理的方案,编制一套完整的施工图纸和文件,为建筑施工提供依据。

建筑工程设计工作包括建筑设计、结构设计和设备设计等几个方面的内容。

(1) 建筑设计

建筑设计是在总体规划的前提下,根据设计任务书的要求,综合考虑基地环境、使用功能、结构施工、材料设备、建筑经济及建筑艺术等问题,运用科学技术知识和美学方案,正确处理各种要求之间的相互关系,以便整个工程在预定的投资限额范围内,按照周密考虑的预定方案,顺利进行。因此,建筑设计是一项涉及建筑功能、建筑结构、建筑材料、建筑设备、建筑经济、建筑艺术和建筑环境的创作活动。

建筑设计在整个工程设计中起着主导和先行的作用,包括建筑空间环境的组合设计和构造设计两部分内容。一般由建筑工程师来完成。

(2) 结构设计

结构设计主要是根据建筑设计选择切实可行的结构方案,进行结构计算及构件设计,结构布置及构造设计等。一般是由结构工程师来完成。

(3) 设备设计

设备设计主要包括给水排水、电气照明、通讯、采暖通风等方面的设计。一般是由设备工程师来完成。

以上几方面的工作既有分工,又密切配合,形成为一个整体。各专业设计的图纸、计算书、说明书及预算书汇总,就构成一个建筑工程的完整文件,作为建筑工程施工的依据。

**1. 建筑设计的要求**

民用建筑设计通则 GB 50352—2005 中规定，民用建筑设计除应执行国家有关工程建设的法律、法规外，尚应符合以下要求：应按可持续发展战略的原则，正确处理人、建筑和环境的相互关系；必须保护生态环境，防止污染和破坏环境；应以人为本，满足人们物质与精神的需求；应贯彻节约用地、节约能源、节约用水和节约原材料的基本国策；应符合当地城市规划的要求，并与周围环境相协调；建筑和环境应综合采取防火、抗震、防洪、防空、抗风雪和雷击等防灾安全措施；方便残疾人、老年人等人群使用，应在室内外环境中提供无障碍设施；在国家或地方公布的各级历史文化名城、历史文化保护区、文物保护单位和风景名胜区的各项建设，应按国家或地方制定的保护规划和有关条例进行。

**2. 建筑设计的依据**

(1) 使用功能

① 人体尺度及人体活动的空间尺度

人体尺度及人体活动所占的空间尺度是确定民用建筑内部各种空间尺度的主要依据。见图 9-1。

② 家具、设备尺寸及使用空间

房间内家具、设备的尺寸，以及人们使用它们所需的活动空间是确定房间内部使用面积的重要依据。见图 9-2。

(2) 自然条件

① 气象条件

建设地区的温度、湿度、日照、雨雪、风向、风速等是建筑设计的重要依据。

图 9-3 为我国部分城市的风向频率玫瑰图，图中实线部分表示全年风向频率，虚线部分表示夏季风一向频率。风向是指由外吹向地区中心。风向频率玫瑰图(简称风玫瑰)依据该地区多年统计的各个方向风向的平均日数的百分数按比例绘制而成，一般用 16 个罗盘方位表示。

② 地形、地质及地震烈度

基地的地形、地质及地震烈度直接影响到房屋的平面空间组织、结构选型、建筑构造处理及建筑体型设计等。

③ 水文条件

水文条件是指地下水位的高低及地下水的性质，它们直接影响到建筑物的基础及地下室。

(3) 技术要求

设计标准化是实现建筑工业化的前提。为此，建筑设计应采用建筑模数协调统一标准。除此以外，建筑设计应遵照国家制定的标准、规范以及各地或国家各部委颁发的标准执行。

**3. 建筑设计的程序**

(1) 设计前的准备工作

① 落实设计任务

建设单位必须具有以下批文才可向设计单位办理委托设计手续。上级主管部门对建设项目的批准文件，包括建设项目的使用要求、建筑面积、单方造价和总投资等。为了加强城市的管理及统一规划，一切设计都必须事先得到城市建设部门的批准。批文必须明确指出用地范围以及有关规划、环境及个体建筑的要求。

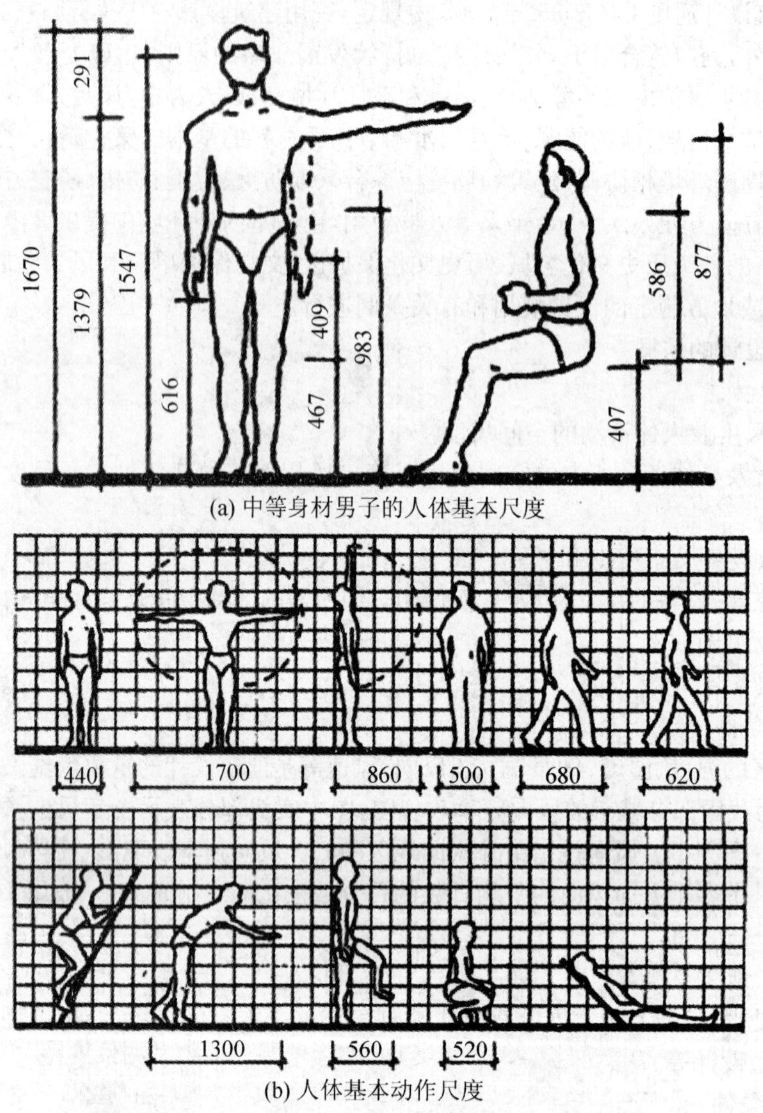

(a) 中等身材男子的人体基本尺度

(b) 人体基本动作尺度

**图 9-1　人体基本尺度**

设计任务书是经上级主管部门批准提供给设计单位进行设计的依据性文件，一般包括以下内容：建设项目总的要求、用途、规模及一般说明；建设项目的组成，单项工程的面积，房间组成，面积分配及使用要求；建设项目的投资及单方造价，土建设备及室外工程的投资分配；建设基地大小、形状、地形，原有建筑及道路现状，并附地形测量图；供电、供水、采暖及空调等设备方面的要求，并附有水源、电源的使用许可文件；设计期限及项目建设进度计划安排要求。

② 调查研究、收集资料

除设计任务书提供的资料外，还应当收集必要的设计资料和原始数据，如：建设地区的气象、水文地质资料；基地环境及城市规划要求；施工技术条件及建筑材料供应情况；与设计项目有关的定额指标及已建成的同类型建筑的资料；当地文化传统、生活习惯及风土人情，等等。

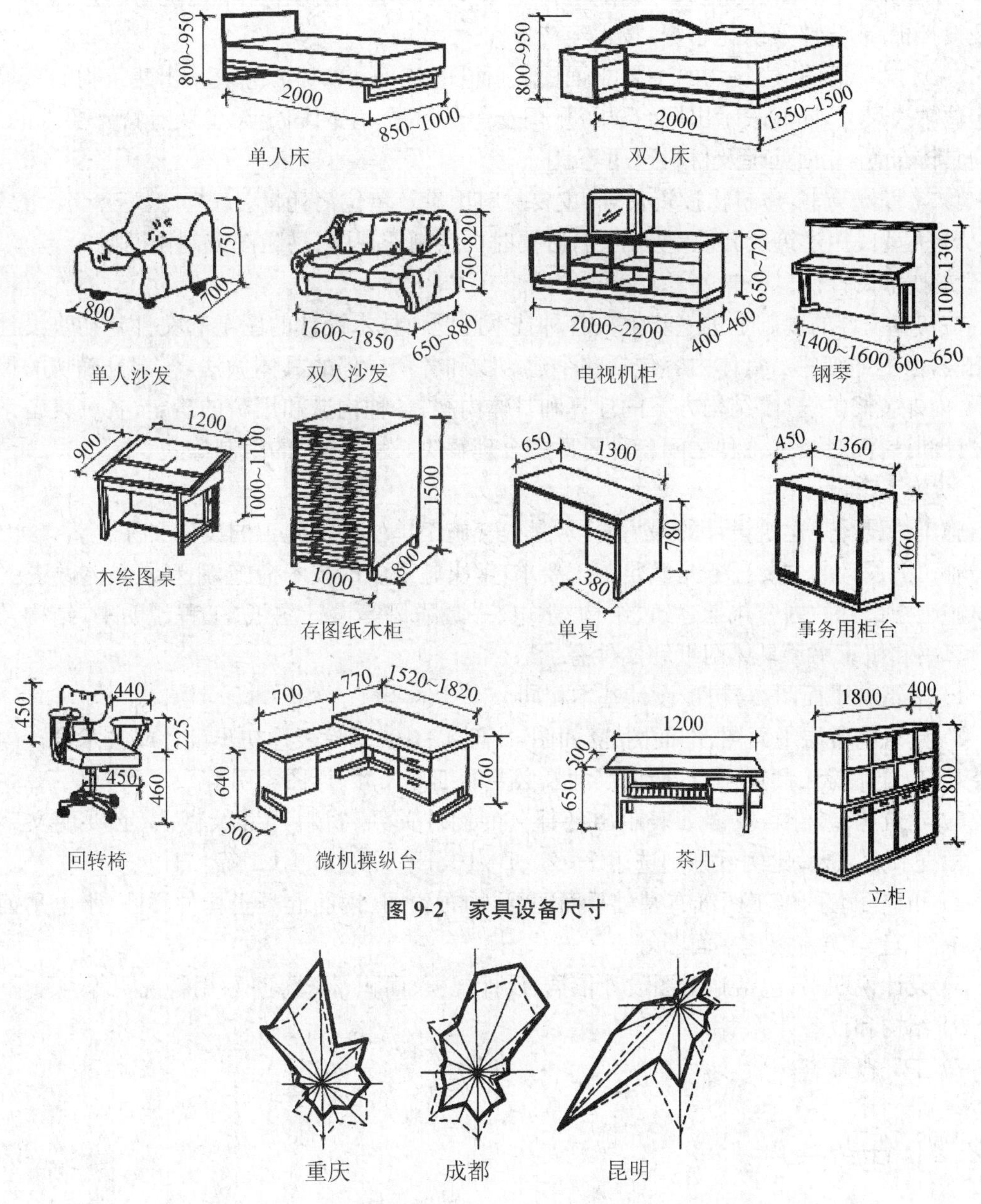


图 9-2 家具设备尺寸

图 9-3 风向频率玫瑰图

(2) 设计阶段的划分

建筑设计过程按工程复杂程度、规模大小及审批要求，划分为不同的设计阶段，分为两阶段设计和三阶段设计。一般建筑工程通常采用两阶段设计，即初步设计和施工图设计。对于大型民用建筑或技术复杂的工程，采用三阶段设计，即初步设计、技术设计和施工图设计。

① 初步设计

初步设计的内容包括设计说明书、设计图纸、主要设备材料表和工程概算四部分。具体的图纸和文件有：

1) 设计总说明：设计指导思想及主要依据，设计意图及方案特点，建筑结构方案及构造特点，建筑材料及装修标准，主要技术经济指标以及结构、设备等系统的说明。

2）建筑总平面图：比例 1∶500、1∶1000 等，应表示出用地范围，建筑物位置、大小、层数及设计标高，道路及绿化布置，技术经济指标。

3）各层平面图、建筑物的主要立面图、剖面图：比例 1∶100，应表示出建筑物的总尺寸和定位轴线尺寸，同时表示出阳台、雨篷、门窗等的位置，室内固定设备及有特殊要求的厅、室的具体布置，立面处理及材料选用等。

4）工程概算书：建筑物投资估算，主要材料用量及单位消耗量。

5）大型民用建筑及其他重要工程，必要时可绘制透视图、鸟瞰图或制作模型。

② 技术设计

在初步设计的基础上进一步解决各种技术问题。技术设计的图纸和文件与初步设计大致相同，但更详细些。具体内容包括整个建筑物和各个局部的具体做法，各部分确切的尺寸关系，内外装修的设计，结构方案的计算和具体内容、各种构造和用料的确定，各种设备系统的设计和计算，各技术工种之间各种矛盾的合理解决，设计预算的编制等。

③ 施工图设计

施工图设计是建筑设计的最后阶段，是提交施工单位进行施工的设计文件。

施工图设计的主要任务是满足施工要求，解决施工中的技术措施、用料及具体做法。

施工图设计的内容包括建筑、结构、水电、采暖通风等设计图纸、工程说明书，结构及设备计算书和概算书。具体图纸和文件有：

1）建筑总平面图：与初步设计基本相同。

2）建筑物各层平面图、剖面图、立面图，比例 1∶100。除表达初步设计或技术设计内容以外，还应详细标出门窗洞口、墙段尺寸及必要的细部尺寸、详图索引等。

3）建筑构造详图：应详细表示出各部分的构件关系、材料尺寸及做法、必要的文字说明。根据节点需要，比例可分别选用 1∶20、1∶10、1∶5、1∶2、1∶1 等。

4）相应配套的施工图纸有基础平面图、结构布置图、钢筋混凝土构件详图、水电平面图及系统图、建筑防雷接地平面图等。

5）设计说明书：包括施工图设计依据、设计规模、面积、标高定位、用料说明等。

6）结构和设备计算书。

7）工程概算书。

## 9.2.2 任务实施

**1. 建筑平面设计**

(1) 平面设计的内容

建筑平面表示的是建筑物在水平方向房屋各部分的组合关系，并集中反映建筑物的使用功能关系，是建筑设计中的重要一环。建筑设计应从平面设计入手，对建筑的功能、布局进行分析和处理。可以说平面设计是建筑设计的开篇之作，对建筑的整体效果起着至关重要的作用。

平面设计的任务，就是充分研究各部分的特征和相互关系，以及平面与周围环境的关系，在各种复杂的关系中找出平面设计的规律，使建筑物满足功能、技术、经济、美观的要求，它包括单个房间的平面设计及平面组合设计。

(2) 使用功能的平面设计

各种类型的建筑按使用功能要求分为主要使用空间、辅助使用空间和交通联系空间，通过交通联系空间将主要使用空间和辅助使用空间连成一个有机的整体。主要使用空间，如住宅中的起居室、卧室，学校建筑中的教室、实验室等；辅助使用空间，如厨房、厕所、储藏室等。交通联系空间是建筑物中各个房间之间、楼层之间和房间内外之间联系通行的面积，即各类建筑物中的走廊、门厅、过厅、楼梯、坡道以及电梯和自动扶梯等所占的面积。

① 主要使用空间的设计

使用部分是构成建筑空间的主体，在进行设计时，一般先从构成建筑的基本单元——房间着手，然后再进行组合设计。

1) 房间的设计要求。

A. 房间的面积、形状和尺寸要满足室内使用、活动和家具、设备的布置要求。

B. 门窗的大小和位置，必须使房间出入方便，疏散安全，采光、通风良好。

C. 房间的构成应使结构布置合理，施工方便，要有利于房间之间的组合，所用材料要符合建筑标准。

D. 要考虑人们的审美要求。

2) 房间面积的组成。

A. 房间的面积主要由三部分组成：家具设备所占的面积；使用活动面积；房间内部交通面积。

B. 影响房间面积大小的因素：容纳人数，家具设备及人们使用活动面积。

容纳人数：在实际工作中，房间面积的确定主要是依据我国有关部门及各地区制订的面积定额指标。应当指出：每人所需的面积除面积定额指标外，还需通过调查研究并结合建筑物的标准综合考虑。表9-2是部分民用建筑房间面积定额参考指标。

**表9-2 部分民用建筑房间面积定额参考指标**

| 项目<br>建筑类型 | 房间名称 | 面积定额（$m^2$/人） | 备注 |
|---|---|---|---|
| 中小学 | 普通教室 | 1～1.2 | 小学取下限 |
| 办公楼 | 一般办公室 | 3.5 | 不包括走道 |
| | 会议室 | 0.5 | 无会议桌 |
| | | 2.3 | 有会议桌 |
| 铁路旅客站 | 普通候车室 | 1.1～1.3 | |
| 图书馆 | 普通阅览室 | 1.8～2.5 | 4～6座双面阅览桌 |

有些建筑的房间面积指标未做规定，使用人数也不固定，如展览室、营业厅等。这就要求设计人员根据设计任务书的要求，对同类型、规模相近的建筑物进行调查研究，通过分析比较得出合理的房间面积。

家具设备及人们使用活动面积：参见图9-4卧室和教室室内使用面积分析示意图。

3) 房间的平面形状。

民用建筑常见的房间形状有矩形、方形、多边形、圆形、扇形等。绝大多数的民用建筑房间形状为矩形，因为矩形平面便于家具设备的布置，可提高面积利用率；房间的开间、进深易于调整统一，便于平面组合；结构布置和预制构件的选用较易解决，便于结构设计与施工。

如图 9-5 所示。

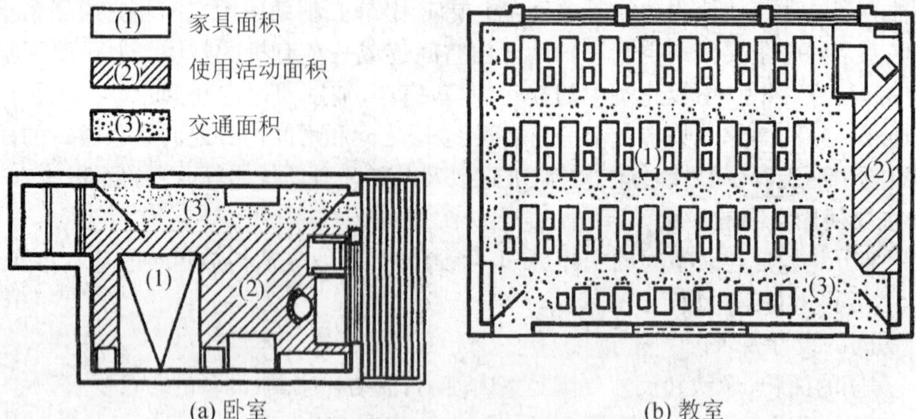


图 9-4 房间使用面积分析图

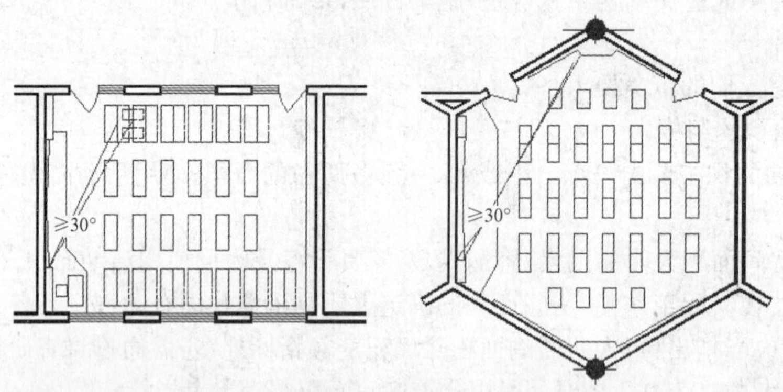


图 9-5 矩形、六边形教室平面形状

对于一些单层大空间如观众厅、展览厅、体育馆等房间，它们的形状则首先应满足这类建筑的特殊功能及视听要求。如图 9-6 所示。

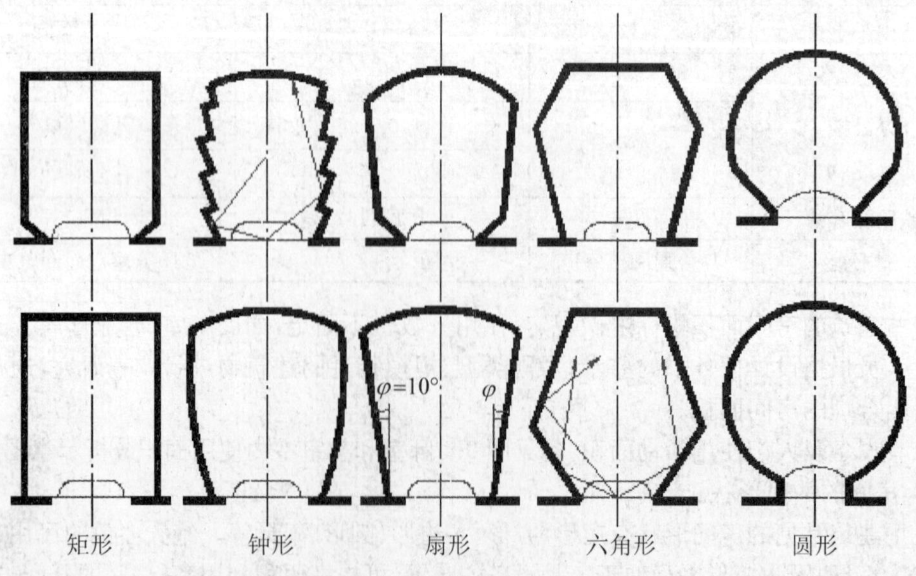


图 9-6 观众厅的平面形状

4）房间的尺寸。

房间尺寸是指房间的开间和进深。房间尺寸的确定主要依据房间的使用要求，采光通风等室内环境的要求，精神和审美要求，技术经济方面的要求，结构布置和施工要求等。

A. 家具设备的布置要求：

单一房间的平面尺寸首先取决于室内家具和设备的布置，满足人们在里面进行活动的要求。如主卧室要求床能两个方向布置，开间尺寸常取 3.6 m，深度尺寸常取 3.90～4.50 m。次卧室开间尺寸常取 2.70～3.00 m。医院病房主要是满足病床的布置及医护活动的要求，3～4 人的病房开间尺寸常取 3.30～3.60 m，6～8 人的病房开间尺寸常取 5.70～6.00 m。如图 9-7、图 9-8 所示。

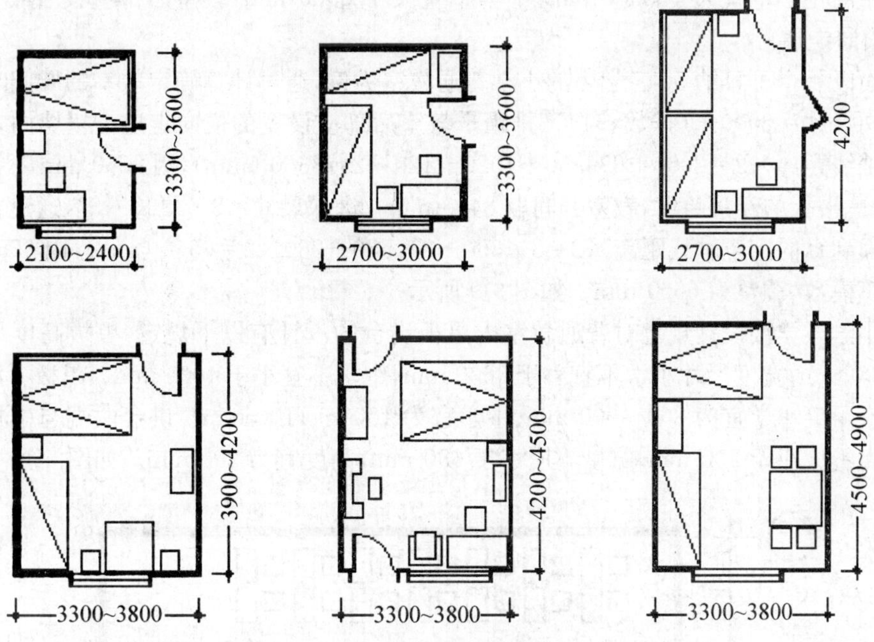


图 9-7　卧室开间进深尺寸

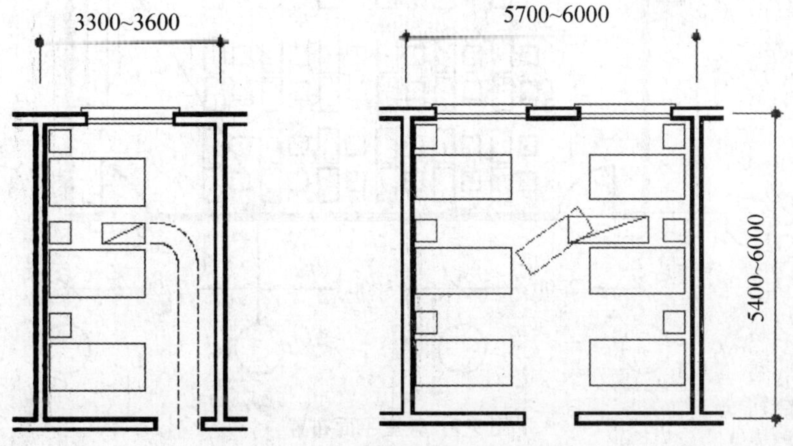


图 9-8　病房开间进深尺寸

B. 满足视听要求：

对于如教室、礼堂、观众厅等的平面尺寸除应满足家具设备布置及人们活动的要求外，还应保证有良好的视听条件。例如，中小学教学楼设计规范对普通教室内课桌椅的布置有以下规定：

课桌椅的排距：小学不宜小于 850 mm，中学不宜小于 900 mm；纵向走道宽度均不应小于 550 mm；课桌端部与墙面（或突出墙面的内壁柱及设备管道）的净距离均不应小于 120 mm。

前排边座的学生与黑板远端形成的水平视角不应小于 30°。

教室第一排课桌前沿与黑板的水平距离不宜小于 2000 mm；最后一排课桌后沿与黑板的水平距离小学不宜大于 8000 mm，中学不宜大于 8500 mm；教室后部应设置不小于 600 mm 的横向走道。

下面以一个可容纳 50 名学生的小学普通教室为例，通过计算确定教室的开间与进深尺寸。开间尺寸＝2000＋（排数－1）×排距＋教室后部应设置的横向走道＋横墙内表面到横向定位轴线距离×2＝2000＋6×850＋1020＋120×2＝8360（mm），因 8360 mm 不符合建筑模数，考虑楼板的经济跨度，教室开间取 8400 mm。进深尺寸＝8×桌长＋3×通道宽度＋纵墙内表面到纵向定位轴线距离×2＝8×550＋3×550＋250×2＝6550（mm），因 6550 mm 不符合建筑模数，调整为 6600 mm。如图 9-9 所示。

中小学教学楼设计规范对普通教室内黑板讲台的设计有以下规定：黑板高度尺寸不应小于 1000 mm；宽度尺寸小学不宜小于 3600 mm，中学不宜小于 4000 mm。黑板下沿与讲台面的垂直距离小学宜为 800～900 mm、中学宜为 1000～1100 mm。讲台两端与黑板边缘的水平距离不应小于 200 mm，宽度不应小于 650 mm，高度宜为 200 mm。如图 9-10 所示。

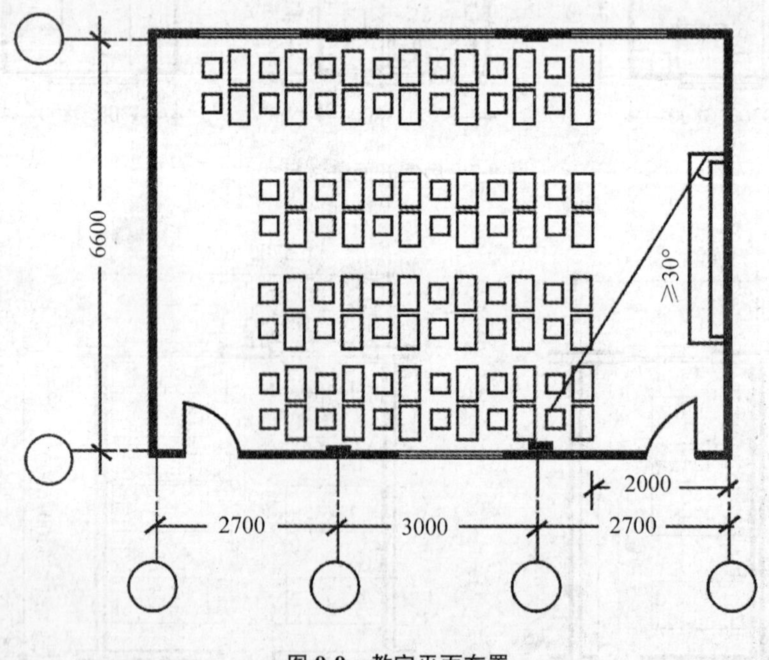


**图 9-9 教室平面布置**

C. 良好的天然采光：

一般房间多采用单侧或双侧采光，因此房间的深度常受到采光的限制。一般单侧采光时进深不大于窗上口至地面距离的2倍，双侧采光时进深可较单侧采光时增大一倍。见图9-11采光方式与进深的关系。

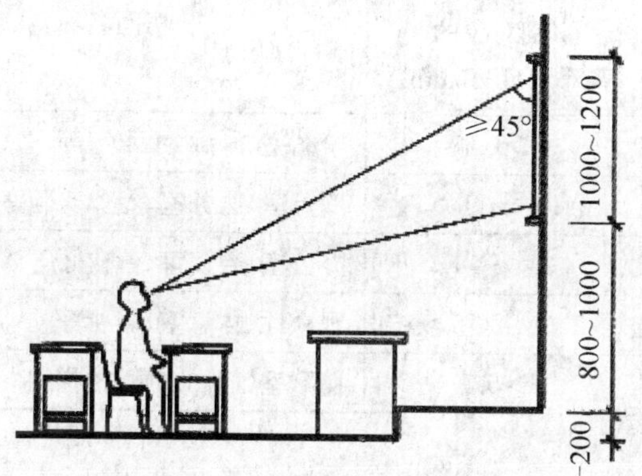


图9-10　教室的视线要求

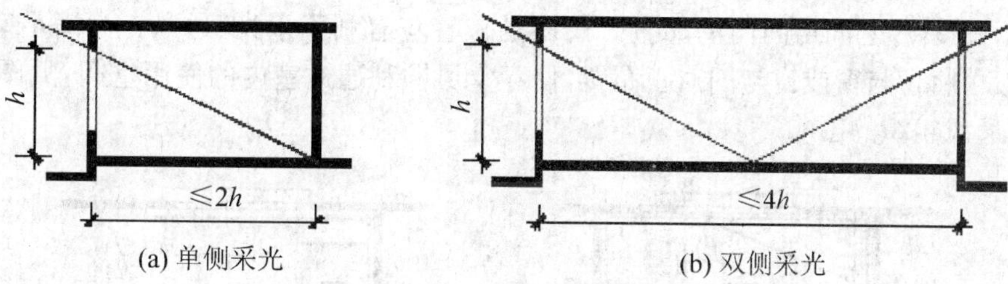


(a) 单侧采光　　(b) 双侧采光

图9-11　采光方式与进深的关系

D. 经济合理的结构布置：

较经济的开间尺寸是不大于4.00 m，钢筋混凝土梁较经济的跨度是不大于9.00 m。对于由多个开间组成的大房间，如教室、会议室、餐厅等，应尽量统一开间尺寸，减少构件类型。

F. 符合建筑模数协调统一标准。

5）房间的门窗设置。

A. 门的宽度及数量：

门的宽度取决于人流股数及家具设备的大小等因素。单股人流通行最小宽度取550 mm。因此，门的最小宽度一般为700 mm，可用于住宅中的卫生间、浴室。住宅的户门、卧室门、厨房门应考虑一人携带物品通行，户门宽可取1000 mm，卧室门宽可取900 mm，厨房门宽可取800 mm。普通教室、办公室门宽常取1000 mm。双扇门的宽度为1200～1800 mm，四扇门的宽度可为2400～3600 mm。

按照《建筑设计防火规范》的要求，当房间使用人数超过50人，面积超过60 $m^2$ 时，至少需设两个门。影剧院、礼堂的观众厅、体育馆的比赛大厅等，门的总宽度可按600 mm/100人计算。

B. 窗的面积：

窗的面积大小主要根据房间的使用要求、房间面积及当地日照情况等因素来考虑。根据房间的使用要求不同，建筑采光标准分为五级，每级规定相应的窗地比，即房间窗的总面积与地面积的比值，见表9-3。

表 9-3 民用建筑中房间的采光分级和采光面积

| 采光等级 | 视觉作业分类 | | 房间名称 | 窗地比 |
|---|---|---|---|---|
| | 作业精确度 | 识别对象的最小尺寸 $d$(mm) | | |
| Ⅰ | 特别精细 | $d\leqslant 0.15$ | 绘图室、画廊、手术室等 | 1/3～1/5 |
| Ⅱ | 很精细 | $0.15<d\leqslant 0.3$ | 阅览室、医务室、专业实验室等 | 1/4～1/6 |
| Ⅲ | 精细 | $0.3<d\leqslant 1.0$ | 办公室、会议室、营业厅等 | 1/6～1/8 |
| Ⅳ | 一般 | $1.0<d\leqslant 5.0$ | 观众厅、休息室、厕所等 | 1/8～1/10 |
| Ⅴ | 粗糙 | $d>5.0$ | 储藏室、门厅走廊、楼梯间 | 1/10 以下 |

C. 门窗的位置：

门窗位置应尽量使墙面完整，便于家具设备布置和充分利用室内有效面积。门的位置应交通线路短，设备布置方便，面积充分利用，便于安全疏散，见图 9-12 门的位置对家具布置的影响，图 9-13 套间房间门的布置。门窗的位置应有利于采光、通风。为满足室内通风要求，一般可将窗与窗或窗与门对正布置，使穿堂风顺利通过室内的使用空间，见图 9-14 门窗位置对通风组织的影响。

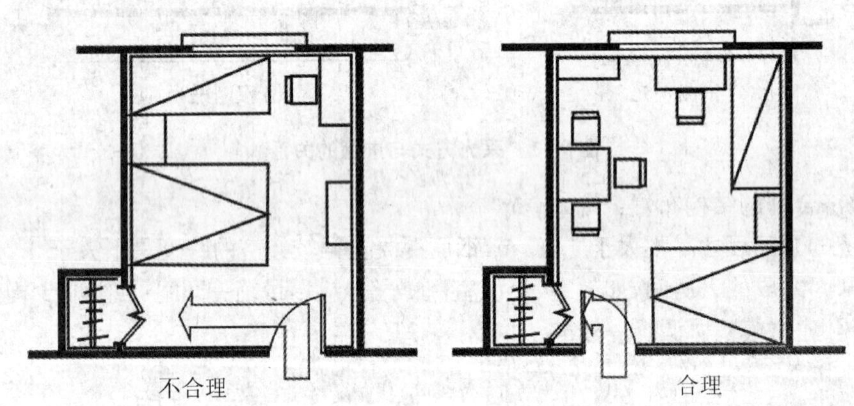


图 9-12 门的位置对家具布置的影响

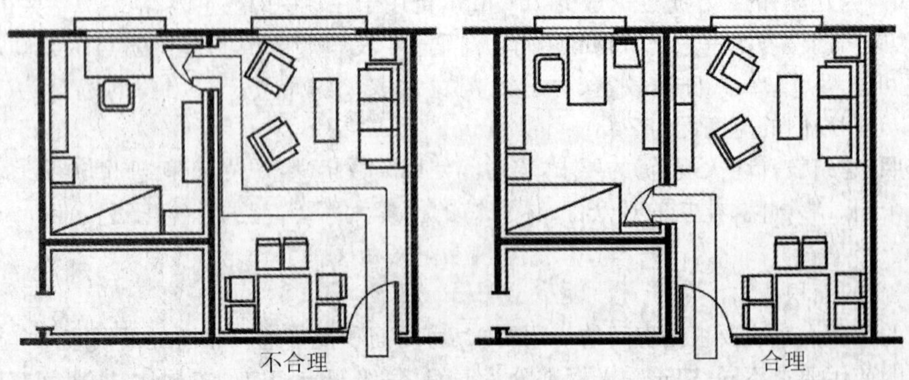


图 9-13 套间房间门的布置

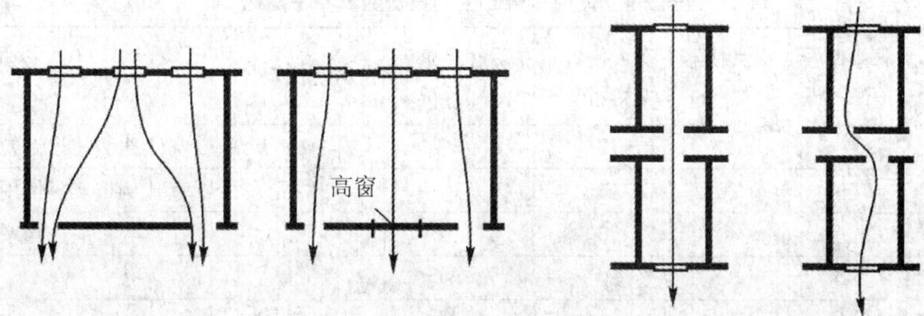


图 9-14　门窗位置对通风组织的影响

D. 门的开启方向：

门的开启方向一般原则是内门内开，外门外开，小空间内开，大空间外开。当门较为集中时，必须精心协调，防止紧靠在一起的门扇相互碰撞。见图 9-15 门的开启方向。

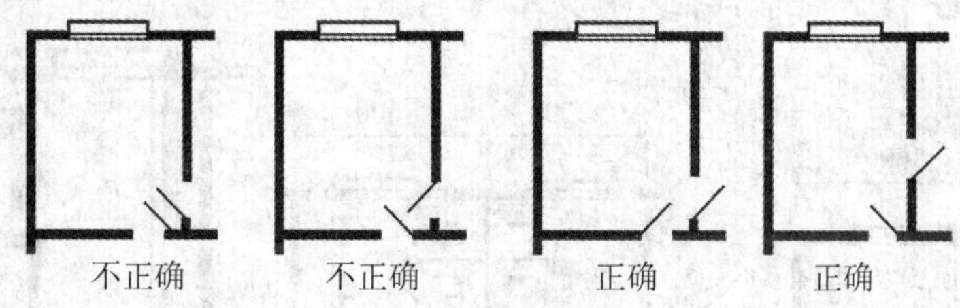


图 9-15　门的开启方向

② 辅助使用空间的平面设计

1）公共卫生间的设计。

A. 卫生间设计的一般要求：

卫生间在建筑物中常处于人流交通线上与走道及楼梯间相联系，应设前室，前室作为公共交通空间和卫生间的缓冲地，并使卫生间隐蔽一些。公共卫生间应有良好的天然采光与通风。卫生间位置应有利于节省管道，减少立管并靠近室外给排水管道。同层平面中男、女卫生间最好并排布置，避免管道分散。多层建筑中应把卫生间布置在上下相对应的位置。

B. 卫生设备的类型及数量：

卫生设备的类型有大便器、小便器、洗手盆和污水池等。

在建筑设计中，应根据各建筑物的使用特点和使用人数的多少，计算确定所需设备的数量，然后考虑建筑物中卫生间、盥洗室的分布情况，最后在建筑平面组合中，根据建筑物的使用要求适当调整并确定辅助房间的面积和平面形式。每一个卫生器具可供使用的人数可参考表 9-4 民用建筑卫生间设备数量参考指标。

C. 卫生间的布置：

建筑物中公共卫生间通常应设置前室，带前室的卫生间有利于隐蔽，可以改善通往卫生间的走道和过厅的卫生条件。前室的深度应不小于 1.5～2.0 m，如图 9-16 所示。当卫生间面积较小，不便于布置前室时，应注意门的开启方向，务必使卫生间蹲位及小便器处于隐蔽位置，如图 9-17 所示。

表 9-4 民用建筑卫生间设备数量参考指标

| 建筑类型 | 男小便器（人/个） | 男大便器（人/个） | 女大便器（人/个） | 洗手盆或龙头（人/个） | 男女比例 | 备注 |
|---|---|---|---|---|---|---|
| 旅馆 | 20 | 20 | 12 | | | 男女比例按设计要求 |
| 宿舍 | 20 | 20 | 15 | 15 | | 男女比例按实际使用情况 |
| 中小学 | 40 | 40 | 25 | 100 | 1∶1 | 小学数量应适当增加 |
| 火车站 | 80 | 80 | 50 | 150 | 2∶1 | |
| 办公楼 | 50 | 50 | 30 | 50～80 | 3∶1～5∶1 | |
| 影剧院 | 35 | 75 | 50 | 140 | 2∶1～3∶1 | |
| 门诊部 | 50 | 100 | 50 | 150 | 1∶1 | 总人数按全日门诊人次计算 |
| 幼托 | | 5～10 | 5～10 | 2～5 | 1∶1 | |

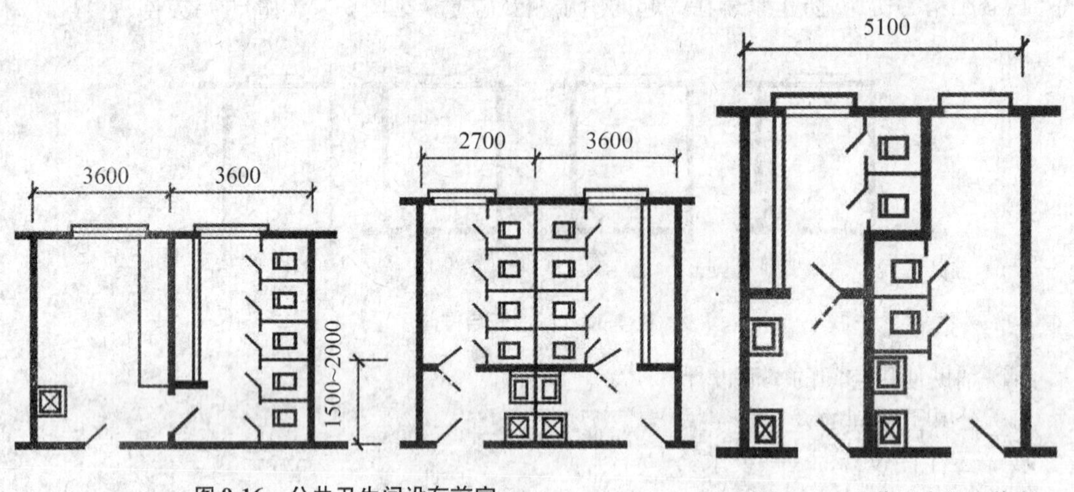


图 9-16 公共卫生间设有前室

图 9-17 公共卫生间无前室

2）专用卫生间的设计。

在满足设备及使用功能的前提下，应力求经济，节约面积，应有自然采光和通风，如图9-18所示。

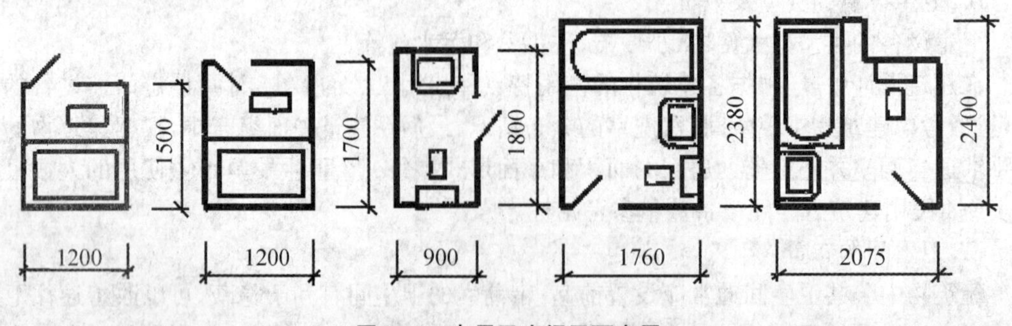


图 9-18 专用卫生间平面布置

3）厨房的设计。

厨房设备有洗涤池、案台、灶台及排烟装置等。厨房设计应有直接采光和自然通风，并有足够的面积保证必要的操作空间。厨房室内布置应符合操作流程，布置形式有单排、双排、L 形、U 形等，如图 9-19 所示。

(a) 单排布置

(b) 双排布置

(c) L形布置

(d) L形布置

(e) U形布置

**图 9-19　厨房布置实例**

③ 交通联系部分的设计

一幢建筑物除了有满足使用功能的各种房间外，还需要有交通联系部分把各个房间之间以及室内外之间联系起来。建筑物内部的交通联系部分包括：水平交通空间——走道；垂直交通空间——楼梯、电梯、自动扶梯、坡道；交通枢纽空间——门厅、过厅等。

交通联系部分的设计应力争做到交通路线简捷明确，人流通畅，联系通行方便；紧急疏散时迅速安全；满足一定的采光、通风要求；力求节省交通面积，同时综合考虑空间造型等问题。

1）过道（走廊）的设计。

过道必须满足人流通畅和建筑防火的要求。单股人流的通行宽度为 550～600 mm。以住宅中的过道为例,考虑到搬运家具的要求,最小宽度应为 1100～1200 mm。根据不同建筑类型的使用特点,过道除了交通联系外,也可以兼有其他的使用功能。例如教学楼中的过道,兼有学生课间休息活动的功能;医院门诊部的过道,兼有病人候诊的功能,如图 9-20 所示。过道宽度除应按交通要求设计外,还要根据建筑物的耐火等级、层数和过道中通行人数的多少决定,其具体数值可参见表 9-5 过道的最小宽度。

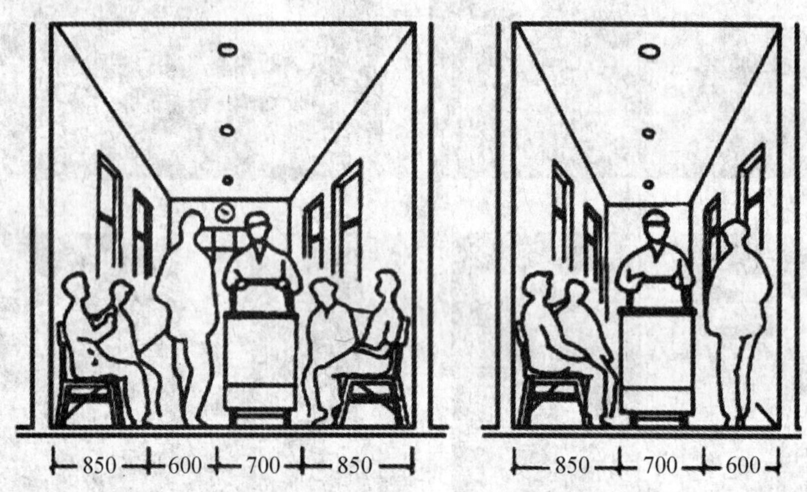


**图 9-20 医院门诊部过道**

**表 9-5 过道的最小宽度**

| 房屋耐火等级<br>宽度(m/100 人)<br>层数 | 一、二级 | 三级 | 四级 |
| --- | --- | --- | --- |
| 1、2 层 | 0.63 | 0.80 | 1.00 |
| 3 层 | 0.80 | 1.00 | — |
| >3 层 | 1.00 | 1.25 | — |

建筑设计防火规范 GB 50016—2006 要求民用建筑的安全疏散距离应符合下列规定:

直接通向疏散走道的房间疏散门至最近安全出口的距离应符合表 9-6 的规定;直接通向疏散走道的房间疏散门至最近非封闭楼梯间的距离,当房间位于两个楼梯间之间时,应按表中的规定减少 5 m;当房间位于袋形走道两侧或尽端时,应按表中的规定减少 2 m;楼梯间的首层应设置直通室外的安全出口或在首层采用扩大封闭楼梯间。当层数不超过 4 层时,可将直通室外的安全出口设置在离楼梯间小于等于 15 m 处;房间内任一点到该房间直接通向疏散走道的疏散门的距离,不应大于表中规定的袋形走道两侧或尽端的疏散门至安全出口的最大距离。

对于一、二级耐火等级的建筑物内的观众厅、多功能厅、餐厅、营业厅和阅览室等,室内任何一点至最近安全出口的直线距离不大于 30 m。敞开式外廊的房间疏散门至安全出口的最大距离可按本表增加 5 m;建筑物内全部设置自动喷水灭火系统时,其安全疏散距离可按本表规定增加 25%;房间内任一点到该房间直接通向疏散走道的疏散门的距离计算,住宅应为最远房间内一点到户门的距离,跃层式住宅内的户内楼梯的距离可按其梯段总长度的水平投影尺寸计算。

**表 9-6　房门至外部出口或封闭楼梯间的最大距离**

单位:m

| 建筑类型 | 位于两个外部出口或楼梯之间的房间 | | | 位于袋形走廊两侧或尽端的房间 | | |
|---|---|---|---|---|---|---|
| | 耐火等级 | | | 耐火等级 | | |
| | 一、二级 | 三级 | 四级 | 一、二级 | 三级 | 四级 |
| 托儿所、幼儿园 | 25 | 20 | — | 20 | 15 | — |
| 医院、疗养院 | 35 | 30 | — | 20 | 15 | — |
| 学 校 | 35 | 30 | 25 | 22 | 20 | 15 |
| 其他民用建筑 | 40 | 35 | 25 | 22 | 20 | 15 |

2）楼梯、坡道的设计。

楼梯是建筑物各层间的垂直交通联系部分，是楼层人流疏散必经的通路。楼梯的宽度取决于通行人数的多少和建筑防火要求，通常应大于 1100 mm，辅助楼梯应大于 800 mm。楼梯梯段和平台的通行宽度如图 9-21 所示。

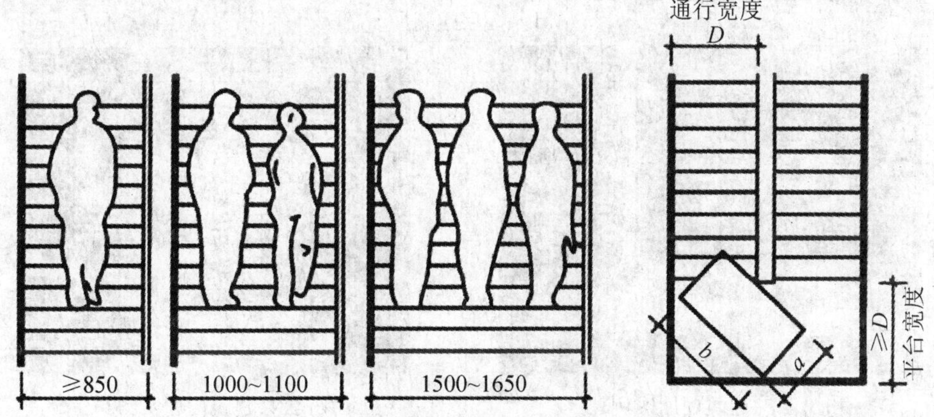


**图 9-21　楼梯梯段和平台的通行宽度**

不同位置的坡道，其坡度和宽度应符合表 9-7 的规定。

**表 9-7　不同位置坡道的坡度和宽度**

| 坡道位置 | 最大坡度 | 最小宽度(m) |
|---|---|---|
| 有台阶的建筑入口 | 1∶12 | ≥1.2 |
| 只设坡道的建筑入口 | 1∶20 | ≥1.5 |
| 室内走道 | 1∶12 | ≥1.0 |
| 室外通路 | 1∶20 | ≥1.5 |
| 困难地段 | 1∶10~1∶8 | ≥1.2 |

3）门厅、过厅的设计

门厅是建筑物主要出入口处的内外过渡空间，是人流集散的交通枢纽。此外，一些建筑物中，门厅常兼有服务、等候、展览等功能。见图 9-22。

门厅的设计要求：明显突出的位置；导向明确，交通线路简捷畅通，避免人流交叉干扰；良好的天然采光，适宜的空间比例关系；良好的疏散能力；门厅对外出入口的总宽度，应不小于通向该门厅的过道、楼梯宽度的总和；较好的空间过渡功能。人流比较集中的建筑物，门厅对外出入口的宽度，可按每 100 人 0.6 m 计算。外门必须向外开启或尽可能采用弹簧门内外开启，见图 9-23 建筑平面中的门厅设置。

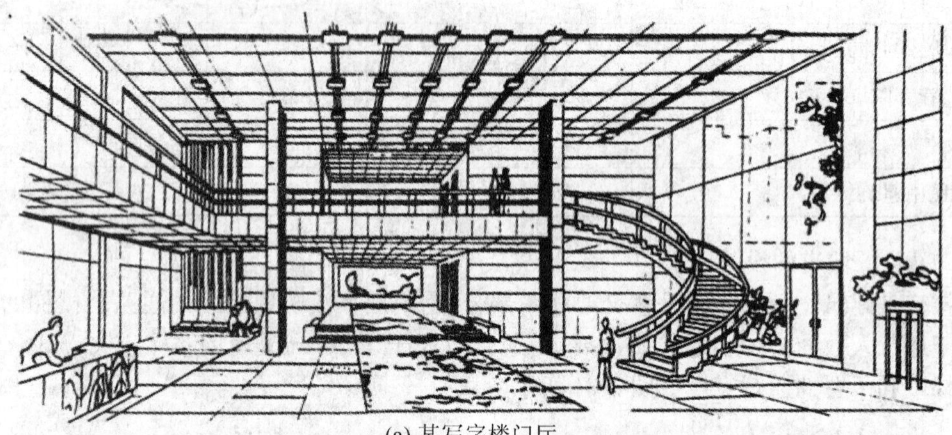

(a) 某写字楼门厅

(b) 公共建筑门厅实例1　　(c) 公共建筑门厅实例2

**图 9-22　门厅**

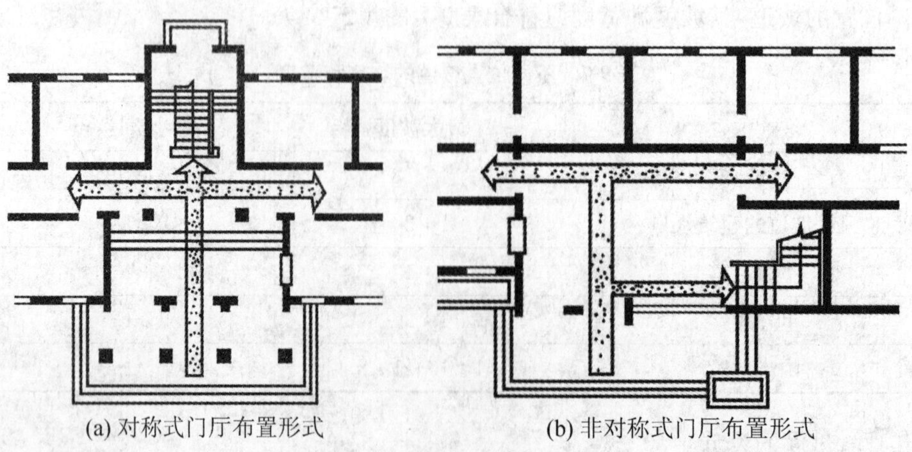

(a) 对称式门厅布置形式　　(b) 非对称式门厅布置形式

**图 9-23　建筑平面中的门厅设置**

过厅通常设置在走道与走道的交汇处，走道与楼梯的交汇处。它起人流经门厅的再分流和缓冲、过渡的作用。为了改善过道的采光、通风条件，有时也可以在走道的中部设置过厅。如图 9-24 所示。

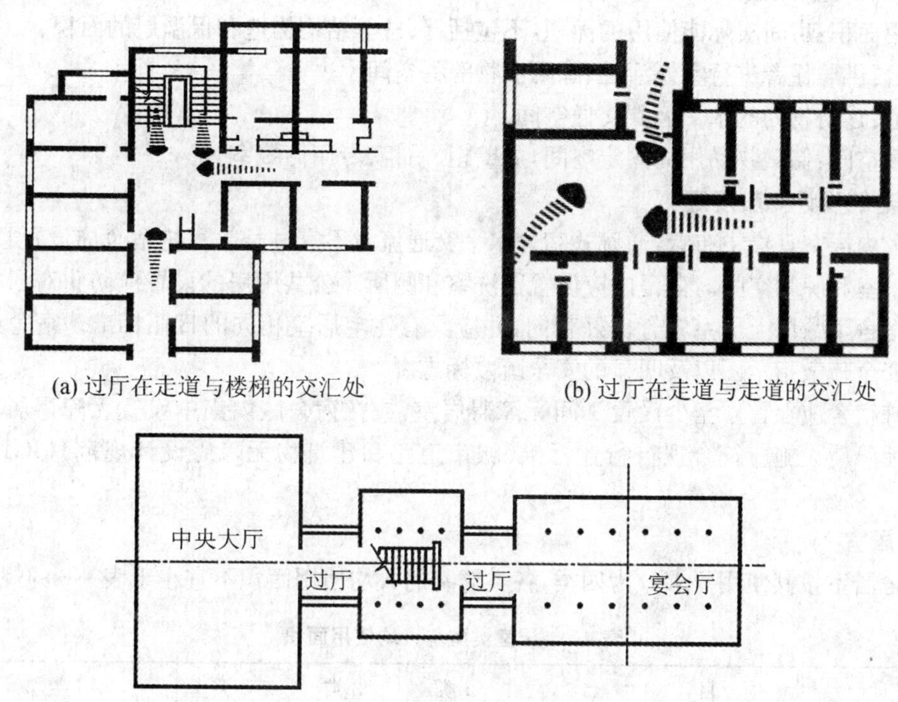


(a) 过厅在走道与楼梯的交汇处　(b) 过厅在走道与走道的交汇处

(c) 起空间过渡作用的过厅

**图 9-24　过厅**

4）门廊、门斗的设计。

在建筑物的出入口处，常设置门廊或门斗，以防止风雨或寒气的侵袭。开敞式的做法叫门廊，封闭式的做法叫门斗。如图 9-25 所示。

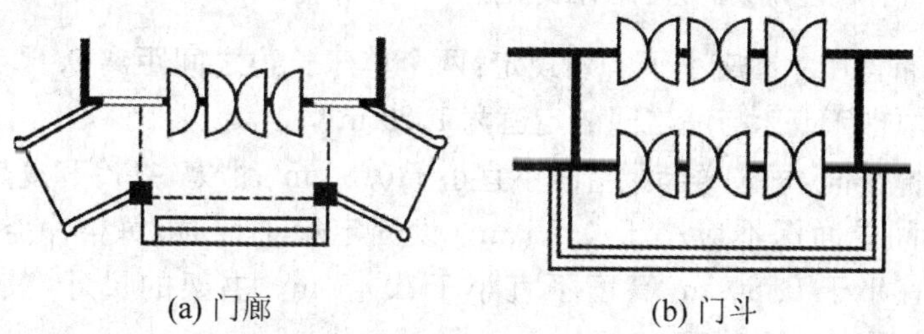

(a) 门廊　(b) 门斗

**图 9-25　出入口的设置**

## 9.2.3　任务拓展

宿舍建筑设计规范(JGJ 36—2005)

**1. 术语**

宿舍：有集中管理且供单身人士使用的居住建筑。

居室:供居住者睡眠、学习和休息的空间。

卫生间:供居住者进行便溺、洗浴、漱洗等活动的空间。

公共活动室:供居住者会客、娱乐、小型集会等活动的空间。

使用面积:房间实际能使用的面积,不包括墙、柱等结构构造和保温层的面积。

阳台:供居住者进行室外活动、晾晒衣物等的空间。

走道:建筑物内的水平公共交通空间。

储藏空间:储藏物品用的固定空间,如壁柜、吊柜、专用储藏室等。

**2. 建筑设计一般规定**

宿舍内居室宜集中布置,通廊式宿舍水平交通流线不宜过长。每栋宿舍应设置管理室、公共活动室和晾晒空间。宿舍内应设置盥洗室和厕所。公共用房的设置应防止对居室产生干扰。宿舍半数以上居室应有良好朝向,并应具有住宅居室相同的日照标准。宿舍内应设置消防安全疏散指示图以及明显的安全疏散标志。

每栋宿舍应在首层至少设置1间无障碍居室,或在宿舍区内集中设置无障碍居室。居室中的无障碍设施应符合现行行业标准《城市道路和建筑物无障碍设计规范》(JGJ 50)的要求。

**3. 居室**

宿舍居室按其使用要求分为四类,各类居室的人均使用面积不宜小于表9-8的规定。

**表9-8 居室类型与人均使用面积**

| 项　目 | | 1类 | 2类 | 3类 | 4类 | |
|---|---|---|---|---|---|---|
| 每室居住人数(人) | | 1 | 2 | 3～4 | 6 | 8 |
| 人均使用面积($m^2$/人) | 单层床、高架床 | 16 | 8 | 5 | — | — |
| | 双层床 | — | — | — | 4 | 3 |
| 储藏空间 | | 壁柜、吊柜、书架 | | | | |

注:本表中面积不含居室内附设卫生间和阳台面积。

居室的床位布置尺寸不应小于下列规定:两个单床长边之间距离0.60 m;两床床头之间距离0.10 m;两排床或床与墙之间的走道宽1.20 m。

居室应有储藏空间,每人净储藏空间不宜小于0.50 $m^3$;严寒、寒冷和夏热冬冷地区可适当放大。储藏空间的净深不应小于0.55 m。设固定箱子架时,每格净空长度不宜小于0.80 m,宽度不宜小于0.60 m,高度不宜小于0.45 m。书架的尺寸,其净深不应小于0.25 m,每格净高不应小于0.35 m。

贴临卫生间等潮湿房间的居室、储藏室的墙面应做防潮处理。居室不应布置在地下室,不宜布置在半地下室。

**4. 辅助用房**

公共厕所应设前室或经盥洗室进入,前室和盥洗室的门不宜与居室门相对。公共厕所及公共盥洗室与最远居室的距离不应大于25 m。

居室内的附设卫生间,其使用面积不应小于2 $m^2$,设有淋浴设备或2个坐(蹲)便器的附设卫生间,其使用面积不宜小于3.50 $m^2$。附设卫生间内的厕位和淋浴宜设隔断。

夏热冬暖地区和温和地区应在宿舍建筑内设淋浴设施,其他地区可根据条件设分散或集中的淋浴设施，每个浴位服务人数不应超过 15 人。

宿舍建筑内的管理室宜设置在主要出入口处，其使用面积不应小于 8 $m^2$。宜在主要出入口处设置会客空间，其使用面积不宜小于 12 $m^2$。公共活动室(空间)宜每层设置，100 人以下，人均使用面积为 0.30 $m^2$；101 人以上，人均使用面积为 0.20 $m^2$。公共活动室(空间)的最小使用面积不宜小于 30 $m^2$。设有公共厨房时，其使用面积不应小于 6 $m^2$。公共厨房应有直接采光、通风的外窗和排油烟设施。

宿舍建筑内宜在每层设置开水设施，可设置单独的开水间，也可在盥洗室内设置电热开水器。宜设公共洗衣房，也可在盥洗室内设洗衣机位。宿舍建筑宜在底层设置集中垃圾收集间。设有公共厕所、盥洗室的宿舍建筑内宜在每层设置卫生清洁间。

**5. 层高和净高**

居室在采用单层床时，层高不宜低于 2.80 m；在采用双层床或高架床时，层高不宜低于 3.60 m。居室在采用单层床时，净高不应低于 2.60 m；在采用双层床或高架床时，净高不应低于 3.40 m。辅助用房的净高不宜低于 2.50 m。

**6. 楼梯、电梯和安全出口**

宿舍安全疏散应符合现行国家标准《建筑设计防火规范》(GBJ 16)、《高层民用建筑设计防火规范》(GB 50045)的规定。通廊式宿舍和单元式宿舍楼梯间的设置应符合下列规定：

7 层至 11 层的通廊式宿舍应设封闭楼梯间，12 层及 12 层以上的应设防烟楼梯间。12 层至 18 层的单元式宿舍应设封闭楼梯间，19 层及 19 层以上的应设防烟楼梯间。7 层及 7 层以上各单元的楼梯间均应通至屋顶。但 10 层以下的宿舍，在每层居室通向楼梯间的出入口处有乙级防火门分隔时，则该楼梯间可不通至屋顶。

楼梯间应直接采光、通风。楼梯门、楼梯及走道总宽度应按每层通过人数每 100 人不小于 1 m 计算，且梯段净宽不应小于 1.20 m，楼梯平台宽度不应小于楼梯梯段净宽。宿舍楼梯踏步宽度不应小于 0.27 m，踏步高度不应大于 0.165 m。扶手高度不应小于 0.90 m。楼梯水平段栏杆长度大于 0.50 m 时，其扶手高度不应小于 1.05 m。

7 层及 7 层以上的宿舍或居室，最高入口层楼面距室外设计地面的高度大于 21 m 时，应设置电梯。宿舍安全出口门不应设置门槛，其净宽不应小于 1.40 m。

**7. 门窗和阳台**

宿舍门窗的选用应符合国家相关标准。宿舍的外窗窗台不应低于 0.90 m，当低于 0.90 m时应采取安全防护措施。宿舍居室外窗不宜采用玻璃幕墙。

开向公共走道的窗扇，其底面距本层地面的高度不宜低于 2 m。当低于 2 m 时不应妨碍交通，并避免视线干扰。宿舍的底层外窗、阳台，其他各层的窗台下沿距下面屋顶平台、大挑檐、公共走廊等地面低于 2 m 的外窗，应采取安全防范措施，且应满足逃生救援的要求。

居室的窗应设吊挂窗帘的设施。卫生间、洗浴室和厕所的窗应有遮挡视线的措施。居室的门宜有安全防范措施，严寒和寒冷地区居室的门宜具有保温性能。

居室和辅助房间的门洞口宽度不应小于 0.90 m，阳台门洞口宽度不应小于 0.80 m，居室内附设卫生间的门洞口宽度不应小于 0.70 m，设亮窗的门洞口高度不应小于 2.40 m，不设亮窗的门洞口高度不应小于 2.10 m。

宿舍宜设阳台，阳台进深不宜小于 1.20 m。各居室之间或居室与公共部分之间毗连的阳台应设分室隔板。顶部阳台应设雨罩，高层和多层宿舍建筑的阳台、雨罩均应做有组织排水，雨罩应做防水，阳台宜做防水。

低层、多层宿舍阳台栏杆净高不应低于1.05 m;中高层、高层宿舍阳台栏杆净高不应低于1.10 m。中高层、高层宿舍及寒冷、严寒地区宿舍的阳台宜采用实心栏板。

### 9.2.4 练习与提高

1. 平面设计包含哪些基本内容?
2. 确定房间面积大小时应考虑哪些因素?举例分析。
3. 影响房间形状的因素有哪些?
4. 房间尺寸指的是什么?确定房间的尺寸应考虑哪些因素?
5. 如何确定房间门窗数量、面积大小、具体位置?
6. 辅助使用房间包括哪些内容?辅助使用房间设计应注意哪些问题?
7. 交通联系部分包括哪些内容?如何确定楼梯的数量、宽度和选择楼梯的形式?

## 9.3 任务2:建筑平面组合设计

### 9.3.1 任务资讯

**1. 功能组织原则**

在进行平面的功能组织时,要根据具体设计要求,掌握以下几个原则:

(1) *主次关系*

组成建筑物的各房间,按使用性质及重要性,必然存在着主次之分,在平面组合时应分清主次、合理安排。平面组合中,一般是将主要使用房间布置在朝向较好的位置,靠近主要出入口,并有良好的采光通风条件,次要房间可布置在条件较差的位置,见图9-26居住建筑

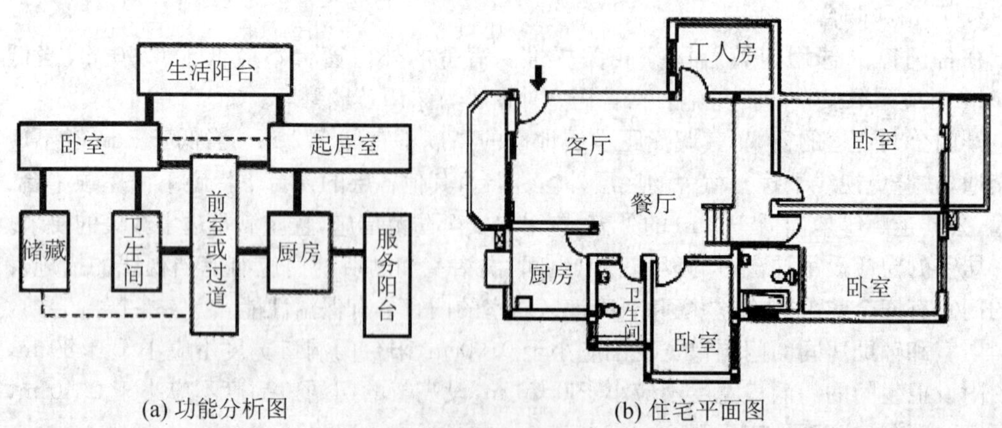


(a) 功能分析图　　(b) 住宅平面图

**图9-26 居住建筑房间的主次关系**

房间的主次关系;公共活动的主要房间的位置应在出入和疏散方便,人流导向比较明确的部位。例如学校教学楼中的教室、实验室应是主要的使用房间,其余的管理、办公、储藏、厕所

等，属于次要房间，见图 9-27 教学楼功能分区示意图。

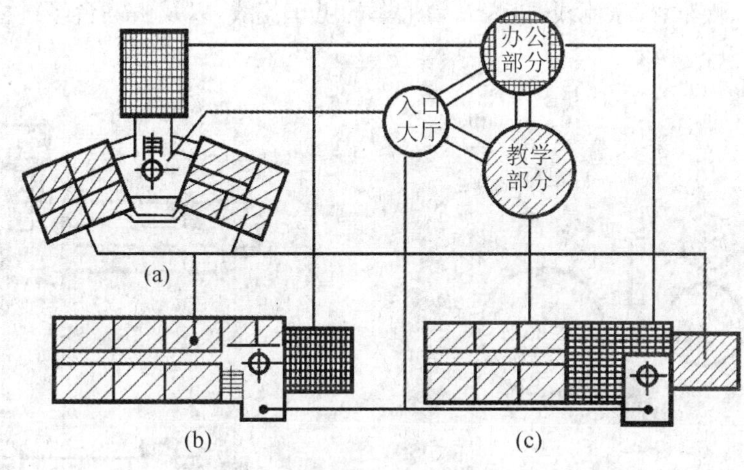


**图 9-27　教学楼功能分区示意图**

（2）内外关系

各类建筑的组成房间中，有的对外联系密切，直接为公众服务，有的对内关系密切，供内部使用。一般是将对外联系密切的房间布置在交通枢纽附近，位置明显便于直接对外，而将对内性强的房间布置在较隐蔽的位置。例如，对于饮食建筑，餐厅是对外的，人流量大，应布置在交通方便、位置明显处，而对内性强的厨房等部分则应布置在后部较隐蔽的地方。又如商业建筑营业厅是对外的，人流量大，应布置在交通方便、位置明显处，而将库房、办公等管理用房布置在后部次要入口处，见图 9-28 商店平面布置。

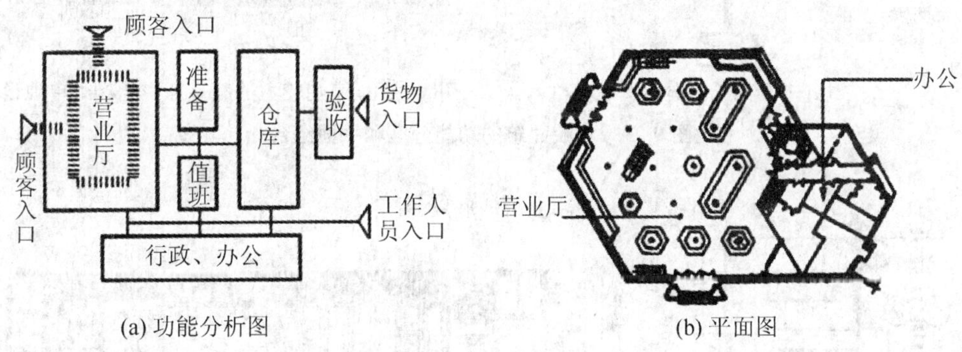


**图 9-28　商店平面布置**

（3）联系与分隔

在分析功能关系时，常根据房间的使用性质如“闹”与“静”、“清”与“污”等方面进行功能分区，使其既分隔而互不干扰，且又有适当的联系。如教学楼中的多功能厅、普通教室和音乐教室，它们之间联系密切，但为防止声音干扰，必须适当隔开。教室与办公室之间要求方便联系，但为了避免学生影响教师的工作，需适当隔开。如图 9-29 所示。

（4）顺序与组织

建筑物中不同使用性质的房间或各个部分，在使用过程中通常有一定的先后顺序，这将影响到建筑平面的布局方式，平面组合时要很好地考虑这些前后顺序，应以公共人流交通路线为主导线，不同性质的交通流线应明确分开。例如火车站建筑中有人流和货流之分，人流又有问讯、售票、候车、检票流线，进入站台上车的上车流线，以及由站台经过检票出站的下车流线等，如图 9-30 所示。

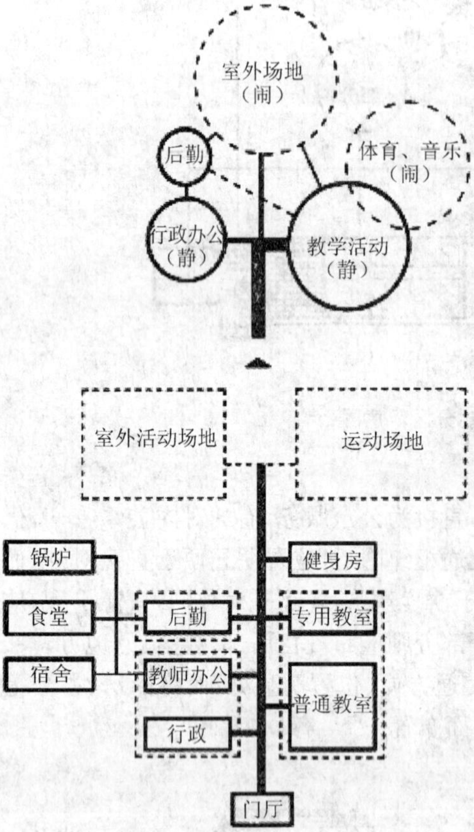

室外场地
(闹)
后勤
体育、音乐
(闹)
行政办公
(静)
教学活动
(静)
室外活动场地
运动场地
锅炉
食堂
宿舍
后勤
教师办公
行政
健身房
专用教室
普通教室
门厅

(a) 中学的功能分区

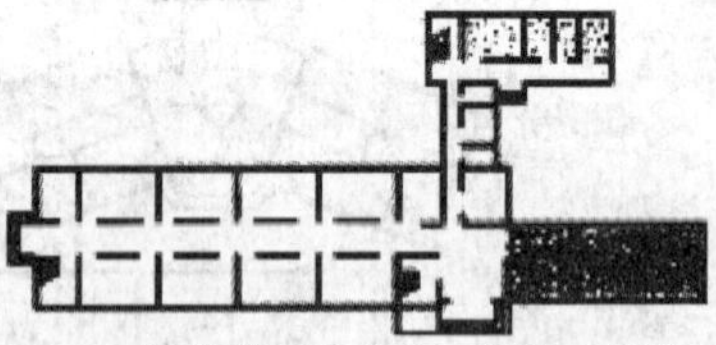

(b) 教学楼以门厅区分为三部分

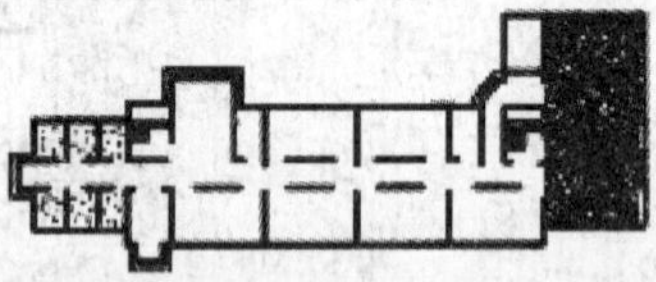

(c) 声响较大的教室在教学楼尽端

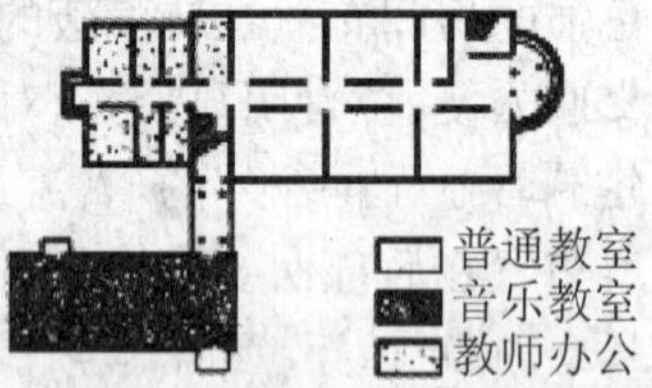

普通教室
音乐教室
教师办公

(d) 声响较大的教室在教学楼外单独设置

**图 9-29　学校建筑的功能分区和平面组合**

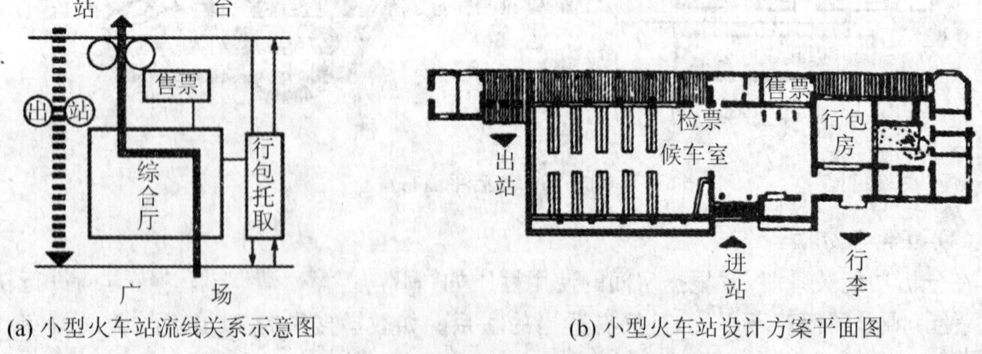

站　台
售票
出
站
综
合
厅
行
包
托
取
广　场

(a) 小型火车站流线关系示意图

售票
检票
候车室
行包
房
出
站
进
站
行
李

(b) 小型火车站设计方案平面图

**图 9-30　平面组合房间的使用顺序**

## 9.3.2　任务实施

建筑平面组合设计就是将建筑平面中的使用部分、交通联系部分有机地联系起来，使之成为一个使用方便、结构合理、体型简洁、构图完整、造价经济及与环境协调的建筑物，其组合形式有走廊(走道)式组合、单元式组合、套间式组合、大厅式组合等。

**1. 走廊式(走道式)组合**

走廊式(走道式)组合是通过走廊(走道)将一侧或两侧的各个房间联系起来的组合方式。其特点是各个房间保持相对独立，同时各房间可通过走廊(走道)进行方便的联系，各房间有直接的天然采光和通风，结构简单，施工方便。其形式有单外廊、双外廊、单走道、双走道。适用于房间面积小、相同房间数量较多的建筑，如学校、宿舍、医院、旅馆等。

外走廊可保证主要房间有好的朝向和良好的采光通风条件，但这种布局造成走廊过长，交通面积大。个别建筑由于特殊需要，也采用双侧外走廊形式。内走廊各房间沿走廊两侧布置，平面紧凑，外墙长度较短，对寒冷地区建筑热工有利。但这种布局难免会导致一部分使用房间朝向较差，且走廊采光通风较差，房间之间相互干扰较大。见图 9-31 走廊(走道)平面布置形式，图 9-32 走廊式组合。

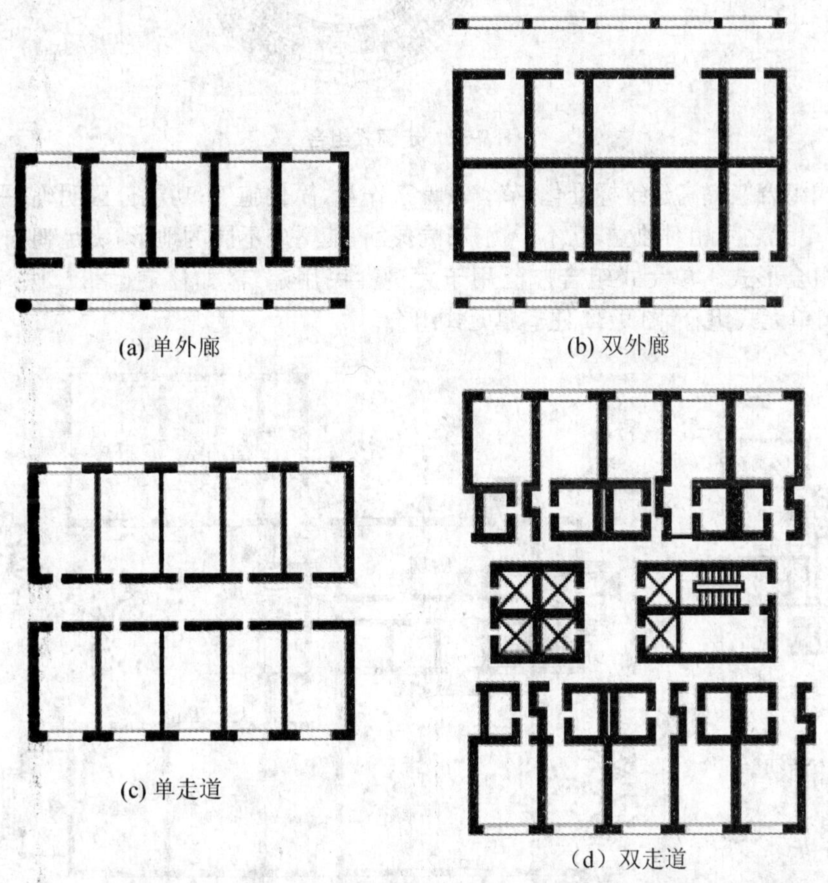


**图 9-31　走廊(走道)平面布置形式**

**2. 单元式组合**

单元式组合是将关系密切的房间组合在一起成为一个相对独立的整体，称为单元。将一种或多种单元按地形和环境情况在水平或垂直方向重复组合起来成为一幢建筑，这种组合方式称为单元式组合。

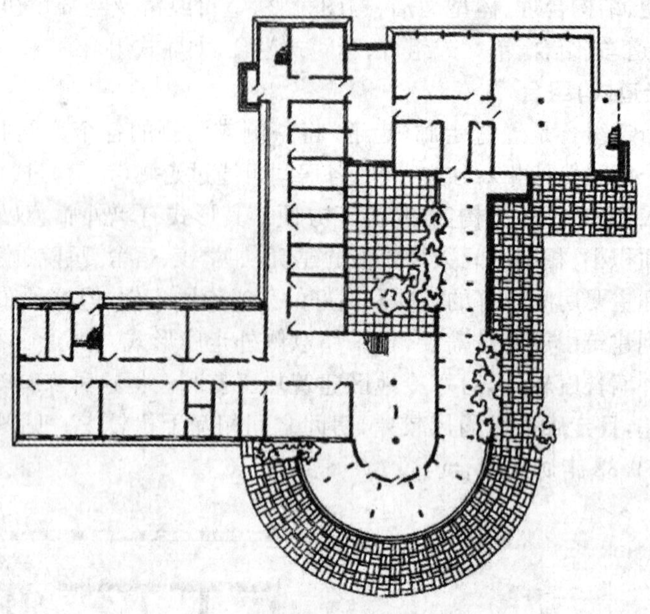

图 9-32　走廊式组合

单元式组合能提高建筑标准化，节省设计工作量，简化施工；功能分区明确，平面布置紧凑，单元与单元之间相对独立，互不干扰；布局灵活，能适应不同的地形，满足朝向要求，形成多种不同组合形式。单元式组合广泛用于大量性民用建筑，如住宅、学校、医院等。见图9-33幼儿园单元式组合，图 9-34 住宅单元式组合。

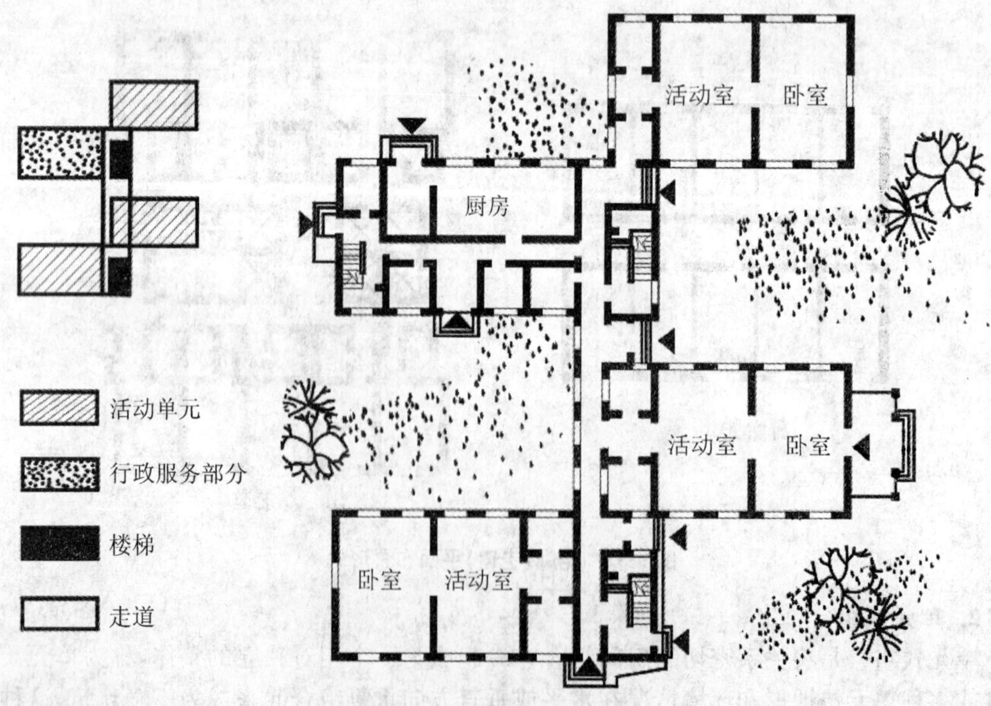


图 9-33　幼儿园单元式组合

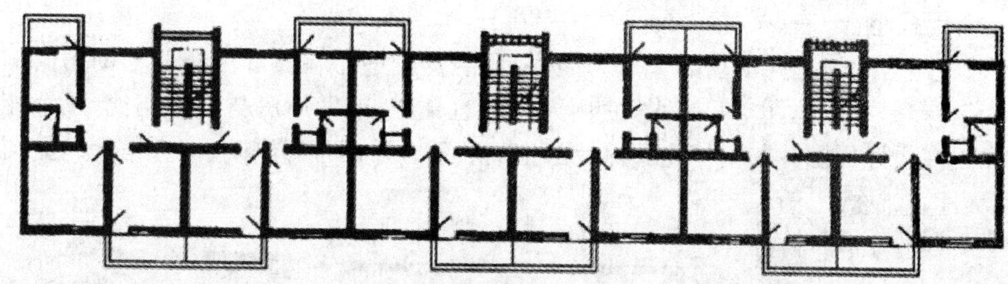

图9-34　住宅单元式组合

### 3. 套间式组合

套间式组合是用穿套的方式按一定的序列组织空间，房间与房间之间相互串联贯通，不再通过走道联系。其特点是平面布置紧凑，面积利用率高，房间之间联系方便，但各房间使用不灵活，相互干扰大。适用于展览馆、商场、火车站等建筑物。见图9-35串联式套间式组合，图9-36放射式套间式组合。

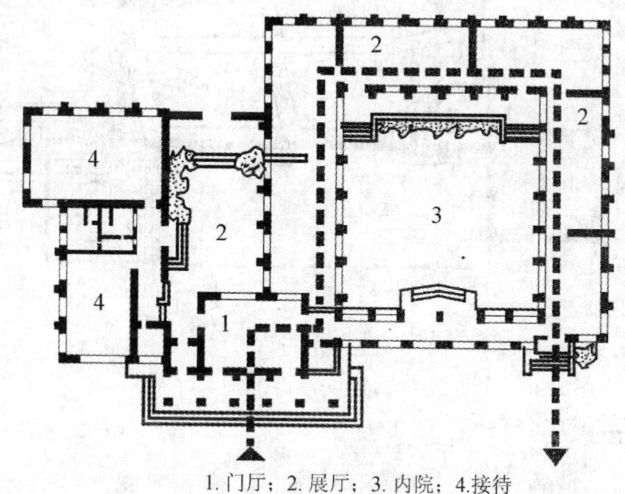


1. 门厅；2. 展厅；3. 内院；4.接待

图9-35　串联式套间式组合

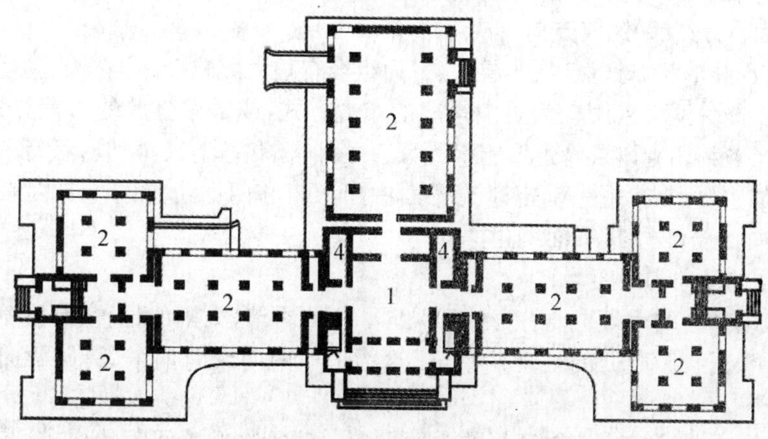


1. 门厅；2. 展厅；4.接待

图9-36　放射式套间式组合

**4. 大厅式组合**

大厅式组合是以公共活动的大厅为中心，环绕这个中心在其周围布置辅助房间的组合方式。其特点是中心大厅空间高大，使用人数多且集中，辅助用房与大厅相比，尺寸相差悬殊，常布置在大厅周围并与主体房间保持一定的联系。适用于影剧院、体育馆等。见图 9-37 影剧院大厅式组合。

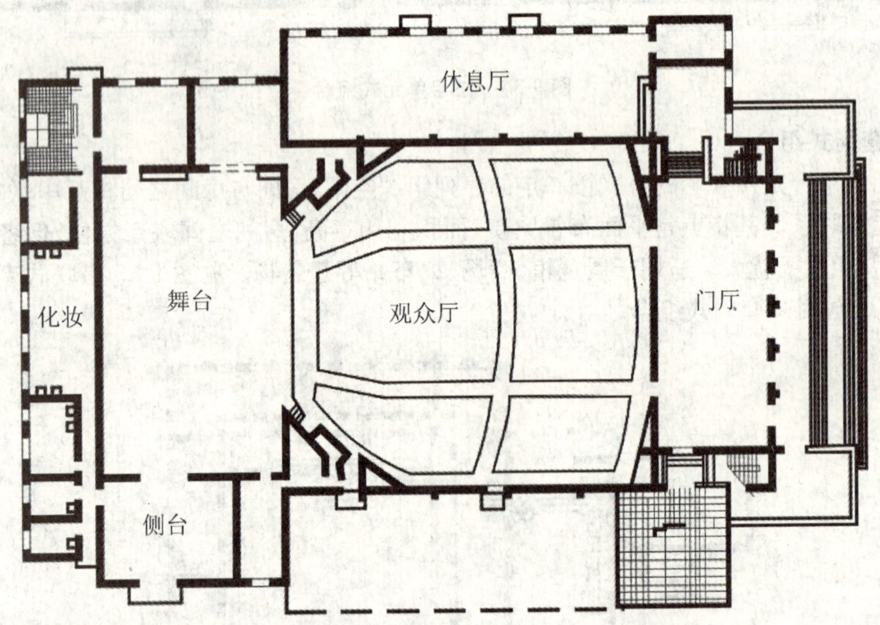


**图 9-37 影剧院大厅式组合**

## 9.3.3 任务拓展

任何建筑物都不是孤立存在的，它与周围的建筑物、道路、绿化、建筑小区等密切联系，并受到它们及其他自然条件如地形、地貌等的限制。

**1. 场地大小、形状和道路走向**

场地的大小和形状，对建筑物的层数、平面组合有很大影响。在同样能满足使用要求的情况下，建筑功能分区可采用较为集中紧凑的布置方式，或采用分散的布置方式，这方面除了和气候条件、节约用地以及管道设施等因素有关外，还和基地大小和形状有关。同时基地内人流、车流的主要走向，也是确定建筑平面中出入口和门厅位置的重要因素。见图 9-38 不同基地条件的中学教学楼平面组合。

**2. 建筑物的朝向和间距**

影响建筑物朝向的因素主要有日照和风向。不同季节，太阳的位置、高度都在发生着有规律的变化。根据我国所处的地理位置，建筑物采取南向或南偏东、南偏西向能获得良好日照。

日照间距通常是确定建筑物间距的主要因素。建筑物日照间距的要求，是使后排建筑物在底层窗台高度处，保证冬季能有一定的日照时间。房间日照时间的长短，由房间和太阳相对位置的变化关系决定，这个相对位置以太阳的高度角和方位角来表示，见图 9-39(a)，它和建筑物所在的地理纬度、建筑方位以及季节、时间有关。通常以当地冬至日正午 12 时太阳的高度角作为确定建筑物日照间距的依据，见图 9-39(b)。

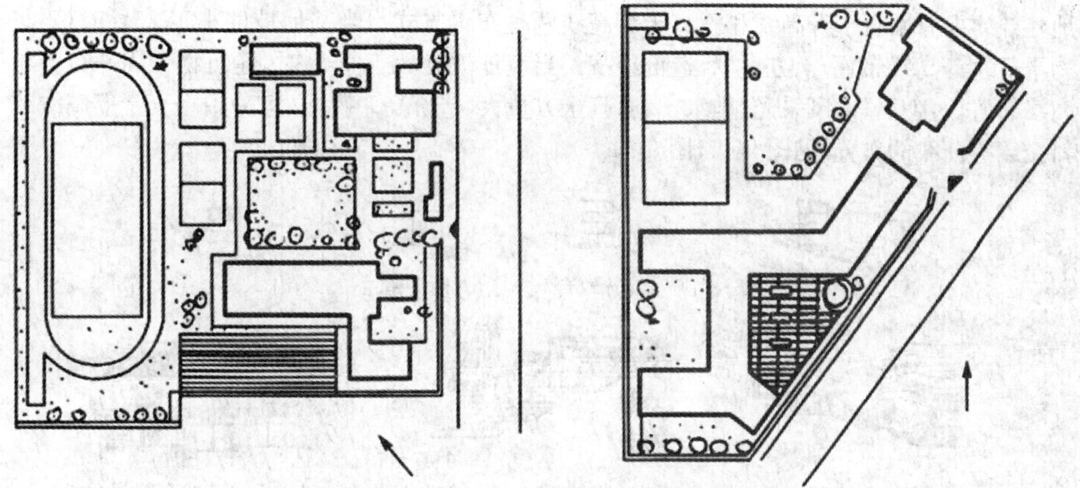

**图 9-38　不同基地条件的中学教学楼平面组合**

日照间距的计算公式为：

$$L = H/\tan\alpha$$

式中，$L$——建筑间距；

$H$——前排建筑物檐口和后排建筑物底层窗台的高差；

$\alpha$——冬至日正午的太阳高度角(当建筑物为正南向时)。

在实际建筑总平面设计中，建筑的间距，通常是结合日照间距、卫生要求和地区用地情况，作出对建筑间距 $L$ 和前排建筑高度 $H$ 比值的规定，如 $L/H$ 等于 0.8、1.2、1.5 等，$L/H$ 称为间距系数。

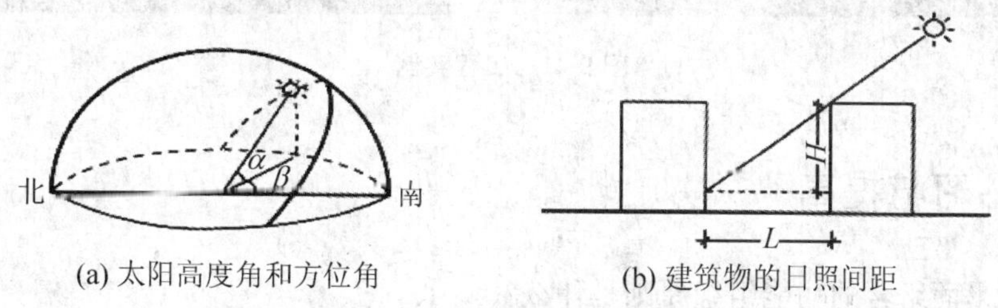


(a) 太阳高度角和方位角　(b) 建筑物的日照间距

**图 9-39　日照和建筑物的间距**

**3. 基地的地形条件**

民用建筑设计通则 GB 50352—2005 中要求建筑基地地面和道路坡度应符合下列规定：

(1) 基地地面坡度不应小于 0.2%，地面坡度大于 8%时宜分成台地，台地连接处应设挡墙或护坡。

(2) 基地机动车道的纵坡不应小于 0.2%，亦不应大于 8%，其坡长不应大于 200 m，在个别路段可不大于 11%，其坡长不应大于 80 m。

(3) 基地步行道的纵坡不应小于 0.2%，亦不应大于 8%；基地内人流活动的主要地段，应设置无障碍人行道。

山地和丘陵地区竖向设计尚需符合有关规范的规定。在坡地上进行平面组合应依山就势，充分利用地势的变化，减少土方工程量，处理好建筑朝向、道路、排水和景观等要求。坡地建筑主要有平行于等高线和垂直于等高线两种布置方式。当基地坡度小于 25%时，建筑物平行于等高线布置，土方量少，造价经济。当基地坡度大于 25%时，建筑物采用平行于等高线布置，对朝向、通风采光、排水不利，且土方量大，造价高。因此，宜采用垂直于等高线或斜交于等高线的布置，见图 9-40、图 9-41。

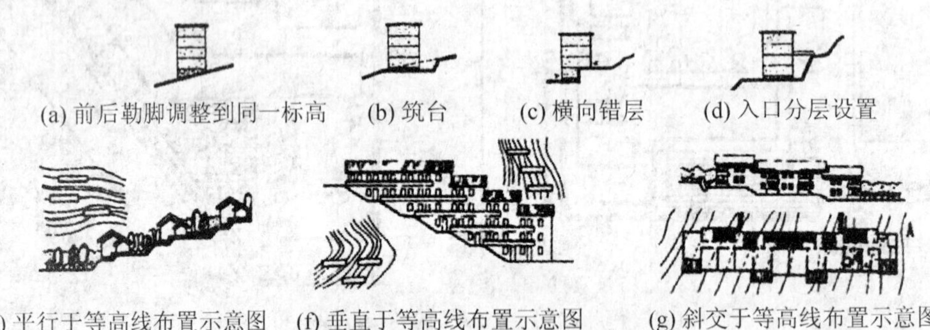


**图 9-40 建筑物的布置**

**图 9-41 工程实例**

## 9.3.4 练习与提高

1. 建筑平面组合的功能组织原则是什么？
2. 建筑平面组合的形式有哪些？各自的特点是什么？
3. 基地环境对平面组合有什么影响？
4. 建筑物如何争取好的朝向？建筑物之间的间距如何确定？

# 9.4　任务 3:建筑剖面设计

## 9.4.1　任务资讯

### 1. 建筑剖面设计要求

剖面设计的任务是确定建筑物各部分高度,建筑层数,建筑空间的组合与利用,以及建筑剖面中的结构、构造关系等。它与平面设计是从两个不同的方面来反映建筑物内部空间的关系。平面设计着重解决内部空间水平方向上的问题,而剖面设计则主要研究竖向空间的处理,两个方面同时都涉及建筑的使用功能、技术经济条件、周围环境等问题。

建筑剖面设计要根据房间的功能要求确定房间的剖面形状,同时必须考虑剖面形状与在垂直方向房屋各部分的组合关系,具体的物质技术、经济条件和空间的艺术效果等方面的影响,既要适用又要美观,才能使设计更加完善、合理。具体要求如下:

(1) 确定建筑物各部分的高度和剖面形式。

(2) 确定建筑的层数。

(3) 分析建筑空间的组合和利用。

(4) 在建筑剖面中研究有关的结构、构造关系。

## 9.4.2　任务实施

### 1. 房间的剖面形状

房间的剖面形状分为矩形和非矩形两类,大多数民用建筑均采用矩形。这是因为矩形剖面简单、规整、便于竖向空间的组合,容易获得简洁而完整的体型,同时结构简单,施工方便。非矩形剖面常用于有特殊要求的房间,见图 9-42、图 9-43 非矩形剖面形式。

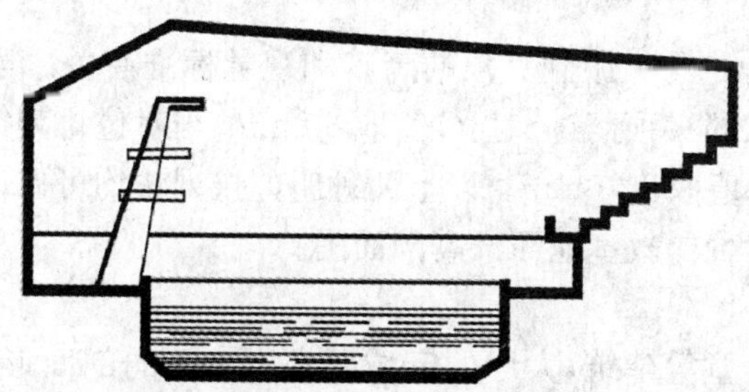

**图 9-42　非矩形剖面形式(跳水要求)**

房间的剖面形状主要是根据使用要求和特点来确定,同时也要结合具体的物质技术条件及特定的艺术构思来考虑,使之既满足使用要求又能达到一定的艺术效果。在民用建筑中,绝大多数的建筑是属于一般功能要求的,如住宅、学校、办公楼、旅馆、商店等,这类建筑房间的剖面形状多采用矩形。对于某些特殊功能(如视线、音质等)要求的房间,则应根据使用要求选择适合的剖面形状。

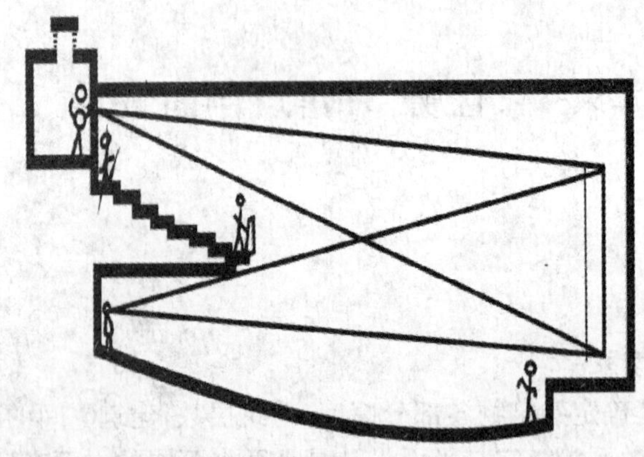

图 9-43 非矩形剖面形式(放映要求)

(1) 视线要求

有视线要求的房间主要是指影剧院的观众厅、体育馆的比赛大厅、教学楼中的阶梯教室等。这类房间除平面形状、大小应满足一定的视距、视角要求外,还要求地面有一定的坡度,以保证良好的视觉要求。在剖面设计中,为了保证良好的视觉条件,即视线无遮挡,需要将座位逐排升高,使室内地面形成一定的坡度。地面的升起坡度主要与设计视点的位置及视线升高值有关,另外,第一排座位的位置、排距等对地面的升起坡度也有影响,见图 9-44。

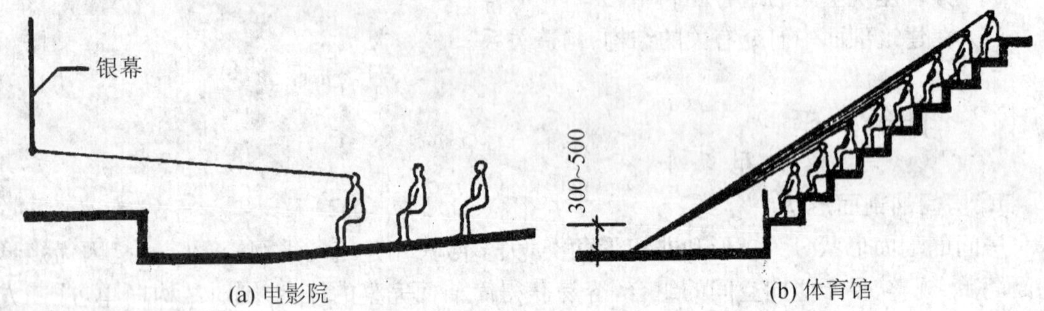


(a) 电影院 (b) 体育馆

图 9-44 设计视点与地面坡度的关系

视线升高值 $C$ 的确定与人眼到头顶的高度和视觉标准有关。当错位排列(即后排人的视线擦过前面隔一排人的头顶而过)时,$C$ 值取 60 mm;当对位排列(即后排人的视线擦过前排人的头顶而过)时,$C$ 值取 120 mm。以上两种座位排列法均可保证视线无遮挡的要求,见图 9-45,图 9-46 为中学阶梯教室地面升高剖面图。

(2) 音质要求

凡剧院、电影院、会堂等建筑,大厅的音质要求对房间的剖面形状影响很大。为保证室内声场分布均匀,防止出现空白区、回声和聚焦等现象,在剖面设计中要注意对顶棚、墙面和地面的处理。为有效地利用声能,加强各处的直达声,必须使大厅地面逐渐升高。顶棚的高度和形状是保证听得清楚、声音真实的一个重要因素。为使大厅各座位都能获得均匀的反射声,同时加强声压不足的部位,大厅的顶部剖面可以做成一定的折线形,以取得良好的音响效果,见图 9-47 观众厅的几种剖面形状示意图。

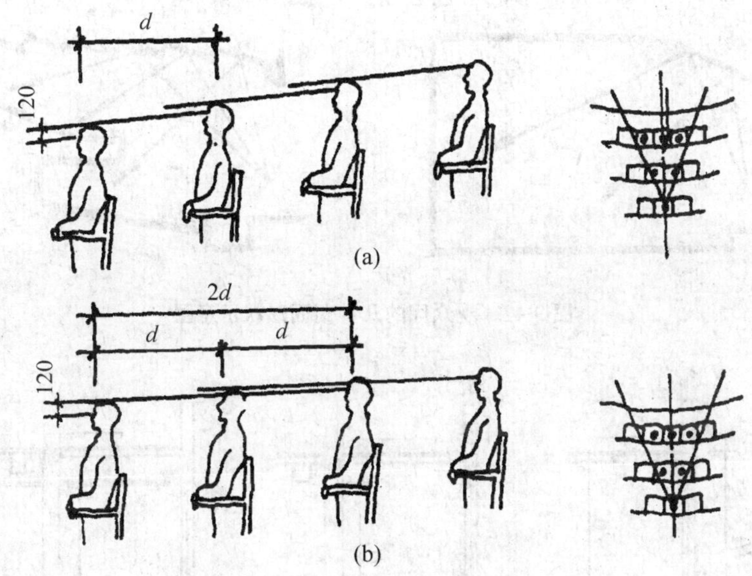

图 9-45　视觉标准与地面升起的关系

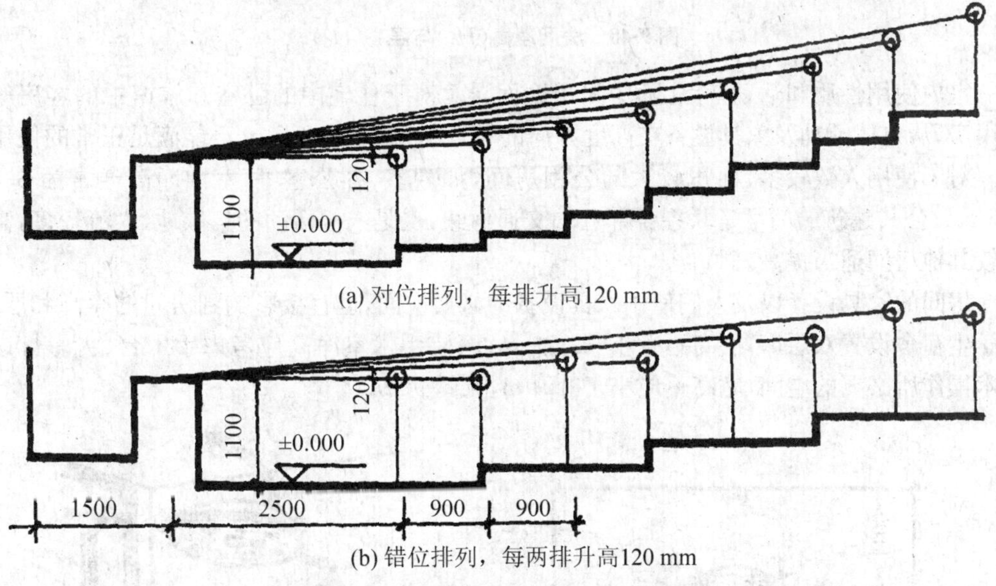

图 9-46　中学阶梯教室地面升高剖面图

**2. 房屋各部分高度的确定**

（1）房间的层高与净高

层高是建筑物各层之间以楼、地面面层计算的垂直距离，屋顶层由该层楼面面层至平屋面的结构面层或至坡顶的结构面层与外墙外皮延长线的交点计算垂直距离。室内净高是从楼、地面面层至吊顶或楼盖、屋盖底面之间的有效使用空间的垂直距离。见图 9-48。

影响房间高度的因素主要有：

① 人体活动及家具设备的使用要求

房间的净高与人体活动尺度有很大关系，一般情况下，室内最小净高应使人举手不接触到顶棚为宜。为此，房间净高应不低于 2.2 m。

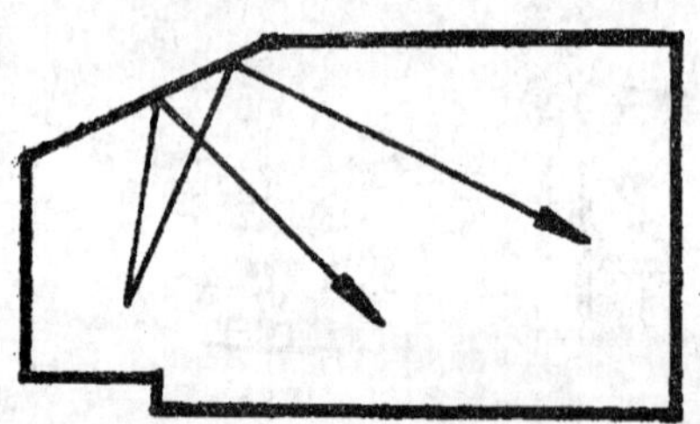

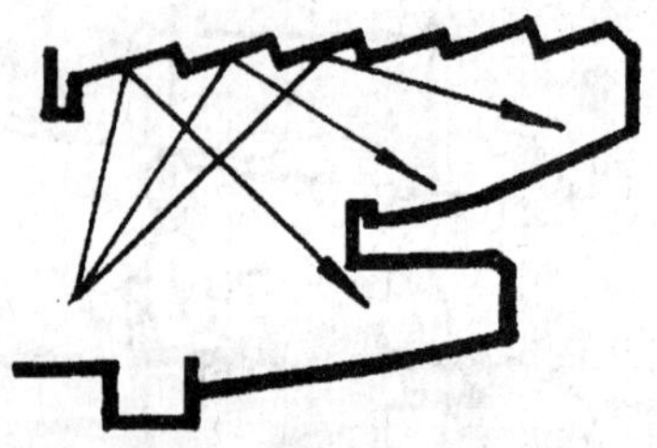

图 9-47　观众厅的几种剖面形状示意图

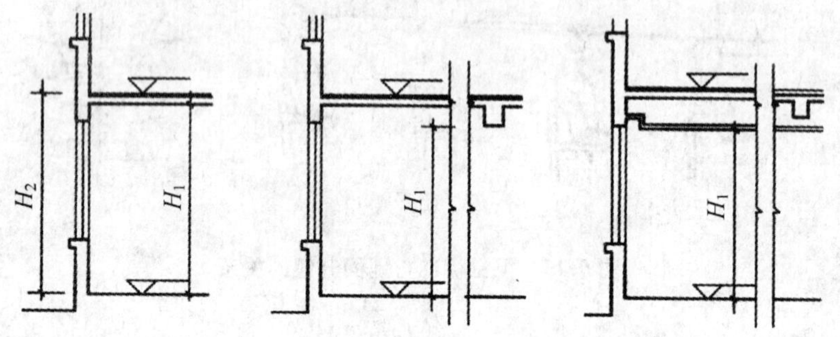


图 9-48　房间净高($H_1$)与层高($H_2$)

室内使用性质和活动特点，随房间用途而异。对于住宅中的卧室和旅馆中的客房等生活用房，从人体活动及家具设备在高度方向的布置考虑，净高 2.7 m 已能满足正常的使用要求。对于使用人数较多、面积较大的公用房间，如教室、办公室等，室内净高通常为 3.3～3.6 m。公共建筑的门厅是联系各部分的交通枢纽，也是人们活动的集散地，人流较多，高度可较其他房间适当提高。

房间的家具设备以及人们使用家具设备的必要空间，也直接影响到房间的净高和层高。如学生宿舍设置双层床，层高不宜小于 3.3 m；医院手术室净高应考虑手术台、无影灯以及手术操作所必要的空间，净高不应小于 3.0 m，见图 9-49。

图 9-49　医院手术室中照明设备和房间净高的关系

② 采光、通风要求

房间的高度应有利于天然采光和自然通风。通常房间层高越大，窗口上沿越高，光线照射深度越远。当房间采用单侧采光时，通常窗的上沿离地的高度，应大于房间进深的 1/2；当双侧采光时，房间的净高不小于总深度的1/4。

房间内的通风要求与室内进出风口在剖面上的位置有关，也与房间净高有一定的关系。潮湿和炎热地区的民用建筑，通常利用空气的气压差来组织室内穿堂风，见图9-50、图9-51。

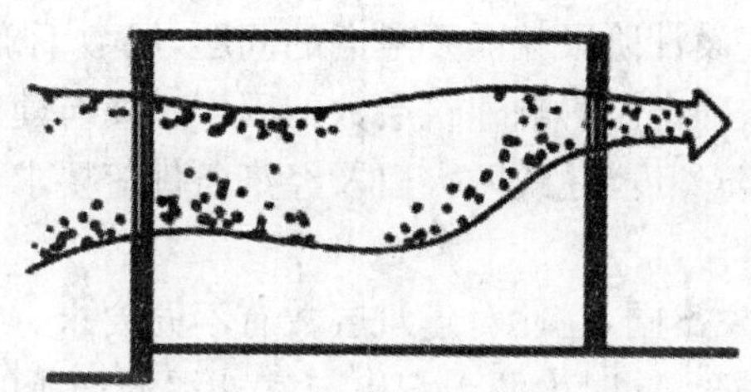

图9-50　教室进出风口的位置和通风线路示意图

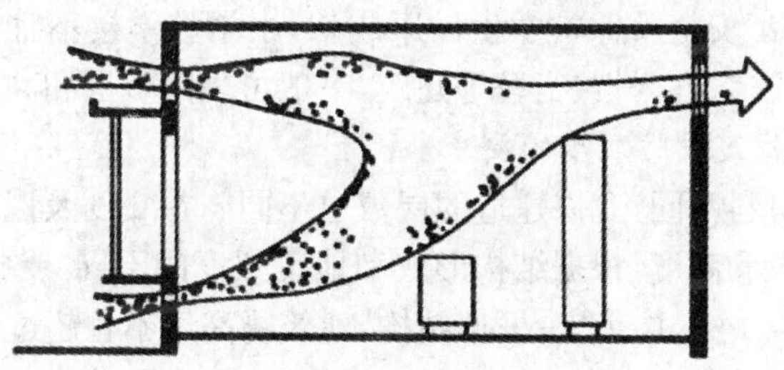

图9-51　营业厅进出风口的位置和通风线路示意图

③ 结构高度及布置方式要求

层高等于净高加上楼板层结构的高度，因此在满足房间净高要求的前提下，其层高尺寸随结构层的高度而变化，应考虑梁所占的空间高度。例如预制梁板的搭接，由于梁底下凸较多，楼板层结构厚度较大，相应房间的使用空间降低，如把矩形梁改成花篮梁，楼板结构层的厚度减少，在层高不变的情况下，提高了房间的使用空间。

④ 室内空间比例关系

室内空间宽而低通常会给人以压抑的感觉，狭而高的房间又会使人感到拘谨。一般应根据房间面积、室内顶棚的处理方式、窗洞口的比例关系等因素来考虑室内空间比例，创造出舒适、宁静的空间。

(2) 窗台的高度

窗台的高度与使用要求、人体尺度、家具尺寸及通风要求有关，通常为900～1000 mm，保证桌面上有充足的光线。

对于有特殊要求的房间，如托儿所、幼儿园，窗台高度应考虑儿童的身高及较小的家具设备，窗台高度一般为650～700 mm。

公共建筑的房间如餐厅、休息厅、娱乐活动场所、疗养院等，为使室内阳光充足和便于观赏室外景色，丰富室内空间，常将窗台做得较低，甚至采用落地窗。

(3) 室内外地面高差

民用建筑为防止室外雨水流入室内，常把室内地坪适当提高。对于公共建筑，如纪念性建筑、体育场馆、法庭等，常通过提高底层地坪，增加建筑物室外台阶的踏步，从而使建筑物显得更加宏伟庄重。

建筑设计常取底层室内地坪相对标高为±0.000，低于底层地坪为负值，高于底层地坪为正值，逐层累计。

**3. 建筑层数**

建筑层数是在建筑方案设计阶段就需要考虑的问题，层数不确定，建筑各层平面就无法布置，剖面、立面高度也无法确定。影响建筑层数的因素主要有建筑的使用要求、城市规划、结构和材料的要求、抗震设防烈度、建筑防火以及经济条件等要求。

(1) 建筑使用要求

建筑用途不同，使用对象不同，往往对建筑层数有不同要求。如托儿所、幼儿园等建筑，考虑到儿童的生理特点和安全，同时为便于室内与室外活动场所的联系，其层数不宜超过3层。医院门诊部为方便病人就诊，层数也以不超过3层为宜。影剧院、体育馆、车站等建筑物，由于人流量大，考虑人流集散方便，应以一层或低层为主。对于中小学教学楼，考虑到学生活泼好动的特点，为了安全及保护学生健康成长，小学教学楼不宜超过3层，中学教学楼不宜超过4层。对于住宅、办公楼、宿舍等建筑，一般可采用多层和高层。

(2) 结构、材料和抗震设防烈度的要求

建筑物的结构和材料不同，允许建造的层数也不同。在6度及以上抗震设防烈度地区，建筑物允许建造的层数和高度，根据结构形式和地震烈度的不同，受抗震规范的限制。如7度区，砖混结构，一般以1～6层为宜；框架结构，建筑物高度不宜超过50 m；框架—剪力墙结构，建筑物高度不宜超过120 m。

(3) 城市规划要求

位于城市主干道、广场、道路交叉口的建筑，对城市面貌影响很大，城市规划中，往往对建筑物层数有严格的要求。位于风景区的建筑，其体量和造型对周围景观有很大影响，为了保护风景区，使建筑与环境协调，一般不宜建造体量大、层数多的建筑物。如当代著名建筑设计大师贝聿铭设计的苏州博物馆，为充分尊重所在街区的历史风貌，博物馆采用地下一层、地面一层为主，主体建筑檐口高度控制在6 m之内，中央大厅和西部展厅设计了局部二层，高度16 m，未超出周边古建筑的最高点。该馆体现了“中而新、苏而新”的设计理念，追求“不高不大不突出”的设计原则，成为一座既有苏州传统建筑特色又有现代建筑艺术风格的现代化博物馆，是当今苏州的一个标志性公共建筑。

(4) 防火要求及经济条件

房屋的耐火等级不同，允许建造的层数也不同。建筑层数与工程造价的关系很密切。一般情况下，5～6层砖混结构的建筑物较经济，但如果综合考虑征地、搬迁、小区建设及市政设施等投资费用，10～12层也可能是比较经济合理的层数。

### 9.4.3 任务拓展

**1. 建筑空间的组合和利用**

(1) 建筑空间的组合

① 高度相同或相近的房间组合

在进行建筑的空间组合时，应把剖面高度相同、使用功能相近的房间组合在一起。高度比较接近、使用功能相近、关系密切的房间，从结构、施工及经济的角度考虑，应尽量调整房间的层高，统一高度，使之有条件组合在一起。有的建筑由于功能分区的要求，功能不同的房间在平面组合时就分区布置，而且房间剖面高度要求又不相同，可以通过在走廊设置踏步的办法解决两个功能区的高差问题。例如中学教学楼，由于规范要求教室及实验室最小净高为 3.40 m，办公室最小净高为 2.80 m，为解决同层的高差问题，在办公区走廊内设置若干踏步，使交通联系得以实现。

② 高度相差较大房间的组合

当建筑为单层时，可以采用不同高度的屋顶来解决空间组合的问题。对于体育馆、影剧院等建筑，由于观众厅的剖面高度与休息厅、办公室、卫生间等辅助房间高度相差较大，一般利用看台起坡下的空间布置辅助房间。

当基地条件允许时，可以把剖面高度和平面尺度较大的房间布置在主体建筑的周边，形成裙房。如宾馆和教学楼通常使用这种组合方式。

③ 门厅的空间组合问题

在许多建筑中，门厅是空间尺度较大的房间，而且需要设在建筑首层。为了使门厅的空间比例合适，就需要加大门厅的层高。如果建筑首层其他房间面积较小的话，就会使这些房间空间比例失调。为了解决这个问题，可以采取降低门厅地坪标高，使门厅净高增加的办法；也可以把门厅的高度扩展至二层，不过需要解决好二层的交通问题；也可把门厅贴建在主体建筑之外，见图 9-52 门厅的空间处理。

**图 9-52　门厅的空间处理**

(2) 建筑空间的利用

充分利用建筑物内部的空间，实际上是在建筑占地面积和平面布置基本不变的情况下，起到了扩大使用面积、节约投资的效果。同时，如果处理得当可以改善室内空间比例，丰富室内空间。建筑空间的利用要遵循因地制宜、灵活多变、积少成多、不破坏整体空间效果的原则。

① 夹层空间的利用

某些建筑由于功能要求其主体空间与辅助空间在面积和层高要求方面相差较大，如体育馆比赛大厅、图书馆、阅览室、宾馆大厅等，常采用在大厅周围布置夹层空间的方式，来达到充分利用室内空间及丰富室内空间效果的目的，见图 9-53 夹层空间的利用。

② 房间内的空间利用

在人们室内活动和家具设备布置等必需的空间范围以外，可以充分利用房间内其余部分的空间，如住宅建筑卧室中的搁板、吊柜，厨房中的储藏柜等，如图 9-54 所示。

③ 走道及楼梯间的空间利用

由于建筑物整体结构布置的需要，建筑物中的走道，通常和层高较高的房间高度相同，这时走道顶部可以作为设置通风、照明设备和铺设管线的空间。一般建筑物中，楼梯间的底部和顶部，通常都有可以利用的空间，当楼梯间底层平台下不过人时，平台以下的空间可作储藏室或卫生间等辅助房间，如图 9-55 所示。

图 9-53　夹层空间的利用

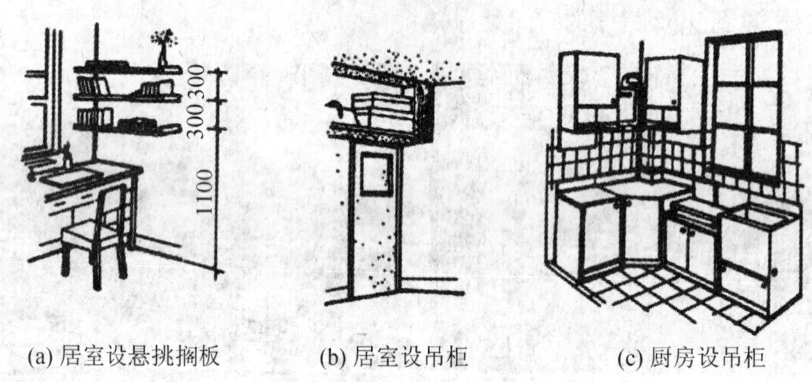


(a) 居室设悬挑搁板　(b) 居室设吊柜　(c) 厨房设吊柜

图 9-54　房间内的空间利用

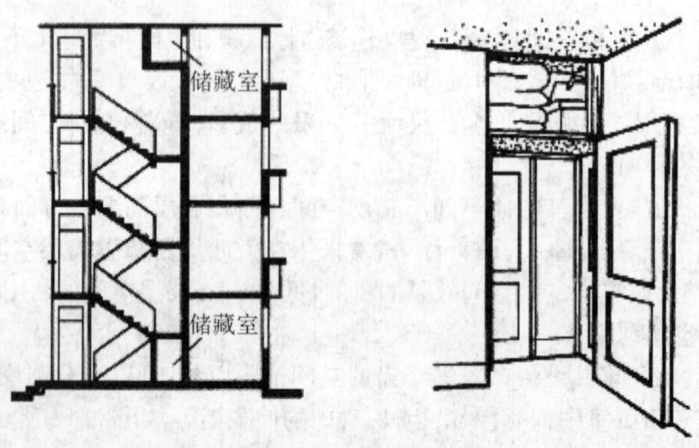


图 9-55　走道及楼梯间的空间利用

### 9.4.4　练习与提高

1. 如何确定房间的剖面形状？
2. 什么是层高、净高？确定层高和净高应考虑哪些因素？
3. 确定建筑物的层数应考虑哪些因素？
4. 建筑空间组合有哪几种处理方式？试举例说明。
5. 建筑空间的利用有哪些处理手法？

## 9.5　任务 4:建筑体型与立面设计

### 9.5.1　任务资讯

建筑的体型和立面是建筑形象的具体体现，建筑的外观形象应当体现建筑特性和时代感，还要与室内空间、结构及材料特性相适应。建筑体型与立面设计，不等于房屋内部空间组合的直接表现，它必须符合建筑造型和立面构图方面的规律性，如均衡、韵律、对比、统一等，把适用、经济、美观三者有机地结合起来。建筑艺术问题涉及的知识较多，以下就建筑体型与立面设计的基本要求做简单介绍。

**1. 反映建筑功能和建筑类型的特征**

建筑的体型和立面应是建筑功能在建筑外观上的具体反映，因此不同类型的建筑其外观形象也不相同。设计者可充分利用这种特点，使不同类型的建筑各具独特的个性特征，如住宅建筑开窗面积小、间距小、阳台及楼梯间数量多，建筑进深小；影剧院建筑占地面积大、入口尺寸大、标志性强，见图 9-56 使用功能对建筑体型和外观的影响。

**2. 符合材料性能、结构、构造和施工技术的特点**

由于建筑物内部空间组合和外部形体的构成，只能通过一定的物质技术手段来实现，所以建筑物的形体和所用材料、结构形式以及采用的施工技术、构造措施关系极为密切。同时随着建筑材料的改进和施工技术的发展，建筑结构形式产生了飞跃性的进步。如混合结构建筑体型比较规则，立面相对封闭和稳重。框架结构建筑立面相对轻巧、明快。空间结构建筑的屋顶变化丰富，立面个性鲜明。见图 9-57 结构、材料和施工方法对建筑形象的影响。

**3. 符合国家建筑标准和相应的经济指标**

各种不同类型的建筑物，根据其使用性质和规模，必须严格把握国家规定的建筑标准和相应的经济指标。在建筑标准、所用材料、造型要求和外观装饰等方面要区别对待，防止片面强调建筑的艺术性而忽略建筑设计的经济性。应在合理满足使用要求的前提下，用较少的投资建造美观、简洁、朴素、大方的建筑物。

**4. 适应基地环境和城市规划要求**

任何一幢建筑都处于一定的外部环境之中，它是构成该处景观的重要因素。建筑外形不可避免地要受外部空间的制约，建筑和立面设计要与所在地区的地形、气候、道路以及原有建筑物等基地环境相协调，同时也要满足城市总体规划的要求。见图 9-58 基地环境对建筑形象的影响。

(a) 影剧院建筑

(b) 城市住宅建筑

(c) 商业建筑

**图 9-56 使用功能对建筑体型和外观的影响**

**图 9-57 结构、材料和施工方法对建筑形象的影响**

**图 9-58　基地环境对建筑形象的影响**

## 9.5.2　任务实施

### 1. 建筑造型设计规律

在建筑设计中，除了满足功能、技术经济条件以及总体规划和基地环境等方面的要求外，还要符合一些美学法则。多样统一，既是建筑艺术形式的普遍法则，同样也是建筑创作中的重要原则。达到多样统一的手段是多方面的，如对比、主从、韵律、重点等形式美的规律。

建筑物是由各种不同用途的空间组成的，它们的形状、大小、色彩、质感等各不相同，这些客观存在着的千差万别的因素，是构成建筑形式美多样变化的物质基础。然而，它们之间又有一定的内在联系，诸如结构、设备的系统性与功能、美观要求的一致性等。这些又是建筑艺术形式能够达到统一的内在依据。所以，建筑设计要求在建筑空间组合中，结合一定的创作意境，巧妙地运用这些内在因素的差别性和一致性，加以有规律、有节奏的处理，使建筑的艺术形式达到多样统一的效果。规律的形成是人们通过较长时期的实践，反复总结得出的，如统一与变化、对比与微差、均衡与稳定、比例与尺度、视觉与视差等设计规律。设计人员在建筑创作中，应善于运用这些形式美的构图规律完美地体现出一定的设计意图和艺术构思。

(1) 简单与统一

古代一些艺术学家认为简单的几何形状可以给人以美感，他们特别推崇棱柱、棱锥、球等几何形体，认为几何形体具有抽象的一致性。一些杰出的建筑如圣彼得大教堂(图 9-59)、埃及的金字塔(图 9-60)、法国卢浮宫(图 9-61)、天津奥运场馆——水滴(图 9-62)，均因采用简单的几何形状构图达到了高度完整、统一的境地。

(2) 主从与重点

在由若干要素组成的整体中，每一要素在整体中所占的比重和所处的地位，都会影响到整体的统一性。倘使所有要素都竞相突出自己，或处于同等重要的地位，不分主次，将会削弱整体的完整统一性。在一个有机统一的整体中，各组成部分应当有主与从的差别；有重点与一般的差别；有核心与外围组织的差别。

在建筑设计中，主从处理采用左右对称构图形式的建筑较为普遍，对称的构图形式通常呈一主两从的关系，主体部分位于中央，不仅地位突出，而且可以借助两翼部分次要要素的对比、衬托，从而形成主从关系异常分明的有机统一整体，见图 9-63。

图 9-59 圣彼得大教堂

图 9-60 埃及金字塔

图 9-61 法国卢浮宫

图 9-62 天津奥运场馆——水滴

近现代建筑,由于功能日趋复杂或受地形条件的限制,多采用一主一从的形式使次要部分从一侧依附于主体。还可采用突出重点的方法来体现主从关系。所谓突出重点就是指在设计中充分利用功能特点,有意识地突出其中的某个部分并以此为重点,而使其他部分明显地处于从属地位,这也同样可以达到主从分明、完整统一的要求,见图 9-64。

(3) 均衡与稳定

存在决定意识,也决定着人们的审美观念。在古代人们崇拜重力,并从与重力作斗争的过程中逐渐地形成了一整套与重力有联系的审美观念,这就是均衡与稳定。以静态均衡来讲,有两种基本形式:一种是对称的形式,如我国的革命历史博物馆(图 9-65)和印度泰姬陵(图 9-66);另一种是非对称的形式,如美国的古根海姆美术馆(图 9-67)。对称的形式天然就是均衡的,加之它本身又体现出一种严格的制约关系,因而具有一种完整统一性。尽管对称的形式本身就是均衡的,但是人们并不满足于这一种均衡形式,进而期望用不对称的形式来体现均衡。不对称形式的均衡虽然相互之间的制约关系不像对称形式那样明显、严格,但要保持均衡本身也就是一种制约关系。而且与对称形式的均衡相比,不对称形式的均衡显得要轻巧活泼得多。

图 9-63　一主二从构图形式

图 9-64　一主一从构图形式

图 9-65　北京革命历史博物馆

图 9-66　印度泰姬陵

图 9-67　美国古根海姆美术馆

除静态均衡外，还有依靠运动来求得平衡的，这种形式的均衡称为动态均衡。如美国肯尼迪国际机场 TWA 航站楼(图 9-68)似大鸟展翅的形体，表现出建筑形体的稳定感与动态感的高度统一，这是静中求动的建筑形式美。

和均衡相联的是稳定。如果说均衡所涉及的主要是建筑构图中各要素左与右、前与后之间相对轻重关系的处理，那么稳定所涉及的则是建筑物整体上下之间的轻重关系处理，这一点在多功能超高层现代建筑中得以体现，如深圳国际贸易中心大厦(图 9-69)。

图 9-68 美国肯尼迪国际机场

图 9-69 深圳国际贸易中心大厦

(4) 对比与微差

对比指的是要素之间显著的差异，微差指的是不显著的差异。就形式美而言，这两者都是不可缺少的。对比可以借彼此之间的烘托陪衬来突出各自的特点以求得变化；微差则可以借相互之间的共同性以求得和谐。没有对比会使人感到单调，过分地强调对比以至失去了相互之间的协调一致性，则可能造成混乱，只有把这两者巧妙地结合在一起，才能达到既有变化又有和谐一致，既多样又统一。

对比和微差只限于同一性质的差异之间，如大与小、直与曲、虚与实，以及不同形状、色调、质地等。在建筑设计领域中，无论是整体还是局部，单体还是群体，内部空间还是外部形体，为了求得统一和变化，都离不开对比与微差手法的运用，如巴西国会大厦(图 9-70)、香港中银大厦(图 9-71)。

图 9-70 巴西国会大厦

图 9-71 香港中银大厦

(5) 韵律与节奏

建筑的形体处理，还存在着节奏与韵律的问题。所谓韵律，常指建筑构图中的有组织的变化和有规律的重复，使变化与重复形成有节奏的韵律感，从而可以给人以美的感受。在建筑中，常用的韵律手法有连续韵律、渐变韵律、起伏韵律、交错韵律等。

① 连续韵律

指在建筑构图中，由一种或几种组成部分的连续运用和有组织排列所产生的韵律感、节奏感。如图 9-72 所示。

**图 9-72　连续韵律的处理**

② 渐变韵律

这种韵律的构图特点是：常将某些组成部分，如体量的高低、大小，色彩的冷暖、浓淡，质感的粗细、轻重等，作有规律的增减，以造成统一和谐的韵律感。例如我国古代塔身的变化(图 9-73(a))，就是运用相似的每层檐部与墙身的重复与变化而形成渐变韵律，使人感到既和谐统一又富于变化。现代建筑中的韵律处理，如广东奥林匹克中心顶部薄壳的曲线变化(图 9-73(b))，其中有连续的韵律及彼此相似渐变的韵律，给人以新颖感和时代感。

(a) 中国古代塔身的韵律处理

(b) 现代建筑的韵律处理

**图 9-73　渐变韵律的处理**

③ 起伏韵律

是将某些组成部分作有规律的增减变化形成韵律感。它与渐变韵律有所不同，是在形体处理中，更加强调某一因素的变化，使组合或细部处理高低错落，起伏生动。如图 9-74 所示的悉尼歌剧院，整个轮廓逐渐向上起伏，因而增加了建筑形体及街景面貌的表现力。

**图 9-74 起伏韵律的处理**

④ 交错韵律

是在建筑构图中，运用各种造型因素，如体型的大小，空间的虚实，细部的疏密等手法，作有规律的纵横交错、相互穿插的处理，形成一种丰富的韵律感。如图 9-75 所示的西班牙巴塞罗那博览会德国馆，无论是空间布局、形体组合，还是在运用交错韵律而取得的丰富空间上都是非常突出的。

**图 9-75 交错韵律的处理**

**2. 建筑立面设计**

建筑立面是建筑各个墙面的外观形象。立面设计要结合建筑体型、内部空间、使用功能和技术经济条件综合考虑。墙面、外露构件、门窗、阳台、檐口、勒脚、台阶及装饰线等是建筑立面的主要组成部分。立面设计的任务就是合理地确定这些部件的形状、色彩、尺度、排列方式、比例和质感。通过形的变换、面的虚实对比、线的方向变化，获得外形的统一与变化，内部空间与外形的协调统一。

在建筑立面设计时不能孤立地处理某个面，必须注意几个面的相互协调和相邻面的衔接以取得统一。建筑造型是一种空间艺术，研究立面造型不能只局限在立面的尺寸大小和形状，应考虑到建筑空间的透视效果。建筑立面设计的处理方法主要有：

(1) 比例与尺度

立面比例与尺度的处理是与建筑功能、材料性能和结构类型分不开的，由于使用性质、容纳人数、空间大小、层高等不同，形成了全然不同的比例和尺度关系。通常抽象的几何形状以及若干几何形状之间的组合，处理得当就可获得良好的比例而易于为人们所接受。在建筑的外观上，矩形最为常见，建筑物的轮廓、门窗和开间等都形成不同的矩形，如果这些矩形的对角线有某种平行、垂直、重合的关系，将有助于形成和谐的比例关系。以对角线相互重合、垂直及平行的方法，使窗与窗、窗与墙之间保持相同的比例关系。

(2) 虚实与凹凸

建筑立面中"虚"的部分是指窗、空廊、凹廊等，给人以轻巧、通透的感觉；"实"的部分主要是指墙、柱、屋面、栏板等，给人以厚重、封闭的感觉。巧妙地处理建筑外观的虚实关系，可以获得轻巧生动、坚实有力的外观形象。以虚为主、虚多实少的处理手法能获得轻巧、开朗的效果。以实为主、实多虚少的处理手法能产生稳定、庄严、雄伟的效果。虚实相当的处理容易给人以单调、呆板的感觉。在功能允许的条件下，可以适当将虚的部分和实的部分集中，使建筑物产生一定的变化，见图9-76。

(a) "实"的效果

(b) "虚"的效果

**图9-76　立面虚实处理**

由于功能和构造上的需要，建筑外立面上常有一些凹凸部分。凸的部分一般有阳台、雨篷、遮阳板、挑檐、凸柱、突出的楼梯间等。凹的部分有凹廊、门洞等。通过凹凸关系的处理可以加强光影变化，增强建筑物的体积感，丰富立面效果。

(3) 线条处理

任何线条本身都具有一种特殊的表现力和多种造型的功能。从方向变化来看，垂直线条具有挺拔、高耸、向上的气氛。水平线条使人感到舒展与连续、宁静与亲切。斜线具有动态的感觉。网格线有丰富的图案效果，给人以生动、活泼而有秩序的感觉。从粗细、曲直变化来看，粗线条表现厚重、有力，细线条具有精致、柔和的效果；直线表现刚强、坚定，曲线则显得优雅、轻盈。

建筑立面上客观存在着各种线条，如立柱、墙垛、窗台、遮阳板、檐口、通长的栏板、窗间墙、分格线等，对之进行适当的处理，可以获得良好的效果，见图9-77。

(4) 色彩与质感

建筑外形色彩设计包括大面积墙面基调色的选用和墙面上不同色彩的构图，设计中应注意色彩处理必须和谐统一且富有变化，在用色上可以大面积基调色为主，局部运用其他色彩形成对比而突出重点。色彩的运用必须与建筑物性质相一致、与环境相呼应。基调色的选择应结合各地的气候特征。寒冷地区宜采用暖色调，炎热地区多偏于采用冷色调。

不同的色彩具有不同的表现力，给人以不同的感受。以浅色为基调的建筑给人以明快清新的感觉，深色显得稳重，橙、黄等暖色调使人感到热烈、兴奋，青、蓝、紫、绿等色使人感到宁静。运用不同色彩的处理,可以表现出不同建筑的性格、地方特点及民族风格。

(a) 垂直线条

(b) 水平线条

(c) 网格线条

(d) 斜向线条

**图 9-77　立面线条处理**

建筑立面由于材料的质感不同,也会给人以不同的感觉。如天然石材和砖的质地粗糙,具有厚重及坚固感;金属及光滑的表面感觉轻巧、细腻。立面设计中常常利用质感的处理来增强建筑物的表现力,见图 9-78。

**图 9-78　色彩与质感的处理**

(5) 重点与细部

根据功能和造型需要,在建筑物某些局部位置进行重点和细部处理,可以突出主体,打破单调感。立面的重点处理常常是通过对比手法取得的。建筑物重点处理的部位有:

① 建筑物的主要出入口及楼梯间等人流最多的部位。

② 根据建筑造型上的特点,重点表现有特征的部分,如体量中转折、转角、立面的突出部分及上部结束部分,如车站钟楼、商店橱窗、房屋檐口等,见图 9-79。

**图 9-79　重点与细部的处理**

③ 为了使建筑统一中有变化，避免单调以达到一定的美观要求，也常对反映该建筑性格的重要部位，如住宅阳台、长廊，公共建筑中的柱头、檐口等部位进行处理，见图 9-77。

在立面设计中，对于体量较小或人们接近时才能看得清的部分，如墙面勒脚、花格、漏窗、檐口细部、窗套、栏杆、遮阳板、雨篷、花台及其他细部装饰等的处理称为细部处理。细部处理必须从整体出发，接近人体的细部应充分发挥材料色泽、纹理、质感和光泽度的美感作用。对于位置较高的细部，一般应着重于总体轮廓和注意色彩、线条等大效果，而不宜刻画得过于细腻。

## 9.5.3　任务拓展

### 建筑体型的组合方式

建筑体型是建筑内部功能的具体体现，也是建筑外观形式形象优劣的基础条件，美的建筑立面必须有好的建筑体型作保障。

建筑体型的变化较多，从简单的六面体、圆柱体到复杂的多面体，在建筑的体型上都有体现。总的来说，建筑的体型可分为对称体型和非对称体型。对称体型具有明确的中轴线，组合体的主次关系明确。对称体型给人以庄严、稳重和完整的感觉。非对称体型没有明显的中轴线，组合体灵活自由，易于与使用功能紧密结合。非对称体型给人以轻巧、活泼、舒展的感觉。如图 9-80、图 9-81 所示。

**图 9-80　对称体型**

图 9-81 非对称体型

在特定的地形或位置条件下，如丁字路口、十字路口或任意角度的转角地带布置建筑物时，如果能够结合地形巧妙地进行转折与转角处理，不仅可以扩大组合的灵活性以适应地形的变化，而且可以使建筑物显得更加完整统一。

转折主要是建筑物顺道路或地形的变化作曲折变化。这种形式的临街部分实际上是长方形平面的简单变形和延伸，具有简洁顺畅、自然大方、完整统一的外观形象。根据功能和造型的需要，转角地带的建筑体型常采用主附体相结合，以附体陪衬主体，主从分明的方式。也可采取局部体量升温以形成塔楼的形式，以塔楼控制整个建筑物及周围道路，使交叉口、主要入口更加醒目。见图 9-82。

图 9-82 转角处建筑体型的处理

复杂体型中各体量的大小、高低、形状各不相同，如果连续不当，不仅影响到体型的完整，而且会直接损害到使用功能和结构的合理性。组合设计中常采取直接连接、咬接、走廊连接和以连接体连接等方式。

直接连接：在体型组合中，将不同体量的面直接相连。该连接方式具有体型分明、简洁、整体性强的特点，常用于功能要求各房间联系紧密的建筑，见图 9-83。

图 9-83 直接连接

咬接:各体量之间相互穿插,体型较复杂,但组合紧凑,整体性强,易于获得有机整体的效果,是组合设计中较为常见的方式,见图 9-84。

图 9-84 咬接

走廊连接和以连接体连接:各体量之间相对独立而又互相联系,走廊的开敞或封闭、单层或多层,常随不同功能、地区特点、创作意图而定,建筑给人以轻快、舒展的感觉,见图 9-85。

图 9-85 走廊连接和以连接体连接

## 9.5.4 练习与提高

1. 建筑立面的重点处理通常采用(　)方法。

A. 韵律　B. 对比　C. 统一　D. 均衡

2. 建筑立面中的(　)可作为尺度标准,建筑整体和局部通过与它相比较,可获得一定的尺度感。

A. 台阶　B. 窗　C. 雨篷　D. 窗间墙

3. 亲切的尺度是指建筑物给人的大小感觉(　)其真实大小。

A. 等于　B. 小于　C. 小于或等于　D. 大于

4. 根据建筑功能要求,(　)的立面适合采用以虚为主的处理手法。

A. 电影院　B. 体育馆　C. 博物馆　D. 纪念馆

5. 影响体型及立面设计的因素有哪些?

6. 建筑造型设计的规律主要有哪些?

7. 建筑立面设计的处理手法主要有哪些?

8. 建筑体型组合中各体量之间的连接方式主要有哪几种?各有什么特点?

# 学习情境 10　设计实例

## 10.1　学习情境描述

### 10.1.1　学习目标

完成本学习情境后，你应当能：

(1) 掌握建筑设计方案的确定。

(2) 解决功能布置和结构选择。

(3) 绘制建筑平面、立面、剖面图。

### 10.1.2　学习任务

具体学习任务与任务驱动，如表 10-1 所示。

**表 10-1　学习任务与任务驱动**

| 序　号 | 学习任务 | 任　务　驱　动 |
| --- | --- | --- |
| 1 | 住宅楼建筑设计 | (1) 参观小区住宅楼，分析满足其使用功能的处理方法。<br>(2) 识读住宅楼建筑施工图。<br>(3) 熟悉住宅楼设计规范及设计任务书，确定设计方案，绘制建筑施工图 |
| 2 | 中学教学楼建筑设计 | (1) 参观教学楼，分析满足其使用功能的处理方法。<br>(2) 识读教学楼建筑施工图。<br>(3) 熟悉教学楼设计规范及设计任务书，确定设计方案，绘制建筑施工图 |
| 3 | 实验楼建筑设计 | (1) 参观实验楼，分析满足其使用功能的处理方法。<br>(2) 识读实验楼房屋建筑施工图。<br>(3) 熟悉实验楼设计任务书，确定设计方案，绘制建筑施工图 |

# 10.2 任务1:住宅楼建筑设计

## 10.2.1 任务资讯

建筑设计由方案设计和施工图绘制两个阶段组成,每个阶段的内容和重点都不同。方案设计主要是了解设计任务的要求,查找资料,解决功能布置和结构选择;施工图绘制是选择构造方案,解决结构设计与建筑设计方案之间的矛盾,并绘制较完整的平、立、剖图,为结构设计提供计算依据。

**1. 建筑设计的前期准备**

房屋建造是一个复杂的生产过程,在施工前必须综合考虑各种因素,编制出一整套设计施工图纸和文件,用于指导施工,并在房屋建成后,作为正常使用、维护维修的完整资料。因此,做好设计前的准备工作,划分必要的设计阶段,对房屋建造和使用是十分必要的。

(1) 编制设计任务书

建设单位(甲方)根据使用要求提出设计委托并编制设计任务书,包括以下内容:

① 拟建建筑物的名称、建造目的、性质及使用要求。

② 拟建建筑物的规模、具体使用要求以及各类房间的面积分配,包括建筑面积、层数等。

③ 拟建建筑物基地范围、大小、形状、自然地形;周围原有建筑、道路、环境的形状,并附基地平面图(含道路和建筑红线图)。

④ 对建筑设计的特殊要求。

⑤ 建筑设计的完成期限和图纸要求。

当建设单位对专业知识不了解,或者可行性研究不深入,提供的设计任务书内容不能满足设计要求时,设计者可与建设单位共同编制一个完整的任务书,以满足设计的需要。

(2) 收集设计资料

设计人员在熟悉任务书后,应要求建设单位提供相关设计数据和设计资料。具体包括:

① 地质水文资料:拟建场地的地质报告和抗震设防烈度等。

② 气象资料:所在地区的温度、湿度、日照、雨雪、主导风向和风速以及冻土深度等。

③ 设备管线资料:建筑基地给排水、电缆、电信、市政供暖、供气等管线的布置情况及规划的发展性。

④ 与设计项目有关的国家及所在地区的具体规定。如环境影响评估报告、规划日照间距、限高、容积率等。

**2. 民用建筑设计的基本原则**

建筑物类型有许多种,都需要遵守一些基本原则,即建筑设计规范。如《民用建筑设计通则》、《建筑设计防火规范》、《城市道路和建筑物无障碍设计规范》、《公共建筑节能设计标准》等。

**3. 建筑设计的几个阶段**

(1) 方案设计

方案设计是建筑设计的第一阶段，是在前期准备工作的基础上，合理布置总平面，组合内部使用功能，选择结构方案，确定房间高度，构思建筑体型及立面形象。

① 建筑平面设计

建筑平面设计由使用部分和交通联系部分组成。

使用部分的房间又分为主要使用房间和辅助房间。住宅、宿舍中的起居室、卧室，旅馆、招待所中的客房、餐厅，教学楼里的教室、实验室，办公楼里的办公室，医院建筑的病房、手术室等属于主要使用房间，设计时应考虑有较好的朝向和采光与通风，并布置室内各种活动空间与家具。

属于辅助活动用房的卫生间，由于上下管道多，平面布置应尽量集中，与主要房间既要联系方便，又要适当隔离和隐蔽，而且采光、通风要好。属于服务供应用的厨房、设备机房等应按工艺过程、操作要求及设备情况进行设计。有贮藏功能的衣帽间、贮藏室等房间，应满足贮藏需要及物品进出方便的要求。

建筑物交通联系部分的设计不仅关系到建筑物内部联系通行是否方便，而且直接影响工程造价、平面组合方式等。交通联系部分应做到路线简洁明确，利于疏散，在节约面积的同时兼顾空间的造型处理等。

② 建筑平面的组合设计

平面组合设计要考虑基地的大小、形状、地势、周围道路的走向以及建筑物的间距和朝向，并兼顾建筑艺术形象。

建筑物的各个使用空间应根据使用性质及联系的紧密程度进行分组、分区，设计中可以借助功能分析处理。

要注意功能布局与结构布置的关系。框架结构的柱网尺寸应和主要使用房间的尺寸相对应，面积较大、层高较高、跨度较大的房间可采用各种形式的空间结构体系。

注意变形缝处的结构布置方式，特别是沉降缝处。由于沉降缝是从基础底面断开，所以上部结构要考虑两侧基础之间足够的间距。

③ 建筑剖面设计

建筑剖面反映的是建筑物在垂直方向上各部分的结构、空间组合关系，剖面设计需要确定建筑层数，建筑物各部分的高度及不同结构、不同体量建筑空间的组合关系。

④ 建筑立面设计

根据初步确定的房屋平、剖面组合关系，绘出建筑各个方向立面的基本轮廓。推敲立面各部分的比例关系和材质对比，调整墙面处理和门窗布置，使符合建筑形式美的原则。对入口、雨篷、建筑装饰等进行细部处理。特别要注意门窗、幕墙的分格，既要美观，又要按照材料规格和采光通风要求设计。

(2) 施工图绘制

建筑施工图包括图纸目录、门窗表、设计说明、总平面图、各层平面图、立面图、剖面图以及构造详图。

图纸目录：施工图名称、图号及所选用标准图集的名称及编号。

门窗表：门窗编号、洞口尺寸、樘数等。

总平面图：图中应详细标明基地内建筑物、道路、设施等所在具体位置的尺寸、标高，并附必要的说明。常用图纸比例为 1∶500,建筑基地较大时,也可用 1∶1000、1∶2000。

各层平面图、立面图和必要的剖面图,常用比例为 1∶100。

构造详图:主要标明檐口、墙身和各构件的连接点、楼梯、门窗以及各部分的装饰大样等。根据需要可采用 1∶1、1∶5、1∶10、1∶20 等比例。

## 10.2.2 任务实施

### 住宅楼建筑设计

住宅是供家庭日常居住使用的建筑物。为保障人们基本的住房条件,提高住宅功能质量,应使住宅设计符合适用、安全、卫生、经济等要求。

**1. 任务目标**

通过本次实践技能训练,使学生系统巩固并扩大所学的理论知识与专业知识,使理论联系实际。在指导教师的指导下,使学生独立解决有关工程的建筑施工图设计问题,并能表现出一定的科学性与创造性,从而提高设计、绘图、综合分析问题和解决问题的能力。

要求学生应严格按照指导教师的安排有组织、有秩序地进行本次设计。在指导教师设计辅导、答疑以后,学生自行收集资料,完成初步设计方案,交指导教师修改,学生对设计方案定稿后,再进行建筑施工图的设计。

**2. 任务设计要求**

(1) 基本情况

住宅楼位于市内某生活区域,该处地势平坦,土质均匀,地基承载力较好,为单元式多层或小高层住宅。

(2) 布置形式

按照生理分室标准和住宅设计要求,住宅楼应布置成三室二厅、三室一厅、二室二厅、二室一厅、一室一厅等形式。

(3) 布置特点

住宅楼套型平面应以厅为中心组织各功能用房,布局设计应充分使交通线路简捷。在平面设计中应充分体现“三大一小一多”,即大客厅、大厨房、大卫生间、小卧室、贮藏空间多的特点。还应力争做到:“三明”,即明卧、明厨、明卫;“三分离”,即餐厅分离、厅寝分离、漱洗分离;“一集中”,即厨卫管道集中。每户均设置宽敞实用的生活阳台,每户应设置贮藏设施。

(4) 面积指标

面积指标如表 10-2 所示。

**表 10-2 城市示范小区住宅设计建议标准**

| 类 别 | 建筑面积($m^2$) | 使用面积($m^2$) | 功能建议 |
|---|---|---|---|
| 一类 | 55～65 | 42～48 | 一室一厅一厨一卫 |
| 二类 | 70～80 | 53～60 | 二室一厅一厨一卫 |
| 三类 | 85～90 | 64～71 | 三室一厅一厨一卫<br>或二室二厅一厨一卫 |
| 四类 | 100～120 | 75～90 | 三室二厅一厨二卫 |

(5) 套型

套型不得少于 4 种类型。套型比可以自行选定。

(6) 层高、层数

层高可选用 2.8 m、2.9 m、3.0 m。层数:4～6 层。

(7) 建筑面积

2500～3500 $m^2$。

(8) 耐火等级、屋面防水等级

耐火等级为Ⅱ级;屋面防水等级为Ⅱ～Ⅲ级。

(9) 结构类型

砖混结构或框架结构。

(10) 房间组成及要求(功能空间底限面积)

① 客厅≥18 $m^2$;

② 餐厅≥8 $m^2$;

③ 主卧室 12～16 $m^2$;

④ 双人次卧室 12～14 $m^2$;

⑤ 单人次卧室 8～10 $m^2$;

⑥ 厨房≥6 $m^2$;

⑦ 卫生间≥4 $m^2$;

⑧ 门厅 2～3 $m^2$。

**3. 任务图纸内容**

(1) 底层平面图:1∶100。

(2) 标准层平面图(包括主要家具布置;厨房案台、灶具、水池的布置;卫生间主要器具的布置):1∶100。

(3) 屋顶平面图(画出排水分区、纵横坡坡度):1∶100。

(4) 建筑立面图:两个主立面图,一个侧立面图,1∶100。

(5) 建筑剖面图(要求剖到楼梯):1∶100。

(6) 施工说明、门窗表。

(7) 采用 2 号图纸绘制。

(8) 设计总结。

应用稿纸书写设计总结,不得少于 1500 字。在设计总结中,应对建筑的功能、布局进行分析,并写出自己在设计过程中的构思和感受。

**4. 任务深度要求**

认真修改草图后,在确定住宅楼设计方案的基础上,进行建筑施工图设计。具体内容包括:

(1) 建筑施工图首页

建筑施工图首页一般包括图纸目录、设计说明、门窗表、装修做法表等。设计说明是对图样上无法表明的和未能详细注写的用料和做法等内容做具体文字说明。

(2) 建筑平面图

应标注以下内容:

① 外部尺寸:如果平面图的上下、左右是对称的,则外部尺寸一般标注在平面图的下方及左侧,如果平面图不对称,则四周都要标注尺寸。

外部尺寸一般分三道标注:最外面的一道是外包尺寸,表示房屋的总长度和总宽度;中间一道是定位轴线尺寸,表示定位轴线间的距离;最里面一道是细部尺寸,表示门窗洞口、窗间墙、墙端等的长度尺寸。在底层平面图中还应标注室外台阶、花台、散水等的细部尺寸。

② 内部尺寸:包括房间内的净尺寸,门窗洞口尺寸,墙厚,柱、墙垛和固定设备(如工作台、吊柜、搁板等)的尺寸。

③ 定位轴线的编号:竖向定位轴线的编号应从下至上顺序采用大写拉丁字母编写,横向定位轴线的编号应从左至右顺序采用阿拉伯数字编写。定位轴线应用细点划线绘制,轴线编号应注写在轴线端部的圆圈内,圆圈应用细实线绘制,直径为 8 mm。

④ 门窗的编号:门窗在平面图中,只能反映出它们的位置、数量和洞口宽度尺寸,窗的开启方式和构造等情况是无法表达的。每个工程的门窗规格、型号、数量都应有门窗表说明,门的代号用 M 表示,窗的代号用 C 表示,并加注编号以便区分。

⑤ 在底层平面图中应表达出建筑剖面图的剖切位置、方向及编号。在底层平面图中还应绘制指北针。

⑥ 建筑平面图、立面图、剖面图的下方均应标注图名及比例。

⑦ 建筑平面图中应绘制室内家具的布置、厨房案台器具的布置、卫生间的布置等。

⑧ 从平面图中可以看出楼梯的位置、楼梯间的尺寸、起步方向、楼梯段宽度、平台宽度、栏杆位置、踏步级数、楼梯走向等内容。

⑨ 在平面图中还应标注房屋各组成部分的标高情况,室内、外地面、楼面、楼梯平台面、室外台阶面、阳台面、厨房卫生间地面等处都应当分别标注标高。对于楼地面有坡度时,通常用箭头加坡度符号表明。

(3) 屋顶平面图

应表示出屋面排水分区、排水方向、坡度大小、檐沟、泛水、雨水管口、女儿墙等位置。

(4) 建筑立面图

应反映出房屋的外貌和高度方向的尺寸。

① 立面图上的门窗可在同一类型的门窗中较详细地各画出一个作为代表,其余用简单的图例表示。

② 立面图中应有三种不同的线形:整幢房屋的外形轮廓线、较大的转折轮廓线用粗实线表示;墙上较小的凹凸(如门窗洞口、窗台等)以及勒脚、台阶、花池、阳台等轮廓线用中实线表示;门窗分格线、开启方向线、墙面装饰线等用细实线表示。

③ 立面图中外墙面的装饰做法应由引出线引出,并用文字简单说明此构造做法。

④ 应在立面图下方中间位置标注图名及比例。左右两端外墙均用定位轴线及编号表示,以便与平面图相对应。

⑤ 表明房屋立面各部分的尺寸情况:如雨蓬、檐口挑出部分的宽度、勒脚的高度等局部尺寸;注写室外地坪、出入口地面、勒脚、窗台及檐口等处的标高。数字写在横线上的是标注构造部位顶面标高,数字写在横线下的是标注构造部位底面标高。标高符号位置要整齐,三角形大小应标准、一致。

⑥ 立面图中有的部位要画详图索引符号,表示局部构造另有详图表示。

(5) 建筑剖面图

要求用两个全剖面图或一个阶梯剖面图来表示房屋内部的结构形式、分层及高度、构造做法等情况。

① 外部尺寸应标注三道:第一道是窗(或门)、窗间墙、窗台、室内外高差等细部尺寸;第二道是各层的层高尺寸;第三道是总高度尺寸。承重墙要画定位轴线,并应与平面图中的定位轴线编号相一致。

② 内部尺寸:应在地坪、楼面、楼梯平台、屋面等处标注标高尺寸;必要时应注写地面、楼面及屋面等的构造层次及做法。

③ 表达清楚房屋内墙面、顶棚、踢脚线、墙裙的构造做法。

④ 剖面图的图名应与底层平面图上剖切符号的编号一致。

(6) 构造详图

其他构造详图可视具体要求绘出。

**5. 任务设计步骤**

一般是先平面,再立面,最后剖面和详图;绘图时先用2H铅笔打底稿,检查无误后,再用2B铅笔加深;绘图时同一方向或同一线型的线条相继绘出,先画水平线(从上到下),再画铅直线或斜线(从左到右);先画图,再注写尺寸和说明,一律采用工程字体书写,以增强图面效果。

**6. 任务参考资料**

(1) 房屋建筑制图统一标准 GB/T 50001－2001。

(2) 民用建筑设计通则 GB 50352－2005。

(3) 民用建筑热工设计规范 GB 50176－93。

(4) 住宅设计规范 GB 50096－2003。

(5) 房屋建筑学实训指导。

(6) 相关建筑施工图纸。

(7)《建筑学报》、《住宅科技》等杂志。

### 10.2.3 任务拓展

住宅设计规范(GB 50096－2003)(摘要)

**1. 总则**

(1) 为保障城市居民基本的住房条件,提高城市住宅功能质量,使住宅设计符合适用、安全、卫生、经济等要求,制定本规范。

(2) 本规范适用于全国城市新建、扩建的住宅设计。

(3) 住宅按层数划分:低层住宅为一层至三层;多层住宅为四层至六层;中高层住宅为七层至九层;高层住宅为十层及以上。

(4) 住宅设计必须执行国家的方针政策和法规,遵守安全卫生、环境保护、节约用地、节约能源、节约用材、节约用水等有关规定。

(5) 住宅设计应符合城市规划及居住区规划的要求,使建筑与周围环境相协调,创造方便、舒适、优美的生活空间。

(6) 住宅设计应推行标准化、多样化，积极采用新技术、新材料、新产品，促进住宅产业现代化。

(7) 住宅设计应在满足近期使用要求的同时，兼顾今后改造的可能。

(8) 住宅设计应以人为核心，除满足一般居住使用要求外，根据需要应满足老年人、残疾人的特殊使用要求。

(9) 住宅设计除应符合本规范外，尚应符合国家现行的有关强制性标准的规定。

**2. 术语**

(1) 住宅：供家庭居住使用的建筑。

(2) 套型：按不同使用面积、居住空间组成的成套住宅类型。

(3) 居住空间：指卧室、起居室(厅)的使用空间。

(4) 卧室：供居住者睡眠、休息的空间。

(5) 起居室(厅)：供居住者会客、娱乐、团聚等活动的空间。

(6) 厨房：供居住者进行炊事活动的空间。

(7) 卫生间：供居住者进行便溺、洗浴、盥洗等活动的空间。

(8) 使用面积：房间实际能使用的面积，不包括墙、柱等结构构造和保温层的面积。

(9) 标准层：平面布置相同的住宅楼层。

(10) 层高：上下两层楼面或楼面与地面之间的垂直距离。

(11) 室内净高：楼面或地面至上部楼板底面或吊顶底面之间的垂直距离。

(12) 阳台：供居住者进行室外活动、晾晒衣物等的空间。

(13) 平台：供居住者进行室外活动的上人屋面或由住宅底层地面伸出室外的部分。

(14) 过道：住宅套内使用的水平交通空间。

(15) 壁柜：住宅套内与墙壁结合而成的落地贮藏空间。

(16) 吊柜：住宅套内上部的贮藏空间。

(17) 跃层住宅：套内空间跨跃两楼层及以上的住宅。

(18) 自然层数：按楼板、地板结构分层的楼层数。

(19) 中间层：底层和最高住户入口层之间的楼层。

(20) 单元式高层住宅：由多个住宅单元组合而成，每单元均设有楼梯、电梯的高层住宅。

(21) 塔式高层住宅：以共用楼梯、电梯为核心布置多套住房的高层住宅。

(22) 通廊式高层住宅：以共用楼梯、电梯通过内、外廊进入各套住房的高层住宅。

(23) 走廊：住宅外的水平交通空间。

(24) 地下室：房间地面低于室外地平面的高度超过该房间净高的 1/2 者。

(25) 半地下室：房间地面低于室外地面的高度超过该房间净高的 1/3，且不超过1/2者。

**3. 套型**

住宅应按套型设计，每套住宅的分户界线应明确，必须独门独户，每套住宅至少应包含卧室、起居室(厅)、厨房和卫生间等基本空间，要求将这些功能空间设计于户门之内，不得共用或合用。

城市大量建造的住宅套型规定了相应的最少居住空间数和最小使用面积，其依据是：住宅设计应以人为核心，住宅设计应按不同使用对象和家庭人口构成分类设计。这里以每套

"最少居住空间数"和"最小使用面积"两个量限定了每一类套型的最小规模，即通常说的"几室几厅"的套型至少应有多少平方米的使用面积才能保证基本的生活要求。每套使用面积＝各空间最小使用面积＋适当调节的使用面积。

**4. 卧室、起居室(厅)**

卧室之间不应穿越，卧室应有直接采光、自然通风，其使用面积不宜小于下列规定：双人卧室为 10 $m^2$；单人卧室为 6 $m^2$；兼起居的卧室为 12 $m^2$。

起居室(厅)应有直接采光、自然通风，其使用面积不应小于 12 $m^2$。起居室(厅)的主要功能是供家庭团聚、接待客人、看电视之用，常兼有进餐、杂务、交通等作用。除了应保证一定的使用面积外，应减少交通干扰，厅内门的数量不宜过多，门的位置应集中布置，宜有适当的直线墙面布置家具。根据低限尺度研究结果，只有保证 3 m 以上的直线墙面布置一组沙发，起居室(厅)才有一个相对稳定的角落。

较大的套型中，除了起居室(厅)以外，另有的过厅或餐厅等可无直接采光，但其面积不应太大，否则套内无直接采光空间过大，降低了居住生活标准。起居室(厅)内的门洞布置应综合考虑使用功能要求，减少直接开向起居室(厅)的门的数量。起居室(厅)内布置家具的墙面直线长度应大于 3 m。

无直接采光的餐厅、过厅等，其使用面积不宜大于 10 $m^2$。

**5. 厨房**

厨房的使用面积不应小于下列规定：一类和二类住宅为 4 $m^2$；三类和四类住宅为 5 $m^2$。

厨房应有直接采光、自然通风，并宜布置在套内近入口处。厨房应设置洗涤池、案台、炉灶及排油烟机等设施或预留位置，按炊事操作流程排列，操作面净长不应小于 2.10 $m^2$。单排布置设备的厨房净宽不应小于 1.50 m；双排布置设备的厨房其两排设配的净距不应小于 0.90 m。

**6. 卫生间**

每套住宅应设卫生间，第四类住宅宜设 2 个或 2 个以上卫生间。每套住宅至少应配置三件卫生洁具，不同洁具组合的卫生间使用面积不应小于下列规定：

(1) 设便器、洗浴器(浴缸或喷淋)、洗面器三件卫生洁具的为 3 $m^2$；

(2) 设便器、洗浴器二件卫生洁具的为 2.50 $m^2$；

(3) 设便器、洗面器二件卫生洁具的为 2 $m^2$；

(4) 单设便器的为 1.10 $m^2$。

无前室的卫生间的门不应直接开向起居室(厅)或厨房。卫生间不应直接布置在下层住户的卧室、起居室(厅)和厨房的上层。可布置在本套内的卧室、起居室(厅)和厨房的上层，并均应有防水、隔声和便于检修的措施。套内应设置洗衣机的位置。

**7. 技术经济指标计算**

在住宅设计中应计算下列技术经济指标：各功能空间使用面积($m^2$)；套内使用面积($m^2$/套)；住宅标准层总使用面积($m^2$)；住宅标准层总建筑面积($m^2$)；住宅标准层使用面积系数(%)；套型建筑面积($m^2$/套)；套型阳台面积($m^2$/套)。

住宅设计技术经济指标的计算，应符合下列规定：

各功能空间面积等于各功能使用空间墙体内表面所围合的水平投影面积之和；套内使用面积等于套内各功能空间使用面积之和；住宅标准层总使用面积等于本层各套型内使用面积之和；住宅标准层建筑面积，按外墙结构外表面及柱外沿或相邻界墙轴线所围合的水平投影面积计算，当外墙设外保温层时，按保温层外表面计算；标准层使用面积系数等于标准层使用面积除以标准层建筑面积；套型建筑面积等于套内使用面积除以标准层的使用面积系数；套型阳台面积等于套内各阳台结构底板投影净面积之和。

套内使用面积的计算，应符合下列规定：

套内使用面积为卧室、起居室(厅)、厨房、卫生间、餐厅、过道、前室、贮藏室、壁柜等的使用面积的总和；跃层住宅中的套内楼梯按自然层数的使用面积总和计入使用面积；烟囱、通风道、管井等均不计入使用面积；室内使用面积按结构墙体表面尺寸计算，有复合保温层，按复合保温层表面尺寸计算；利用坡屋顶内空间时，顶板下表面与楼面的净高低于 1.20 m 的空间不计算使用面积；净高在 1.20～2.10 m 的空间按 1/2 计算使用面积，净高超过 2.10 m 的空间全部计入使用面积；坡层顶内的使用面积单独计算，不得列入标准层使用面积和标准层建筑面积中，需计算建筑总面积时，利用标准层使用面积系数反求；阳台面积应按结构底板投影面积单独计算，不计入每套使用面积和建筑面积内。

**8. 层高和室内净高**

普通住宅层高宜为 2.80 m。

卧室、起居室(厅)的室内净高不应低于 2.40 m，局部净高不应低于 2.10 m，且其面积不应大于室内使用面积的 1/3。

利用坡屋顶内空间作卧室、起居室(厅)时，其 1/2 面积的室内净高不应低于 2.10 m。

厨房、卫生间的室内净高不应低于 2.20 m。

厨房、卫生间内排水横管下表面与楼面、地面的净距不应低于 1.90 m，且不得影响门、窗扇开启。

**9. 阳台**

每套住宅应设阳台或平台。阳台栏杆设计应防儿童攀登，栏杆的垂直杆件间净距不应大于 0.11 m，放置花盆处必须采取防坠落措施。

低层、多层住宅的阳台栏杆净高不应低于 1.05 m；中高层、高层住宅的阳台栏杆净高不应低于 1.10 m。封闭阳台栏杆也应满足阳台栏杆净高要求。中高层、高层及寒冷、严寒地区住宅的阳台宜采用实体栏板。

阳台应设置晾、晒衣物的设施；顶层阳台应设雨罩。各套住宅之间毗连的阳台应设分户隔板。阳台、雨罩均应做有组织排水；雨罩应做防水，阳台宜做防水。

**10. 过道、贮藏空间和套内楼梯**

套内入口过道净宽不宜小于 1.20 m；通往卧室、起居室(厅)的过道净宽不应小于 1 m；通往厨房、卫生间、贮藏室的过道净宽不应小于 0.90 m。过道在拐弯处的尺寸应便于搬运家具。

套内吊柜净高不应小于 0.40 m；壁柜净深不宜小于 0.50 m；设于底层或靠外墙、靠卫生间的壁柜内部应采取防潮措施；壁柜内应平整、光洁。

套内楼梯的梯段净宽，当一边临空时，不应小于 0.75 m；当两侧有墙时，不应小于 0.90 m。套内楼梯的踏步宽度不应小于 0.22 m，高度不应大于 0.20 m；扇形踏步转角距扶手边 0.25 m 处，宽度不应小于 0.22 m。

**11. 门窗**

外窗窗台距楼面、地面的高度低于 0.90 m 时，应有防护设施，窗外有阳台或平台时可不受此限制。窗台的净高度或防护栏杆的高度均应从可踏面起算，保证净高 0.90 m。

底层外窗和阳台门、下沿低于2 m且紧邻走廊或公用上人屋面的窗和门，应采取防卫措施。住宅户门应采用安全防卫门。向外开启的户门不应妨碍交通。

各部位门洞的最小尺寸应符合表10-3的规定。

**表10-3　门洞最小尺寸**

| 类　别 | 洞口宽度(m) | 洞口高度(m) |
|---|---|---|
| 公用外门 | 1.20 | 2.00 |
| 户(套)门 | 0.90 | 2.00 |
| 起居室(厅)门 | 0.90 | 2.00 |
| 卧室门 | 0.90 | 2.00 |
| 厨房门 | 0.80 | 2.00 |
| 卫生间门 | 0.70 | 2.00 |
| 阳台门(单扇) | 0.70 | 2.00 |

注：表中门洞高度不包括门上亮子高度。洞口两侧地面有高低差时，以高地面为起算高度。

**12. 楼梯和电梯**

楼梯间的设计应符合现行国家标准《建筑设计防火规范》(GB 50016－2006)和《高层民用建筑设计防火规范》(GB 50045－2005)的有关规定：

楼梯梯段净宽不应小于1.10 m。6层及6层以下住宅，一边设有栏杆的梯段净宽不应小于1 m。楼梯梯段净宽系指墙面至扶手中心之间的水平距离。

楼梯踏步宽度不应小于0.26 m，踏步高度不应大于0.175 m。扶手高度不宜小于0.90 m。楼梯水平段栏杆长度大于0.50 m时，其扶手高度不应小于1.05 m。楼梯栏杆垂直杆件间净空不应大于0.11 m。

楼梯平台净宽不应小于楼梯梯段净宽，并不得小于1.20 m。楼梯平台的结构下缘至人行过道的垂直高度不应低于2 m。入口处地坪与室外地面应有高差，并不应小于0.10 m。

楼梯井宽度大于0.11 m时，必须采取防止儿童攀滑的措施。

7层及以上的住宅或住户入口层楼面距室外设计地面的高度超过16 m以上的住宅必须设置电梯。

**13. 日照、天然采光、自然通风**

每套住宅至少应有一个居住空间能获得日照，当一套住宅中居住空间总数超过4个时，其中宜有2个能获得日照。

获得日照要求的居住空间，其日照标准应符合现行国家标准《城市居住区规划设计规范》(GBJ 50180)中关于住宅建筑日照标准的规定。

住宅采光标准应符合表10-4中采光系数最低值的规定，其窗地面积比可按表中的规定取值。

表 10-4 住宅室内采光标准

| 房间名称 | 侧面采光 | |
|---|---|---|
| | 采用系数最低值(%) | 窗地比($A_C/A_d$) |
| 卧室、起居室(厅)、厨房 | 1 | 1/7 |
| 楼梯间 | 0.5 | 1/12 |

注:(1) 窗地面积比值为直接天然采光房间的侧窗洞口面积 $A_C$ 与该房间地面面积 $A_d$ 之比。

(2) 本表系按Ⅲ类光气候区单层普通玻璃钢窗计算,当用于其他光气候区或采用其他类型窗时,应按现行国家标准《建筑采光设计标准》的有关规定进行调整。离地面高度低于 0.50 m 的窗洞口面积不计入采光面积内。窗洞口上沿距地面高度不宜低于 2 m。

卧室、起居室(厅)应有与室外空气直接流通的自然通风。单朝向住宅采取通风措施。采用自然通风的房间,其通风开口面积应符合下列规定:

卧室、起居室(厅)、明卫生间的通风开口面积不应小于该房间地板面积的 1/20。厨房的通风开口面积不应小于该房间地板面积的 1/10,并不得小于 0.60 m²。严寒地区住宅的卧室、起居室(厅)应设通风换气设施,厨房、卫生间应设自然通风道。

## 10.3 任务 2:中学教学楼建筑设计

### 10.3.1 任务实施

中学教学楼建筑设计

学校是培养人才的特定环境,学校建筑设计是影响全面培养人才质量的重要因素。学校的建筑设计,除了要遵守国家有关规范和标准外,在总体环境的规划布置,教学楼的平面与空间组合形式以及材料、结构、构造、施工技术和设备的选用等方面,要恰当地处理好功能、技术、艺术三者的关系,同时要考虑青少年好奇、好动和缺乏经验的特点,充分注意安全。

**1. 工作任务设计条件**

(1) 建筑面积 3500 m²,设 24 个班,每班按 45 人计算。

(2) 拟建建筑物位于中小城市内,地段平坦,满足要求。

(3) 房间组成及参考面积如表 10-5 所示。

**2. 任务设计内容**

(1) 各层建筑平面图,比例为 1∶100。

(2) 建筑立面图:主要立面图及侧立面图,比例为 1∶100。

(3) 建筑剖面图:1~2 个,必须剖切到楼梯、教室,比例为 1∶100。

(4) 屋面平面图:比例为 1∶100。

(5) 各构造详图:墙身节点详图,楼梯详图,比例自定。

(6) 设计结束后学生应按照设计任务书的要求,对设计的全过程进行分析总结。在设计总结中,应对建筑的功能、布局进行分析,并写出自己在设计过程中的构思和感受。

表 10-5　教学楼房间组成及参考面积一览表

| 房间名称 | 数量(间) | 参考面积($m^2$/间) | 备　注 |
|---|---|---|---|
| 普通教室 | 24 | 54～60 | |
| 实验室 | 3 | 75～85 | 物理、化学、生物 |
| 仪器准备室 | 3 | 45 | |
| 合班教室 | 2 | 90 | 供两个班使用 |
| 音乐教室 | 2 | 54～60 | |
| 语音教室 | 2 | 73～80 | |
| 计算机房 | 1 | 140 | |
| 教学办公室 | 7～9 | 15～20 | |
| 行政办公室 | 6～8 | 15～20 | |
| 教师休息室 | | 15～20 | 每层均设 |
| 体育器材室及办公室 | 3 | 20 | |
| 厕所 | | 按男女比例各半 | 每层均设 |
| 其他用房 | | | 适当设置 |

**3. 任务设计深度**

(1) 建筑平面图

① 标注建筑纵、横向定位轴线及其编号。

② 标注建筑各部分尺寸，外墙尺寸分三道尺寸线，表达总尺寸、轴线尺寸及窗间墙尺寸；标注内墙厚度，标注洞口位置及大小、洞顶标高，底层室外踏步、台阶、散水等。

③ 标注各层标高及室外地坪标高。标注门窗编号。

④ 绘制各教室、实验室黑板、讲台的位置。

⑤ 标注剖切位置及详图索引符号(只在底层平面图上标注)。

⑥ 标注房间名称、图名、比例。

(2) 立面图

① 表明建筑外形、门窗、雨篷、外廊或阳台及雨水管的形式与位置。

② 标注各必要部位的标高和尺寸。

③ 注明外墙材料及做法、饰面分格线、立面细部详图索引符号。

④ 标注立面名称及比例，立面名称可用所表示立面的边轴线表示。

(3) 剖面图

①表明建筑内各部位的高度关系，标三道尺寸，表示建筑总高、层间尺寸、门窗洞、窗下墙尺寸。

② 标注楼地面、室外地坪、走廊地面、门窗洞口、雨篷及楼梯平台等处的标高。

③ 标注节点详图索引号。

④ 标注楼地面、屋顶的构造做法。

⑤ 标注内、外墙或框架柱的轴线及其间距。

⑥ 标注剖面图名称、比例。

(4) 屋顶平面图

本次设计可做平屋顶，防水方案为柔性防水屋面或刚性防水屋面，并根据当地气候条件考虑做保温或隔热处理。设计内容及深度如下：

① 标注各转角部位的定位轴线及其间距。

② 标注四周的出檐尺寸及屋面各部分的标高(屋面标高一律标注结构层标高)。

③ 标注屋面排水方向、坡度及各坡面交线、檐沟、泛水、出水口、水斗等的位置；如果屋面防水层上有隔热或保温覆盖层，屋顶平面仍应主要表现防水层构造，而覆盖层只给出局部图形即可。

④ 标注屋面上人孔、女儿墙等的位置尺寸。

⑤ 标注图名及比例。

(5) 各构造详图

可参阅墙身构造设计及楼梯构造设计的内容等。

**4. 任务设计方法**

在进行建筑设计时，通常从平面设计、剖面设计、立面设计三个不同的方面来综合考虑。平面设计是关键，所以在进行方案设计时，总是先从平面入手。同时认真考虑剖面及立面的可能性与合理性及对平面设计的影响。只有综合考虑好平、立、剖三者的关系，按完整的三维空间概念进行设计，才能做好一个建筑设计。

中小学教学楼一般由以下 4 部分组成：

(1) 教学部分：普通教室、实验室、音乐教室、语音教室、计算机房等，是教学楼的主体部分。各主要房间的面积指标见表 10-6。

**表 10-6 主要使用房间面积指标**

| 房间名称 | 按使用人数计算每人所占面积($m^2$) | | | |
|---|---|---|---|---|
| | 小学 | 普通中学 | 中等师范 | 幼儿师范 |
| 普通教室 | 1.10 | 1.12 | 1.37 | 1.37 |
| 实验室 | — | 1.80 | 2.00 | 2.00 |
| 自然教室 | 1.57 | — | — | — |
| 史地教室 | — | 1.80 | 2.00 | 2.00 |
| 美术教室 | 1.57 | 1.80 | 2.84 | 2.84 |
| 书法教室 | 1.57 | 1.50 | 1.94 | 1.94 |
| 音乐教室 | 1.57 | 1.50 | 1.94 | 1.94 |
| 语言教室 | — | — | 2.00 | 2.00 |
| 计算机教室 | 1.57 | 1.80 | 2.00 | 2.00 |
| 合班教室 | 1.00 | 1.00 | 1.00 | 1.00 |

注：本表按小学每班 45 人，中学每班 50 人，中师、幼师每班 40 人计算。本表不包括实验室、自然教室、史地教室、美术教室、音乐教室的附属用房面积指标。本表普通教室的面积指标，系按中小学课桌规定的最小值，小学课桌长度按 1000 mm，中学课桌长度按 1200 mm 测算。

(2) 办公部分：行政、社团办公室及教师办公室。

(3) 辅助部分：厕所、传达室。

(4) 交通部分：楼梯、走道、门厅、过厅等。

**5. 任务设计步骤**

(1) 平面设计

建筑平面设计包括单个房间的平面设计及平面组合设计。单个房间的平面设计是在整体建筑合理而适用的基础上，确定房间的面积、形状、尺寸以及门窗的大小和位置。平面组合设计是根据各类建筑功能要求，抓住主要使用房间、辅助房间、交通联系部分的相互关系，结合基地环境及其条件，采用不同的组合方式将各个房间合理地组合起来。

普通教室的设计要求为大小合适，视听良好，采光均匀，空气流通，结构简单，施工方便等。

教室尺寸的确定取决于教室容纳的人数，课桌椅的尺寸和排列方式，以及采光通风，设备及施工等。教室形状与尺寸的确定除应满足普通教室设计的基本要求及课桌的有关规定外，尚应综合考虑：教室为左侧采光，控制规定的使用面积，教学楼结构体系经济合理，有利于施工建造，便于教学楼的空间组合，经分析比较确定合理的教室平面形式、规格尺寸。通常采用矩形教室。

普通教室门的设计主要考虑门的数量、宽度及位置应满足出入便捷、疏散迅速、便于搬运室内家具设备的要求。通常在教室前后各设一个门，门宽约 1000 mm，门洞高为 2400～2700 mm，一般为内开，以免影响走道中行人的通行。教室窗的设计主要考虑窗的位置及大小，受采光标准与结构的制约。

在专用教室的设计中，应根据学科内容，教学方式，教学中所需器材、设施、教具以及桌椅规格及布置方式等，确定该专用教室的特殊要求。根据使用的班级及人数，确定其合理的尺寸及面积。根据其使用功能要求，确定其适宜的楼层及朝向。为充分满足其使用要求，应合理地安排其辅助用房的位置、尺寸规格、数量及联系方式。在设计时，可参阅《中小学校建筑设计规范》及《中小学校建筑设计手册》等。

办公室包括党政办公室、教学办公室、社团办公室等，办公室要有良好的采光和通风，数量按学校规模和实际需要而定。

厕所及取水点设计时应注意：学生使用厕所多集中在课间休息时，因此必须有足够的数量。厕所位置应比较隐蔽，并便于使用，通风要良好，位置上多设在教学楼端部、转弯处或次要楼梯间附近。厕所应尽量放在一起，以利于集中管线。厕所内应设水龙头、水槽、污水池，也可将取水点设在楼梯间。

门厅是教学楼组织分配人流的交通枢纽及供学生活动的地方，应有足够的面积，通常按每名学生 0.06～0.08 $m^2$ 来确定其面积大小。

楼梯是上下楼层联系的通道，位置要明显，疏散要方便，宽度和数量要满足疏散和防火要求。

走道分为内走道和外走道，一般内廊宽度为 2.4～3 m，单面走道宽度为 1.8～2.1 m，办公区走道宽度为 1.5～1.8 m。走道要有很好的采光通风，可在两侧墙上设高窗或门上设亮子来满足内廊照度要求。外廊地面应低于室内或坡向外，做有组织排水。

平面组合设计的基本原则是结合地形，因地制宜。各部分功能分区明确、合理，既要联系方便，又要避免相互干扰。建筑空间布置紧凑，各个体部组合得当。交通联系要简捷。结构合理，施工安全。设备管线要尽量集中。

教学楼的各组成部分，应构成一个有机的整体，各个部分之间既有联系又有相对的独立性，以免互相交叉干扰。教室与教师办公室同层布置，联系方便，易于学生管理，但可能形成干扰。教室与办公室分层布置，保持了办公区的独立性，环境安静，但与学生联系较差，交通路线较长，且办公室尺度受教室开间、进深尺度的限制，有时不尽适用。教室和办公室分别放在独立的建筑中，办公环境较好，但相互联系不便。实验室做成一个单元，放在教学楼的端部、后部或联系体中，分区明确，便于管理，通风采光较好，在综合教学楼中多采用。

教学楼的组合方式有多种，形式也各异，归纳起来，主要有以下几种方式：走廊式（内廊式、外廊式、内外结合式）、厅式、天井式、单元式等，其中走廊式应用最为广泛。

(2) 剖面设计

确定好剖面形状、层数、层高后，还要处理好各部分的功能关系，注意各部分的高差关系和空间的合理利用。

(3) 教学楼的体型、立面和细部设计

中小学建筑的体型及立面设计要反映学校的性格与特征，通过成组的教室，明快的窗户，开敞通透的出入口以及明亮的色彩，可给人以开朗，活泼、亲切和愉快的感觉。首先要主次分明，教学用房是主要的使用空间，应布置在主要部位，办公室及辅助用房宜放在次要部位，其次还必须使各部分相互呼应、协调、统一，从而达到整体完美、形象生动的艺术效果。

**6. 任务参考资料**

(1)《房屋建筑学实训指导》，袁雪峰，王志军主编，科学出版社；2006 年 8 月出版。

(2)《房屋建筑制图统一标准》(GB/T 50001－2001)。

(3)《民用建筑设计通则》(GB 50352－2005)。

(4)《建筑制图标准》(GB/T 50104－2001)。

(5)《中小学校建筑设计规范》(GBJ 99－86)。

(6)《房屋建筑学》，赵研主编，高等教育出版社，2006 年 6 月出版。

(7)《中小学校建筑设计手册》，张泽蕙主编，中国建筑工业出版社，2004 年出版。

## 10.3.2 任务拓展

中小学教学楼设计规范 (GBJ 99－86)(摘要)

**1. 普通教室**

(1) 教室内课桌椅的布置应符合下列规定：

课桌椅的排距：小学不宜小于 850 mm，中学不宜小于 900 mm；纵向走道宽度均不应小于 550 mm。课桌端部与墙面（或突出墙面的内壁柱及设备管道）的净距离均不应小于 120 mm。

前排边座的学生与黑板远端形成的水平视角不应小于 30°。

教室第一排课桌前沿与黑板的水平距离不宜小于 2000 mm。教室最后一排课桌后沿与黑板的水平距离：小学不宜大于 8000 mm，中学不宜大于 8500 mm。教室后部应设置不小于 600 mm 的横向走道。

(2) 普通教室应设置黑板、讲台、清洁柜、窗帘杆、银幕挂钩、广播喇叭箱、“学习园地”

栏、挂衣钩、雨具存放处。教室的前后墙应各设置一组电源插座。

(3) 黑板设计应符合下列规定：

黑板尺寸：高度不应小于 1000 mm。宽度：小学不宜小于 3600 mm，中学不宜小于 4000 mm。

黑板下沿与讲台面的垂直距离：小学宜为 800～900 mm；中学宜为 1000～1100 mm。

黑板表面应采用耐磨和无光泽的材料。

(4) 讲台两端与黑板边缘的水平距离不应小于 200 mm，宽度不应小于 650 mm，高度宜为 200 mm。

**2. 实验室**

(1) 物理、化学实验室可分边讲边试实验室、分组实验室两种类型。生物实验室可分显微镜实验室、演示室及生物解剖实验室三种类型。根据教学需要及学校的不同条件，这些类型的实验室可全设或兼用。

(2) 实验桌尺寸应符合下列规定：

双人单侧实验桌，每个学生所占的长度不宜小于 600 mm；实验桌宽度不宜小于 600 mm。

四人双侧物理实验桌，每个学生所占的长度不宜小于 750 mm；实验桌宽度不宜小于 900 mm。化学、生物实验桌，每个学生所占的长度不宜小于 600 mm；实验桌宽度不宜小于 1250 mm。

教师演示桌长不宜小于 2400 mm，宽不宜小于 600 mm。

(3) 实验室的室内布置应符合下列规定：

第一排实验桌的前沿与黑板的水平距离不应小于 2500 mm，边座的学生与黑板远端形成的水平视角不应小于 30°。最后一排实验桌的后沿距后墙不应小于 1200 mm；与黑板的水平距离不应大于 11000 mm。

两实验桌间的净距离：双人单侧操作时，不应小于 600 mm；四人双侧操作时，不应小于 1300 mm；超过四人双侧操作时，不应小于 1500 mm。

中间纵向走道的净距离：双人单侧操作时，不应小于 600 mm；四人双侧操作时，不应小于 900 mm。

实验桌端部与墙面(或突出墙面的内壁柱及设备管道)的净距离，均不应小于 550 mm。

(4) 实验室设施的设置应符合下列规定：

实验室及其附属用房应根据功能的要求设置给水排水系统、通风管道和各种电源插座。

实验室内应设置黑板、讲台、窗帘杆、银幕挂钩、挂镜线和“学习园地”栏等。

化学实验室、化学准备室及生物解剖实验室的地面应设地漏。

(5) 实验室附属用房的设计应符合下列规定：

实验室分开设置的附属用房的位置应靠近所属实验室。

化学实验室附属用房除药品贮藏室可与准备室合并设置外，其他房间均宜分开设置。化学实验室的危险化学药品贮藏室，除应符合防火规范要求外，尚应采取防潮、通风等措施。

物理实验室附属用房宜分开设置。

生物实验室附属用房，除实验员室可与仪器室或模型室合并外，其他房间均宜分开设置。生物标本室宜为北向布置，并应采取防潮、降湿、隔热、防鼠等措施。

**3. 自然教室**

小学自然教室宜设附属用房教具仪器室(兼放映室)。自然教室的设计应符合下列规定:

(1) 教室第一排课桌前沿与黑板的水平距离不应小于 2500 mm,最后一排课桌后沿与黑板的水平距离不应大于 9500 mm。

(2) 教室中间纵向走道宽度和课桌端部与墙面(或突出墙面的内壁柱及设备管道)的净距离,不应小于 550 mm。

(3) 教室及教具仪器室应根据功能要求设置水池及弱电源插座。

(4) 教室的向阳面宜设置宽度不小于 350 mm 的室内窗台。教室宜设银幕挂钩、透射银幕、仪器标本柜、窗帘盒及挂镜线。教具仪器室应设门与教室相通。

**4. 语言教室**

语言教室宜设控制室、换鞋处等附属用房。当控制台设于邻室时,两室之间应设观察窗,窗的设置应能满足教师视线看到教室中每个学生座位的要求。

语言学习桌的布置应符合下列规定:

(1) 在教室内设置控制台时,第一排语言学习桌前沿距前墙不应小于 2500 mm。

(2) 纵向走道宽度不宜小于 600 mm;教室后部横向走道的宽度不宜小于 600 mm。

(3) 语言学习桌端部与墙面(或突出墙面的内壁柱及设备管道)的净距离,不应小于 120 mm。

(4) 前后排语言学习桌净距离不应小于 600 mm。

教室的地面应设置暗装电缆槽。

**5. 计算机教室**

计算机教室宜设教师办公室、资料储存室等附属用房。计算机教室的设计应符合下列规定:

(1) 教室的平面宜布置为独立的教学单元。

(2) 微机操作台宜平行于教室前墙或沿墙周边布置。

(3) 微机操作台前后排之间净距离和纵向走道的净距离均不应小于 700 mm。

(4) 微机操作台应设置电源插座。当微机操作台平行前墙布置时,楼地面应设置暗装电缆槽。室内地面宜采用能导出静电的材料。当室外附近有强电磁场干扰时,教室内应有屏蔽措施。教室应设置书写白板、窗帘杆及银幕挂钩。

**6. 合班教室**

合班教室的规模宜能容纳一个年级的学生,并可兼作视听教室。合班教室宜设放映室兼电教器材的贮存、修理等附属用房。合班教室的地面,容纳两个班的可做平地面;超过两个班的应做坡地面或阶梯形地面。

合班教室的布置应符合下列规定:

(1) 教室第一排课桌前沿与黑板的水平距离不宜小于 2500 mm;教室最后一排课桌后沿与黑板的水平距离不应大于 18000 mm。

(2) 前排边座的学生与黑板远端形成的水平视角不应小于 30°。

(3) 座位排距:小学不应小于 800 mm,中学、中师、幼师不应小于 850 mm。

(4) 走道宽度:纵、横向走道的净宽度不应小于 900 mm;当同时设有中间和靠墙纵向走道时,其靠墙纵向走道宽度不应小于 550 mm。

(5) 座位宽度不应小于 450～500 mm。

(6) 教室的课桌椅宜采用固定式。课椅宜采用翻板椅。

在计算坡地面或阶梯地面的视线升高值时，设计视点应定在黑板底边；隔排视线升高值宜为 120 mm；前后排座位宜错位布置。

当教室设置普通电影放映室时，放映孔底面的标高与最后排座位的地面标高的高差不宜小于 1800 mm；最后排地面与顶棚或结构突出物的距离不应小于 2200 mm。

装备电教设施的合班教室的设计应符合下列规定：教室前墙应设黑板和银幕。前后墙均应设电源插座。室内应设安装电视机的设施和窗帘盒。

**7. 厕所**

教学楼应每层设厕所。教职工厕所应与学生厕所分设。当学校运动场中心，距教学楼内最近厕所超过 90 m 时，可设室外厕所，其面积宜按学生总人数的 15%计算。

当有条件时，学校厕所应采用水冲式厕所。水冲式厕所应采用天然采光和自然通风，并应设排气管道。

教学楼内厕所的位置，应便于使用和不影响环境卫生。在厕所入口处宜设前室或设遮挡措施。

学校厕所卫生器具的数量应符合下列规定：

(1) 小学教学楼学生厕所，女生应按每 20 人设一个大便器(或 1000 mm 长大便槽)计算；男生应按每 40 人设一个大便器(或 1000 mm 长大便槽)和 1000 mm 长小便槽计算。

(2) 中学、中师、幼师教学楼学生厕所，女生应按每 25 人设一个大便器(或 1100 mm 长大便槽)计算；男生应按每 50 人设一个大便器(或 1100 mm 长大便槽)和 1000 mm 长小便槽计算。

(3) 厕所内均应设污水池和地漏。

(4) 教学楼内厕所，应按每 90 人设一个洗手盆(或 600 mm 长盥洗槽)计算。

**8. 走道**

教学楼走道的净宽度应符合下列规定：

教学用房其内廊不应小于 2100 mm；外廊不应小于 1800 mm。行政及教师办公用房不应小于 1500 mm。走道高差变化处必须设置台阶时，应设于明显及有天然采光处，踏步不应少于 3 级，并不得采用扇形踏步。

外廊栏杆(或栏板)的高度，不应低于 1100 mm。栏杆不应采用易于攀登的花格。

**9. 楼梯**

楼梯间应有直接天然采光。楼梯不得采用螺形或扇步踏步。每段楼梯的踏步，不得多于 18 级，并不应少于 3 级。梯段与梯段之间，不应设置遮挡视线的隔墙。楼梯坡度不应大于 30°。

楼梯梯段的净宽度大于 3000 mm 时宜设中间扶手。楼梯井的宽度，不应大于 200 mm。当超过 200 mm 时，必须采取安全防护措施。

室内楼梯栏杆(或栏板)的高度不应小于 900 mm。室外楼梯及水平栏杆(或栏板)的高度不应小于 1100 mm。楼梯不应采用易于攀登的花格栏杆。

# 10.4 任务 3:实验楼建筑设计

## 10.4.1 任务实施

某学院现代教育中心实验楼建筑设计

**1. 任务设计条件**

(1) 建筑面积

4000～5000 $m^2$。

(2) 工程概况

某学院拟在学校内建造一幢现代教育中心实验楼,建筑层数在 6 层左右,采用框架结构,建筑体型组合可为单一型或组合型(可根据各部分功能具体情况灵活安排),室外有停车场及绿化布置。

(3) 基地平面

用地范围内地表基本平坦,基地东、西、南三侧均有校园现状道路。其中东、西侧为校园主干道,南侧为一次要干道。基地南侧为已建教学楼,北侧为学校生态园,环境颇佳。见图 10-1。

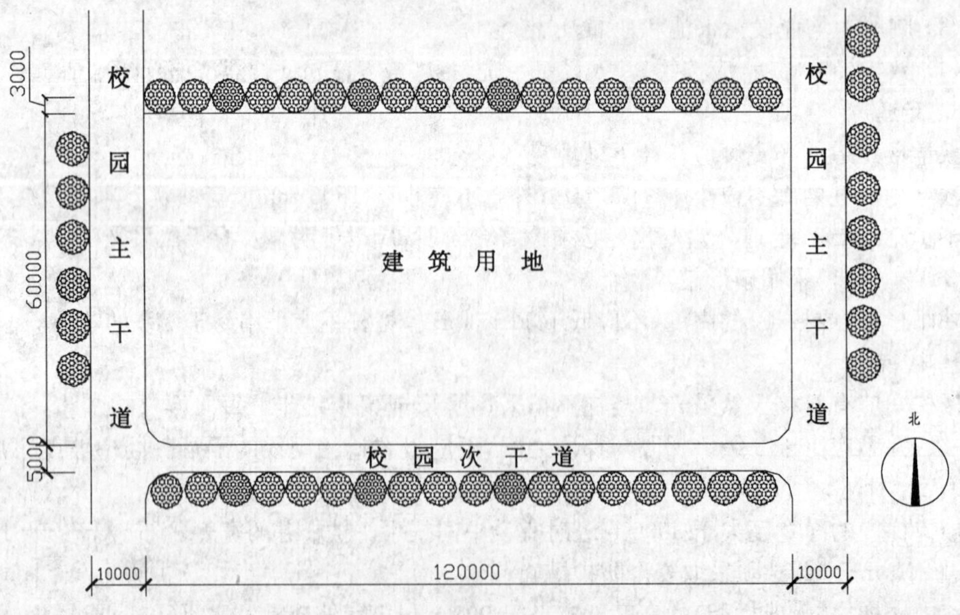


**图 10-1 基地平面状况图**

**2. 建筑组成及面积分配(面积上下浮动在10%以内)**

(1) 门厅

150 $m^2$。包括:① 门厅:120 $m^2$;② 门卫:15 $m^2$;③ 值班室:15 $m^2$。

(2) 软件实验室

255 $m^2$。包括:① 汇编语言室:45 $m^2$;② 数据库原理实验室:45 $m^2$;③ 软件工程实验室:45 $m^2$;④ 操作系统实验室:45 $m^2$;⑤ 程序设计实验室:45 $m^2$;⑥ 储备室:30 $m^2$。

(3) 系统实验室

390 $m^2$。包括:① 编译原理实验室:45 $m^2\times2$;②数据结构实验室:45 $m^2\times2$;③ C语言程序设计实验室:45 $m^2\times2$;④ 汇编语言实验室:45 $m^2\times2$;⑤ 储备室:30 $m^2$。

(4) 数字逻辑实验室

270 $m^2$。包括:① 数字逻辑实验室:120 $m^2$;② 模拟电路实验室:120 $m^2$;③ 储备室:30 $m^2$。

(5) 计算机原理与接口实验室

120 $m^2$。包括:① 计算机原理实验室:45 $m^2$;② 微型计算机及接口技术实验室:45 $m^2$;③ 储备室:30 $m^2$。

(6) 网络技术实验室

210 $m^2$。包括:① 网络技术:90 $m^2$;② 通信原理实验室:90 $m^2$;③ 储备室:30 $m^2$。

(7) 计算机公共课程实验室

510 $m^2$。包括:① 计算机公共课实验室:90 $m^2\times5$;② 储备室:30 $m^2\times2$。

(8) 电视系统实验室

570 $m^2$。包括:① 教育电视系统:90 $m^2\times2$;② 电视教材设计与制作:90 $m^2\times2$;③ 教育电声系统:90 $m^2\times2$;④ 储备室:30 $m^2$。

(9) 教育传播实验室

165 $m^2$。包括:① 教育系统设计:45 $m^2$;② 教育传播学:45 $m^2$;③ 教学法:45 $m^2$;④ 储备室:30 $m^2$。

(10) 远程教育

210 $m^2$。包括:① 远程教育:90 $m^2$;② 卫星电视:45 $m^2$;③ 多媒体技术及应用:45 $m^2$;④ 储备室:30 $m^2$。

(11) 电子信息工程专业实验室

390 $m^2$。包括:① 通信原理实验室:120 $m^2$;② 信号与系统实验室:120 $m^2$;③ 电磁与微波实验室:120 $m^2$;④ 储备室:30 $m^2$。

(12) 心理学实验室

120 $m^2$。

(13) 办公室

45 $m^2\times8$(可每层布置几间)。

(14) 会议报告厅

360 $m^2$。

(15) 辅助房间

① 男卫生间:30 $m^2\times6$;② 女卫生间:25 $m^2\times6$。

(16) 交通部分

楼梯、走道、过厅等。

**3. 建筑标准**

(1) 层数、层高

层数:5～6层(可以5层,局部6层)。

层高:底层、会议报告厅3.9 m,其余3.6 m。

(2) 装修

外墙:干黏石或外墙乳胶漆,或贴面砖。

内墙和顶棚:门厅、会议报告厅为较高级装修和吊顶棚,其余房间为中等装修。

(3) 楼地面

门厅、会议报告厅为较高级地板或石材面层;公共走廊为水磨石地面;卫生间为防滑地板砖;其余为水泥砂浆地面。

(4) 门窗

内外窗为塑钢窗,内外门为木门。

(5) 建筑平面形式

内廊式。

(6) 结构类型

钢筋混凝土框架。

**4. 任务设计要求**

本设计位于某学院新校区,以电视电话教学和计算机实验需要为基本的原则,以计算机现代化、网络化、数字化、信息化为建设目的,体现教学、实验操作一体化的现代管理理念,融开放性、便捷性、实用性、安全性、舒适性为一体。

设计应符合校园建筑的特点,与教学楼及周边环境相协调,建成布局合理、功能齐全的现代化教育中心。

(1) 认真分析任务书中确定的环境特征,从环境入手进行单体布置,合理安排主要入口和辅助入口,注意处理好主体裙房、停车场、绿化之间的关系。同时了解城市规划部门对建筑设计的要求。

(2) 实验室要有与学科相适应的学术水平以及以人为本的人文环境,实验室房间地面防滑、耐磨,地面和墙面有特殊需要的要耐腐蚀。

(3) 结合所学知识,在单体设计时明确主要使用部分、辅助使用部分、交通联系部分之间的关系,做到功能分区明确,流线组织合理,空间尺寸恰当。房间开间、进深符合建筑模数,楼梯间、电梯间的数量及布置形式满足《建筑设计防火规范》的要求。

(4) 根据建筑物各使用部分的组合情况,分析适合该建筑结构形式的受力特征和应用范围,确定合理的结构形式,注意各种变形缝处的建筑、结构处理方法。

(5) 建筑体型及立面造型应有统一感,注意比例尺度、节奏和韵律,建筑形象和结构形式辩证统一。在此基础上,重点处理入口及檐口等细节部分,做到严谨活泼,体现建筑美学。

(6) 建筑方案设计完成后,应进行构造方案设计,合理确定屋面、楼地面、墙面、门窗等部位的构造方案。正确进行楼梯设计及踏步、扶手构造选型,对特殊部位的构造处理(檐口、雨篷、隔墙、玻璃幕墙等)应有清晰概念。

**5. 图纸及内容要求**

(1) 底层平面图(包括家具及空间划分、卫生间布置):1∶100。

(2) 标准层平面图(包括家具及空间划分、卫生间布置):1∶100。

(3) 顶层平面图(画出排水分区、纵横坡坡度):1∶100。

(4) 建筑立面图 (两个主立面图):1∶100。

(5) 建筑剖面图(要求剖到楼梯): 1∶50。

(6) 图纸应按建筑制图标准 GB/T 50104－2001 规定的图纸幅面,采用 2 号或 1 号图纸。用铅笔按比例绘制于白色绘图纸上。

**6. 图纸标注要求**

(1) 建筑平面图

标注建筑纵横轴线(点划线)及轴线编号。

标注建筑各部分尺寸:外墙分三道尺寸,总尺寸(外包尺寸),轴线尺寸,门窗洞口尺寸及墙段尺寸。内墙标注墙厚尺寸(要表明墙与轴线的关系)、洞口位置及大小。

标注墙上预留孔洞位置、孔底标高等。标注底层室外踏步、台阶、散水等的尺寸。

标注各层标高及室外地坪标高,一般标在入口处或公共走道上,若房间或外廊地面低于同层标高时,要在该处注明高差尺寸。

标注门窗编号,凡高、宽与形式均相同者采用同一编号,不同者另编一号。门用 M-1、M-2……表示,窗用 C-1、C-2……表示。画出门的开启方式或方向。表明家具及设备的布置。

标注剖面图、详图的位置,剖切线只能绘在底层平面图中。

标注房间名称、图名及比例。

楼梯间要求绘出踏步数、平台、栏杆扶手及上下行箭头方向。

(2) 建筑立面图

表明建筑外形、门窗、雨篷、外廊或阳台及雨水管等的形式与位置。

标注尺寸:门窗标高;必要部位的标高,如门廊、雨篷等的标高。

表明外墙材料及做法,饰面分格线。

标注立面名称及比例,立面名称用所表示的立面的边轴线表示。

(3) 剖面图(应剖在门厅、楼梯间位置)

要表明建筑内外部位的高度关系,标三道尺寸:第一道建筑总高尺寸;第二道层间高度尺寸(楼地层标在面层表面;屋顶标在屋面表面,要标出屋面坡度);第三道门窗洞及窗间尺寸。

标注标高,包括楼地面、层高、室外地坪、门窗洞口、雨篷底及楼梯平台等处的标高。

标注楼地面、屋顶的构造做法,剖面图名称及比例。

(4) 屋顶平面图

屋顶平面图是假设由天上俯视所得的平面图,因而所有线条均为可见线(细实线)。

标注各转角部位定位轴线及其间距;四周的出檐尺寸及屋面各部分标高(指结构层表面标高);屋面排水方向、坡度及各坡面交线;天沟、檐沟、泛水、出水口、水斗等的位置;屋面上人口或出入口、女儿墙等的位置尺寸;图名及比例。

**7. 任务参考资料**

(1)《建筑设计资料集—4》,第 2 版,中国建筑工业出版社出版。

(2)《公共建筑设计原理》,第 4 版,张文忠主编,中国建筑工业出版社出版。

(3)《建筑设计防火规范》(GB 50016—2006)。

(4)《建筑模数协调统一标准》(BGJ 2—86)。

(5)《屋面工程技术规范》(GB 50345—2004)。

(6) 屋面、饰面、门窗、室外工程、楼梯、浴厕等当地标准图集。

## 10.4.2 任务拓展

### 某示范高中实验中心建筑设计

**1. 建筑总面积**

4000～5000 m²。

**2. 基地平面**

基地平面状况如图 10-2 所示。

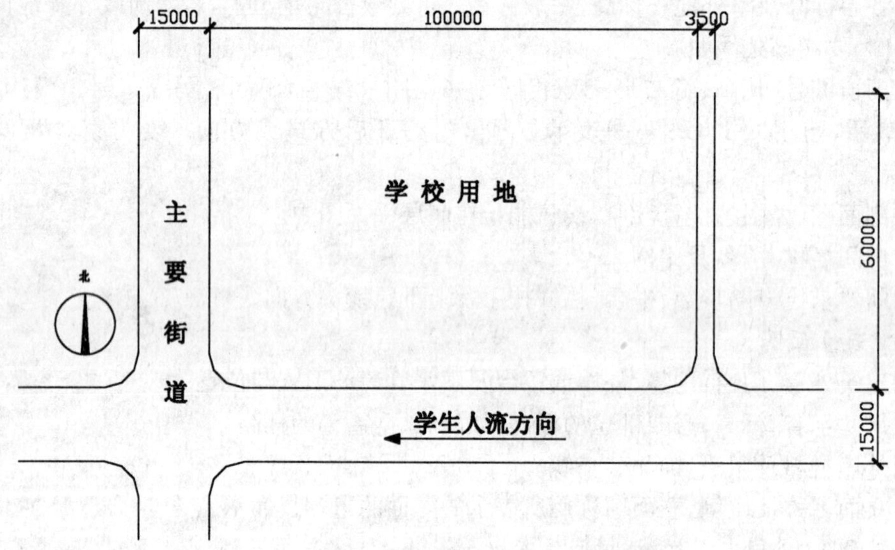


图 10-2 基地平面状况图

**3. 建筑组成及面积分配(面积上下浮动在 10%以内)**

(1) 门厅

60 m²,其中值班室 10 m²。

(2) 实验室

1080 m²。具体包括:

化学实验室:90 m²×2;化学仪器室:45m²×2;化学准备室:45m²×2。

物理实验室:90 m²×2;物理仪器室:45m²×2;物理准备室:45m²×2。

生物实验室:90 m²×2;生物仪器室:45m²×2;生物准备室:45m²×2。

(3) 语音室

270 m²。包括:大语音室,90 m²×2;小语音室,45m²×2。

(4) 计算机室

360 $m^2$。包括:计算机教室,90 $m^2$×4。

(5) 多媒体教室

540 $m^2$。包括:大型多媒体教室,180 $m^2$;中型多媒体教室,90 $m^2$×4。

(6) 音乐室及画室

360 $m^2$。包括:音乐排练室,90 $m^2$×2;画室,45 $m^2$×4。

(7) 办公室

360 $m^2$。包括:教研室,45 $m^2$×4;行政办公室,30 $m^2$×4。

(8) 会议室

180 $m^2$。包括:大会议室,90 $m^2$;小会议室,45$m^2$×4。

(9) 公共卫生间

50 $m^2$/层(男、女各一间)。

(10) 交通面积(若干)

走道、楼梯、电梯、过厅等。

**4. 建筑标准**

(1) 层数:5~6层。层高:门厅、实验室等3.9 m;办公用房3.3~3.6 m。

(2) 屋面:柔性防水不上人屋面。

(3) 墙面:外墙为240 mm厚空心砖;内墙为200 mm厚空心砖或轻质隔墙。

(4) 装修:

① 外墙:面砖、涂料、石材、集石、喷涂等。

② 内墙:卫生间瓷砖贴面至1800 mm高;语音室、音乐室为墙面软包;其余房间为普通粉刷。

③ 楼地面:语音室、计算机室为防静电地板;音乐室、会议室为木地板;卫生间为防滑地砖;其他均为水磨石地面。

④ 顶棚:语音室、计算机室、音乐室、会议室为轻钢龙骨矿棉板吊顶,其他均为普通粉刷。

⑤ 门窗为塑钢门窗。

**5. 设计要求**

认真分析任务书中确定的环境特征,从环境入手进行单体布置,合理安排主要入口和辅助入口,注意处理好主体裙房、停车场、绿化之间的关系。同时了解城市规划部门对建筑设计的要求,如建筑红线、停车场面积、自来水接口、电气高低压变配、下水道等方面的要求。

结合所学知识,在设计时明确主要使用部分、辅助使用部分、交通联系部分之间的关系,做到功能分区明确,流线组织合理,空间尺寸恰当。房间开间、进深符合建筑模数,楼梯间、电梯间的数量及布置形式满足《建筑设计防火规范》的要求。

根据建筑物各使用部分的组合情况,分析适合该建筑结构形式的受力特征和应用范围,确定合理的结构形式,注意各种变形缝处的建筑、结构处理方法。

建筑体型及立面造型应有秩序感和统一感,注意比例尺度、节奏和韵律,建筑形象和结构形式辩证统一。在此基础上,重点处理入口及檐口等细节部分,做到严谨活泼,体现建筑美学。

建筑方案设计完成后,应进行构造方案设计,合理确定屋面、楼地面、墙面、门窗等部位的构造方案。正确进行楼梯设计及踏步、扶手构造选型，对特殊部位的构造处理(檐口、雨篷、隔断、玻璃幕墙等)应有清晰概念。

**6. 图纸要求**

(1) 施工说明、门窗表、详图 1～2 个。

(2) 底层平面图(包括家具及空间划分、卫生间布置)：1∶100。

(3) 标准层平面图(包括家具及空间划分、卫生间布置)：1∶100。

(4) 屋顶平面图 (画出排水分区、纵横坡坡度)：1∶100。

(5) 建筑主要立面图(两个)、侧立面图(一个)：1∶100。

(6) 建筑主要剖面图(要求剖切到楼梯)：1∶50。

(7) 图纸应按建筑制图标准 GB/T 50104－2001 规定的图纸幅面，采用 2 号或 1 号图纸。用铅笔按比例绘制于白色绘图纸上。

**7. 图纸标注要求**

(1) 平面图

① 纵横轴线及轴线编号。

② 平面尺寸：总尺寸，即外边缘尺寸；定位轴线尺寸，即轴线间尺寸，还必须标注出端轴线外边缘间的尺寸；细部尺寸，即洞间墙段及门窗洞口的尺寸。局部尺寸包括墙厚尺寸，不在轴线上的隔墙与相邻轴线的关系尺寸，建筑内部窗洞、壁柜等的尺寸。

③ 室外地坪及楼地面标高，楼地面坡度及坡向(阳台及卫生间)。

④ 标注门窗编号，门的开启方向及方式。

⑤ 楼梯间绘出踏步、平台、栏杆扶手及上下行箭头。

⑥ 门洞、隔板、吊柜等的位置(用虚线表示)及尺寸(以引出线表示高度尺寸)。

⑦ 详图索引符号。标注详图索引符号，在本设计中分三种情况：一是本设计中绘制的详图大样；二是选用当地通用的建筑构配件标准图；三是本设计中未设计，但又无法选用当地标准图者，此时画空圈详图索引符号，以示意此处应有详图。

⑧ 剖切线及剖面编号。

⑨ 底层入口平面应表示出散水、踏步、台阶、平台等的位置、尺寸。

(2) 屋顶平面图

① 各转角部分的定位轴线及其间距。

② 四周出檐尺寸及屋面各部分标高(屋面标高一律标注结构层表面标高)。

③ 屋面排水方向、坡度及各坡面交线，天沟、檐沟、泛水、出水口、水斗的位置、规格与用料做法说明或详图索引号。

④ 屋面上人口或出入口、女儿墙等的位置尺寸。

(3) 主立面图、侧立面图

① 房屋两端轴线。

② 标高：建筑物顶部标高；各不同水平高度的门窗洞顶标高。

③ 窗表示出窗扇形式。

④ 各部分用料及做法，包括檐口、外墙面、窗台、勒脚、雨篷、花格和线脚等的说明及索引。

(4) 剖面图

① 外墙轴线及其编号。

② 剖面尺寸:总高尺寸,坡屋顶为室外地坪至檐口底部,平屋顶为室外地坪至女儿墙压顶上表面或檐口上表面;层间尺寸,室外地坪到底层地面、底层地面到各层楼面、楼面到屋顶及檐口处(对于坡屋顶为顶棚底面)等尺寸;门窗洞口及洞间墙段尺寸,由室外地坪开始至各门窗洞口及洞间的尺寸;局部尺寸,如室内的门窗及窗台高度,各层相同者只标注其中一层即可。

③ 标高:包括楼地面、室外地坪、檐口上表面、女儿墙压顶上表面、雨篷底面等处的标高。

④ 剖面节点详图索引:如墙脚、窗台、窗眉、檐口、花格等的详图索引。

**8. 任务参考资料**

(1)《建筑设计资料集—4》,第2版,中国建筑工业出版社出版。

(2)《公共建筑设计原理》,第4版,张文忠主编,中国建筑工业出版社出版。

(3)《建筑设计防火规范》(GB 50016—2006)。

(4)《建筑模数协调统一标准》(BGJ 2—86)。

(5)《屋面工程技术规范》(GB 50345—2004)。

(6) 屋面、饰面、门窗、室外工程、楼梯、浴厕等当地标准图集。

# 参 考 文 献


1. 赵研. 建筑构造[M]. 北京:中国建筑工业出版社,2007.
2. 袁雪峰. 房屋建筑学[M]. 北京:科学出版社,2008.
3. 舒秋华. 房屋建筑学[M]. 武汉:武汉理工大学出版社,2004.
4. 赵研. 房屋建筑学[M]. 北京:高等教育出版社,2005.
5. 李祯祥. 房屋建筑学[M]. 北京:中国建筑工业出版社,1998.
6. 李必瑜. 房屋建筑学[M]. 武汉:武汉理工大学出版社,2007.
7. 袁雪峰. 房屋建筑学实训指导[M]. 北京:科学出版社,2008.
8. 胡敏. 建筑工程实训图册[M]. 合肥:中国科学技术大学出版社,2011.
9. 工程建设标准强制性条文(房屋建筑部分)2009 版[S].
10. 房屋建筑制图统一标准(GB/T 50001－2001)[S].
11. 建筑制图标准 (GB/T 50104－2001)[S].
12. 建筑模数协调统一标准(GBJ 2－86)[S].
13. 建筑楼梯模数协调标准(GBJ 101－87)[S].
14. 民用建筑设计通则(GB 50352－2005)[S].
15. 建筑设计防火规范(GB 50016—2006)[S].
16. 屋面工程技术规范(GB 50345－2004)[S].
17. 民用建筑热工设计规范(GB 50176－93)[S].
18. 住宅设计规范(GB 50096－2003)[S].
19. 中小学校建筑设计规范(GBJ 99－86)[S].
20. 多孔砖砌体结构技术规范(JGJ 137－2001)[S].
21. 混凝土结构设计规范(GB 50010－2002)[S].
22. 建筑地基处理技术规范(JGJ 79－2002)[S].
23. 建筑地基基础设计规范(GB 50007－2002)[S].
24. 建筑抗震设计规范(GB 50011－2010)[S].
25. 砌体结构设计规范(GB 50003－2001)[S].